GEORGES GUÉNAUX

# PISCICULTURE

# Encyclopédie Agricole

60 volumes in-18 de chacun 400 à 500 pages, illustrés de nombreuses figures.
Chaque volume : broché, 5 fr. ; cartonné, 6 fr.

## I. — SCIENCES APPLIQUÉES A L'AGRICULTURE.

Botanique agricole. . . . . . . . . . . . MM. Schribaux et Nanot, prof. à l'Inst. agron.
Chimie agricole, 2 vol. . . . . . . . . . M. André, prof. à l'Inst. agron.
Géologie agricole. . . . . . . . . . . . . M. Grand, professeur d'agriculture.
Hydrologie agricole. . . . . . . . . . . M. Diénert, ingénieur agronome.
Microbiologie agricole. . . . . . . . . M. Kayser, maître de conf. à l'Inst. agron.
Zoologie agricole . . . . . . . . . . . . }
Entomologie et Parasitologie agric. } M. G. Guénaux, répétiteur à l'Inst. agronomique.
Analyses agricoles 2 vol. . . . . . . . M. Guillin, dir. du lab. de la S. des agr. de France.

## II. — PRODUCTION ET CULTURE DES PLANTES.

Agriculture générale, 2 vol. . . . . . M. P. Diffloth, professeur d'agriculture.
Engrais. . . . . . . . . . . . . . . . . . . M. Garola, prof. départ. d'agric. d'Eure-et-Loir.
Céréales . . . . . . . . . . . . . . . . . . }
Prairies et plantes fourragères . . . { M. Garola, prof. d'agricult. d'Eure-et-Loir.
Plantes industrielles . . . . . . . . . . M. Hitier, maître de conf. à l'Inst. agron.
Cultures potagères. . . . . . . . . . . . M. L. Bussard, prof. à l'Éc. d'hort. de Versailles.
Arboriculture fruitière . . . . . . . . MM. L. Bussard et G. Duval.
Sylviculture. . . . . . . . . . . . . . . . M. Fron, inspecteur des eaux et forêts.
Viticulture. . . . . . . . . . . . . . . . . }
Cultures de serres . . . . . . . . . . . { M. Pacottet, chef de lab. à l'Instit. agron.
Cultures méridionales . . . . . . . . . MM. Rivière et Lecq, insp. de l'agric., à Alger.
Maladies des plantes cultivées, 2 vol. MM. G. Delacroix et A. Maublanc.

## III. — PRODUCTION ET ÉLEVAGE DES ANIMAUX.

Zootechnie générale . . . . . . . . . . }
   spéciale . . . . . . . . . . }
   Races bovines . . . . . . . }
   Races chevalines . . . . . } M. P. Diffloth, professeur d'agriculture.
   Moutons, Chèvres, Porcs. }
   Lapins, Chiens, Chats. . . }
Aviculture . . . . . . . . . . . . . . . . . M. Voitellier, maître de conf. à l'Inst. agron.
Apiculture. . . . . . . . . . . . . . . . . M. Hommell, professeur d'apiculture.
Pisciculture . . . . . . . . . . . . . . . . M. G. Guénaux, répétiteur à l'Inst. agronomique.
Sériciculture. . . . . . . . . . . . . . . . M. Vieil, insp. de la séricic. de l'Indo-Chine.
Alimentation des animaux. . . . . . . M. R. Gouin, ing. agronome.
Hygiène et maladies du bétail . . . . MM. Cagny, méd. vétér., et R. Gouin.
Hygiène de la ferme. . . . . . . . . . . { M. le Dr Regnard, dir. de l'Inst. agronomique.
            { M. le Dr Portier, répétiteur à l'Institut agron.
Élevage et Dressage du Cheval. . . . M. G. Bossうrone, officier des haras.
Chasse, Élevage du gibier, Piégeage M. A. de Lesse, ing. agronome.

## IV. — GÉNIE RURAL.

Machines agricoles, 2 vol. . . . . . . }
Moteurs agricoles. . . . . . . . . . . . { M. Coupan, répétiteur à l'Institut agronomique.
Matériel viticole. . . . . . . . . . . . . MM. Brunet, Viala.
Constructions rurales. . . . . . . . . . M. Danguy, dir. des études de l'École de Grignon.
Arpentage et Nivellement. . . . . . . M. Muret, professeur à l'Institut agronomique.
Drainage et Irrigations . . . . . . . . { M. Risler, dir. hon. de l'Inst. agronomique.
            { M. Wéry, s.-directeur de l'Inst. agronomique.
Électricité agricole . . . . . . . . . . . M. Petit, ingénieur agronome.

## V. — TECHNOLOGIE AGRICOLE.

Technologie agricole (Sucrerie, . . }
 Meunerie, Boulangerie) . . . . . . { M. Saillard, prof. à l'École des ind. agr. de Douai.
Industries agric. de fermentation, }
 Brasserie . . . . . . . . . . . . . . . . { M. Boullanger, chef de lab. à l'Inst. Past. de Lille.
Distillerie. . . . . . . . . . . . . . . . . . }
Pomologie et Cidrerie . . . . . . . . . M. Warcollier, dir. de la stat. pomolog. de Caen.
Vinification . . . . . . . . . . . . . . . . M. Pacottet, chef de lab. à l'Inst. agron.
Laiterie. . . . . . . . . . . . . . . . . . . M. Ch. Martin, anc. dir. de l'École d'ind. lait.

## VI. — ÉCONOMIE ET LÉGISLATION RURALES.

Économie rurale . . . . . . . . . . . . . }
Législation rurale. . . . . . . . . . . . { M. Jacques, prof. à l'École d'agric. de Rennes.
Comptabilité agricole . . . . . . . . . M. Convert, professeur à l'Institut agronomique.
Le Livre de la Fermière. . . . . . . . Mme O. Bussard.
Le Livre agricole des Instituteurs. M. Schribaux, professeur d'agriculture.

ENCYCLOPÉDIE AGRICOLE
Publiée par une réunion d'Ingénieurs agronomes
SOUS LA DIRECTION DE G. WÉRY

# PISCICULTURE

PAR

## Georges GUÉNAUX

INGÉNIEUR AGRONOME

LICENCIÉ ÈS SCIENCES NATURELLES, RÉPÉTITEUR À L'INSTITUT AGRONOMIQUE

*Introduction par le D* P. REGNARD*

DIRECTEUR DE L'INSTITUT NATIONAL AGRONOMIQUE

*Préface de M. Charles DELONCLE*

Maître de Conférences à l'Institut National agronomique

Avec 168 figures intercalées dans le texte

PARIS

LIBRAIRIE J.-B. BAILLIÈRE ET FILS

19, rue Hautefeuille, près du Boulevard Saint-Germain

1910

# INTRODUCTION

Si les choses se passaient en toute justice, ce n'est pas moi qui devrais signer cette préface.

L'honneur en reviendrait bien plus naturellement à l'un de mes deux éminents prédécesseurs :

À Eugène TISSERAND, que nous devons considérer comme le véritable créateur en France de l'enseignement supérieur de l'agriculture : n'est-ce pas lui qui, pendant de longues années, a pesé de toute sa valeur scientifique sur nos gouvernements et obtenu qu'il fût créé à Paris un Institut agronomique comparable à ceux dont nos voisins se montraient fiers depuis déjà longtemps?

Eugène RISLER, lui aussi, aurait dû, plutôt que moi, présenter au public agricole ses anciens élèves devenus des maîtres. Près de douze cents ingénieurs agronomes, répandus sur le territoire français, ont été façonnés par lui : il est aujourd'hui votre vénéré doyen, et je me souviens toujours avec une douce reconnaissance du jour où j'ai débuté sous ses ordres et de celui, proche encore, où il m'a désigné pour être son successeur (1).

Mais, puisque les éditeurs de cette collection ont voulu que ce fût le directeur en exercice de l'Institut agrono-

----

(1) Depuis que ces lignes ont été écrites, nous avons eu la douleur de perdre notre éminent maître, M. Risler, décédé, le 6 août 1905, à Calèves (Suisse). Nous tenons à exprimer ici les regrets profonds que nous cause cette perte. M. Eugène Risler laisse dans la science agronomique une œuvre impérissable.

mique qui présentât aux lecteurs la nouvelle *Encyclopédie*, je vais tâcher de dire brièvement dans quel esprit elle a été conçue.

Des Ingénieurs agronomes, presque tous professeurs d'agriculture, tous anciens élèves de l'Institut national agronomique, se sont donné la mission de résumer, dans une série de volumes, les connaissances pratiques absolument nécessaires aujourd'hui pour la culture rationnelle du sol. Ils ont choisi pour distribuer, régler et diriger la besogne de chacun, Georges WÉRY, que j'ai le plaisir et la chance d'avoir pour collaborateur et pour ami.

L'idée directrice de l'œuvre commune a été celle-ci : extraire de notre enseignement supérieur la partie immédiatement utilisable par l'exploitant du domaine rural et faire connaître du même coup à celui-ci les données scientifiques définitivement acquises sur lesquelles la pratique actuelle est basée.

Ce ne sont donc pas de simples Manuels, des Formulaires irraisonnés, que nous offrons aux cultivateurs ; ce sont de brefs Traités, dans lesquels les résultats incontestables sont mis en évidence, à côté des bases scientifiques qui ont permis de les assurer.

Je voudrais qu'on puisse dire qu'ils représentent le véritable esprit de notre Institut, avec cette restriction qu'ils ne doivent ni ne peuvent contenir les discussions, les erreurs de route, les rectifications qui ont fini par établir la vérité telle qu'elle est, toutes choses que l'on développe longuement dans notre enseignement, puisque nous ne devons pas seulement faire des praticiens, mais former aussi des intelligences élevées, capables de faire avancer la science au laboratoire et sur le domaine.

Je conseille donc la lecture de ces petits volumes à nos anciens élèves, qui y retrouveront la trace de leur première éducation agricole.

Je la conseille aussi à leurs jeunes camarades actuels,

qui trouveront là, condensées en un court espace, bien des notions qui pourront leur servir dans leurs études.

J'imagine que les élèves de nos Écoles nationales d'agriculture pourront y trouver quelque profit, et que ceux des Écoles pratiques devront aussi les consulter utilement.

Enfin c'est au grand public agricole, aux cultivateurs, que je les offre avec confiance. Ils nous diront, après les avoir parcourus, si, comme on l'a quelquefois prétendu, l'enseignement supérieur agronomique est exclusif de tout esprit pratique. Cette critique, usée, disparaîtra définitivement, je l'espère. Elle n'a d'ailleurs jamais été accueillie par nos rivaux d'Allemagne et d'Angleterre, qui ont si magnifiquement développé chez eux l'enseignement supérieur de l'agriculture.

Successivement, nous mettons sous les yeux du lecteur des volumes qui traitent du sol et des façons qu'il doit subir, de sa nature chimique, de la manière de la corriger ou de la compléter, des plantes comestibles ou industrielles qu'on peut lui faire produire, des animaux qu'il peut nourrir, de ceux qui lui nuisent.

Nous étudions les manipulations et les transformations que subissent, par notre industrie, les produits de la terre : la vinification, la distillerie, la panification, la fabrication des sucres, des beurres, des fromages.

Nous terminons en nous occupant des lois sociales qui régissent la possession et l'exploitation de la propriété rurale.

Nous avons le ferme espoir que les agriculteurs feront un bon accueil à l'œuvre que nous leur offrons.

D<sup>r</sup> PAUL REGNARD,

Directeur de l'Institut national
agronomique.

# PRÉFACE

Au point de vue de la production du poisson d'eau douce, la France est certainement de tous les pays du monde l'un des plus favorisés. L'étendue relativement considérable de ses cours d'eau, de ses étangs, de ses lacs, la nature et la température de ses eaux courantes ou dormantes et la richesse du *plancton* qu'elles renferment, la diversité et la valeur des espèces de poissons que l'on rencontre dans ses fleuves et dans ses rivières ou de celles qui peuvent s'y acclimater aisément, placent incontestablement notre pays au premier rang de ceux où la production naturelle du poisson d'eau douce rencontre les conditions les plus favorables.

Il semble donc que cette production devrait y être florissante et, améliorée, perfectionnée, transformée, aurait dû donner naissance à une industrie et à un commerce importants. Il n'en est rien cependant, il faut bien l'avouer, si triste que puisse être cette constatation.

Nos 200 000 kilomètres de cours d'eau se dépeuplent de plus en plus par suite de causes multiples. Des usines s'installent nombreuses au bord de nos rivières qu'elles empoisonnent de leurs résidus de fabrication, tandis que partout des braconniers, employant des procédés de pirates, se chargent de compléter l'œuvre destructive des eaux résiduaires de l'industrie. A elles seules, ces deux causes suffiraient à expliquer la diminution inquiétante de la population de nos cours d'eau.

Il est aisé d'apercevoir les conséquences de cet état de choses. Nos eaux ne produisant pas tout le poisson réclamé par la consommation, nous sommes pour plusieurs millions de kilogrammes tributaires de l'étranger (3 449 160 francs en 1908, en augmentation de plus d'un million sur 1906) ; la consommation du poisson d'eau douce, qui pour le grand bien de la santé de nos populations s'accroîtrait, si notre production était plus élevée, demeure stationnaire ; l'État retire moins de la location de ses lots de pêche, et les propriétaires riverains moins de profits de leurs cours d'eau ; la pêche enfin cesse d'être possible en nombre d'endroits et ainsi disparaît pour bien des braves gens une saine distraction, dont le profit n'était pas à dédaigner.

Ce n'est pas seulement pour les poissons d'eau douce proprement dits, pour les espèces qui naissent et vivent constamment dans les eaux douces, que l'on constate un dépeuplement inquiétant : c'est aussi pour les poissons migrateurs qui habitent tantôt la mer, tantôt les eaux douces, et notamment pour le saumon qui, né dans les parties hautes des bassins fluviaux, descend à la mer pour revenir ensuite, à l'époque de la reproduction, dans les parages qui l'ont vu naître.

Aucune espèce, en raison de ses mœurs et de la valeur de sa chair, n'est peut-être plus précieuse que le saumon. Ainsi que le disait Coste, le saumon est l'une des espèces prédestinées à l'ensemencement de nos fleuves comme le froment à celui de la terre. Par leurs migrations alternatives des eaux douces dans les eaux salées — « où les saumons vont aussi sûrement que nos troupeaux domestiques vont aux lointains herbages où les conduisent de vigilants pasteurs » — et des eaux salées dans les eaux douces, ces poissons permettent de transformer les fleuves en instruments d'exploitation de la mer.

Or, le saumon disparaît de plus en plus de nos cours d'eau. Il y a moins d'un siècle cette espèce était à tel point répandue en certaines régions de notre pays que les domestiques de ferme stipulaient dans leur contrat de louage que l'on ne devrait pas leur donner à manger du saumon plus de deux fois par semaine. Dans ces temps, bien différents pour notre pays de l'époque actuelle, en ce qui concerne le rôle alimentaire du saumon, il n'y avait au contraire pour ainsi dire pas de saumons dans les eaux d'Écosse. Et, aujourd'hui, c'est dans ce pays que les domestiques sont obligés de stipuler à l'avance que le saumon ne paraîtra pas trop fréquemment dans leur ordinaire !

A quoi tout cela tient-il ?

Si pour les poissons d'eau douce sédentaires les causes du dépeuplement sont nombreuses, pour les espèces migratrices, pour le saumon tout au moins, c'est presque à une cause unique, essentielle dans tous les cas, qu'il faut attribuer le dépeuplement qui s'accentue chaque année. Cette cause réside dans le fait que les barrages ayant été multipliés pour les besoins de la navigation ou de l'industrie, leurs inconvénients n'ont pas été amendés par l'adjonction d'échelles permettant aux poissons de franchir ces obstacles. Les saumons ont ainsi cessé peu à peu de gagner les parties de nos cours d'eau offrant les milieux propres à leur ponte. D'autre part, un instinct, le fait n'est pas douteux, pousse les saumons à revenir, après leur séjour à la mer, vers l'endroit où ils sont nés. Pour qu'ils abondent dans un cours d'eau, il faut donc produire, comme on l'a fait en Écosse, de grandes quantités d'alevins de saumons, dans les parties hautes des fleuves, près de leurs sources. Malheureusement, les pouvoirs publics dans notre pays n'ont, pour ainsi dire, rien fait dans cet ordre d'idées.

Logiquement, il semblerait que profitant de conditions naturelles propices, l'initiative privée, aidée par des découvertes scientifiques, aurait pu et dû créer en France de nombreux établissements d'élevage intensif. Notre production nationale produisant à peine le tiers de notre consommation intérieure, il y avait en effet un débouché assuré pour nos pisciculteurs. Et cependant, non seulement nos propriétaires d'étangs ne se livrent que rarement à une exploitation rationnelle et sérieusement rémunératrice, mais encore ces piscifactures, si prospères chez certains de nos voisins, sont chez nous en petit nombre et pour la plupart dans une situation de prospérité inférieure à celle des établissements de l'étranger.

Je sais bien que nos pisciculteurs estiment qu'ils sont insuffisamment protégés par les tarifs douaniers et qu'ils doivent surtout à cela de ne pas retirer de leurs entreprises des bénéfices plus élevés. La concurrence étrangère nous écrase, disent-ils. Il y aurait certes quelque chose à faire de ce côté, mais ne convient-il pas de se demander avant tout pourquoi à l'étranger le prix de revient de telle ou telle espèce est moins élevé qu'en France?

C'est ce qu'a fait M. Bonnel, le distingué vice-président du *Syndicat des Pisciculteurs français* qui dans un très intéressant rapport à cette Association s'exprime dans les termes suivants :

« En Allemagne, par exemple, grâce aux lois sur le braconnage qui fournissent des protections efficaces, tandis qu'en France la loi de 1844 est devenue sans utilité, la truite abonde dans les fleuves et les rivières, ce qui permet au Gouvernement d'autoriser les pisciculteurs, moyennant certaines formalités, à recueillir en temps de frai, des œufs et de la laitance sur des sujets à l'état libre, par conséquent de qualité supérieure et de prix minime, alors qu'en France les éleveurs de truites sont obligés d'avoir des reproducteurs domestiqués leur revenant très cher et dont les produits, souvent peu vigoureux, présentent une grande mortalité.

« En Allemagne encore, de grands chalutiers à vapeur jettent sur les marchés de Brême et de Hambourg, des quantités considérables de poissons de mer d'une valeur marchande inférieure, mais constituant une nourriture excellente pour les truites, tandis qu'en France ce genre de pêche n'existe qu'à l'état embryonnaire. C'est ainsi que les pisciculteurs allemands trouvent, dans ces ports, un aliment parfait au prix de 6 marks ou 7 fr. 50 les 100 kilos. Comme, en outre, en Allemagne, par mesure de protection, tout poisson voyage en grande vitesse au tarif de la petite, les prix de transport sont très minimes, ce qui fait que, pour les pisciculteurs moyennement éloignés de la mer, la matière première ne saurait revenir à plus de 10 francs les 100 kilos, alors qu'en France, le poisson de mer du plus bas prix, coûte, sur les quais, 40 francs les 100 kilos et 45 francs rendu à domicile en grande vitesse (la petite vitesse ne pouvant être utilisée). »

On voit toute la portée de ces remarques si judicieuses. La question de l'alimentation est primordiale pour le pisciculteur. Non seulement, en France, nos éleveurs de truite ne peuvent guère recourir à d'autres aliments que la viande de cheval pour nourrir leurs élèves, mais encore l'État laisse sur les chevaux étrangers destinés à la boucherie des droits tellement exorbitants que le prix de la viande de cheval va sans cesse en augmentant !

Mais je ne veux pas m'étendre sur ces questions dont l'étude ne peut trouver sa place dans une Préface. Je dois dire cependant que si la pisciculture ne s'est pas développée davantage dans notre pays, c'est aussi parce que bien des personnes, bien des propriétaires, bien des fermiers, admirablement placés pour la pratiquer fructueusement, n'en aperçoivent pas l'intérêt et manquent de l'instruction professionnelle nécessaire.

Il convient de vulgariser la Pisciculture par tous les moyens, par le livre notamment, par des traités précis et pratiques, mis à la portée de tous.

C'est ce qu'a essayé de faire dans cet ouvrage mon ami M. Guénaux, qui, par ses études, était bien qualifié pour écrire sur la matière. Son livre est excellent. Le plan en est parfait et le développement aussi complet que possible. Avant d'aborder la Pisciculture proprement dite, M. Guénaux donne quelques généralités zoologiques sur l'anatomie et la physiologie des Poissons ainsi que sur leur classification ; puis, il fait connaître, par une description minutieuse, toutes les espèces de poissons qui vivent dans nos eaux douces, en insistant sur leurs mœurs, aussi intéressantes pour le pêcheur que pour le pisciculteur et qu'il est d'autant plus nécessaire d'exposer qu'on voit mal les poissons, qu'on les observe difficilement et que leurs habitudes sont généralement peu connues.

Puis, dans une étude très détaillée, quoique dégagée de toute considération inutile, M. Guénaux, examinant la situation de nos cours d'eau, de nos étangs et de nos lacs, passe en

revue toutes les causes de leur dépeuplement et les moyens
d'y remédier. Il traite ensuite tout ce qui a trait à l'élevage
naturel de chacune de nos principales espèces de poissons
d'eau douce, en donnant de façon précise les principes généraux de l'exploitation des étangs ; cette partie du livre de
M. Guénaux est complétée par la description des principales
régions à étangs de notre pays.

La Pisciculture artificielle n'est pas étudiée moins complètement que la Pisciculture naturelle ; les différentes méthodes
de fécondation, d'incubation et de pisciculture industrielle intensive sont passées en revue. Plusieurs chapitres très complets terminent ce tableau d'ensemble de la Pisciculture en
eaux douces : le repeuplement artificiel des cours d'eau,
l'acclimatation des poissons étrangers, les animaux et végétaux
aquatiques, enfin l'étude des maladies et des parasites des
poissons, ainsi que celle des nombreux animaux qui sont pour
nos eaux de dangereux ravageurs.

L'ouvrage de M. Guénaux est certainement appelé à rendre
de grands services : il sera pour le praticien un guide sûr et
précieux ; à la fois concis et documenté, il facilitera à nos
professeurs d'agriculture l'enseignement piscicole dans nos
campagnes ; il leur permettra de montrer dans leurs conférences tout le parti que nos populations rurales peuvent tirer
d'une exploitation raisonnée de nos étangs et de nos rivières,
dont le produit en bien des régions est supérieur à celui de
la culture du sol.

Charles DELONCLE.

Maître de Conférences
à l'Institut National Agronomique,
Député de la Seine.

Paris, 7 Novembre 1909

# PISCICULTURE

## LES POISSONS

### *Généralités zoologiques* (1).

Les Poissons sont des Vertébrés aquatiques, à température interne variable, à respiration branchiale, à circulation simple et incomplète, en général couverts d'écailles. Ce sont les Vertébrés les plus inférieurs.

EXTÉRIEUR. — Le corps, parfaitement adapté à la vie aquatique,

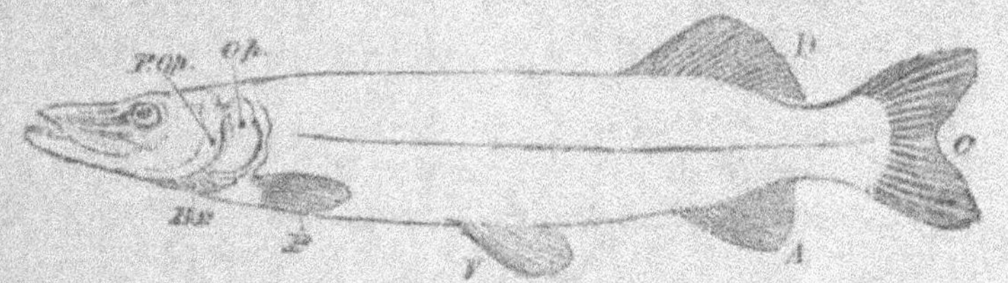

Fig. 1. — Esquisse d'un Brochet.

P, nageoires pectorales; V, ventrales; A, anale; C, caudale; D, dorsale; *Op*, opercule; P, *Op*, pré-opercule; *Br*, rayons branchiostèges.

a le plus souvent la forme d'un fuseau, comprimé latéralement, caréné du côté ventral, sans étranglement entre la tête et le tronc. Il est muni de nageoires pectorales et ventrales paires, qui représentent les membres antérieurs et postérieurs des

(1) Nous ne nous occupons dans cet ouvrage que des poissons d'eau douce. La presque totalité de ces poissons appartenant à la sous-classe des Téléostéens (Poissons osseux), nous insisterons spécialement sur les caractères généraux des Téléostéens; ce sont eux seulement que nous envisageons dans ces généralités zoologiques.

autres Vertébrés; il présente aussi des nageoires impaires : dorsale, caudale et anale.

TÉGUMENT. — La peau est formée d'un derme et d'un épiderme. L'épiderme contient des *cellules mucipares*; elles sécrètent un mucus qui protège l'épiderme contre l'influence de l'eau et des microorganismes parasites. La peau possède aussi des *cellules pigmentaires* ou *chromatophores*, qui peuvent, en se dilatant ou se contractant, déterminer un changement de coloration de la peau; mais elle ne renferme ni muscles, ni glandes analogues à ceux des autres Vertébrés. Elle est munie d'*écailles*, plaques osseuses produites par le derme, et toujours recouvertes par l'épiderme. Les écailles dites *cycloïdes* (fig. 2) présentent un grand nombre de petites lignes, en général con-

Fig. 2. — Écaille cycloïde.        Fig. 3. — Écaille cténoïde.

centriques, partant d'un seul point excentrique, d'où rayonnent vers les bords des sillons creusés dans l'épaisseur de l'écaille. Les écailles *cténoïdes* (fig. 3) présentent le même aspect ; de plus, leur bord libre est dentelé en forme de scie. Les écailles sont presque toujours imbriquées, comme les tuiles d'un toit.

SQUELETTE. — Le squelette est dur, complètement ossifié (fig. 4).

La *Tête* présente une complexité considérable. Elle peut se comparer, dans son ensemble, à une pyramide à trois pans, ayant son sommet dirigé en avant; la face horizontale de la pyramide correspond au dessus de la tête. A cette sorte de boîte, que constituent un grand nombre d'os réunis par des sutures, sont suspendus les os de la mâchoire, des joues, etc. La partie postérieure de cette pyramide abrite le cerveau; sa région moyenne est évidée pour former les cavités orbitaires. En avant, l'os vomer présente un petit renflement terminal qui supporte le maxillaire supérieur. La cavité buccale est séparée des cavités orbitaires et des joues par une cloison

verticale suspendue au crâne. A la partie inférieure de
cette cloison, vient se fixer la *mâchoire inférieure*, formée

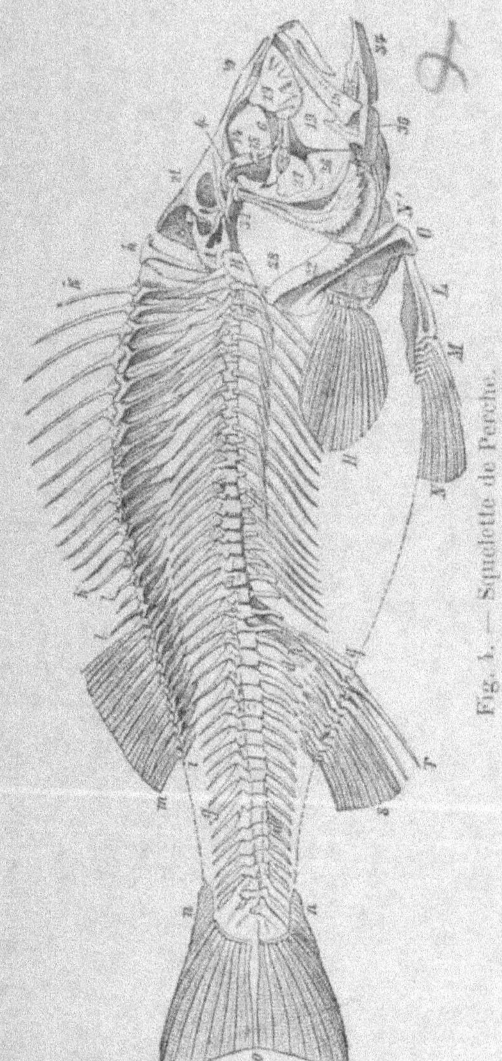

Fig. 1. — Squelette de Perche.

8, sus-occipital ; 18, maxillaire supérieur ; 20, nasal ; 21, sus-temporal ; 26, jugal ; 27, tympa-
nique ; 28, operculaire ; 30, sous-operculaire ; 32, interoperculo ; 31, symplectique ; 31, dentaire ;
a, corps vertébral ; g, apophyses épineuses ; h, interépineux antérieurs ; i, interépineux ; k, l,
rayons durs de la dorsale ; m, rayons mous de la dorsale postérieure ; n, osselets supports
de la caudale ; o, rayons de la caudale ; q, osselets supports de l'anale ; r, épines anales ;
s, rayons de l'anale ; C, humérus ; H, pectorale ; L, bassin ; N, appareil hyoïdien ; M, nageoire
ventrale ; N, rayons de cette nageoire.

par plusieurs os ; enfin, la cloison se prolonge en arrière pour
constituer le couvercle de l'appareil respiratoire (*opercule*).

Le squelette viscéral de la tête comporte trois sortes d'arcs :

1° *l'arc mandibulaire*, qui limite la bouche ;

2° *l'arc hyoïdien*, en rapport avec la langue ;

3° *les arcs branchiaux*, qui portent les branchies.

Les arcs viscéraux branchiaux naissent sur le corps de l'os hyoïde ; ils portent les lamelles de soutien des branchies. Il y a, de chaque côté, quatre de ces arcs qui se dirigent d'abord en dehors, puis se recourbent en haut et en dedans, vers la base du crâne, avec lequel ils se fixent par l'intermédiaire de petits os, les os *pharyngiens supérieurs*, armés de dents. En arrière de la dernière paire d'arcs branchiaux se trouvent deux os en

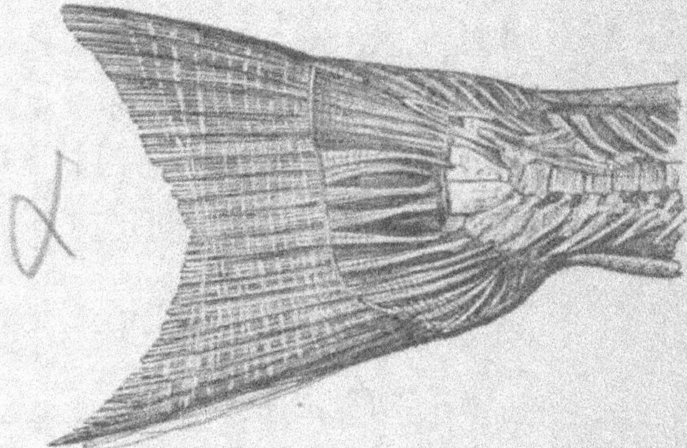

Fig. 5. — Extrémité caudale de Saumon.

forme de plaque supportant souvent des dents, ce sont les *pharyngiens inférieurs*.

*L'appareil operculaire* qui recouvre les branchies comprend quatre os : l'opercule, le préopercule, le sous-opercule, et l'interopercule.

*Colonne vertébrale :* Toutes les vertèbres ont leur corps biconcave, en forme de double cône ou de sablier. Dans la région caudale, la colonne vertébrale est infléchie du côté dorsal : la queue est dite *hétérocerque* ; l'hétérocercie est interne, car elle est masquée extérieurement par une symétrie apparente de la nageoire caudale.

Les *côtes* peuvent exister dans toute l'étendue de la colonne vertébrale. Elles sont écartées, dans la partie moyenne et antérieure du corps, pour abriter la masse viscérale ; elles ne sont jamais réunies par un sternum à leur extrémité inférieure.

Chez un grand nombre de Poissons, de petits stylets osseux sont implantés sur le corps des vertèbres ; ces stylets constituent, avec des petits os analogues prenant naissance sur les côtes, ce que l'on désigne vulgairement sous le nom d'*arêtes*.

*Membres :* Les membres sont transformés en nageoires paires ; nageoires pectorales et nageoires abdominales, qui sont les homologues des membres antérieurs et postérieurs des autres Vertébrés.

Chaque paire de membres est formée d'une partie fixée au tronc : la ceinture, et d'une partie libre.

La *ceinture scapulaire* comprend : l'omoplate, en arrière, qui s'unit au crâne ; la clavicule en avant, une sous-clavicule et une post-clavicule. Elle porte les nageoires pectorales ; ces nageoires sont formées d'un certain nombre d'os, dont les homologies sont difficiles à établir ; on y distingue un humérus, un cubitus, un radius et les os du carpe ; les rayons des nageoires pectorales représentent les doigts des autres Vertébrés.

La *ceinture pelvienne* manque souvent ou reste rudimentaire, ainsi que les nageoires abdominales.

Appareil digestif. — La *bouche* est située à la partie antérieure du corps, mais sa position varie avec le régime du poisson. La forme en est variable ; c'est le plus souvent une fente transversale ; en général les lèvres sont peu développées ; les mâchoires portent souvent des rangées de *dents*, de formes très diverses, qui servent surtout à la préhension ; les os pharyngiens placés dans l'arrière-bouche sont aussi fréquemment garnis de dents. La cavité de l'arrière-bouche présente une *langue* rudimentaire, peu mobile.

L'*œsophage* est court, très dilatable et se confond parfois avec la partie initiale de l'estomac.

L'*estomac* a l'aspect d'une poche plus ou moins large, mais sa forme est très variable ; il s'adapte en général à la forme du corps. Chez les poissons dits herbivores (1), il est peu développé.

L'estomac est muni, au voisinage du duodénum, de prolongements en tubes, en nombre très variable, appelés *appendices pyloriques* ; ces diverticules digitiformes ont une structure

---

(1) Il ne semble pas y avoir de poissons exclusivement herbivores ; ils sont tous ou franchement carnassiers, ou omnivores.

identique à celle de l'intestin; on ignore leur rôle exact; peut-
être sont-ce des glandes gastriques extra-stomacales, peut-
être sont-ils destinés simplement à augmenter la surface de
contact de l'intestin avec les aliments; chez certains Poissons,
ils semblent servir à emmagasiner de grandes quantités
de graisse. L'*intestin* présente un certain nombre de circon-
volutions; sa longueur varie beaucoup, elle est plus grande
chez les herbivores. L'anus est toujours placé en avant de la
nageoire anale et de l'orifice génito-urinaire.

Il existe un foie assez volumineux. Le pancréas n'est pas
nettement distinct; il est à l'état diffus, c'est-à-dire que les
éléments en sont disséminés à la surface des viscères.

La *vessie natatoire*, qui existe chez la plupart des Téléostéens,
est une dépendance du tube digestif: c'est un diverticule de
la paroi dorsale du pharynx. Elle est située sous la colonne
vertébrale, dans la région moyenne du corps; tantôt elle
communique par un canal avec l'œsophage (Téléostéens *physostomes*: Carpe), tantôt elle est fermée (Téléostéens *physoclystes*:
Perche). Cette vessie joue un rôle passif d'équilibre hydrosta-
tique: elle se gonfle quand l'animal se rapproche de la surface
de l'eau, se comprime quand il descend; comme elle ne peut
changer de volume qu'entre certaines limites, elle oblige
l'animal à habiter des profondeurs déterminées.

APPAREIL CIRCULATOIRE. — Le *sang* des Poissons est rouge;
sa constitution est analogue au sang des autres Vertébrés. Le
*cœur* (fig. 6) est situé dans la région du cou, tout au voisinage des
branchies. Il n'est composé que de deux cavités: une oreillette
à parois minces et molles, et un ventricule à parois épaisses,
fortement musculaires, plus petit que l'oreillette et situé au-
dessus et en avant d'elle. Le ventricule se prolonge en avant
par un renflement élastique appelé bulbe aortique. Le bulbe se
continue par un tronc artériel, l'artère branchiale, qui se
divise bientôt en quatre paires d'artères qui conduisent aux
branchies le sang rouge foncé lancé par le cœur. Le sang
devient artériel pendant son passage dans la muqueuse branchiale. Il est ensuite recueilli par quatre paires de veines branchiales, qui s'unissent sur la ligne médiane, en arrière de la
tête, en un tronc unique, l'aorte dorsale, qui chemine sous la
colonne vertébrale et répartit le sang dans tout l'organisme.

Le sang artériel, après avoir nourri les organes, se rassemble
dans quatre veines: deux venant de la tête, les veines cardinales supérieures ou veines jugulaires, et deux autres venant

de la partie postérieure du corps, les veines cardinales infé-

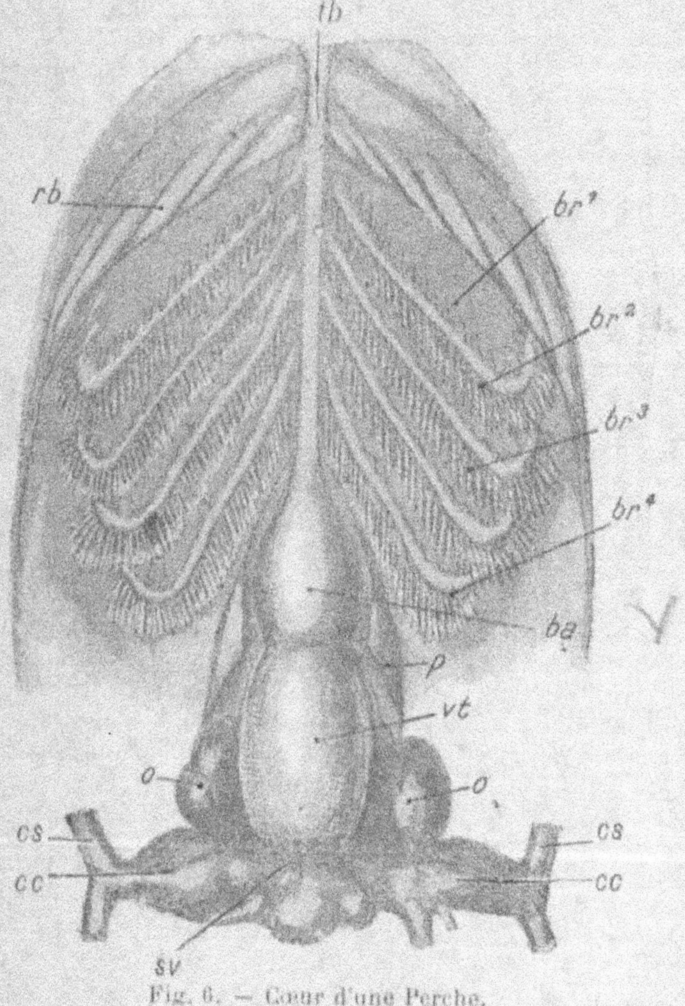


Fig. 6. — Cœur d'une Perche.

*o, o,* oreillettes ; *vt,* ventricule ; *p,* péricarde ; *ba,* bulbe artériel ;
*tb,* tronc branchial ; *br¹, br²,* etc., branchies recevant les artères
branchiales ; *sv,* sinus veineux ; *cc,* canaux de Cuvier ; *cs,* veine
cardinale supérieure ; *ci,* veine cardinale inférieure ; *vh,* veine hépatique ; *rb,* rayons branchiaux.

rieures ou veines caves. Chaque veine jugulaire s'unit à la
cardinale du même côté, pour former au niveau du cœur un

canal unique, le canal de Cuvier, qui se jette dans une poche irrégulière appelée sinus de Cuvier, placée contre l'oreillette et communiquant avec elle. Dans ce sinus commun, se jette aussi la veine sus-hépatique ou veine cave inférieure qui vient du foie où elle a formé le système porte hépatique. Du sinus de Cuvier, le sang veineux venu des organes passe dans l'oreillette, dans le ventricule, puis dans le bulbe et dans les artères branchiales. Le cœur des Poissons, placé seulement sur le trajet du sang veineux, offre donc les caractères du cœur droit des Vertébrés supérieurs.

Appareil respiratoire. — La respiration est branchiale. Les *branchies* constituent deux rangées symétriques de diverticules formés par la partie antérieure du tube digestif. Elles sont situées de chaque côté du pharynx, dans deux poches spéciales appelées *ouïes* ou chambres branchiales, communiquant d'un côté avec la bouche par des ouvertures (fentes branchiales) situées de chaque côté de l'orifice œsophagien, de l'autre avec l'extérieur par deux longues fentes verticales placées sur les côtés de la tête, appelées improprement *ouvertures des ouïes* et mieux fentes operculaires. Ces fentes sont limitées par la ceinture scapulaire ou appareil suspenseur des nageoires pectorales et par le bord postérieur d'une sorte de volet mobile, appelé *opercule*; elles peuvent s'élargir ou se rétrécir par les mouvements des opercules.

Les branchies sont des lames en forme de peignes; elles sont au nombre de quatre de chaque côté et disposées parallèlement. Elles sont portées par quatre paires d'arcs osseux, appelés arcs branchiaux, qui se soudent en haut à une baguette osseuse médiane (os pharyngiens supérieurs) et se fixent en bas sur le plancher de la cavité buccale, ou prolongement médian de l'os hyoïde (os pharyngiens inférieurs). Cet ensemble d'os forme une

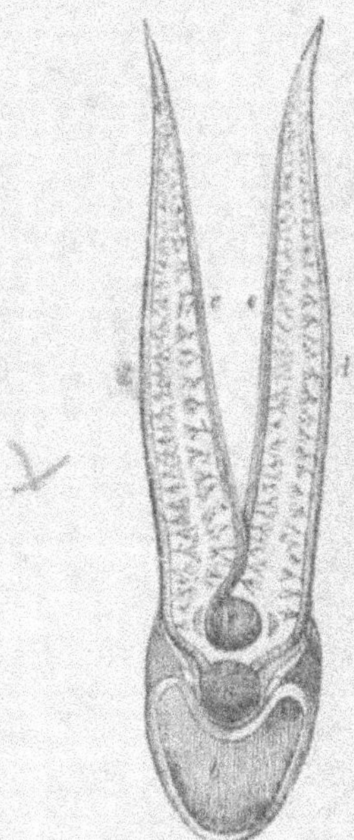

Fig. 7. — Lamelles branchiales.

Coupe d'une portion d'arc branchial portant deux lamelles branchiales: *b*, arc branchial; *a*, vaisseau branchial efférent (sang rouge); *d*, ses branches; *c*, vaisseau branchial afférent (sang noir); *e*, ses branches.

sorte de cage cylindrique, dont l'axe est longitudinal et les barreaux transversaux. Chaque arc osseux porte, sur sa face externe, convexe, deux rangées parallèles de lamelles triangulaires ; le tout est recouvert d'une muqueuse, partie fondamentale de la branchie, qui reçoit le sang veineux ; les lamelles servent simplement à augmenter la surface de cette membrane et par suite à faciliter les échanges gazeux. On aperçoit aisément les arcs branchiaux avec leurs lamelles (fig. 7) en soulevant l'opercule ; les vaisseaux sanguins leur communiquent une teinte rouge. Chaque artère branchiale donne des rameaux qui suivent le bord interne des lamelles et qui se divisent en vaisseaux capillaires très nombreux dans la muqueuse ; les capillaires se réunissent de proche en proche et forment une veinule qui longe le bord externe des lamelles et se jette enfin dans la veine branchiale.

*Mécanisme de la respiration* : L'eau est aspirée par la bouche et passe, par les fentes qui séparent les arcs branchiaux, dans les chambres branchiales ; après avoir baigné les branchies et fourni au sang l'oxygène qu'elle renferme en dissolution, l'eau est rejetée au dehors par l'ouverture operculaire. Les fentes hyoïdiennes sont munies d'une sorte de treillage, qui donne libre passage à l'eau destinée à l'appareil respiratoire mais retient les substances solides.

SYSTÈME NERVEUX. — L'encéphale est peu développé, en général ; il n'occupe qu'une portion de la boîte cranienne, les vides étant comblés par une matière graisseuse transparente. Il est constitué par des lobes disposés à la suite les uns des autres (fig. 8 et 9). Il présente une variété de formes considérable.

Les lobes antérieurs sont les *lobes olfactifs*. Puis viennent : les lobes ou *hémisphères cérébraux*, peu développés, en arrière desquels se montre sur la ligne médiane dorsale une petite protubérance, la *glande pinéale* ou épiphyse ; les *lobes optiques* sont extrêmement développés ; le *cervelet* est aussi de dimensions relativement volumineuses.

Douze paires de nerfs craniens naissent de l'encéphale.

La *moelle épinière* occupe tout le canal vertébral ; elle émet les *nerfs rachidiens*.

ORGANES DES SENS. — *Toucher* : Le sens du toucher s'exerce chez les Poissons par les lèvres et les replis labiaux, les barbillons, les nageoires, la ligne latérale.

Sur les lèvres, les replis labiaux, les barbillons, les na-

geoires, et disséminés aussi irrégulièrement à la surface tout
entière du corps, se trouvent de nombreux corpuscules tactiles, appelés bourgeons sensitifs terminaux.

Les autres organes sensitifs sont des *éminences nerveuses*

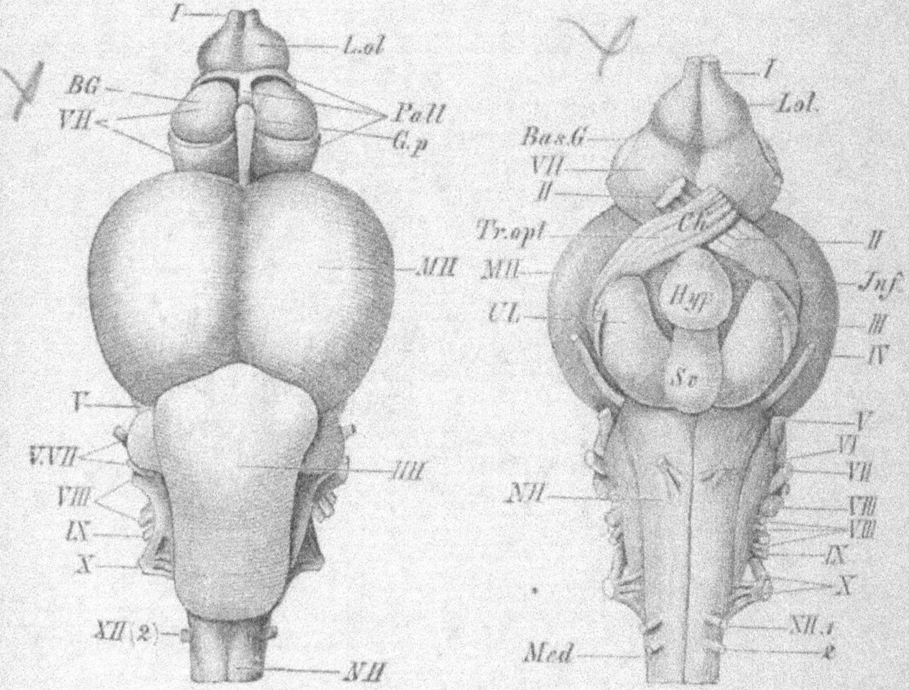


Fig. 8 et 9. — Cerveau de Saumon, vu par la face ventrale et par la
face dorsale.

*Med*, moelle épinière ; *NH*, arrière-cerveau ; de *I* à *XII*, les nerfs
crâniens ; 1, 2, premières paires rachiennes ; *HII*, cerveau postérieur ; *MH*, cerveau moyen ; *Sv*, sac vasculaire ; *Hyp*, hypophyse ;
*UL*, lobes inférieurs ; *Tro.pt*, bandelette optique ; *Ch*, chiasma ;
*VH*, cerveau antérieur ; *Inf*, infundibulum ; *Gp*, glande pinéale ;
*Pall*, manteau des hémisphères ; *BG*, *Bas.G*, ganglions de la base du
cerveau antérieur ; *L.ol*, lobes olfactifs.


contenues dans des canaux qui, de distance en distance,
s'ouvrent à l'extérieur, et forment de chaque côté du corps
une ligne ponctuée, la *ligne latérale* ; les orifices, dont les
écailles de cette ligne sont perforées, permettent à l'eau de

baigner les cellules sensorielles. Ces organes sensoriels sont encore abondants dans la tête, où ils sont disposés régulièrement ; la ligne latérale s'y ramifie. Grâce aux organes latéraux, le poisson perçoit les vibrations de l'eau et les localise par rapport à lui ; ce sont des organes tactiles appropriés à la vie aquatique.

*Goût :* Le sens du goût semble peu développé. Cependant la langue présente quelquefois des papilles nerveuses. Mais toute la muqueuse buccale est sensible.

*Olfaction :* Les cavités nasales se bornent à deux petites cavités indépendantes de la bouche et situées latéralement sur la face supérieure du museau. Chacune de ces cavités présente une ouverture antérieure et une ouverture postérieure. A l'intérieur, on trouve une membrane pituitaire contenant des éléments nerveux ; la muqueuse présente un système plus ou moins compliqué de plis sur lesquels se distribue le nerf olfactif et qui ont pour but d'augmenter la surface sensible.

*Ouïe :* L'organe de l'ouïe est réduit à l'oreille interne.

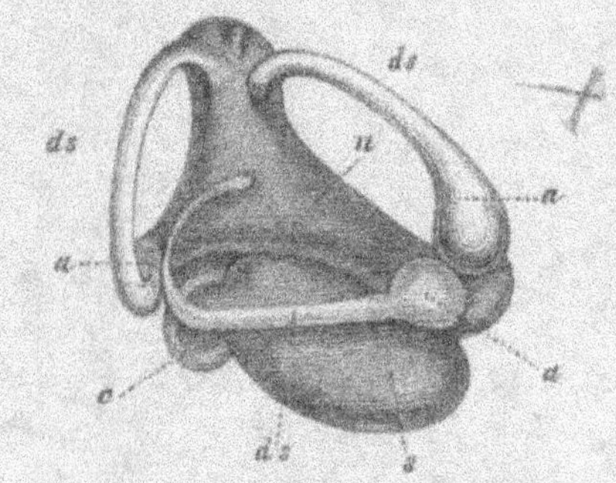

Fig. 10. — Labyrinthe membraneux de l'Anguille.

*ds*, canaux semi-circulaires ; *a*, leurs dilatations ampullaires ; *u*, utricule ; *s*, saccule ; *c*, cysticule (d'après Hasse et Huhn).

Cette oreille est composée d'un labyrinthe membraneux, avec saccule et utricule bien distincts ; il n'y a pas de limaçon (fig. 10).

La vessie natatoire semble jouer, chez certains Poissons, un rôle dans l'audition. On voit en effet quelquefois cette poche reliée au vestibule de l'oreille, soit par un canal (Hareng), soit par une chaîne d'osselets (Carpe).

*Vue :* Les paupières manquent ordinairement. Les yeux sont le plus souvent disposés d'une manière symétrique. L'œil est volumineux ; la cornée est aplatie en avant ; le cristallin est presque complètement sphérique et très développé ; cette sphéricité du cristallin compense l'aplatissement de la cornée (fig. 11). Le cristallin du poisson a une composition différente de celui des autres Vertébrés : le noyau est tout à fait insoluble dans l'eau et formé d'une matière spéciale, la *phaconine*; il est très réfringent. L'œil est dépourvu du muscle ciliaire qui sert à l'accommodation chez les Vertébrés supérieurs. Cette accommodation est assurée par un repli de la choroïde, le *ligament falciforme*, qui se termine dans la région équatoriale du cristallin par un renflement, la *cloche de Haller*. A l'état de repos le cristallin est adapté, contrairement à ce qui a lieu chez les Vertébrés supérieurs.

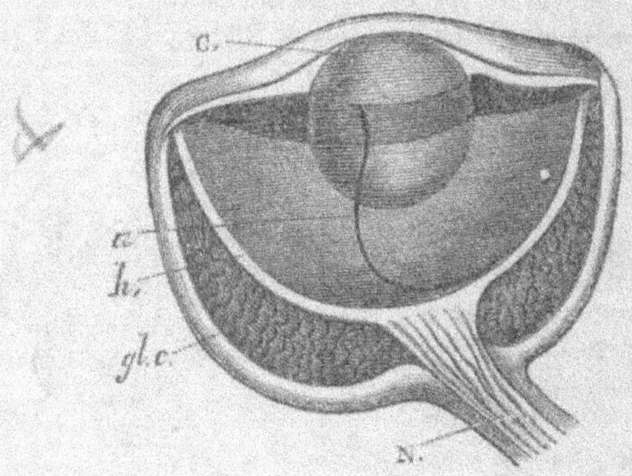


Fig. 11. — OEil de Brochet.

N. nerf optique; C. cristallin; h, rétine; a, repli falciforme; *gl.c.*, glande choroïdienne (d'après Leuckart).

pour la vision rapprochée. A signaler encore : la *membrane argentine*, située immédiatement au-dessous de la choroïde et qui s'étend dans tout l'intérieur de l'œil; la *glande choroïdienne*, qui n'est pas une glande mais un « réseau admirable » formé par les vaisseaux choroïdiens.

*Organes électriques :* Au système nerveux, se rattachent les organes qui permettent à certains Poissons de développer une quantité d'électricité très appréciable et qui semble leur constituer un appareil offensif et défensif (Gymnote).

APPAREIL URINAIRE. — Les *reins* sont au nombre de deux; ce sont deux rubans plus ou moins séparés en avant et ordinairement réunis en arrière, placés de chaque côté de la colonne vertébrale, au-dessus de la vessie natatoire et recouverts par le péritoine.

Les *uretères*, conduits excréteurs, sont situés sur le bord interne des reins; ils sont plus ou moins libres et peuvent même être prolongés dans la masse rénale. Ils se confondent généralement pour former un canal unique qui débouche dans la *vessie*; l'organe ainsi appelé est une dilatation latérale de l'*urètre*, plus ou moins contractile et de forme assez irrégulière, qui n'a rien de commun avec l'organe de même nom des autres Vertébrés. La vessie s'ouvre au dehors par un canal, l'*urètre*, qui débouche toujours en arrière de l'anus et presque toujours en arrière des orifices génitaux.

APPAREIL REPRODUCTEUR. — Les sexes sont séparés, sauf de rares exceptions.

Les glandes sexuelles sont paires; leur fusion n'est qu'un phénomène secondaire. Ovaires et testicules présentent une forme et une situation presque identique chez tous les Téléostéens.

L'appareil femelle est généralement très simple. L'*ovaire* est un sac clos en avant; sa paroi interne porte de nombreuses lamelles longitudinales ou transversales dans lesquelles se développent les ovules. Il n'y a pas toujours de canal évacuateur spécial, d'oviducte; chez les Salmonides, les œufs tombent dans la cavité générale et en sortent par les deux *pores péritonéaux*; ces orifices sont formés par deux canaux très courts qui se réunissent pour déboucher en arrière de l'anus. Chez la plupart des Téléostéens, le sac ovarien se prolonge en arrière jusqu'au bord de l'orifice génital en formant une sorte de conduit évacuateur ou *oviducte*; les oviductes, en général courts, se réunissent fréquemment en arrière en un canal commun; celui-ci aboutit à une fente ou au sommet d'une papille qui peut se prolonger en tube.

L'appareil mâle ressemble beaucoup extérieurement à l'appareil femelle. Il est plus parfait que ce dernier; les testicules sont pourvus de canaux évacuateurs. Les *testicules* sont deux corps allongés, ovales ou prismatiques, qui sont en rapport, en dessus avec les reins, en dessous avec l'intestin. Ils sont très gros, bosselés, et présentent de nombreux lobules. Ils sont recouverts par le péritoine, qui leur forme un ligament supérieur. Les *canaux déférents* sont creusés dans la masse sexuelle; la glande génitale mâle est en effet creusée de cavités qui s'anastomosent et finissent par former un canal excréteur. Les deux canaux excréteurs, souvent d'un blanc intense, se réunissent presque toujours près de leur terminaison en un canal commun très court, qui débouche à

l'extérieur entre l'anus et l'orifice urinaire, ou bien dans les
voies urinaires. La *laitance* est un liquide blanchâtre.

REPRODUCTION. — Tous les Poissons, sauf quelques exceptions, sont ovipares. Ils pondent au fond de l'eau, dans des
endroits appropriés, un nombre d'œufs considérable, qu'ils
abandonnent à eux-mêmes. L'époque de la reproduction est
variable avec les familles ; elle entraîne, chez beaucoup d'es-

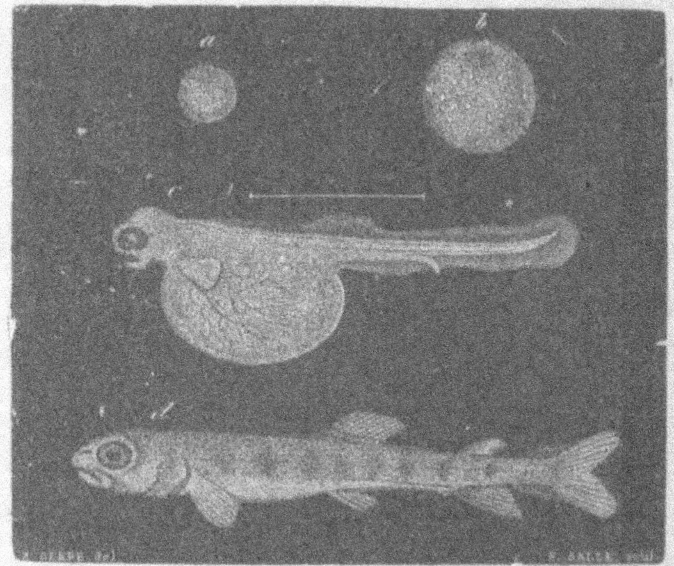

Fig. 12.

*a*, Œuf de Saumon après la fécondation, de grandeur naturelle ;
*b*, le même grossi ; *c*, Saumon venant d'éclore, grossi ; *d*, jeune
Saumon, grandeur naturelle.

pèces, des modifications profondes dans le genre de vie et
dans l'aspect extérieur.

Il n'y a presque jamais d'accouplement et les œufs, ou plus
exactement les ovules, sont pondus avant d'avoir été fécondés.
Ils peuvent être *libres*, c'est-à-dire séparés les uns des autres
(Salmonides), ou *adhérents* et former des sortes de chapelets
(Perche, Carpe). La fécondation est extérieure : les mâles
versent simplement leur laitance sur les œufs, soit au sortir
du corps de la femelle, soit au fond de l'eau. La fécondation

est donc facile à réaliser artificiellement. C'est là le point de départ de la Pisciculture artificielle.

L'*ovule* est entouré d'une *capsule* percée d'un petit orifice, le *micropyle*, qui permet le passage du spermatozoïde. Peu d'heures après la fécondation, le germe apparaît; puis l'œuf se segmente, de façon inégale, et peu à peu apparaissent les ébauches des différents organes. L'évolution de l'œuf varie de huit jours à deux mois; la température de l'eau influe sur la durée de l'incubation; le froid la ralentit considérablement.

Quand le jeune sort de l'œuf, il est muni à sa face ventrale d'une *vésicule* dite *ombilicale* (fig. 12), qui renferme le reste du vitellus nutritif de l'œuf, et dont le contenu constitue le premier aliment du poisson.

CLASSIFICATION. — On distingue cinq ordres :

| | |
|---|---|
| CYCLOSTOMES ou *Marsipobranches* : | 7 paires de poches branchiales. Pas de vessie natatoire. Squelette réduit à une corde dorsale. Orifice nasal unique. |
| GANOÏDES : | Squelette cartilagineux ou osseux. 2 ouvertures branchiales. |
| SÉLACIENS ou *Chondroptérygiens* : | Squelette cartilagineux. 5 paires de poches et 5 paires de fentes branchiales. Pas de vessie natatoire. |
| TÉLÉOSTÉENS : | Squelette osseux; 4 paires de branchies. 2 ouvertures branchiales. |
| DIPNEUSTES : | A la fois des branchies et des poumons. |

Nous ne nous occuperons, dans cet ouvrage, ni des SÉLACIENS (Squales et Raies), qui habitent surtout les mers, et ne présentent guère d'intérêt au point de vue piscicole et alimentaire, ni des DIPNEUSTES, qui établissent le passage des Poissons aux Batraciens et présentent un intérêt purement zoologique.

# CYCLOSTOMES

**Caractères généraux.** — Les Cyclostomes ont un squelette entièrement cartilagineux et réduit à la corde dorsale; il n'y a donc pas de membres, c'est-à-dire pas de nageoires paires. Le corps est allongé. La bouche, dépourvue de mâchoires, est conformée pour sucer ; elle s'arroudit au moment de la succion. Les branchies sont renfermées dans des poches, d'où le nom de *Marsipobranches* donné aussi à ces poissons. Une fosse nasale médiane. Pas de vessie natatoire.

Deux familles : *Pétromyzondites* et *Myxinides*. La première seule nous intéresse : elle renferme les Lamproies.

## LES LAMPROIES

Ce sont de singuliers poissons que les Lamproies avec leur corps serpentiforme, arrondi, sauf à la partie postérieure où il est comprimé latéralement, et absolument mou comme celui d'un ver, avec une peau dépourvue d'écailles, entièrement lisse et toujours gluante. Sur la ligne médiane du dos sont deux nageoires molles ; une nageoire caudale fait le tour de la queue, mais il n'y a pas de nageoires paires, pas de membres par conséquent. La tête est particulièrement curieuse : elle n'est pas distincte du tronc et présente une bouche circulaire, dépourvue de mâchoires, conformée pour sucer (fig. 13) ; tout autour de cette bouche sont deux lèvres charnues qui peuvent se rapprocher de façon à ne laisser entre elles qu'une fente longitudinale ; la cavité buccale est armée de nombreuses dents cornées ; en son centre est la langue, qui sert d'organe de succion : pendant que la bouche, telle une énorme ventouse, s'applique sur un objet ou une proie, la langue se meut d'avant en arrière et inversement, jouant ainsi le rôle d'un véritable piston. En arrière de la tête, et de chaque côté, se trouvent sept trous disposés longitudinalement ; ce sont des ouvertures branchiales, qui correspondent à sept paires de branchies internes ; l'entrée et la sortie de l'eau dans les sacs branchiaux s'effectuent par ces ouvertures externes.

Les Lamproies sont des poissons migrateurs, vivant alternativement en mer et en eau douce. Elles remontent périodiquement les cours d'eau pour y frayer ; comme elles ne sont pourvues que de nageoires dorsales, qui sont d'un bien faible secours pour nager, elles se meuvent par des mouvements ondulatoires de leur corps et avancent ainsi assez rapidement; quand le courant est très fort, elles progressent par bonds, en se fixant, après chaque saut, sur un corps solide, à l'aide de leur puissante bouche-ventouse ; elles parviennent ainsi à franchir des barrages ; chose singulière, elles vont jusqu'à s'attacher au corps des Saumons ou des

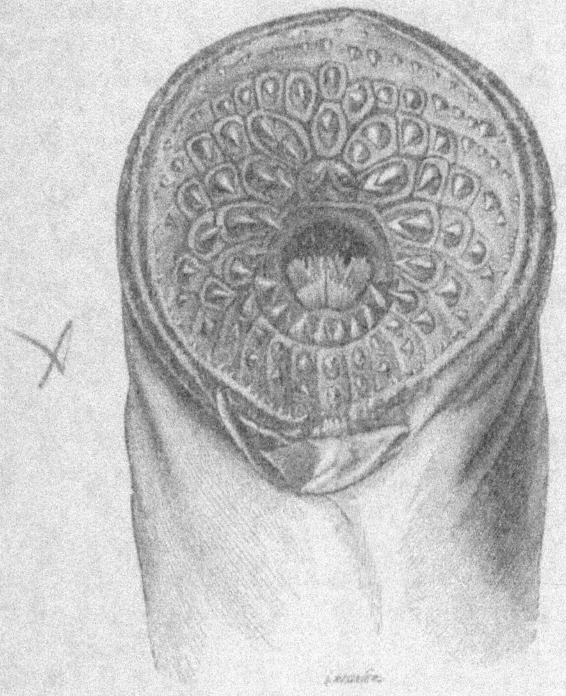

Fig. 13. — Bouche de Lamproie.

Aloses, en compagnie desquels on les voit souvent remonter les rivières ; ce fait, qui ne paraît pas douteux, est affirmé par plusieurs naturalistes, entre autres Günther et Benecke ; M. de Sayé confirme la chose et explique comment la Lamproie, qui ne peut franchir les rapides par ses propres moyens, y parvient grâce à l'Alose, qui, elle, remonte les plus forts courants : « Arrivée, dit-il, à un point qu'elle ne saurait franchir sans aide, la Lamproie s'abrite derrière une pierre, un obstacle, s'y maintient et là, attend le passage des Aloses ; quand l'une d'elles passe à sa portée, elle s'élance, la saisit à la queue ; l'Alose, effrayée, précipite sa course, fait un effort et franchit le passage difficile ; la Lamproie lâche prise aussitôt. Nous avons vu prendre, dans les filets tournants, des aloses ainsi accrochées ; or, ces filets sont placés dans les courants les plus forts. » Les Lamproies ont d'ailleurs l'habitude de se fixer après les pierres, à la façon des sangsues, en laissant leur corps flotter au gré de l'eau ; de là leur vient le nom de *suce-pierres*. Elles s'envasent aussi comme les Anguilles.

Les Lamproies pondent, d'avril à juin, des œufs très nombreux, très petits et collants ; elles les déposent en eau courante, dans des trous, des excavations ou entre les interstices des pierres et des graviers. Après le frai, elles reprennent le chemin de la mer, mais elles sont fort épuisées et beaucoup périssent. Les jeunes, très différentes des adultes, sont désignées sous le nom d'*Ammocètes* et ont longtemps été considérées comme des poissons d'une espèce particulière ; elles subissent, du reste, des métamorphoses longues et compliquées, avant de parvenir à leur forme définitive.

Les Lamproies ont un régime carnivore ; leur nourriture consiste en animaux aquatiques divers : insectes, vers, mollusques ; les grandes espèces s'attaquent même aux poissons vivants, dont elles sucent le sang ; elles mangent aussi le frai des autres poissons et ne dédaignent point la chair morte ni les cadavres en décomposition. Leur chair, délicate et très estimée, se rapproche de celle de l'Anguille. Ces excellents poissons se rencontrent dans la plupart des cours d'eau de France, quoique en nombre beaucoup plus restreint que jadis ; ils sont très rares dans les étangs, mais y vivent fort bien quand on les y introduit. Ils vivent également en vivier pendant fort longtemps. Très résistants hors de l'eau, ils sont aisément transportables dans de la mousse et des herbes humides. Leur frai peut, d'ailleurs, se transporter aisément à de grandes distances dans de la mousse humide.

Trois espèces de Lamproies appartiennent à notre faune : la Lamproie marine, la Lamproie fluviatile et la Lamproie de Planer (fig. 14).

La **Lamproie marine** ou **Grande Lamproie** (*Petromyzon*

*marinus*) a de 0^m,60 à 1 mètre de longueur et atteint le
poids de 1 500 grammes ; elle est d'un grisâtre marbré de
brun sur le dos et les flancs, d'un blanc jaunâtre sur le
ventre ; ses deux nageoires dorsales sont nettement séparées
l'une de l'autre. Sa bouche est armée de nombreuses petites
dents cornées et coniques, disposées en rangées circulaires ;
au centre sont des dents plus grosses ; la langue porte en
outre trois larges dents, profondément découpées sur leurs

Fig. 14. — Les Lamproies.

bords. Cette Lamproie vit dans nos mers françaises, elle y
passe la plus grande partie de son existence ; au printemps,
d'avril à juin, elle remonte les fleuves pour frayer ; elle vient
notamment dans la Loire et dans le Rhône : on la pêche
assez fréquemment dans la Loire, jusqu'au-dessus d'Orléans,
et il n'est pas rare de la rencontrer dans l'Isère et jusqu'en
Savoie ; les couples se forment vers le mois de mai, puis
chacun se creuse dans le lit du cours d'eau un long sillon où
il s'installe jusqu'à la fin de la ponte. Le retour à la mer
s'effectue à la fin de juin.

La **Lamproie fluviatile** (*P. fluviatilis*) atteint rarement 0ᵐ,45 de long ; elle est d'un brun olivâtre en dessus, gris jaunâtre sur les côtés, blanc argenté en dessous ; les deux nageoires dorsales sont séparées et d'une teinte légèrement violacée ; sa bouche ne possède qu'une seule rangée circulaire de dents. Malgré son nom de *fluviatile*, elle habite les mers, mais séjourne plus longtemps dans les fleuves que l'espèce précédente ; elle les remonte très haut dès le début du printemps ; les couples se forment en mai et fraient dans des excavations allongées qu'ils creusent dans la vase, puis garnissent de cailloux. Le directeur d'une station aquicole des États-Unis, qui a eu l'occasion de voir la Lamproie fluviatile procéder à la formation de sa frayère, décrit ainsi cette opération : « Le mâle et la femelle étaient fixés à une roche au moyen de leur suçoir et se servaient de leur queue comme d'un éventail pour écarter de la frayère le limon, le sable et le gravier ; lorsqu'ils rencontraient une pierre trop grosse pour être écartée par la queue, ils y fixaient leur suçoir et tiraient le caillou au loin ; si la pierre était trop lourde pour un seul, ils s'y attelaient tous les deux en combinant leurs efforts pour s'éloigner ; ces manœuvres étaient exécutées avec habileté, car ils opéraient toujours dans la même direction, et jamais leurs efforts ne se contrariaient ; ils parvenaient ainsi à déplacer des pierres de plus d'un kilogramme. Quand la frayère fut en bon ordre à leur gré, la femelle y déposa ses œufs, qui furent recouverts de limon et de gravier, de la même façon dont avait été effectué le déblaiement. »

Le retour à la mer ne s'effectue qu'en automne. Comme la Lamproie marine, la Lamproie fluviatile remonte nos grands cours d'eau et leurs affluents, mais elle y devient de moins en moins nombreuse, à cause des obstacles qu'elle rencontre sur sa route ; on la désigne sous les noms de *Bête à sept trous*, *Sept-œil*, etc., qui font allusion aux sept orifices branchiaux situés de chaque côté du corps, en arrière de la tête. L'établissement d'échelles sur les barrages élevés faciliterait certainement la remonte de ces deux Lamproies, dont la chair est très estimée.

La **Lamproie de Planer** (*P. Planeri*), *Lamproie Sucet* ou

*Lamprillon*, diffère peu de la Lamproie fluviatile ; A. Schneider et plusieurs ichtyologistes estiment même que ces deux espèces n'en font qu'une et que la Lamproie de Planer ne serait que la forme jeune de la Lamproie fluviatile. Toujours est-il que la Lamproie de Planer présente certains caractères spéciaux : elle ne dépasse pas 20 à 25 centimètres de longueur, ses deux nageoires dorsales se succèdent sans aucun intervalle, ses dents sont obtuses au lieu d'être pointues ; de plus, elle semble ne jamais quitter les eaux douces. Elle est très commune dans les rivières et les ruisseaux à fond un peu sablonneux ; ses mœurs et ses habitudes sont identiques à celles des deux autres espèces de Lamproies ; on pense que cette petite Lamproie passe l'hiver enfouie dans la vase, mais il semble assez logique d'admettre que, parvenue à l'état adulte, elle gagne la mer pour en revenir ensuite sous forme de Lamproie fluviatile.

L'existence en eau douce de la Lamproie de Planer comporte, du reste, des métamorphoses véritables, à tel point que les jeunes étaient jadis considérés comme appartenant à un genre particulier et désignés sous le nom d'*Ammocœtes branchialis*; ce sont eux qu'on appelle vulgairement des *chatrouilles* ou *chatouilles*. En 1856, Aug. Muller et Schultze démontrèrent scientifiquement que l'Ammocète était la larve de la Lamproie de Planer. Sous cette forme, la Lamproie a de 10 à 20 centimètres de long et sa couleur est d'un jaune sale ; elle est aveugle, car les yeux sont cachés sous la peau ; elle est privée de dents ; sa bouche, impropre à la succion, est en forme de fer à cheval et bordée par deux lèvres de dimensions inégales, la supérieure étant plus développée et demi-circulaire ; les orifices branchiaux externes sont fort petits et situés dans une gouttière longitudinale profonde. La Lamproie de Planer passe trois ou quatre ans sous cet état ; pendant cette longue période, elle fuit la lumière et vit dans la vase ; elle se métamorphose d'août à janvier en acquérant progressivement tous les caractères de l'adulte ; le frai a lieu pendant les mois de mars et d'avril suivants. Cette petite Lamproie n'est pas comestible, mais elle est très recherchée pour servir d'appât à la pêche des poissons carnassiers.

# GANOÏDES

**Caractères généraux**. — Le squelette est cartilagineux, ou osseux, avec des écailles ganoïdes (fig. 15) (plaques osseuses

Fig. 15. — Écaille ganoïde.

dermiques). Les nageoires pectorales sont bien développées ; la nageoire caudale est ordinairement hétérocerque. Les branchies sont libres dans la cavité branchiale et protégées par un opercule ; il existe des évents, orifices qui mettent en communication l'extérieur avec la cavité branchiale. Le tube digestif présente une valvule spirale. Il y a une vessie natatoire en communication avec l'estomac.

Les Ganoïdes sont des Poissons intermédiaires entre les Sélaciens et les Téléostéens ; ils ne comprennent qu'un petit nombre de types ; un seul nous intéresse, l'Esturgeon, qui appartient au groupe des *Chondroganoïdes*, c'est-à-dire des Ganoïdes à squelette cartilagineux, et à la famille des Sturonides.

**L'Esturgeon commun** (*Acipenser sturio*) (fig. 16) est un poisson de très grande taille ; il a généralement 2 mètres de longueur et pèse de 50 à 80 kilogrammes ; mais il peut atteindre jusqu'à 5 ou 6 mètres, avec un poids de 500 kilogrammes. Son corps rappelle celui du Requin : il diminue graduellement de largeur depuis la tête jusqu'à la nageoire caudale et présente, avec son museau allongé et pointu, une forme légèrement en fuseau ; la peau est chagrinée et recouverte d'écussons osseux sur cinq rangées longitudinales : une rangée dorsale, deux latérales et deux ventrales, qui délimitent une sorte de pyramide à cinq faces ; la crête dorsale se compose de 12 à 14 écussons et les latérales de 28 à 36. La partie dorsale du crâne cartilagineux est recouverte d'une carapace d'os dermiques, régulièrement disposés.

Les nageoires sont toutes bien développées ; les pectorales sont insérées très en avant, les ventrales sont au contraire très reculées ; il n'y a qu'une seule dorsale, reportée aussi très en arrière et située à peu près au-dessus de la nageoire

anale ; la caudale est nettement hétérocerque. La bouche
est située en dessous et en
arrière du museau, de telle
façon qu'elle s'ouvre vers le bas et
se trouve en contact avec le sol
quand le poisson est couché sur le
ventre ; elle est protractile et peut
saillir fortement grâce à des muscles
puissants ; elle est de forme elliptique,
possède de fortes mâchoires cartila-
gineuses, mais est complètement dépourvue de dents ; entre la bouche et
la pointe du museau, à la partie inférieure de celui-ci, sont quatre barbillons vermiformes.

La coloration générale de l'Esturgeon est d'un brun verdâtre sur le
dos, blanchâtre sur les côtés et blanche
sur le ventre.

L'Esturgeon habite toutes nos mers
françaises ; chaque année, au printemps, il vient en eau douce pour
frayer ; c'est donc un poisson *anadrome*,
comme la Lamproie, l'Alose et le
Saumon. Il remonte, en avril et mai,
soit par couples, soit par troupes
nombreuses, les cours d'eau larges et
profonds, la Loire et la Garonne principalement ; on le trouve aussi dans le
Rhône, ainsi que dans l'Adour, la
Seine, la Somme, etc., rarement dans
ces deux derniers fleuves ; il ne pénètre pas dans les petites rivières.

Peu de temps après leur naissance,
les jeunes Esturgeons se rendent à la
mer ; ils se nourrissent d'abord de vers,
d'insectes, de mollusques, de frai de poisson, de débris animaux

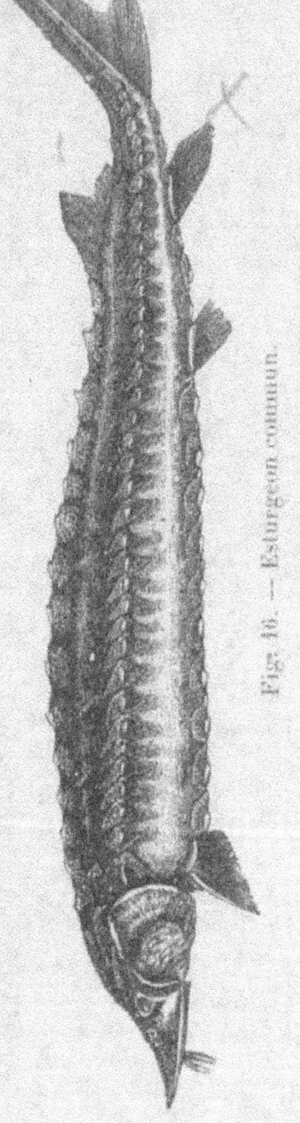

Fig. 16. — Esturgeon commun.

et végétaux ; devenus adultes, leur voracité s'accroît ; ils s'attaquent en mer aux harengs, aux maquereaux, aux morues et, dans leur voyage de printemps en eau douce, aux anguilles et aux saumons ; leur manque de dents les oblige à avaler leur proie sans la déchirer.

Jadis abondant dans nos grands cours d'eau, l'Esturgeon y est devenu accidentel et sa pêche est maintenant presque abandonnée ; il se maintient encore un peu dans les fleuves tributaires de l'Océan Atlantique, mais dans le Rhône on ne le prend pour ainsi dire plus : il y a une trentaine d'années, on prenait à Avignon, annuellement, au moment de la remonte, 400 à 500 individus ; aujourd'hui, on en capture une dizaine tout au plus, par accident.

A quelle cause attribuer cette disparition fâcheuse ? Ce n'est certes pas au défaut de fécondité de l'Esturgeon, qui se montre étonnamment prolifique ; une femelle de poids moyen donne un million et demi d'œufs ; on en a vu fournir en œufs le tiers de leur poids ! Quant à la laitance, elle pèse parfois jusqu'à cinquante kilogrammes. Ce n'est pas non plus à l'existence de barrages insurmontables, puisque le Rhône, qui ne présente pas de semblables obstacles, voit les esturgeons disparaître beaucoup plus vite que la Garonne, où le barrage d'Agen arrête, depuis une cinquantaine d'années, la montée de la plupart des reproducteurs et où le barrage de Toulouse constitue une barrière absolument infranchissable en tout temps. M. Roule, directeur de la station de Pisciculture de l'Université de Toulouse, n'hésite pas à considérer la pêche au chalut en mer comme la principale cause de la diminution des esturgeons dans nos cours d'eau.

On sait, en effet, que la pêche au grand chalut, à l'aide des barques à voile aussi bien que des barques à vapeur, se pratique maintenant, d'une manière intensive, sur toutes nos côtes ; les fonds vaseux du littoral, qu'affectionne précisément l'Esturgeon, sont dragués et parcourus jusqu'à une centaine de mètres de profondeur ; aussi les captures d'esturgeon en mer, pendant la mauvaise saison, sont-elles relativement fréquentes. C'est donc aux pêcheurs au chalut que revient la responsabilité de la destruction de l'Esturgeon. On s'explique, par la configuration des côtes, l'appauvrissement plus rapide des cours d'eau tributaires de la Méditerranée ; le golfe de Gascogne, plus large, moins resserré que le golfe du Lion, échappe mieux aux chalutiers et réussit à conserver quelques réserves, sans doute plus profondes, où les poissons se maintiennent encore.

Il n'y a malheureusement rien à faire contre ces pratiques abusives de la pêche maritime. Dès lors, à quoi bon s'occuper de propager l'Esturgeon dans nos fleuves par les méthodes de la pisciculture naturelle ou artificielle ? Il faut, tout au moins pour le midi de la France, se résigner à voir nos eaux douces totalement privées, dans un avenir peu éloigné, de ce superbe poisson. C'est chose d'autant plus regrettable que l'Esturgeon fournirait à notre pays de précieuses ressources pour l'alimentation et l'industrie. Sa chair est excellente, à la fois délicate et très nourrissante ; elle est comparable à celle du veau ; on la mange fraîche, séchée ou marinée. Avec les œufs, on prépare en Russie le *caviar*, mets des plus recherchés. La vessie natatoire, très développée, sert à fabriquer l'*ichtyocolle*, ou colle de poisson, produit gélatineux utilisé dans différentes industries et dont on importe chaque année en France des quantités considérables.

**Le Sterlet**, sorte de petit Esturgeon d'eau douce, indigène de Russie, a été introduit en Angleterre. Sa chair est très bonne. Il mérite d'être étudié en vue de l'acclimatation.

# TÉLÉOSTÉENS

**Caractères généraux.** — Les caractères généraux des Poissons Téléostéens ont été exposés aux Généralités zoologiques sur les Poissons.

**Classification.** — La subdivision des Poissons en ordres, d'après des caractères fixes et sensibles, offre beaucoup de difficultés. Cuvier divisait les Téléostéens en Lophobranches, Plectognathes, Acanthoptérygiens et Malacoptérygiens, ces derniers subdivisés en Abdominaux, Subbrachiens et Apodes. Müller, se basant sur ses recherches anatomiques, a partagé les Téléostéens en six ordres, dont on n'a conservé que cinq : *Acanthoptérygiens*, *Anacanthiniens*, *Physostomes*, *Plecto-*

*gnathes* et *Lophobranches* (ces deux derniers ordres déjà définis par Cuvier). Les Anacanthiniens se rapportent à peu près aux Subbrachiens de Cuvier ; les Physostomes comprennent les Abdominaux et une partie des Apodes de Cuvier.

Les Physostomes ont toujours une vessie natatoire communiquant par un canal avec le pharynx ; ce sont tous des Poissons *malacoptérygiens*, c'est-à-dire dont les rayons des nageoires sont mous et articulés ; ils comprennent d'ailleurs les Malacoptérygiens apodes et abdominaux de la classification de Cuvier, mais les premiers en partie seulement. Ils possèdent ou non des nageoires abdominales ; d'où leur classification en *apodes* et *abdominaux*.

Les Physoclystes ont une vessie natatoire close (dépourvue de canal aérien). Les uns sont *malacoptérygiens*, c'est-à-dire que les rayons de leurs nageoires sont formés de segments articulés ; les autres sont *acanthoptérygiens* ; ils ont les rayons antérieurs des nageoires dorsale et anale rigides et d'une seule pièce. Les Physoclystes ont presque toujours les nageoires abdominales placées très en avant. On les divise en quatre ordres : *Lophobranches*, *Plectognathes*, *Anacanthiniens* et *Acanthoptérygiens* ; les deux derniers ordres seuls nous intéressent.

---

I

Les *Physostomes apodes*, c'est-à-dire privés de nageoires ventrales, comprennent deux familles : les Murénides et les Gymnotides ; la première est seule à nous intéresser.

## MURÉNIDES

Cette famille renferme les Anguilles, les Murènes et les Congres, tous poissons à corps serpentiforme, nu ou couvert d'écailles rudimentaires.

L'**Anguille commune** (*Anguilla vulgaris*) (fig. 17) a le corps cylindrique et allongé, comme celui d'un serpent ; la partie postérieure est seule comprimée ; sa peau, lisse et épaisse, est enduite d'une substance visqueuse et renferme de très petites écailles oblongues, non apparentes à l'œil nu. La tête, relativement petite, est allongée et arrondie en dessus ; la mâchoire inférieure dépasse légèrement la supérieure, toutes deux sont garnies de petites dents aiguës. L'ouverture branchiale est réduite à une simple fente située près de la base des nageoires pectorales ; celles-ci sont petites ; très en arrière d'elles, vers le milieu du dos, commence la nageoire dorsale ; elle se prolonge avec la caudale, qui se soude elle-même avec l'anale. L'Anguille présente une couleur variable avec la nature des eaux où elle vit ; elle est d'autant plus

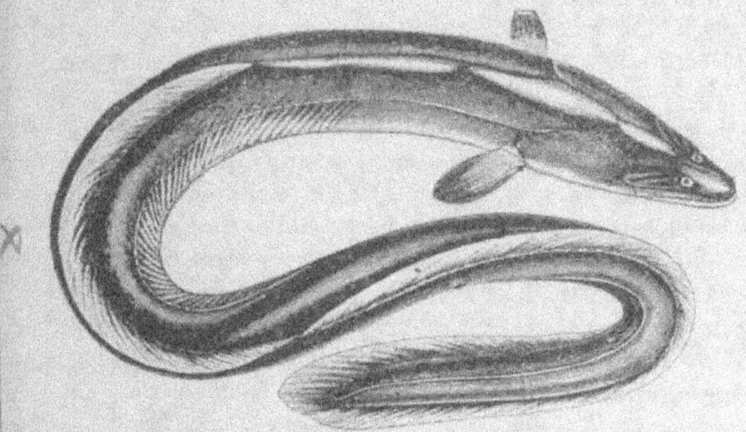

Fig. 17. — L'Anguille commune.

claire que l'eau est plus pure : le dos varie du vert foncé métallique au bleu verdâtre, et le ventre du blanc argenté au jaunâtre. Les dimensions moyennes sont comprises entre 0<sup>m</sup> 50 et 0<sup>m</sup> 90 et le poids entre 2 et 6 kilogrammes ; mais l'Anguille peut atteindre 1<sup>m</sup> 80 de longueur et 35 centimètres de tour ; on en a pêché du poids de 13 kilogrammes.

L'Anguille présente de grandes variations dans la forme et les proportions de la tête ; depuis longtemps on en distingue plusieurs variétés : l'Anguille à large bec (*A. latirostris*), désignée par les pêcheurs sous le nom de *Pimperneau* ; sa tête est très large et son museau très arrondi ; — l'Anguille à bec moyen (*A. mediorostris*) ou *Verniau*, à tête conique ; c'est la variété la plus répandue dans notre pays ; — l'Anguille à bec oblong (*A. oblongirostris*) ; — l'Anguille à long bec (*A. acuti-rostris*), à tête grêle, étroite et à corps effilé.

L'Anguille vit dans tous nos cours d'eau et s'accommode à peu près de toutes les eaux ; cependant, elle montre une préférence marquée pour les eaux stagnantes, un peu profondes, à fond vaseux ou bourbeux : elle utilise les ruisseaux, les canaux d'arrosage et les plus minces filets d'eau, pour se rendre dans les lieux saumâtres et marécageux. On la trouve ainsi jusque dans les tourbières et les ballastières ; mais, fait curieux et déconcertant, elle peuple ces endroits, même quand ils sont privés de toute communication avec les fleuves ou les rivières ; on la pêche également dans les étangs les mieux isolés.

C'est là une des particularités les plus surprenantes de ce poisson singulier, qui s'éloigne des autres par son aspect et ses mœurs, et sur le compte duquel tant de légendes ont été émises. Elle s'explique par la faculté que l'Anguille a de pouvoir demeu-rer assez longtemps hors de l'eau sans périr, car l'étroitesse de l'ouverture de sa chambre branchiale, que recouvre un petit opercule, permet à ce poisson de conserver assez d'eau pour suffire à sa respiration, d'ailleurs peu active ; cette faculté, l'Anguille la met à profit pour quitter les eaux où elle séjourne et parcourir à terre un chemin parfois considérable, afin d'aller à la recherche des eaux qui lui conviennent le mieux. Elle émigre de la sorte quand, en été, les eaux deviennent trop chaudes ou qu'elles commencent à se corrompre ; quand elle ne trouve plus de nourriture en quantité suffisante, ou lorsque la compacité du sol l'empêche de creuser les berges ou d'affouiller le fond ; souvent, à l'automne, elle va à la recherche d'un endroit pour s'envaser pendant l'hiver. Elle voyage la nuit, — car ces mœurs sont surtout nocturnes, — par un temps frais et couvert, en rampant dans les herbes humides, à la façon des serpents ; le jour, elle reste blottie dans les touffes d'herbes ; elle se nourrit alors de vers, insectes, limaces et mollusques divers, et nullement de petits pois, comme on l'a prétendu. Maintes fois, on a vu des Anguilles coupées dans les prés par la faux, ou dans les champs par le soc de la charrue.

Ces migrations terrestres, si singulières qu'elles puissent paraître de la part d'un poisson, sont absolument certaines ; des observations précises et répétées ne permettent pas de les mettre en doute. Elles suffisent à expliquer la présence d'anguilles dans des mares situées loin de tout cours d'eau. Du reste, l'Anguille sent l'eau de fort loin ; les pêcheurs n'ignorent pas qu'une anguille, lâchée à vingt ou trente mètres de la rivière, se dirige vers elle presque infailliblement. Les anguilles que l'on trouve dans ces endroits isolés n'y sont donc pas emprisonnées ; elles ne s'y reproduisent d'ailleurs pas, car l'eau salée leur est nécessaire pour frayer. Après s'être reproduites, elles quittent la mer pour retourner dans les cours d'eau ; mais, étant donnée leur humeur errante, il est peu probable qu'elles reviennent toujours à leurs anciennes demeures.

L'Anguille sort surtout la nuit ; pendant le jour, elle reste cachée dans les excavations des rives ou dans une galerie à deux issues qu'elle s'est pratiquée dans la vase. L'hiver, elle demeure engourdie et reste enfonie dans la vase ; elle est assez sensible aux grands froids, comme aux grandes chaleurs. L'Anguille est très vorace et très carnassière ; elle fait la chasse aux insectes, aux mollusques, aux vers, détruit le frai, les petits poissons, les alevins (de tanches surtout), les grenouilles, les écrevisses. Elle est, du reste, très vigoureuse, très souple, très agile ; elle nage aisément et remonte rapidement les courants. C'est un poisson très fin ; sa chair délicate, quoique un peu grasse, est excellente ; les Romains l'estimaient presque à l'égal de la Murène.

Le sérum sanguin de l'Anguille possède des propriétés toxiques analogues à celles du venin des serpents.

L'Anguille a une existence fort longue ; il semble que sa longévité soit au moins d'une cinquantaine d'années ; M. Desmaret, professeur à l'École vétérinaire d'Alfort, en conserva une pendant plus de 37 ans.

**La Reproduction de l'Anguille.** — On sait depuis quelques années seulement la façon exacte dont s'effectue la reproduction de l'Anguille. Jusqu'alors, l'origine de ce poisson avait quelque chose de mystérieux ; on n'ignorait pas — Aristote le savait déjà — que les anguillettes apparaissent aux embouchures des cours d'eau et remontent de la mer vers les sources ; mais tout se bornait là et, il y a cinquante ans encore, on n'était guère plus avancé sur cette question qu'à l'époque d'Aristote. On avait toutefois reconnu l'absurdité des croyances primitives : les anciens pensaient en effet que les Anguilles n'avaient pas de sexe, qu'elles n'engendraient pas et qu'elles provenaient de vers qui naissaient eux-mêmes dans la vase ; Pline supposait que l'Anguille se reproduisait en se frottant contre les rochers, de façon à détacher de son corps une matière muqueuse qui se changeait en poisson ! Au moyen âge, certains naturalistes déclaraient que l'Anguille était due à la production de la rosée des premiers jours de printemps ! On supposait bien, au XVI⁰ siècle, que la multiplication s'opérait au moyen d'œufs ou de petits sortant vivants de l'Anguille, mais rien n'était encore élucidé à ce sujet au XIX⁰ siècle et on ignorait si l'Anguille était ovipare, vivipare ou ovovivipare. De Siebold, puis Ercolani prétendirent qu'elle était hermaphrodite. Lacépède, Bosc, Yarrell, Young, etc., la regardaient comme ovipare. D'autres ichtyologistes soutenaient qu'elle était vivipare et que l'on trouvait souvent des petits dans son ventre. Émile Blanchard allait jusqu'à considérer l'Anguille comme la forme larvaire d'un autre poisson, et par suite comme incapable de se reproduire elle-même.

Les recherches de Benecke et d'autres naturalistes montrèrent nettement que les sexes sont séparés, que les femelles sont ovipares et pondent des œufs, comme chez la majeure partie des Poissons. Les avis étaient cependant partagés au sujet de la différence des sexes ; pour certains observateurs, l'anguille mâle était plus petite que la femelle, elle avait 0ᵐ48 de longueur au maximum, était de couleur bronzée, à reflets métalliques, et habitait toujours la mer ; Jacobi, Syrski, etc., soutenaient au contraire que les mâles sont toujours de plus grande taille que les femelles. Il est cependant facile de distinguer les sexes par l'étude des organes reproducteurs : chez les femelles, on distingue sans peine deux ovaires situés l'un à droite, l'autre à gauche du tube digestif, ayant la forme de rubans continus, demi-transparents, jaunâtres et fortement plissés en collerette ; on y reconnaît aisément les ovules, qui sont très petits et en nombre considérable, cinq millions environ. Chez les mâles, les deux testicules ont également la forme de rubans; ils sont minces, étroits, d'aspect luisant, vitreux et lisse, de couleur rosée ou grisâtre; ils sont constitués par une série de lobes aplatis, flottants, larges de 2 millimètres.

La croyance à la viviparité de l'Anguille s'explique par ce fait que l'on trouve souvent des sortes d'anguillules dans l'intestin des anguilles; or, il s'agit là de vers parasites, de nématodes (ascarides ou filaires), notamment de l'*Ascaris labiata*, qui vivent en grand nombre dans le tube digestif de l'Anguille, et que leur forme et leurs dimensions font ressembler superficiellement à de petites anguilles; c'est même la présence de ces vers dans le corps des goujons qui persuade aux pêcheurs que « l'anguille naît du goujon » et qu'elle sort toute vivante de ce petit poisson. Il suffit de regarder avec un peu d'attention ces vers parasites pour se convaincre qu'ils n'ont pas la demi-transparence et les yeux bien distincts des petites anguilles: en outre, la présence exclusive de ces vers dans l'intestin — car on ne les rencontre jamais dans la cavité abdominale — indique clairement qu'ils n'ont rien de commun avec des larves d'anguilles.

Cependant, malgré les recherches que nous venons d'indiquer, on restait dans l'ignorance la plus complète en ce qui concerne le mode de reproduction lui-même. Il était seulement permis de supposer que la ponte s'effectuait aux embouchures des cours d'eau, puisque les adultes vont à la mer et que les jeunes remontent les rivières. Dès la fin de l'été, en effet, de fin septembre à décembre, les anguilles parvenues à leur cinquième ou sixième année d'existence et aptes à la reproduction descendent les fleuves pendant la nuit, pour aller frayer en mer; elles agissent donc à l'inverse des poissons *anadromes*, tels que les lamproies et les saumons, et sont dénommées poissons *catadromes*. On rencontre les anguilles, surtout lors de la crue des eaux, par paquets de cinq ou six, enroulées comme des serpents; ces groupes sont entraînés par le courant et vont à la dérive au fil de l'eau; on supposait que les poissons étaient ainsi réunis pour l'acte de la copulation et que la fatigue résultant de cette fonction était cause qu'ils se laissaient aller au courant ; il n'en est rien, la maturité sexuelle de l'Anguille n'a lieu qu'après l'arrivée à la mer. A cette époque, on capture beaucoup d'anguilles dans les verveux ou les nasses installés dans les coursiers des usines, tandis que les roues des turbines en hachent un grand nombre d'autres.

Chaque année, au printemps, généralement par les grandes marées, on voit apparaître, aux embouchures des fleuves et des rivières de l'Océan et de la Méditerranée, des myriades de jeunes anguilles ; elles y demeurent quelques jours, s'y nourrissant des détritus et des animalcules charriés par le limon ; après ce court séjour en eau saumâtre, elles se mettent en route pour remonter le courant. Suivant les renseignements fournis, en 1899, par les commissaires de l'inscription maritime, l'apparition des jeunes anguilles aurait lieu : fin février, à Nantes ; commencement de février, à Dinan et Saint-Nazaire ; de décembre à janvier, à Marans, Rochefort, Pauillac, Bayonne ; en novembre, à Marennes. D'après M. Bouchon-Brandely, ancien inspecteur général des pêches maritimes, cette montée aurait lieu en novembre sur les côtes du Roussillon. Le phénomène de la montée prendrait fin en avril à Dinan, Saint-Nazaire, Marans, Marennes, Saintes, Pauillac, Langon ; en mai à Nantes et Rochefort ; fin mars à Bayonne. *La montée commence et finit donc plus tôt dans les régions méridionales.*

Ces anguillettes, que les pêcheurs désignent sous les noms de *montinettes* (Picardie), *civelles* (Seine, Loire), *bouörons* (Rhône) ou *piballes* (Sud-Est), ont l'aspect de fils gélatineux transparents, de deux à trois centimètres de longueur en moyenne, où l'on distingue nettement deux yeux noirs. Elles sont aussi innombrables que minuscules, et leur quantité est telle qu'elles obscurcissent souvent les eaux et forment parfois des bancs de plusieurs kilomètres de longueur ; leur épaisse colonne se dirige vers les sources, en se tenant soit au fond, soit à la surface de l'eau, et surtout près de chaque rive, là où le courant offre le moins de résistance ; à chaque cours d'eau tributaire, une partie se sépare de la masse, s'engage dans l'affluent, pénètre jusque dans les moindres ruisseaux et finit par arriver jusqu'aux étangs et aux lacs des montagnes. Les cascades et les chutes n'arrêtent pas toujours les anguillettes dans leur marche incessante ; ainsi la chute du Rhin à Schaffouse ne les empêche pas de continuer leur route jusqu'au lac de Constance ; grâce au mucus visqueux qui les recouvre, elles rampent sur les surfaces verticales et peuvent franchir les écluses ; elles ont d'ailleurs la faculté de sortir de l'eau et de vivre un certain temps hors de cet élément : elles peuvent donc surmonter ou contourner les obstacles. Cependant, les barrages à chute verticale, de 2 mètres et plus de hauteur, constituent souvent un obstacle infranchissable aux anguillettes, et c'est à leur construction que les parties supérieures des rivières canalisées doivent leur diminution très sensible en anguilles. La montée dure deux mois environ. Au fur et à mesure que les anguilles avancent dans l'intérieur du pays, leur colonne initiale devient de moins en moins compacte, leur nombre de moins en moins abondant, mais elles acquièrent de la taille et deviennent de plus en plus fortes ; leur croissance se fait du reste assez rapidement : au bout de la première année, elles atteignent 15 à 20 centimètres de longueur et un poids de 15 à 30 grammes ; elles ont doublé de taille et de poids à la fin de la seconde année ; à quatre ans, elles ont 50 à 60 centimètres avec un poids d'environ 600 grammes ; vers l'âge de sept ou huit ans, l'Anguille arrive à peu près à son développement maximum, elle peut dépasser 1 mètre et atteindre 3 à 5 kilogrammes.

On connaissait donc toute la vie de l'Anguille, excepté la période de début. Que se passe-t-il donc dans l'intervalle qui s'écoule entre l'arrivée des adultes à la mer et l'apparition des jeunes aux embouchures ? Nous le savons enfin depuis les travaux de deux savants italiens, MM. Grassi et Calandruccio, qui, les premiers, observèrent le mode de reproduction de l'Anguille et résolurent la question que s'étaient posée jusqu'alors les naturalistes. Grâce à leurs recherches, on apprit que les Anguilles adultes, après avoir gagné la mer, vont frayer dans les grands fonds, à 500 mètres au moins de profondeur ; de leurs œufs sortent de très petits poissons

(6 millimètres à 7ᵐᵐ,7 de long), d'aspect gélatineux, à corps allongé, fortement aplati et transparent. On connaissait bien ces petits poissons, mais on était loin de soupçonner leurs étroits rapports avec les Anguilles, et on leur donnait le nom de Leptocéphales (*Leptocephalus brevirostris*); MM. Grassi et Calandruccio ayant recueilli des Leptocéphales dans le détroit de Messine et les ayant conservés en aquarium, les virent subir des métamorphoses : peu à peu, ces minuscules poissons perdirent leur diaphanéité, leur corps se réduisit et ils devinrent de petites anguilles communes. Un autre savant italien, le professeur Ficalbi, a confirmé le fait, qui est maintenant incontesté et reconnu par tous les zoologistes. Quant aux femelles qui ont frayé au fond de la mer, elles reviendraient, d'après Robin, dans les fleuves et les rivières, comme le prouverait la présence d'animaux marins dans leur estomac. Au bout d'un an de vie maritime, entre février et avril, les anguillettes remontent les rivières; elles y achèvent leur évolution et deviennent adultes.

---

## II

Les Poissons *Physostomes abdominaux* ont tous des nageoires abdominales, situées en arrière des nageoires pectorales. Ils forment plusieurs familles, d'une haute importance pour l'alimentation publique et la pisciculture : *Clupéides*, *Esocides*, *Salmonides*, *Cyprinides*, etc.

## CLUPÉIDES

Les Clupéides ont un corps comprimé, revêtu de grandes écailles minces se détachant aisément ; leur bord ventral est denté en scie ; ils n'ont qu'une seule nageoire dorsale. Tous sont carnassiers. Sont à signaler dans cette famille : l'Alose, seul Clupéide d'eau douce, puis le Hareng, la Sardine et l'Anchois.

*

**Genre Alose** (*Alosa*). — Corps allongé, couvert d'écailles minces et peu adhérentes, carène abdominale garnie de scutelles épineuses ; opercule strié.

**L'Alose commune** (*Alosa vulgaris* (fig. 18) ressemble beaucoup au Hareng, mais elle atteint des dimensions bien plus grandes. Elle a le corps élevé et comprimé, avec une nageoire caudale très fourchue ; sa tête est petite avec une bouche fendue jusqu'en arrière des yeux ; seule la mâchoire supérieure est garnie de dents. Le dos est de couleur verdâtre et le reste du corps est argenté ; une ou deux taches noires se trouvent toujours en arrière des ouïes ; sur la nageoire caudale sont également deux taches brunes. L'Alose mesure en moyenne 0$^m$,30 à 0$^m$,70 de longueur ; sa taille atteint jusqu'à 1 mètre, sa hauteur 0$^m$,24 environ et son poids 3 kilogrammes.

Fig. 18. — L'Alose commune.

L'Alose se classe parmi les poissons migrateurs *anadromes*, c'est-à-dire qui remontent de la mer dans les fleuves pour frayer. Elle habite toutes nos mers ; son existence se passe, en majeure partie, dans les grands fonds ; mais, au printemps, elle se rapproche des côtes, puis pénètre dans les embouchures en troupes plus ou moins nombreuses, pour aller se reproduire en eau douce. Ce voyage fluvial a lieu de mars à juin, suivant la température, qui paraît exercer une très grande influence sur la remonte des Aloses ; c'est surtout au mois de mai que les Aloses apparaissent en bandes dans nos cours d'eau, aussi les pêcheurs les désignent-ils généralement sous le nom de *poissons de mai* ; elles voyagent de préférence entre huit et onze heures du matin et de quatre à six heures du soir. La vigueur musculaire de l'Alose est grande ; elle lui permet de remonter le courant en nageant à une vitesse de trois à quatre kilomètres à l'heure et d'effectuer ainsi des parcours considérables ; on trouve des Aloses jusque dans les départements de l'Yonne, de la Côte-d'Or, du Jura, de la Loire, de la Haute-Loire, de la Savoie, etc. ; elles remontent la Saône jusqu'au barrage de Gray, à sept cents kilomètres de la mer ; toutefois, elles ne pénètrent pas, comme les Saumons, dans les parties tout à fait supérieures des bassins et ne recherchent pas autant qu'eux les petits cours d'eau ; les eaux trop froides ne conviennent pas du reste à l'incubation de leurs œufs et elles ont grand soin de les éviter. C'est pendant ce voyage d'aller qu'on fait une pêche active aux Aloses ; leur chair est excellente à ce moment.

Les Aloses sont ordinairement prêtes à frayer dès leur arrivée en eau douce ; sitôt que la température de l'eau est comprise entre 16 et 20 degrés, elles effectuent leur ponte. Elles recherchent les endroits à fond caillouteux, ayant une profondeur d'environ 0$^m$,50 et où le courant est suffisamment rapide pour agiter leurs œufs pendant l'incubation, mais pas assez fort cependant pour les entraîner, car ils sont de faible densité. Au crépuscule, les Aloses se rassemblent dans ces endroits favorables ; on les entend d'assez loin « battre » l'eau bruyamment pendant les premières heures de la nuit : les mâles, plus nombreux que les femelles, poursuivent celles-ci à fleur d'eau ; ils nagent en groupes serrés, bondissent hors de l'eau, décrivent de rapides évolutions, jusqu'à ce qu'ils aient émis leur laitance pour féconder les œufs que les femelles pondent entre deux eaux ; tout ce « jeu », comme disent les pêcheurs, est terminé peu après minuit. Les femelles, plus grandes d'un tiers que les mâles, sont très fécondes ; chacune pond de 50 000 à 100 000 œufs très petits et non adhérents, dont l'éclosion a lieu au bout de quelques jours seulement : six à sept jours quand l'eau est à 16 ou 18°, soixante à soixante-dix heures quand elle est à la température de 20°.

A la fin de juin, la reproduction est terminée ; le retour à la mer commence : les Aloses, maigres et exténuées, se laissent descendre à la dérive, comme si elles étaient mortes ; leur chair est alors flasque et de mauvaise qualité. Quant aux jeunes ou « aloseaux », ils regagnent ordinairement la mer en septembre, époque à laquelle ils mesurent 8 à 10 centimètres ;

trois ans plus tard, ils sont adultes et atteignent une taille
d'au moins 0$^m$,30; c'est l'âge où ils commencent leurs
migrations annuelles en eau douce. Comme les Saumons,
les Aloses remontent toujours les cours d'eau où elles sont
nées.

La nourriture de l'Alose consiste en vers, insectes et petits
poissons.

Les principaux cours d'eau de notre pays fréquentés par
l'Alose sont : la Seine, l'Yonne, l'Oise, l'Aisne, la Loire, l'Allier
la Vilaine, le Rhône, l'Isère, la Saône, le Gardon, la Cèze,
l'Ardèche, la Garonne, la Dordogne, le Tarn, le Lot, l'Hérault,
et le Vidourle. Jadis très abondant, ce poisson a considérablement diminué depuis la construction d'usines et de barrages,
car s'il remonte les courants les plus rapides et nage aisément
dans les plus violents tourbillons, il franchit mal les obstacles.
La pêche, de plus en plus intensive, faite sur les reproducteurs
immédiatement avant la fraie, a amené également la raré-
faction des Aloses dans nos cours d'eau. Il y a cinquante ans,
on pêchait des Aloses à Paris ; aujourd'hui elles ne remontent guère la Seine au delà de Quévilly, à 90 kilomètres de
l'embouchure. C'est là chose fort regrettable, l'Alose pêchée
en eau douce ayant une chair très estimée, bien supérieure à
celle de l'Alose pêchée en mer ; de plus, cette pêche constitue
un produit très rémunérateur, qui s'élève en certaines années,
pour le seul quartier de Rouen, dans la basse Seine, à plus
de 60 000 francs. Il y a donc lieu de faciliter la remonte de cet
excellent poisson par la construction d'échelles et de le propager par les procédés de la pisciculture artificielle.

**L'Alose feinte** ou **finte** (*A. finta*) est une espèce très voisine
de la précédente, avec laquelle elle peut se croiser facilement;
elle est de forme plus allongée, porte cinq ou six taches noires
le long des flancs et est munie de dents aux deux mâchoires
elle dépasse rarement la taille de 0$^m$,40 et le poids de 1 kilogramme. La Feinte a le même genre de vie que l'Alose commune ; elle remonte en assez grand nombre les mêmes cours
d'eau, mais un peu plus tard car elle fraie seulement en juin-
juillet. Sa chair est de qualité inférieure à celle de l'Alose
et contient une grande quantité de fines arêtes.

## ÉSOCIDES

Les Ésocides ont un corps allongé, couvert d'écailles lisses, petites et très adhérentes ; une tête large, aplatie, avec une cavité buccale largement fendue et une armature dentaire complète. Ils n'ont qu'une seule nageoire dorsale, située à la partie postérieure du corps, presque au-dessus de la nageoire anale ; la nageoire caudale est longue, échancrée et légèrement fourchue. Ce sont des poissons très voraces, qui n'habitent que les eaux douces. La famille comprend un seul genre, le genre Brochet.

**Genre Brochet** (*Esox*). — Tête grande. Dents sur les maxillaires inférieurs, sur le vomer, les palatins et la langue ; mâchoire supérieure dépourvue de dents.

Le **Brochet commun** (*Esox lucius*) (fig. 19) présente un aspect très caractéristique. Son corps, presque prismatique, un peu aplati sur le dos et légèrement comprimé sur les côtés, se continue par un museau très allongé, très aplati et pourvu d'une mâchoire inférieure proéminente ; la gueule, énorme, est fendue jusqu'aux yeux ; des dents nombreuses et redoutables garnissent les maxillaires inférieurs, les intermaxillaires, le palais, le vomer et l'os hyoïde ; on en a compté jusqu'à 700 ! Ces dents sont de dimensions diverses, un grand nombre sont mobiles et jouent un rôle de préhension. La tête est nue en dessus. La coloration varie avec la nature des eaux ; elle est toujours fort brillante dans les eaux limpides ; ordinairement les parties supérieures du corps sont d'un verdâtre foncé avec de grandes taches grisâtres, les flancs verdâtres avec des marbrures olivâtres transversales et le ventre d'un blanc argenté pointillé de noir. Le Brochet atteint une grande taille ; il mesure, en moyenne, de 0m40 à 0m80 ; vers l'âge de cinq à six ans, sa longueur est de 1 mètre environ ; il pèse alors de 10 à 15 kilogrammes. Ces derniers chiffres sont assez souvent dépassés ; le Brochet peut arriver, tout à fait exceptionnellement il est vrai, au poids de 20 à 25 kilogrammes ; la rapidité de sa croissance et les dimensions auxquelles il parvient sont étroitement subordonnées à la quantité de nourriture qu'il trouve à sa disposition ; l'accroissement *moyen* se fait, d'après Peupion, suivant l'échelle suivante :

|  | Taille. | Poids. |
|---|---|---|
| 1re année........ | 0m,10 à 0m,30 | 30 à 150 grammes. |
| 2e  — ........ | 0m,35 à 0m,55 | 600 à 850  — |
| 3e  — ........ | 0m,60 à 0m,75 | 2 à 3 kilos. |
| 4e  — ........ | 0m,75 à 0m,80 | 4 à 5  — |
| 5e  — ........ | 1 mètre | 6 à 7  — |

Les mâles restent toujours plus petits que les femelles. L'existence du Brochet ne paraît guère dépasser une durée de vingt-cinq années, bien que certaines légendes attribuent à ce poisson une longévité considérable.

Fig. 19. — Le Brochet.

Le Brochet est commun dans les eaux douces de presque toute la France ; on n'a signalé son absence que dans les départements des Pyrénées-Orientales, du Var et de l'Hérault ; il n'existe pas dans le lac d'Annecy et ferait également défaut dans le canal du Midi. Partout ailleurs, on le trouve dans les eaux vives ou dormantes, rivières, étang, canaux et marais, pourvu qu'elles aient au moins 1 mètre de profondeur. Il semble aussi pouvoir vivre dans les eaux saumâtres. Il se plaît particulièrement dans les eaux tranquilles, sur les fonds garnis d'herbes des lacs et des étangs. Il se tient à l'affût à fleur d'eau, en se cachant sous les herbages.

Le Brochet est éminemment carnassier et destructeur ; sa férocité est extrême et sa voracité insatiable ; Lacépède l'a surnommé, à juste titre, le Requin des eaux douces. Doué d'une grande vigueur, il nage admirablement et se précipite avec la rapidité d'une flèche sur toute proie qu'il aperçoit ; rien ne rebute son vaste appétit : grenouilles, têtards, poules d'eau, canetons, rats d'eau, musaraignes, etc., tout lui est bon ; mais ce sont les poissons qui constituent sa nourriture de prédilection et il en détruit des quantités prodigieuses ; on prétend qu'il consomme, en une semaine, deux fois son poids de poisson ; le facteur de consommation du Brochet serait 22, c'est-à-dire qu'un Brochet d'étang représente par livre la consommation de 22 livres ; ainsi, un Brochet de 10 livres aurait absorbé, pour parvenir à ce poids, 220 livres de nourriture. De fait, en captivité, le Brochet se montre difficile à satisfaire : « Huit Brochets, rapporte Jesse, pesant environ 5 livres anglaises chacun, consommèrent en trois semaines près de 800 goujons. Un matin, je jetai à l'un d'eux, l'un après l'autre, cinq gardons de 0m10 de long environ ; il en avala quatre coup sur coup, saisit ensuite le cinquième, le garda un instant dans sa gueule, puis le fit également disparaître. » Un seul Brochet suffit pour dépeupler un étang ; il dévore jusqu'à ses petits et à ses congénères moins vigoureux. Quand ce vorace a absorbé une grande quantité de nourriture, il va se mettre à l'abri de plantes aquatiques, et y reste immobile, comme engourdi, somnolant jusqu'à complète digestion.

Le Brochet vit ordinairement solitaire, sauf au moment du frai. A cette époque, qui varie depuis la seconde quinzaine de février jusqu'à la fin de mai, les Brochets recherchent les eaux peu profondes et tranquilles ; contrairement à leur habitude, ils ne montrent alors aucune défiance et se laissent aisément capturer. Les femelles déposent sur les plantes aquatiques des rives (renoncules aquatiques surtout) ou sur le gravier un grand nombre de petits œufs rougeâtres ou jaunâtres très adhérents ; une femelle de 1kg500 donne de 40 000 à 50 000 œufs et on en a compté près de 150 000 dans le corps d'une femelle de 4 kilogrammes. Ces œufs éclosent au bout d'une quinzaine de jours, quand la température est de 12 à 15° ; ils sont exposés, ainsi que les jeunes alevins, à des causes diverses de destruction, si bien que 0,05 p. 100 seulement d'entre eux contribuent à la propagation de l'espèce. Les alevins se nourrissent d'abord d'insectes, de vers, puis du frai des autres poissons. La laitance et les œufs de Brochet ont la réputation d'être toxiques; il est certain qu'ils ont des effets purgatifs; les cas d'intoxication signalés tiennent sans doute à une mauvaise préparation, car sur les côtes de la Baltique on mange les œufs mélangés avec des sardines; on les consomme aussi après les avoir salés, comme le caviar; quoi qu'il en soit, il est bon de les rejeter à l'époque du frai. La chair du Brochet est excellente et se place, après celle de la Truite, parmi les meilleures des poissons d'eau douce; elle est blanche, parfois verdâtre, ferme et de digestion facile, surtout chez les individus moyens, dont le poids est compris entre 1ᵏ 500 et 3 kilogrammes; elle laisse à désirer chez les sujets ou trop jeunes ou trop vieux; chez ces derniers elle est toujours dure et coriace; elle varie aussi de qualité suivant les provenances; elle est généralement meilleure dans les eaux tranquilles et limpides; elle perd beaucoup de sa valeur après la ponte et reste inférieure pendant l'époque des grandes chaleurs.

Le Brochet peut être parfois utilisé dans les canaux et les étangs, quand ceux-ci sont abondamment peuplés de carpes, de brêmes, de tanches, etc.; sa voracité en fait alors un auxiliaire précieux pour le pisciculteur. Quelques Brochetons, — les vieux Brochets doivent être soigneusement éliminés, — servent à dévorer les alevins trop nombreux, qui ont l'inconvénient de consommer une bonne partie de la nourriture des adultes et de nuire à leur rapide développement. Mais, dans tout autre cas, il y a intérêt à détruire le Brochet, ce qui n'est pas toujours facile. Quand la chose est possible, il faut vider et mettre à sec les canaux et les étangs, sans laisser la moindre flaque d'eau, sinon il pourrait rester de jeunes alevins de Brochet, si ténus et si transparents qu'on ne les voit pour ainsi dire pas à l'œil nu, et qui seraient plus tard un sérieux obstacle au repeuplement.


## SALMONIDES

Les Salmonides ont le corps allongé, recouvert d'écailles petites et lisses. Ils sont caractérisés par la présence de deux nageoires dorsales, dont la postérieure, rudimentaire et dépourvue de rayons, constitue ce qu'on appelle la *nageoire adipeuse*. Les mâchoires sont dentées ; les os de la bouche (vomer, palatins) portent aussi ordinairement de nombreuses dents ; cette denture est variable et fournit des caractères génériques importants. Les yeux sont généralement munis d'une paupière adipeuse. — Les Salmonides sont des poissons voraces, qui fréquentent les eaux claires, froides et courantes, à fond rocailleux ; un certain nombre vivent dans la mer, qu'ils abandonnent à l'époque du frai pour remonter les fleuves et leurs affluents ; ils fraient presque tous en hiver ; les deux sexes présentent alors souvent des différences remarquables. Ces poissons ont une chair délicate, dépourvue d'arêtes, qui est très appréciée.

*Genres* : Saumon, Truite, Ombre, Corégone, Éperlan.

**Genre Saumon** (*Salmo*). — Dents sur les maxillaires, les intermaxillaires, les mandibulaires, les palatins, la langue et les pharyngiens ; vomer denté seulement sur le chevron. Nageoire caudale tronquée ou seulement échancrée ; première dorsale à 12 ou 13 rayons.

Le **Saumon commun** (*Salmo salar*) est le plus beau et le plus précieux de nos poissons de fleuve (fig. 20). Souvent l'adulte dépasse 1 mètre de longueur et il peut atteindre jusqu'à 2 mètres avec un poids de 70 à 90 livres ; il est doué d'une vigueur et d'une agilité en rapport avec ses dimensions.

Le corps est long, comprimé latéralement, plus épais vers la tête ; celle-ci, chez l'adulte, est égale environ au 1/6 de la longueur totale ; la bouche est grande, le museau est allongé, surtout chez le mâle. Le vieux mâle, celui que l'on nomme bécard, se remarque même à sa mâchoire inférieure très longue et relevée en crochet vers le haut ; cette déformation a fait croire à plusieurs naturalistes qu'il existait une espèce de saumon, le *Salmo hamatus*, distincte du Saumon commun ; il ne nous semble pas qu'il y ait là un caractère spécifique ; il s'agit plutôt, selon nous, d'un signe physiologique, les *bécards* devant être considérés comme des saumons dont la mâchoire subit une modification de forme à l'époque de la reproduction (1). La coloration est variable avec l'âge ; le Saumon adulte, c'est-à-dire âgé d'environ cinq ans, a le dos d'un bleu ardoisé à reflets métalliques, les flancs d'un gris brillant et le ventre d'un blanc argenté ; sur le dessus de la tête et sur l'opercule sont des taches noires arrondies ; sur les flancs, au-dessus de la ligne latérale, sont des taches noires étoilées. Au moment de la fraie, des taches rouge vif apparaissent sur les flancs ; à cette époque, les teintes sont du reste très vives, surtout chez les mâles ; la chair, d'un beau rose vif (elle est colorée par la zoo-érythrine), est très nutritive et très estimée ; celle du jeune Saumon surtout est très délicate, tandis qu'elle est un peu indigeste chez l'adulte âgé.

(1) Le bécardisme n'est pas particulier au Saumon. « Nous possédons en collection, disent MM. Bruyant et Eusebio, un échantillon mâle de Truite capturé au Pavin et présentant ces caractères aussi nettement que les bécards de Saumon les plus accusés ; ces bécards de Truite se prennent assez fréquemment et sont bien connus des pêcheurs de ce lac. »

Fig. 20. — Saumon commun.

Le Saumon habite les mers du nord de l'Europe et l'océan Atlantique, mais ne se rencontre jamais dans la Méditerranée. Il vient se reproduire en eau douce, à cause de l'action nocive que l'eau salée exerce sur ses œufs et sa laitance ; à différentes époques de l'année, il passe de la mer dans les cours d'eau, après être resté quelque temps en eau saumâtre ; il fréquente surtout les rivières où la marée remonte loin dans l'intérieur ; les Saumons, dit M. de Saint-Prix, remontent toujours avec le premier flot, ils se laissent porter par la marée qui, refoulant l'eau douce, forme une eau mélangée et saumâtre qu'ils n'obtiendraient plus en attendant plus tard pour remonter. On les voit remonter les fleuves en colonnes serrées, à une vitesse moyenne de 3 kilomètres à l'heure, mais pouvant atteindre 10 kilomètres, franchissant les chutes et les barrages par des bonds vigoureux, pour aller frayer dans les parties supérieures des bassins, où ils trouvent, avec des fonds de sable et de gravier, les eaux courantes et aérées qui conviennent à l'incubation de leurs œufs.

C'est, en général, au cours de l'automne que les adultes de forte taille s'engagent dans nos fleuves ; les jeunes Saumons ne remontent que plus tard, dans le courant de l'année suivante. M. Franck Buckland, inspecteur des pêcheries d'Angleterre, estime que le degré de précocité de la remonte est subordonné au rapport qui existe entre la longueur du cours d'eau et la superficie de son bassin ; que, dans une rivière ayant un long cours, mais un bassin de peu d'étendue, la remonte est tardive ; et que, dans une rivière relativement de peu de longueur par rapport à la superficie de son bassin, la remonte a lieu de bonne heure. Sauf les fleuves tributaires de la Méditerranée, tous nos autres bassins sont fréquentés pendant presque toute l'année par les Saumons ; dans la Loire et ses affluents, la montée a lieu principalement pendant les mois de septembre, octobre et novembre pour les gros Saumons adultes, et de mars à juillet pour les jeunes ; dans les rivières de Bretagne, les gros Saumons remontent le plus généralement en octobre et novembre, et les jeunes de mars à juin ; dans la Seine, il y a quatre montées principales : en décembre, de fin février à mi-mars, à mi-avril et en juin.

En résumé, dans nos rivières, la montée des gros Saumons a lieu surtout du 15 septembre à fin décembre.

Le Saumon recherche, pour frayer, les eaux claires et froides ; il choisit, en conséquence, les petits affluents qui présentent ces conditions, généralement ceux à fond de gravier, à eau peu profonde et dont le courant présente cependant des remous par endroits. M. de Béaumont a remarqué que les Saumons qui arrivent dans l'Aveyron ne pénétrent jamais dans la Lauterne, ruisseau dont les eaux coulent sur les grès bigarrés et se troublent par suite facilement ; M. Raveret-Wattel a signalé, de même, que le Saumon s'engage régulièrement chaque année dans la Nive, affluent de l'Adour, et dans les divers gaves qui descendent des terrains de transition des Pyrénées, tandis qu'on ne le voit jamais dans les affluents provenant des terrains tertiaires du plateau des Landes, dont les eaux ne présentent ni la fraîcheur ni la limpidité nécessaires. L'ingénieur Belgrand avait également constaté que les Saumons, en remontant le cours de la Seine, passent, sans y entrer, devant les embouchures de la Marne et du Loing, et qu'ils s'engageaient, pour la plupart, dans l'Yonne, puis dans la Cure, pour arriver ainsi aux ruisseaux des sols granitiques, où ils se reproduisent.

Un Saumon ne remonte pas un cours d'eau quelconque : il revient presque toujours aux lieux où il est né, ainsi qu'ont permis de le constater de nombreuses expériences. Il suffit de marquer à l'emporte-pièce les nageoires d'un saumoneau pour suivre aisément celui-ci au cours de son existence et vérifier la constance de ses migrations. Une conséquence importante en résulte au point de vue pratique, à savoir que pour assurer le repeuplement d'un cours d'eau, il n'y a qu'à en ensemencer la partie supérieure.

Le retour invariable dans le même cours d'eau s'explique par ce fait que les Saumons ne s'éloignent guère de l'embouchure du fleuve où ils sont nés ; il paraît difficile, en effet, que des Saumons, après s'être éloignés en mer de plusieurs centaines de kilomètres, comme il leur arrive quelquefois, puissent revenir infailliblement au cours d'eau dont ils sont partis, à moins d'admettre que ces poissons aient, comme le pigeon voyageur ou l'hirondelle, le don de l'orientation à grande distance. Chaque cours d'eau possède, du reste, une variété de Saumon qui lui est propre et qui se distingue des Saumons des autres cours d'eau par divers petits caractères, ainsi que par la qualité de la chair; c'est là un détail bien connu des marchands de poissons, et dont le consommateur s'aperçoit à la différence de prix, puis au goût.

Les adultes fraient ordinairement, sous notre climat, d'octobre à janvier, surtout vers fin novembre-décembre. Quand le moment de la ponte est arrivé, les couples se forment; par le frottement de son ventre, la femelle creuse dans le lit du cours d'eau, aux endroits peu profonds, une sorte de longue fosse d'une profondeur de 15 à 25 centimètres, dans laquelle elle dépose ses œufs; elle en porte, en moyenne, 25 000 de la grosseur d'un pois (6 à 7 millimètres de diamètre), d'un beau rose rouge et transparents; le mâle répand à son tour sa laitance, puis tous deux recouvrent la ponte d'une couche de sable ou de cailloux.

Pendant cette période du frai, les Saumons ne semblent prendre aucune nourriture; ils vivent aux dépens de la graisse accumulée sous leur peau et surtout autour de leurs appendices pyloriques; aussi maigrissent-ils énormément, et, lorsqu'ils accomplissent leur voyage de retour à la mer, ils sont méconnaissables: leurs brillantes couleurs sont très atténuées, leur corps est plat, leur vigueur a disparu, leur chair est devenue blanchâtre et détestable. En Normandie, on les désigne alors sous le vocable bien significatif de *charognards*. Ils descendent le courant avec peine, se « refont » un peu pendant le trajet et, en avril, ont ordinairement regagné la mer, où ils ne tardent pas à recouvrer leur ancienne vigueur.

Après une incubation de soixante à cent quarante jours, selon la température, de quatre-vingt-dix jours en moyenne, l'éclosion des œufs a lieu. Le jeune Saumon se nourrit pendant environ deux mois aux dépens de sa vésicule ombilicale, qui est relativement énorme; après la résorption complète de celle-ci, il a à peu près 3 centimètres de longueur; il se met alors à la recherche de sa nourriture, qui consiste surtout en larves d'insectes, et il grandit rapidement. Voici, d'après Coste, l'accroissement du Saumoneau en piscine :

| | |
|---|---|
| A la naissance | 18 millimètres. |
| à 1 mois | 26 — |
| à 3 — | 35 — |
| à 6 — | 70 — |
| à 12 — | 140 — |
| à 28 — | 390 — |

L'alevin de Saumon a une livrée fort différente de celle de l'adulte, et très semblable à celle de l'alevin de Truite ; il est d'un gris terne, avec sur les flancs 15 à 18 bandes transversales noirâtres ; il ne s'éloigne guère du lieu de sa naissance et vit isolément, faisant la chasse aux insectes, aux petits crustacés, etc. ; c'est le *Parr* des Anglais (fig. 21). Au bout d'un ou deux ans, exceptionnellement trois, vers le mois de mai,

Fig. 21. — Alevin de Saumon ou *Parr*.

la coloration du Parr change en l'espace d'une quinzaine de jours, pour devenir très brillante : le gris des parties supérieures se change en un beau bleu métallique, sur les flancs apparaissent huit ou dix taches d'un bleu d'acier et sur l'opercule une tache noire, le ventre passe au blanc nacré, tandis que subsistent les bandes transversales noirâtres des flancs ; c'est le *Tacon* de nos pays et le *Smolt* des Anglais (fig. 22). Il se nourrit de petits poissons, de Vairons surtout.

Vers le mois de juin, les Smolts ont de 12 à 18 centimètres de long et pèsent de 30 à 60 grammes ; ils se réunissent alors en troupes pour se rendre à la mer ; avant d'y pénétrer, ils

séjournent deux ou trois jours à l'embouchure et s'y nourrissent de crustacés divers (*Gammarus pulex*, *Mysis*, etc.).

Tous les Saumoneaux du même âge ne vont pas ensemble
à la mer; la moitié environ des Parrs, — des mâles pour la
plupart, — séjournent en effet deux ou trois ans dans les
eaux douces, ils conservent leur coloration grisâtre et ne
dépassent pas 20 à 30 centimètres de longueur. Il n'en est
pas de même des Smolts, qui, pendant leur séjour en mer,
prennent un très rapide accroissement de volume : en l'espace de deux mois et demi, leur taille est plus que doublée
(40 centimètres) et ils atteignent le poids de 1 kilogramme et
demi à 2 kilogrammes; en août, ils remontent, pour la première
fois, le cours des fleuves; ces petits Saumons sont ordinairement
dénommés « madelonneaux » ou « madeleineaux »; en Bretagne
on les appelle « castillons » et en Béarn « garbaillots »; on les
désigne en Angleterre sous le nom de *Grilses*; ils ont au
moins 0$^m$50 de long et ressemblent beaucoup aux Saumons
adultes, mais leur teinte générale est plus pâle et ils n'ont
pas de taches noires; quant aux barres transversales des
flancs, elles ont cessé d'être visibles. Cette croissance prodigieusement rapide s'explique à la fois par l'abondante nourriture que leur procure la mer et par l'action excitante de
l'eau salée; très souvent, il est vrai, les Smolts restent dix
mois environ à la mer et ne reviennent en rivière que l'année
suivante. Une fois en eau douce, les Grilses maigrissent; ils
semblent vivre sur la graisse qu'ils ont emmagasinée en mer,
mais, sous l'influence de l'eau douce, leurs organes sexuels
se développent et ils deviennent aptes à la reproduction.
Après avoir frayé en novembre ou décembre, ils effectuent
un second voyage à la mer où ils séjournent encore jusqu'au
printemps suivant; ce laps de temps leur suffit pour acquérir
un poids de 3 à 6 kilogrammes, et ils reviennent en rivière
à l'état de Saumons adultes. Comme ils ne fraient qu'à la fin
de l'année, ils ne se reproduiraient donc que tous les deux ans
(opinion de MM. Kunstler et Bureau). A trois ou quatre ans,
le Saumon pèse de 3 à 6 kilogrammes; vers l'âge de six ans,
il atteint 1$^m$20 à 1$^m$40 de longueur et un poids de 5 à 15 kilogrammes.

Le développement si rapide du Saumon pendant ses différents séjours en mer ne peut être mis en doute, si surprenant qu'il paraisse; l'exemple est bien connu d'un Saumon de la Tay, pris après la ponte et marqué d'une étiquette par le duc d'Athole; ce poisson qui, au mois de mars 1845, pesait 10 livres anglaises, était repêché cinq semaines et trois jours plus tard et pesait 21 livres un quart! Un Smolt éclos en avril 1854, fut marqué au moment de sa descente à la mer en mai 1855; repris à l'état de Saumon en mars 1856, il

Fig. 22. — Jeune Saumon ou *Smolt*.

pesait 22 livres. Un Saumon de 13 livres, pris et marqué en janvier 1901, pesait 21 livres quand on le repêcha en juillet 1902. Un Saumon mâle qui, en février 1902, pesait 19 livres, atteignait 33 livres huit mois plus tard! On ignore le genre d'existence des Saumons à la mer; ils ne doivent pas s'éloigner beaucoup des embouchures où ils trouvent à satisfaire leur naturel vorace en faisant la chasse aux autres poissons.

Le Saumon peut être élevé constamment en eau douce; il existe aux États-Unis, dans les lacs Sebec, Sebago et Schoodie, une variété du Saumon ordinaire, qui ne se rend plus à la mer depuis la fermeture du chenal étroit qui y conduisait; en Suède et en Norvège, le Saumon des lacs Wenern, Siljan, etc., ne quitte pas les eaux douces et évolue simplement de ces lacs aux cours d'eau; il en est de même pour le Saumon du lac Ontario; mais, dans ces cas, le Saumon n'atteint jamais un grand développement et sa chair n'acquiert pas la qualité ordinaire.

Le Saumon vient de moins en moins dans nos cours d'eau, surtout depuis la construction de barrages trop élevés pour permettre son passage (1). Il faut le déplorer, car ce poisson s'engraisse à la mer et fournit, sans nuire beaucoup à l'alimentation des autres poissons d'eau douce, une grande quantité de chair excellente. L'établissement d'échelles s'impose sur les barrages dont la hauteur de chute dépasse en moyenne 1<sup>m</sup>50. (Voy. p. 157.)

L'**Omble-Chevalier** (*Salvelinus umbla*) n'est ni un Saumon, ni une Truite ; il prend place dans un genre spécial, le genre *Salvelinus*, lequel est caractérisé notamment par la dimension très réduite des écailles. L'Omble-Chevalier (fig. 23) se rapproche du Saumon par les formes générales et la dentition ; il s'en distingue notamment par une tête forte dont la longueur est égale au quart ou au cinquième de la longueur totale, par la petitesse des écailles qui recouvrent son corps et par sa superbe coloration : les parties supérieures sont d'un gris bleuâtre ou verdâtre et les parties inférieures d'un rose brillant ; pendant la période du frai, le mâle a le ventre et une partie des flancs d'un beau jaune orangé ; le dos et les flancs sont parsemés de taches arrondies, blanchâtres ou jaunâtres, parfois piquetées de rose en leur centre ; ces taches, peu marquées, sont surtout visibles chez les jeunes. La taille de l'Omble varie de 0<sup>m</sup>30 à 0<sup>m</sup>80 et le poids, qui ne dépasse guère en moyenne 3 kilogrammes, peut atteindre jusqu'à 5 et 10 kilogrammes. Ce poisson est souvent confondu avec un Salmonide d'un genre différent, l'**Ombre commun**, dont on lui donne le nom par erreur ; cette confusion est commise couramment par les pêcheurs : les arrêtés préfectoraux la répètent à l'envi et visent, dans leurs interdictions, « l'Ombre-Chevalier » au lieu et place de l'Ombre commun, qui se rencontre seul dans les cours d'eau ; la plupart des ouvrages de pisciculture identifient également l'Omble et l'Ombre, et il est jusqu'à certains naturalistes qui consacrent cette erreur zoologique.

L'Omble-Chevalier n'effectue pas de migrations comme le

(1) Voy. page 132.

Saumon; c'est essentiellement un poisson des grands lacs ; on ne le rencontre que dans l'Est ; il habite le lac de Genève, le lac du Bourget, le lac de Paladru (Isère), les lacs des Vosges, le lac de Saint-Front (Haute-Loire). Il n'est pas absolument absent des cours d'eaux mais s'y rencontre rarement ; on le trouverait surtout dans la Meurthe ; il existerait aussi, mais accidentellement, dans l'Ain, le Doubs et le Rhône. Il fraie, selon les milieux, en octobre-novembre ou janvier-février ; la femelle dépose sur les fonds pierreux et caillouteux des œufs d'un jaune clair et d'un diamètre de 5 à 6 millimètres environ ; leur incubation dure de soixante-cinq à soixante-

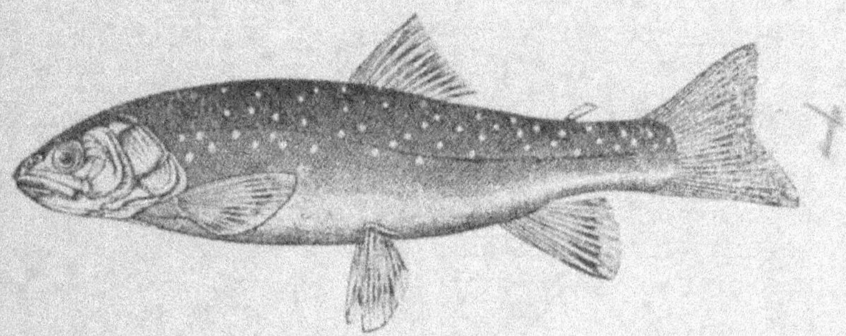

Fig. 23. — L'Omble-Chevalier.

douze jours. L'Omble est un poisson très vorace ; il se nourrit de mollusques, d'insectes, de petits crustacés et de petits poissons. Sa chair, de couleur orange, est tendre, grasse, très savoureuse ; elle l'emporte par la finesse et la délicatesse sur celle de la Truite et mérite le premier rang parmi les poissons d'eau douce. Il y aurait intérêt à acclimater en rivière ce beau et excellent poisson ; mais il n'y réussit guère, et les essais faits jusqu'ici ont à peu près échoué, car c'est avant tout un poisson des lacs profonds, qui ne supporte pas des eaux dont la température est susceptible de s'élever en été à plus de 16°.

On a introduit l'Omble-Chevalier dans le lac d'Annecy, en 1890 : 2 200 alevins y furent lancés à cette époque, et, depuis, l'espèce s'y est reproduite en abondance ; 5 000 alevins de deux mois y furent lancés à nouveau en 1900. Il a été également introduit dans le grand lac de Laffrey (Isère), et dans les lacs Pavin et Chauvet (Puy-de-Dôme).

L'Omble se croise facilement avec le Saumon.

**Genre Truite** (*Trutta*). — Ce genre peut être considéré comme un sous-genre du genre Saumon, car il s'en distingue surtout par son vomer garni de dents sur le corps et le chevron.

La **Truite commune** ou **Truite de rivière** (*Trutta* ou *Salmo fario*) (fig. 24) a la tête forte, épaisse, d'une longueur comprise trois fois deux tiers à quatre fois trois quarts dans la longueur totale; alors que chez le Saumon, l'opercule est strié et son bord postérieur régulièrement arrondi, chez la Truite l'opercule est lisse et a son bord postérieur oblique de haut en bas et d'avant en arrière; le corps est recouvert de petites écailles très minces; la nageoire caudale est fourchue chez le jeune et légèrement échancrée chez l'adulte. La coloration de la Truite dépend de l'âge, de la saison, de la nature des eaux, et est, par suite, plus ou moins claire, plus ou moins brillante; ordinairement, le dos est d'un vert olivâtre ou d'un gris clair, les flancs d'un jaune doré mêlé de verdâtre et le ventre d'un gris blanchâtre ou d'un jaune clair; la tête et le dos portent des taches brunes ou noires, plus ou moins arrondies; presque toujours les côtés du corps sont mouchetés de taches ocellées en nombre variable, formant l'aspect caractéristique désigné précisément par le mot *truité*; ces taches sont rondes, d'un rouge orangé ou vermillon et entourées d'un cercle plus clair. Ces brillantes couleurs foncent parfois d'une façon étonnante; dans les eaux froides, — celles dont la température ne monte pas au-dessus de 10°, — la robe des Truites prend une teinte presque noire. On a d'ailleurs distingué, d'après la taille, la forme et la couleur, qui sont des caractères assez variables, un grand nombre de variétés de Truites; la chair elle-même peut être jaune, blanche ou d'un jaune orangé, sans que l'on sache exactement à quoi attribuer ces variations puisqu'on les constate dans les mêmes eaux; quand la chair est orangée ou rosée, comme celle du Saumon, on a affaire aux Truites dites *saumonées*, qui sont très appréciées pour leur délicatesse; mais il ne s'agit là que d'une variété de la Truite commune et non d'un croisement entre la Truite et le Saumon.

La taille de la Truite de rivière est le plus souvent comprise entre 0<sup>m</sup>20 et 0<sup>m</sup>60, elle atteint jusqu'à 1 mètre et le poids s'élève, quand les conditions sont favorables, à 7 et 8 kilogrammes. La chair de la Truite est réputée pour sa finesse et son goût exquis.

Fig. 24. — La Truite commune.

La Truite est commune presque partout en France, mais on ne la trouve pas dans toutes les eaux ; elle se plaît surtout dans les eaux courantes, pures, froides, très aérées et à fond rocailleux; on la trouve dans les lacs, les fleuves, les rivières, les ruisseaux, aussi bien en plaine qu'en montagne, mais elle ne réussit pas dans les étangs des pays de plaine; elle affectionne au contraire les ruisselets torrentueux des montagnes ; très vigoureuse et très agile, elle y nage rapidement, sans se laisser rebuter par les courants les plus impétueux ; comme le Saumon, elle sait franchir les cascades, en pliant son corps en arc de cercle et en le détendant brusquement ; comme lui, elle remonte les rivières à l'époque du frai, mais elle n'émigre pas à la mer ; elle a au contraire des mœurs plutôt sédentaires. Longtemps, elle séjourne au même endroit d'un cours d'eau, restant cachée presque tout le jour sous les pierres ou dans les trous, à l'ombre des arbres, et chassant surtout à l'aurore et au crépuscule ; très active à ces moments de la journée, elle poursuit les petits poissons, les crustacés, les vers, les planaires, les mollusques, les larves d'insectes et surtout les insectes adultes, moucherons, éphémères ou phryganes qui, lors de la belle saison, voltigent à la surface de l'eau; elle saute hardiment après les vols qui tournoient au-dessus de la rivière et s'en repaît avec délices; elle n'en est pas moins défiante et rusée et se laisse difficilement tromper par les mouches artificielles des pêcheurs, qu'elle sait discerner des légers insectes vivants aux couleurs délicates. Très vorace, la Truite de grosse taille fait une guerre active aux vairons, chabots, goujons, loches, ablettes et autres petits poissons; elle détruit également le frai et les jeunes alevins de Saumon et de Truite, et l'on a pu dire avec raison que l'ennemi le plus redoutable de la Truite était la Truite elle-même.

Si la Truite recherche les eaux froides, peu profondes et agitées, c'est parce que sa respiration très active exige une grande quantité d'oxygène; aussi supporte-t-elle très mal les substances asphyxiantes, comme le chlorure de chaux, dont se servent les braconniers; là où les Cyprinides et les Écrevisses résistent une journée, la Truite succombe au bout d'une demi-heure.

La Truite fraie pendant la saison froide, depuis le milieu d'octobre à mars, à des époques variables, suivant la température du lieu et de la saison. En montagne, elle fraie beaucoup plus tôt qu'en plaine; dans les Pyrénées, aux environs de Luchon, la ponte commence dès le mois de septembre; près de Saint-Béat elle a lieu en octobre, et aux environs de Toulouse en décembre. En général, c'est pendant les mois de novembre et de décembre que le frai est le plus actif. Les Truites recherchent alors les petits ruisseaux à rives ombragées, à fond caillouteux, qui offrent une eau limpide bien oxygénée et de température convenable; mâles et femelles creusent avec leur ventre et leurs nageoires, entre les cailloux et le gravier, de petites fosses où ils déposent leurs œufs et leur laitance, puis les recouvrent en ramenant les graviers. Les œufs sont couleur d'ambre et ont la grosseur d'un petit pois (diamètre : 5 millimètres) ; chaque femelle en pond environ 1000 par livre de son poids ; certaines femelles sont stériles.

La durée de l'incubation des œufs varie, selon la température, de quarante à cent cinquante jours ; à 12°, l'éclosion a lieu au bout de soixante-dix jours. Les jeunes vivent pendant trente à quarante jours aux dépens de leur vésicule ombilicale ; quand celle-ci est résorbée, la croissance des alevins s'effectue rapidement, d'autant plus vite que la nourriture est plus abondante ; à l'âge de deux ans, les Truites sont en état de se reproduire ; voici, d'après MM. Coste et Sivard de Beaulieu, des chiffres indiquant la rapidité de l'accroissement de la Truite commune :

|  | M. Sivard de Beaulieu | M. Coste. |
|---|---|---|
| A la naissance............. | » | 0m,015 |
| A 8 jours................ | 0m,024 | » |
| A 1 mois................ | 0m,028 | 0m,020 |
| A 3 — ................ | » | 0m,030 |
| A 6 — ................ | » | 0m,064 |
| A 12 — ................ | 0m,117 | 0m,125 |
| A 24 — ................ | 0m,178 | » |
| A 28 — ................ | » | 0m,250 |
| A 36 — ................ | 0m,220 | » |

M. Peupion donne les chiffres suivants pour la croissance moyenne en étangs :

| 1re année................ | 15 grammes. |
|---|---|
| 2e — ................ | 80 — |
| 3e — ................ | 300 — |
| 4e — ................ | 400 — |
| 5e — ................ | 500 — |

La quantité et la nature de la nourriture ont une très grande influence sur le développement des Truites, ainsi que le volume d'eau mis à la disposition de ces poissons. Au sujet de la nourriture, Émile Blanchard rapporte une expérience assez curieuse d'un amateur anglais, M. Stoddart : « De jeunes Truites furent placées dans trois bassins différents ; l'un fut approvisionné uniquement avec des vers, l'autre avec des vairons, le troisième avec des mouches. Les truites nourries exclusivement avec des insectes ailés devinrent dans le même temps deux fois plus grosses que les autres ; les individus nourris avec des vairons eurent l'avantage sur ceux qui avaient été alimentés avec des vers ou des larves. » Dans les ruisseaux de montagnes, on peut rencontrer des Truites de 3 livres, mais le poids moyen y est de 150 grammes ; dans les grands lacs et les rivières, on en trouve qui atteignent 12 kilogrammes. Ces différences de taille, jointes à des variations très sensibles de coloris, avaient fait considérer la **Truite des lacs** comme une espèce distincte ; cette Truite, dite encore *de Genève*, à cause de son abondance dans le lac de ce nom, se remarque en effet par sa grande taille et son poids considérable : elle pèse en moyenne de 4 à 5 kilogrammes, mais peut atteindre 15 à 20 kilogrammes avec une longueur de 1m35. Or, cette Truite n'est qu'une variété de la Truite de rivière ; on ne doit pas en faire, avec différents naturalistes, une espèce particulière, sous la dénomination scientifique de *Trutta lacustris* ; ses dimensions et sa coloration plus claire ne constituent pas des caractères spécifiques ; elle a du reste les mœurs de la Truite commune ; comme celle-ci, elle remonte les rivières et les ruisseaux pour frayer.

La Truite tend à diminuer dans nos cours d'eau. L'administration des Eaux et Forêts lutte, dans la mesure de ses moyens, contre la disparition de cet excellent poisson ; elle a établi, dans les régions montagneuses (Vosges, Alpes, Pyrénées), de petits établissements qui produisent artificiellement les alevins destinés au repeuplement. (Voir le chapitre concernant le Dépeuplement et le Repeuplement des cours d'eau.)

La **Truite de mer** (*T. trutta* ou *T. marina*), appelée encore *Truite saumonée* ou *Truite de Dieppe*, a le corps un peu plus allongé que la Truite de rivière ; la tête est petite, sa longueur est comprise cinq fois à cinq fois et demie dans la longueur totale ; les nageoires sont aussi plus courtes que celles de la Truite commune. Les parties inférieures du corps sont d'un beau blanc argenté, les flancs sont violacés et les parties supérieures d'un gris bleuâtre ; sur les côtés, le dos et la tête, sont de petites taches noires en forme d'x ; la nageoire adipeuse est ourlée de noir, alors qu'elle est bordée de rougeâtre chez la Truite indigène. La chair est presque toujours rosée (d'où le nom de Truite saumonée) ; elle est très estimée, et est surtout fort délicate avant la fraie. La Truite de mer mesure de 0m40 à

0<sup>m</sup>80); elle pèse en moyenne 4 à 5 kilogrammes et atteint de 12 à 15 kilogrammes.

Cette Truite se rencontre dans la mer du Nord, la Manche et l'Océan ; elle a les mœurs du Saumon et est, comme lui, un poisson anadrome ; elle remonte les fleuves d'octobre à janvier, et vient frayer dans la Loire, la Seine, la Meuse, la Moselle ; elle est aussi assez abondante dans les petites rivières des environs de Dieppe et de Caudebec ; mais, de même que le Saumon, elle a notablement diminué dans nos cours d'eau. C'est principalement en octobre et novembre que fraie cette Truite. Elle est d'un naturel très vorace, se nourrit de petits poissons et détruit beaucoup de frai de Saumon.

Cuvier et Valenciennes ont signalé la présence d'une autre espèce de Truite, la **Truite de Baillon** (*T. Bailloni*), qui ne dépasse pas 0<sup>m</sup>10 ; cette espèce est rare et se rencontre seulement dans la Somme.

***Genre Ombre*** (*Thymallus*). — Tête relativement petite ; ouverture buccale étroite. Écailles assez grandes. Première nageoire dorsale très développée, munie de nombreux rayons (20 environ) ; commence très en avant. Dents sur les deux maxillaires, sur le chevron du vomer et sur le devant des palatins.

Fig. 25. — L'Ombre.

**L'Ombre commune** (1) (*Thymallus vexillifer* ou *vulgaris*), ou *Ombre porte-étendard* à cause de son ample nageoire dorsale, a le corps allongé et comprimé, environ cinq fois plus long

(1) Les pêcheurs l'appellent aussi Ombre-Chevalier (Voy. page 54, au sujet de cette confusion).

que haut ; sa nageoire caudale est très fourchue. Ce poisson aux formes élégantes est paré de vives couleurs : les parties supérieures sont d'un bleu métallique chez le jeune et d'un gris verdâtre chez l'adulte, les flancs et le ventre sont d'un blanc argenté, et souvent sur les flancs se trouvent des bandes longitudinales d'un gris violacé. L'Ombre a, en moyenne, de $0^m 20$ à $0^m 30$ de longueur ; elle atteint $0^m 40$ ; à l'âge de quatre ans, elle pèse 500 grammes. L'Ombre exige des eaux très pures ; elle ne se plaît que dans les eaux vives et rapides, à lit caillouteux ; elle habite les cours d'eau limpides des Alpes, du Jura, de l'Auvergne, ainsi que les rivières à Truites du Centre et de l'Est : Meurthe, Moselle, Meuse, Chiers, Ain, Doubs, Lison, Loue, Rhône, Hérault, Loire, Allier (cours supérieur), Sioule, etc. ; elle se rencontre également dans le lac de Genève, le lac du Bourget, mais ne paraît pas exister dans le lac d'Annecy. L'Ombre se nourrit de crevettes, de mollusques, de larves d'insectes, de petits poissons, de frai de Truite et de Saumon. *Elle ne fraye pas en hiver, comme les autres Salmonides*, mais au début du printemps, en mars-avril, comme les Cyprinides ; elle recherche les ruisseaux des montagnes pour y déposer près des bords, sur le gravier ou entre les cailloux du lit, de nombreux œufs d'un blanc jaunâtre, plus petits que ceux de la Truite, qui éclosent au bout d'une quinzaine de jours. L'Ombre a une chair blanche, délicate, parfumée, dont l'odeur rappelle celle du thym (de là vient le nom de *thymallus*), mais qui a l'inconvénient de s'altérer rapidement et de ne pouvoir supporter le transport.

**Genre Corégone** (*Coregonus*). — Ouverture buccale étroite ; mâchoires non dentées ou à dents très petites. Corps allongé, un peu comprimé sur les côtés. 1<sup>re</sup> nageoire dorsale courte. — Les poissons du genre Corégone habitent les lacs profonds, où ils vivent en société ; leur chair est d'une grande délicatesse. A l'époque de la reproduction, ils présentent une sorte d'éruption blanchâtre à la surface des écailles.

Le **Corégone Lavaret** (*Coregonus lavaretus* ou *Wartmanni*) a la tête petite et le museau non proéminent ; la première nageoire dorsale est plus haute que longue ; les écailles sont courtes,

minces et très adhérentes. Sa coloration est brillante : le dos
est d'un gris bleuâtre ou verdâtre, les flancs et le ventre sont
d'un beau blanc argenté, la ligne latérale est ponctuée de
noir ; le dessus du corps est aussi parsemé de points noirs.
Le Lavaret mesure de 0m20 à 0m45 ; il peut atteindre 1 kilogramme à 1k500 et même 2 kilogrammes. C'est un poisson
des lacs alpestres : lacs de Constance, de Neuchâtel, etc. ;
en France *il est surtout abondant dans le lac du Bourget*, on le
trouve aussi dans le petit lac d'Aiguebelette (Savoie) ; il se
rencontre, *mais rarement*, dans le Rhône, l'Isère, le Drac,
l'Ain et le Guier. On lui fait une pêche active, car sa chair

Fig. 26. — Le Lavaret.

est délicate et d'un goût exquis ; il supporte assez bien le
transport. Sa nourriture consiste en insectes, mollusques et
crustacés, en Daphnies principalement ; l'étroitesse de son
ouverture buccale l'oblige à se contenter de ces petits animaux
aquatiques ; cependant il se nourrit de petits poissons quand
il a acquis des dimensions un peu fortes. Il fraie de novembre
à décembre ; il vient alors en bandes près du rivage, tandis
qu'aux autres époques il se tient dans les eaux profondes des
lacs.

**La Féra** (*C. fera*) a le corps plus élevé et plus court que le
Lavaret ; ses écailles sont plus grandes et son museau est
proéminent : la tête est un peu plus longue que le quart de
la longueur totale. La coloration est variable : le dos est tantôt noirâtre ou grisâtre, tantôt d'un vert olivâtre ; le ventre est

blanchâtre ; il y a souvent des points noirs sur les flancs. La taille varie de 0ᵐ20 à 0ᵐ50 et le poids, qui est en moyenne de 600 grammes, atteint 2 à 3 kilogrammes au plus. La Féra est très commune dans les lacs de Genève et de Neuchâtel ; dans ce dernier lac elle est connue sous le nom de *Palée*. Elle a été introduite en 1864 dans l'étang-réservoir des Settons (Nièvre), plus récemment dans le lac Chauvet (Puy-de-Dôme) et dans le réservoir de la Liez (Haute-Marne). Sa nourriture est à peu près la même que celle du Lavaret ; la Féra montre un goût particulier pour les Phryganes adultes, qui abondent dans le courant du mois de mai. Sa chair, blanche, est fort bonne, mais s'altère rapidement. La Féra fraie à la fin de l'hiver et dépose sur les herbes des profondeurs de 5000 à 10 000 œufs d'un jaune pâle, qui éclosent au bout de vingt-cinq à trente jours.

La **Gravenche** (*C. hiemalis*) ou *Féra blanche* est reconnaissable à son dos à courbure accentuée et à sa coloration pâle ; elle a le museau proéminent ; le dos est d'un vert violacé, le ventre et les flancs sont d'un beau blanc d'argent ; la taille de ce Corégone est comprise entre 0ᵐ20 et 0ᵐ35, le poids entre 300 et 500 grammes. La Gravenche se rencontre seulement dans le lac de Genève ; elle y habite les grandes profondeurs, mais en décembre elle vient en bandes sur les bords du lac, pondre sur le gravier et sous une mince couche d'eau, des œufs jaunâtres, de 2 millimètres de diamètre. Elle a la même nourriture que les Corégones précédents ; on la pêche activement pour sa chair, qui est très appréciée, et elle devient de plus en plus rare.

La **Bézoule** (*C. Bezola*) se rapproche par la forme de la Gravenche ; sa coloration générale est jaunâtre ; elle mesure en moyenne de 30 à 40 centimètres de longueur et atteint le poids de 1ᵏᵍ300. La Bézoule habite le lac du Bourget ; elle fraie en janvier et février, à de grandes profondeurs.

Le **Houting** (*C. oxyrhynchus*) a la tête petite avec un museau extrêmement allongé ; le dos est d'un gris verdâtre, les flancs et le ventre sont d'un gris jaunâtre ; sa taille varie de 0ᵐ20 à 0ᵐ45. Rare dans nos eaux — on ne le trouve que dans la Meuse et quelques cours d'eau du Nord-Est, — il est assez commun en Allemagne, en Hollande et en Belgique ; aussi le

vend-t-on sur le marché de Paris. C'est, comme le Saumon,
un poisson migrateur : il habite la mer du Nord et remonte
les fleuves en juin ; il ne fraie qu'en novembre-décembre et
regagne la mer aussitôt après. Sa chair est de bonne qualité.

**Genre Éperlan** (*Osmerus*). — Ouverture buccale large ;
mâchoire supérieure plus courte que l'inférieure. Denture complète. Écailles assez grandes, très minces, peu adhérentes.
Caudale fourchue.

**L'Éperlan** (*Osmerus eperlanus*) a le corps allongé, mince,
comprimé latéralement ; la hauteur du tronc est égale au

Fig. 27. — L'Éperlan.

sixième ou au septième de la longueur totale ; la tête est
large avec le dessus du crâne transparent laissant voir le cerveau ; la ligne du dos est presque droite. Le nom d'Éperlan
lui vient de l'éclat de sa coloration, comparable à celui de la
perle ; les parties supérieures sont d'un vert clair ou bleuâtre,
pointillé de noir ; les flancs et le ventre sont d'un blanc
argenté. Ce poisson de forme élégante et aux jolis reflets ne
dépasse guère 0ᵐ25 de longueur. Il habite par bandes la mer
et certains grands lacs ; on le trouve dans la mer du Nord, la
Manche et l'Océan, sur toutes nos côtes de l'Ouest. A l'époque
du frai, au printemps, en février, mars, avril, il remonte les
fleuves, par troupes plus ou moins nombreuses ; on le pêche
alors en grandes quantités, de nuit, à la clarté des torches ;
il vient dans la Loire, dans l'Orne, surtout dans la Seine

qu'il remonte jusqu'au delà d'Elbeuf, où il est arrêté par le barrage de Martot. L'Éperlan est très fécond ; les femelles, plus nombreuses que les mâles, pondent sur le gravier chacune en moyenne 50000 œufs, petits (trois quarts de millimètre de diamètre), jaunâtres et adhérents, qui éclosent au bout de quarante jours ; les jeunes se rendent à la mer vers la fin d'août. En tout temps, il y a des Éperlans dans la basse Seine, mais à une assez faible distance de l'embouchure, jusqu'au point seulement où se fait sentir la marée. Très vorace, très agile, l'Éperlan se nourrit de crustacés, de vers, et même de petits alevins ; sa chair est délicieuse.

## LES SALMONIDES D'IMPORTATION

**Le Saumon du Danube** ou **Saumon Heuch** (*Salmo hucho*) est spécial au bassin du Danube ; sa coloration est d'un gris terne ; sur ses flancs sont des taches noires en forme d'x. Il fut introduit en France par M. Coste ; de nombreuses fécondations artificielles furent effectuées à l'établissement de Huningue, mais le Saumon Heuch ne s'est pas propagé dans nos eaux ; il ne faut pas s'en plaindre ; sa chair est bonne, quoique inférieure à celle du Saumon, et sa croissance très rapide (il atteint 1ᵐ30), mais il est excessivement vorace ; sa nourriture consiste surtout en poissons ; Davy a retiré de l'estomac de l'un de ces Saumons une Ide, une Ombre, une Ablette et deux jeunes Carpes. On doit donc l'exclure de nos eaux, tout au moins de celles où la Truite et le Saumon ordinaires sont susceptibles de se reproduire.

**Le Saumon de Californie** ou **Saumon Quinnat** (*Salmo Quinnat* ou *Oncorhynchus tschawytscha*) habite les cours d'eau de l'Amérique du Nord tributaires de l'Océan Pacifique. Son corps est fusiforme ; sa tête, large et pointue, est égale au quart de la longueur totale ; sa coloration générale est d'un gris bleuâtre ; les flancs sont d'un gris cendré à reflets argentés et le ventre est blanc ; les parties supérieures du corps sont semées de points noirs. Dans son pays d'origine, ce Saumon supporte de fortes chaleurs, jusqu'à 28° C. ; aussi a-t-on essayé de l'acclimater dans le bassin de la Méditerranée ; les tentatives faites dans ce but ont malheureusement échoué.

Le **Saumon de fontaine** (*Salvelinus fontinalis*), qui serait mieux appelé *Omble de ruisseau* ou *Omble-chevalier d'Amérique*, fait partie du genre Salvelinus et se classe à côté de notre Omble-chevalier. Il a été importé de l'Amérique du Nord en 1879. La livrée du mâle est très belle : le dos et les flancs sont d'un brun olivâtre avec des marbrures noires ou d'un vert foncé et, sur les flancs, de nombreux points et taches jaunâtres ou oranges ; le ventre est rose ou blanc jaunâtre ; la femelle a des nuances moins brillantes et des formes plus arrondies. Ce poisson a les mœurs de notre Truite indigène ; comme elle, il vit dans les eaux froides et courantes ; il fraie de fin octobre à décembre ; son développement est excessivement rapide : il peut atteindre le poids de 350 grammes à l'âge de vingt mois, mais n'y parvient d'ordinaire qu'à deux ans ; sa longueur varie de 20 à 45 centimètres ; il pèse 1 kilogramme en moyenne, mais arrive à 5 kilogrammes. C'est, du reste, un poisson vorace et très carnassier. Sa chair, saumonée ou non, est excellente, sauf chez les sujets qui ont dépassé l'âge de trois ans. En rivière il s'acclimate parfaitement et trouve toujours à se nourrir ; des essais d'acclimatation ont réussi dans la Romanche. Le Saumon de fontaine se prête fort bien à l'élevage en étang ou en bassin, mais à la condition d'avoir des eaux claires et très fraîches ; les eaux de source lui conviennent parfaitement ; il présente l'avantage de réussir dans des eaux très froides, où la Truite commune croît trop lentement. Il donne des hybrides avec la Truite indigène.

La **Truite arc-en ciel** (*Salmo irideus*) a été importée vers 1880 du nord-ouest de la Californie, d'où elle est originaire. Elle ressemble beaucoup à la Truite commune ; elle a la tête un peu plus large et la queue très fourchue ; sa coloration est très variable : le dos est bleuâtre ou brunâtre et les parties inférieures sont d'un blanc argenté ; le dos et les flancs présentent de beaux reflets irisés, d'où cette Truite tire son nom ; le corps tout entier est moucheté de nombreux petits points noirs et, en temps de frai, une bande rouge garnit les côtés de la tête à la queue. De tous les Salmonides importés dans nos eaux, la Truite arc-en-ciel est celui qui a donné les résultats les meilleurs ; cette Truite possède en effet de précieuses qualités : elle préfère les eaux chaudes aux eaux très froides, à condition toutefois qu'elles soient pures et limpides ; dès l'âge de un an, elle est en état de supporter des températures de 25-26° ; elle est robuste, rustique, très facile à élever, peu sujette aux maladies et sa croissance est remarquablement rapide. C'est donc un *excellent poisson pour l'élevage en eau close*. Son appétit est insatiable ; constamment elle est en chasse et montre sous ce rapport beaucoup plus d'activité que la Truite commune ; elle sait nager en partie sur le côté, de façon à voir au-dessous d'elle et à chercher sa nourriture sur les fonds. Son poids, qui est en moyenne de 1 à 2 livres, peut atteindre 10 livres et même 13 livres, la taille étant alors de 70 centimètres ; en milieu favorable, la Truite arc-en-ciel arrive à peser 2 kilogrammes à deux ans et demi et 4<sup>k</sup>500 à quatre ans. L'époque du frai est ordinairement comprise entre le 15 février et le 31 mars. La chair de la Truite arc-en-ciel est excellente et, à peu de chose près, égale à celle de la Truite commune. Méfiante et rusée, cette Truite présente le même intérêt que cette dernière pour la pêche sportive. On obtient facilement des hybrides de Truite arc-en-ciel et de Truite commune ; récemment, on a capturé dans la Lézarde, près de Montivilliers, un hybride de Truite arc-en-ciel et de Saumon. La Truite arc-en-ciel tend d'ailleurs à émigrer vers la mer, comme le Saumon. « Lorsqu'elles habitent, dit M. Raveret-Wattel, la partie inférieure de cours d'eau aboutissant à la mer, les Truites arc-en-ciel se rendent volontiers dans les eaux marines. Nous avons eu occasion de le constater nous-mêmes à Fécamp, où des sujets provenant de la Station aquicole du Nid-de-Verdier sont assez fréquemment pêchés, à 3 kilomètres de l'établissement, dans les eaux franchement salées de l'arrière-port, où ils se rendent par la rivière de Valmont. Sous l'influence d'un séjour plus ou moins prolongé dans l'eau de mer, la livrée du poisson se modifie ; elle s'éclaircit et présente sur les flancs de superbes reflets argentés. » La Truite arc-en-ciel est donc susceptible d'effectuer, comme le Saumon, des migrations de l'eau douce vers l'eau salée ; il semble même qu'elle soit un véritable Saumon migrateur : le *Salmo Gairdneri*, de Californie (que l'on désigne aux États-Unis sous le nom de Truite à tête d'acier), ne serait autre, croit-on, que la Truite arc-en-ciel et ne devrait ses teintes plus argentées qu'à son habitude de se rendre périodiquement à la mer.

Le **Corégone Marène** ou **Grande Marène** (*Coregonus maræna*) est-il une espèce distincte du Lavaret ou de la Féra ? La différence, en tout cas, est faible. D'après Siebold, le Corégone Marène se distingue par la forme du museau ; la partie terminale en est beaucoup plus déprimée et plus large que chez le Lavaret ; les os maxillaires sont plus dilatés. Il vit dans les lacs et étangs à profondeur médiocre, tels que les lacs de Madu et de Schaal, entre Stettin et Stuttgart. Il a été, il y a quelques années, acclimaté en France, dans le réservoir de la Liez (Haute-Marne). Il atteint un poids de 3 à 4 kilogrammes.

La **Petite Marène** (*Coregonus albula*) ou Vemme se distingue de tous les autres Corégones de l'Europe centrale par sa mâchoire inférieure très proéminente. Le dos est gris bleuâtre, les flancs et le ventre sont d'un blanc d'argent brillant. Sa taille est de 15 à 20 centimètres. On la trouve en Allemagne, dans le lac de Posen, ainsi que dans les divers lacs de Prusse, de Silésie, du Brandebourg, du Meklembourg, du Holstein. Sa chair est excellente.

## CYPRINIDES

Les Cyprinides ont le corps allongé et de forme ovale, recouvert d'écailles cycloïdes ; leur tête est dépourvue d'écailles. Ils ont une seule nageoire dorsale. Les mâchoires ne sont pas dentées ; seuls, les os pharyngiens sont revêtus de dents. Leur vessie natatoire est grande et divisée en deux parties par un étranglement. L'intestin n'a pas d'appendices pyloriques. — Les Cyprinides, au contraire des Salmonides, n'aiment pas les eaux rapides et torrentueuses ; ils habitent tous les eaux douces. Ils sont peu carnassiers et plutôt herbivores ; les espèces de petite taille servent de proie aux poissons voraces. Ils constituent une famille très nombreuse, dans laquelle nous distinguerons trois sous-familles : les Cyprins, les Ables et les Chondrostomes.

## CYPRINS

**Genre Carpe** (*Cyprinus*). — Corps de forme ovale ; écailles larges. Barbillons à la bouche. Nageoires dorsale longue et anale courte, avec toutes deux un rayon dentelé.

La **Carpe commune** (*Cyprinus carpio*) a le corps élevé, un peu comprimé, avec le dos arqué et le ventre légèrement incurvé ; les écailles sont grandes et striées ; l'opercule est également strié. Le museau est obtus, avec une bouche peu fendue et des lèvres relativement épaisses ; de chaque côté de la bouche sont deux barbillons, les postérieurs étant de beaucoup les plus développés. La nageoire dorsale est longue ; elle est formée de 2 rayons simples et de 17 à 22 rayons ramifiés ; la nageoire anale est courte et commence, comme la dorsale, par un gros rayon osseux dentelé en scie. La coloration varie avec la nature des eaux ; ordinairement, le dos est brun verdâtre, bleuâtre ou vert olivâtre, le ventre est jaunâtre, et les côtés sont jaunâtres avec des reflets dorés ; mais la teinte générale peut aller du brun foncé au blanc presque complet, en passant par le jaune roux ; la couleur est toujours plus sombre dans les étangs que dans les eaux courantes et claires ; l'âge a de même une influence, et la Carpe blanchit toujours en vieillissant ; signalons une variété dorée avec quelques taches noires. L'adulte a au moins 0ᵐ30 de longueur et 0ᵐ10 de hauteur.

Il existe de nombreuses variétés de la Carpe commune, que l'on trouve surtout dans les étangs :

La *Carpe à miroir* ou *Reine des carpes* ou *Carpe à grandes écailles* (*Cyprinus carpio-specularis*) a les écailles atrophiées, sauf le long du dos, du ventre et de la ligne latérale, de sorte qu'elle n'a plus que deux ou trois bandes d'écailles, la peau étant épaissie sur le reste du corps ; les écailles qui subsistent ont, il est vrai, pris un énorme développement et sont trois fois plus grandes que les écailles ordinaires. La *Carpe à cuir* ou *Carpe-Tanche* (*Cyprinus nudus*), assez rare, a toutes les écailles atrophiées, sans exception, mais possède une peau épaisse et noirâtre, qui constitue une sorte de cuir. La *Carpe bossue (Cyprinus elatus)* est ainsi nommée à cause de son dos très élevé, qui s'est développé anormalement à la suite de blessures reçues au sortir de l'œuf ; il se produit aussi parfois une déformation de la tête, et l'on a la *Carpe à tête de dauphin* : la face est raccourcie, comme écrasée et le crâne fait saillie en avant des yeux, ce qui donne à la tête une certaine analogie avec la tête du Dauphin ; c'est là un accident, une monstruosité et non une variation héréditaire. La *Carpe reine (Cyprinus regina)*, qu'il ne faut pas confondre avec la Reine des Carpes,

Fig. 28. — La Carpe.

a le dos déprimé et le corps relativement allongé. La *Carpe de Hongrie (Cyprinus Hungaricus)* a le corps très allongé et aplati latéralement ; le dos est d'un brun foncé et les flancs sont comme tigrés de brun et de jaune clair.

Le *Carpeau* ou *Carpe bréhaigne* est une Carpe dont les organes reproducteurs paraissent atrophiés, tout au moins momentanément, à la suite d'un séjour dans une eau trop froide ; ses formes sont très ramassées et le ventre est comprimé en arrière. Le Carpeau acquiert un grand embonpoint ; il fournit une chair excellente ; on le pêche dans le Rhône, la Saône, les étangs de la Bresse, le lac du Bourget et le lac de Nantua.

La Carpe n'est pas un poisson indigène à proprement parler ; elle est originaire de Perse ou d'Asie Mineure et a été introduite en Italie et en Gaule par les Romains ; ce ne fut qu'en

1514 qu'on l'importa en Angleterre et en 1560 au Danemark. Peu à peu, elle s'est répandue dans toute l'Europe et s'y est parfaitement acclimatée.

La Carpe est très commune dans nos fleuves et rivières à courant peu rapide, ainsi que dans les canaux ; elle se plaît particulièrement dans les étangs et les lacs, car elle aime par-dessus tout les eaux tièdes et tranquilles, abondamment garnies de végétaux ; elle vit jusque dans les eaux saumâtres et même salées, comme celles des étangs de la Camargue ; les eaux stagnantes lui conviennent aussi. Mais elle ne vient pas dans les rivières à truites des régions montagneuses. — La Carpe recherche les grands fonds ; elle fréquente plus spéciale-ment certaines parties des rivières, notamment les endroits situés près des tournants ou des coudes ; à l'état adulte elle vit isolée, alors que les jeunes vont par bandes. Pendant l'hiver, les Carpes se cantonnent dans les grands fonds et demeurent engourdies dans la vase, où elles s'enfoncent pres-que entièrement. Très craintif et d'une prudence extrême en rivière, ce beau poisson devient vite familier dans les pièces d'eau, dont il fait l'ornement, et s'habitue à venir, sous les yeux des promeneurs, chercher le pain qu'on lui jette ; les Carpes de Fontainebleau, de Chantilly et de Versailles sont célèbres.

La Carpe est omnivore ; elle se nourrit d'insectes, de vers, de mollusques, de frai de poisson et d'alevins, d'herbes aqua-tiques, de graines diverses, de substances végétales et ani-males très variées. — La Carpe se reproduit pendant la saison chaude, quand l'eau est à la température de 18 à 22° C. ; en eau froide, quand la température ne dépasse pas 15°, ses organes reproducteurs s'atrophient et sa multiplication est impossible. Elle fraie depuis le commencement d'avril jusqu'en juillet et août ; l'époque normale de ponte s'étend de la fin de mai au commencement de juin ; les Carpes grosses et âgées fraient beaucoup plus tard, en juillet et août, mais il est inexact de croire que la Carpe pond à deux et trois reprises dans une saison. Pour déposer ses œufs, elle recherche les eaux dormantes et peu profondes, bien garnies de végétaux ; elle remonte les cours d'eau afin de trouver un endroit favorable

et franchit même les obstacles qu'elle rencontre sur son trajet ;
les Carpes sautent, en effet, fort bien hors de l'eau, surtout à
l'époque du frai où elles sont toujours très agitées ; elles plient
leur corps en rapprochant la tête de la queue, puis se
détendent brusquement, frappent l'eau avec force et sautent
au-dessus de la surface, à une hauteur qui peut atteindre
1 mètre ; on prétend que les Carpes peuvent ainsi franchir des chutes d'eau de 2 mètres de haut. Les Carpes
pénètrent dans les dépendances des cours d'eau, anses ou bras,
et dans des endroits peu profonds, parfois à peine remplis
d'eau ; dans les étangs, elles se rapprochent toujours du rivage ;
c'est ordinairement dans la matinée que les femelles déposent
leur œufs à fleur d'eau, sur les herbes aquatiques, auxquelles
un mucus collant les fait adhérer ; ces œufs sont en nombre
considérable : il y en a de 200 000 à 600 000 par ovaire ; une Carpe
de 2 kilogrammes renferme, en œufs, plus de 10 p. 100 de son
poids total ; l'œuf a 1$^{mm}$5 de diamètre et est de couleur
verdâtre. Les mâles, reconnaissables à l'époque du frai aux
petits tubercules blanchâtres qu'ils ont sur la tête, émettent
à leur tour leur laitance, également très abondante ; puis,
mâles et femelles battent l'eau avec leur nageoire caudale pour
disséminer les œufs sur les herbes et les bien imprégner de
laitance.

L'éclosion a lieu au bout d'une dizaine de jours ; mais bien peu
d'œufs arrivent à l'état d'alevins, seulement 6 p. 100 environ :
la température trop basse, l'abaissement du niveau de l'eau,
les crues, les ennemis de toutes sortes (poissons, oiseaux,
insectes) en font périr la majeure partie ; quant aux alevins,
un grand nombre sont détruits par ces mêmes ennemis avant
de parvenir à l'état adulte. Au début de son existence, la
Carpe a une croissance rapide, mais qui se ralentit par la
suite ; une Carpe bien nourrie s'engraisse très facilement et
pèse en moyenne à trois ans 500 grammes, à quatre ans 800
grammes, à cinq ans de 1 500 à 2 500 grammes, à six ans de
3 à 4 kilogrammes et à sept ans de 5 à 7 kilogrammes ; elle atteint
le poids de 12 à 14 kilogrammes, mais vers l'âge de vingt ans
seulement ; la Carpe ne dépasse qu'exceptionnellement ce poids,
elle peut cependant parvenir jusqu'à 20 kilogrammes ; sa taille

atteint parfois, mais rarement, 1 mètre de longueur. La Carpe vit longtemps, beaucoup moins toutefois que ne le dit la légende ; on a affirmé, sans aucune preuve, que certaines Carpes de Fontainebleau remontent à François 1er, bien que l'étang ait été péché à différentes reprises, notamment en 1866, où les Carpes furent vendues. Buffon, de son côté, a signalé l'existence de Carpes de cent cinquante ans, dans les fossés du château de Pontchartrain ; il est fort douteux que cet âge soit exact ; des observations rigoureuses permettent de penser que la Carpe ne doit guère vivre au delà de cinquante ans au maximum.

La chair de la Carpe est très nourrissante, elle contient 3,49 p. 100 d'azote et 12 p. 100 de carbone ; sa qualité est bonne, quoique variable avec la nature des eaux ; les Carpes d'étang, de couleur plus sombre que les autres Carpes, ont l'inconvénient d'avoir un goût de vase prononcé ; il faut, avant de les manger, les faire séjourner quelque temps en eau claire. Les Carpes de taille moyenne sont les plus estimées. « Pour apprécier ce poisson, dit M. Peupion, il faut d'abord le manger immédiatement après sa sortie de l'eau ; consommée seulement neuf à dix heures après, sa chair a perdu déjà 50 p. 100 de ses qualités ; vingt-quatre heures plus tard, c'est un poisson sans aucune fermeté et fade. Il faut n'avoir jamais mangé de carpe au sortir de l'eau pour l'accepter morte depuis un ou deux jours. » Le palais, épais et charnu, est connu sous le nom de *langue de carpe* ; les gourmets, paraît-il, l'apprécient fort, mais la tête de Carpe est inférieure, selon nous, à celle de Barbeau.

La Carpe donne des hybrides avec d'autres espèces de Cyprinides ; elle se croise avec le Carassin et le Chevaine. L'hybride le plus connu est celui désigné sous les noms de CARPE CARASSIN, CARPE CARREAU ou CARPE DE KOLLAR (*Cyprinus Kollarii*), qui résulte du croisement de la Carpe commune et du Carassin. Ce n'est pas une espèce particulière comme on l'a cru pendant longtemps ; M. Hessel, pisciculteur à Offenbourg (Grand-Duché de Bade), l'a démontré expérimentalement, en réussissant à féconder des œufs de Carpe avec de la laitance de Carassin et inversement. La forme de la Carpe Carreau est assez variable ; le corps est plus élevé et plus carré que celui de la Carpe, il est

généralement de forme rhomboïdale ; la mâchoire supérieure
est légèrement proéminente ; les barbillons postérieurs sont
courts et grêles, les antérieurs sont nuls ou atrophiés. La coloration est très variable ; elle est ordinairement d'un brun
verdâtre à reflets plus ou moins dorés en dessus, avec le
ventre jaunâtre ; la longueur ne dépasse pas 0m50. Cet hybride
est d'ailleurs très rare ; on ne le rencontre que dans certains
départements de l'Est et du Nord, surtout dans le département
de la Somme, aux environs de Péronne ; il est moins rare en
Belgique. Sa chair est de mauvaise qualité et remplie d'arêtes.

**Genre Carassin** (*Carassius*). — Ce genre, voisin du précédent, en diffère essentiellement par l'absence de barbillons à la
bouche. Chacun des deux os pharyngiens inférieurs porte
quatre dents, disposées sur un seul rang.

Deux espèces : le Carassin commun et le Carassin doré.

Fig. 29. — Le Carassin.

Le **Carassin commun** (*Carassius vulgaris*) ou Carrassin, vulgairement appelé *Carousche*, du nom allemand *Karausche*, a le
corps beaucoup plus élevé que la Carpe : la hauteur est comprise, au plus, deux fois trois quarts dans la longueur totale ; le

dos est très arqué; la tête est petite, elle est environ le sixième de la longueur totale ; la ligne latérale est plus rapprochée du ventre que du dos. La couleur est d'un brun foncé ou verdâtre sur les parties supérieures, les flancs sont jaunâtres, le ventre est d'un brun jaunâtre, parfois lavé de rougeâtre. Le Carassin dépasse rarement une longueur de 0ᵐ30 et atteint exceptionnellement 0ᵐ35 à 0ᵐ40; son poids ne va jamais au delà de 1 kilogramme et demi. — La GIBÈLE (*Carassius gibelio*) (fig. 30), dont certains naturalistes font une espèce à part, doit être considérée, d'après Siebold et Ekstom, comme une variété du Carassin commun; elle a le corps moins épais et moins haut, la tête plus massive avec la mâchoire inférieure plus allongée et une coloration moins vive.

Le Carassin est rare en France ; on ne le rencontre que dans certaines parties du Nord et de l'Est, dans l'Aisne, la Meurthe, notamment dans les étangs des environs de Lunéville; il existe aussi en divers endroits de la Belgique; il est commun en Allemagne. Son introduction en Lorraine semble due au roi Stanislas Leszczynski, qui l'aurait fait venir de Pologne. Ce poisson habite les eaux dormantes, chaudes, peu profondes ; il vit sur les fonds et se plaît à affouiller la vase ; il convient parfaitement dans les étangs vaseux, les marais et même les tourbières. Il est d'ailleurs *très rustique*, résiste bien au froid ainsi qu'au manque d'air ; sa chair, de bonne qualité, quoique un peu fade, a l'avantage de ne pas contracter de goût de vase. Le Carassin a les mêmes mœurs et le même régime que la Carpe ; il se nourrit de vers, de petits insectes et d'herbes aquatiques. La fraie a lieu en juin; la femelle pond, sur les herbes, de petits œufs (d'un peu plus de 1 millimètre de diamètre), au nombre d'une centaine de mille au moins, mais les adultes sont très avides du frai et la destruction qu'ils en font restreint fort la multiplication de l'espèce.

Le **Carassin doré** (*C. auratus*), Cyprin doré ou Carpe dorée de la Chine, n'est autre que le vulgaire *Poisson rouge* (fig. 131). Il a le corps oblong et moins élevé que le Carassin commun : la hauteur est contenue trois à quatre fois dans la longueur totale ; la ligne latérale est plus rapprochée du dos que du ventre; la nageoire caudale est fortement échancrée ; les écailles sont

très grandes. La robe de ce poisson est brillamment colorée ;
elle est ordinairement d'un beau rouge-vermillon mais peut

Fig. 30. — La Gibèle.

présenter les couleurs les plus variées, depuis le blanc jusqu'au
brun verdâtre et au noir, en passant par le jaune, le rosé, le
rouge doré, l'or jaune et l'or vert ; aussi les variétés sont-elles

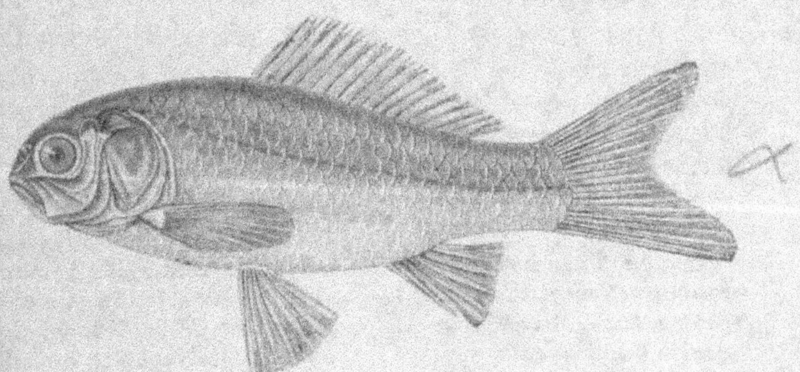

Fig. 31. — Le Cyprin doré.

nombreuses. La longueur du poisson rouge va de 10 à 20 centimètres, 25 au plus ; le poids peut atteindre et dépasser
500 grammes, mais la croissance est lente et, quoique sa
chair soit délicate, on n'élève jamais ce Carassin en vue de

l'alimentation. C'est uniquement un poisson d'ornement, que l'on place dans les pièces d'eau des jardins et dans les aquariums d'appartement; il ne croît pas dans ces derniers, faute d'espace, mais il résiste fort bien à cette stabulation et s'apprivoise aisément. Très rustique, ce joli poisson est facilement transportable; originaire de Chine, il fut introduit en Europe au XVIII° siècle; apporté d'abord à l'île Sainte-Hélène, il fut de là transporté en Angleterre par Ph. Worth, en 1728, puis en Hollande. En France, on vit pour la première fois des Cyprins dorés à Lorient, dans les jardins de la Compagnie des Indes; le Directeur en offrit plusieurs spécimens à la Pompadour (1745). Le Poisson rouge s'est bien acclimaté en Europe; il recherche les mêmes eaux que le Carassin commun, mais peut supporter les eaux froides. Il s'est répandu dans plusieurs de nos cours d'eau, entre autres la Seine, mais y a perdu ses belles couleurs rouges. Son régime est le même que celui de la Carpe et du Carassin; la femelle, très prolifique, pond en mai-juin, jusqu'à 200 000 œufs. La laitance du mâle féconde très facilement les œufs de Carpe; le Cyprin doré se croise également bien avec le Carassin en donnant un hybride de superbe couleur rouge.

Le Poisson rouge présente un certain nombre de variétés monstrueuses, que les Chinois apprécient beaucoup. L'une des plus remarquables est celle désignée sous le nom de *Poisson Télescope*, à cause de ses yeux fortement pédonculés; cette forme singulière est en outre dépourvue de nageoire dorsale et a la caudale transformée en panache.

**Genre Tanche** (*Tinca*). — Corps de forme légèrement ovalaire et ramassée; écailles petites, recouvertes par un épiderme épais et transparent. Bouche munie de barbillons. Nageoire dorsale courte, sans rayons osseux. Nageoire caudale carrée. Dents pharyngiennes unisériées : 4 d'un côté et 5 de l'autre.

Une seule espèce.

La **Tanche vulgaire** (*Tinca vulgaris*) (fig. 32) se différencie aisément des autres Cyprinides. Son corps est trapu et comprimé latéralement; la hauteur en est contenue trois fois et

quart à quatre fois et demie dans la longueur totale. La tête
est grosse ; la bouche, petite, est pourvue de deux courts barbillons situés aux commissures des lèvres. Les écailles sont
imbriquées et engagées dans la peau ; elles sont très adhérentes
et difficiles à détacher ; la peau est, en outre, enduite d'une
épaisse mucosité. La nageoire dorsale est plus haute que
longue ; le mâle a toujours les nageoires plus développées
que la femelle, notamment les nageoires ventrales dont le
second rayon est très épais et non mince comme chez la

Fig. 32. — La Tanche.

femelle. — La Tanche est d'un vert plus ou moins olivâtre
à reflets brillants et souvent à beaux reflets métalliques
bronzés, le ventre est ordinairement d'un blanc jaunâtre,
l'œil est d'un rouge vif ; la coloration est toujours plus vive
dans les eaux limpides. Une variété, connue sous le nom de
*Tanche dorée*, est remarquable par sa coloration : tout le corps
est d'un jaune doré à tons orangés, les lèvres sont rosées ; des
taches d'un beau noir existent sur les flancs de certains individus, qui ont aussi le front d'un rouge carmin ; les écailles
sont minces, transparentes et de dimensions plus grandes
que celles de la Tanche ordinaire ; ce magnifique poisson

paraît avoir été sélectionné en Bohême et dans la Haute-Silésie ; il est très recherché pour l'ornement des pièces d'eau et des aquariums. — La Tanche mesure, en moyenne, 0<sup>m</sup>20 à 0<sup>m</sup>30 ; elle dépasse rarement ce dernier chiffre et n'atteint que tout à fait exceptionnellement une longueur de 0<sup>m</sup>50. Sa croissance est d'ailleurs moins rapide que celle de la Carpe ; à trois ans, une Tanche bien nourrie ne pèse pas plus de 400 grammes et n'atteint guère que le poids de 600 grammes à l'âge de quatre ans ; dans nos eaux elle parvient à 2<sup>k</sup>500, 3 kilogrammes au maximum, mais rarement. Le mâle est toujours plus petit que la femelle, sa couleur est aussi plus foncée. C'est à l'âge de trois ans que la Tanche se reproduit.

La Tanche est commune dans presque toute la France. Elle recherche les eaux calmes et chaudes et se plaît particulièrement dans les lacs et les étangs à fond vaseux, abondamment pourvus d'herbages aquatiques. On la trouve également dans les cours d'eau ; elle préfère les canaux et les rivières à faible courant aux eaux rapides, où elle vient cependant. La Tanche est essentiellement un poisson de fond ; sans cesse, elle affouille la vase pour y chercher des vers, des insectes et des petits mollusques, dont elle fait une grande consommation, car elle est très vorace ; elle se nourrit aussi de végétaux.

Pour frayer, la Tanche recherche les eaux tout à fait dormantes. La température de l'eau doit être comprise entre 17-18° au moins et 25° ; aussi la reproduction a-t-elle lieu seulement de la fin mai au milieu de juillet ; à cette époque, la Tanche abandonne les fonds pour se rapprocher de la surface et rechercher les endroits des rives bien exposés au soleil, en pente douce et garnis d'herbes aquatiques ; le Potamot à feuilles flottantes lui convient très bien pour déposer ses œufs, ce qui fait souvent désigner cette plante sous le nom d'*Herbe à Tanche*. Comme la Carpe, en effet, la Tanche pond ses œufs adhérents sur les herbes, près de la surface de l'eau ; à défaut d'herbes, elle les jette sur la vase du fond ; les œufs, très petits et d'un gris verdâtre, sont au nombre de 200000 à 300000 pour une femelle de poids moyen ; une Tanche de 1 kilogramme peut contenir 18 p. 100 de son poids en œufs. L'éclosion a lieu de six à huit jours après la ponte.

L'hiver venu, la Tanche s'enfonce dans la vase et y reste engourdie jusqu'au printemps ; elle résiste ainsi parfaitement dans les eaux qui gèlent en hiver. Elle est, du reste, très rustique, très résistante : elle vit dans des eaux bourbeuses, peu oxygénées, supporte le séjour hors de l'eau pendant près d'une journée et se transporte aisément au loin. Ce poisson, peu exigeant et d'élevage facile, convient donc pour la production en étangs. La chair de la Tanche est souvent signalée comme fade et de qualité inférieure ; le contraire se constate cependant presque toujours ; dans les étangs peu vaseux, elle est excellente, lorsqu'on la consomme en dehors de la période du frai ; quant au goût de limon qu'elle contracte dans les étangs vaseux, il est facile de le faire disparaître en mettant « dégorger » la Tanche pendant une quinzaine de jours dans une eau limpide.

**Genre Barbeau** (*Barbus*). — Corps allongé, en forme de fuseau ; écailles minces. Bouche munie de quatre barbillons. Dents pharyngiennes au nombre de 9 à 10 de chaque côté et disposées sur trois rangs : 5, 3 et 1 ou 2.

Fig. 33. — Le Barbeau commun.

**Le Barbeau commun** ou **Barbillon** (*Barbus fluviatilis*) (fig. 33) est facilement reconnaissable à son corps élancé, oblong, presque cylindrique en avant et aminci en arrière, à sa tête longue, à son museau proéminent, à sa bouche demi-circulaire située en dessous du museau et pourvue de quatre barbillons ou barbes, dont deux en avant et les deux autres aux commissures ; ces filaments charnus sont des organes de tact qui servent au poisson pour explorer le fond des cours d'eau ; ce sont eux qui ont fait donner son nom au Barbeau. La nageoire dorsale présente un rayon osseux, très fort, denticulé en arrière. Les couleurs sont assez vives : le dos est d'un gris bleuâtre ou verdâtre, les flancs sont blanchâtres avec des reflets argentés et de petites taches noirâtres, le ventre est blanc. Le Barbeau mesure, en moyenne, 0m30 à 0m50 de longueur ; mais il atteint de grandes dimensions, jusqu'à 1 mètre, avec un poids de 4 à 5 kilogrammes et même de 6 à 7 kilogrammes et demi. — Le Barbeau est commun dans tous nos fleuves et rivières ; il ne fréquente guère que les cours d'eau importants et fait défaut dans les lacs, même ceux de grande étendue comme le Léman et le lac d'Annecy. Il recherche les eaux à courant rapide, à fond de gravier et de cailloux, riches en herbes aquatiques ; on le trouve cependant parfois dans les eaux stagnantes ; il vit en groupes plus ou moins nombreux et se tient presque toujours sur les fonds, entre les plantes aquatiques pendant l'été, sous les pierres ou dans les anfractuosités des berges, des chaussées et des fonds pendant l'automne ; les jeunes ou Barbillons vivent souvent en bandes avec les Goujons. Très vigoureux, excellent nageur, le Barbeau est aussi *très vorace* ; il fouille le fond, la nuit surtout, pour rechercher les vers, les larves, les insectes, les mollusques dont il fait sa nourriture ; il consomme aussi des alevins de Salmonides, des petits poissons, des débris de toutes sortes, des chairs mortes et corrompues ; les végétaux entrent également ment pour une bonne part dans son alimentation. Sa croissance est très rapide, mais en rapport avec la quantité de nourriture qu'il peut se procurer ; en moyenne, il atteint le poids de 630 grammes à l'âge de trois ans, de 1 kilogramme à quatre ans et de 2 kilogrammes à cinq ans ; il arrive jusqu'à 8 kilos. C'est à partir de trois à quatre ans que le Barbeau se reproduit ; d'avril à mai, parfois en juin, les troupes d'individus des deux sexes se mettent à la recherche des endroits à fond caillouteux et à courant rapide ; jamais les Barbeaux ne fraient dans les eaux calmes et peu profondes ; il leur faut d'ailleurs une eau à la température de 12 à 14° au plus.

Chaque femelle donne, en moyenne, 8 000 à 10 000 œufs ; ceux-ci sont transparents, de couleur orangée et de la grosseur d'un grain de millet ; leur éclosion a lieu au bout d'une dizaine de jours. — La chair du Barbeau est blanche et délicate ; on lui reproche d'être un peu fade et de contenir beaucoup d'arêtes ; sa qualité est d'autant meilleure que le poisson est plus avancé en âge et qu'il a vécu dans une eau plus limpide. Les œufs de Barbeau provoquent des vomissements et de la diarrhée pendant la période du frai ; cette toxicité, niée par quelques auteurs, est démontrée d'une façon certaine par un grand nombre d'observations ; il est même prudent de s'abstenir complètement de Barbeau au moment du frai, car les œufs peuvent communiquer leurs propriétés vénéneuses à la chair. La laitance du mâle, qui est de couleur rougeâtre, est excellente en tout temps. — Très abondants dans nos cours d'eau du Nord et de l'Est, les Barbeaux y ont sensiblement diminué depuis une vingtaine d'années, à la suite d'une grave épidémie (1). La pisciculture artificielle permet heureusement de remettre les choses en état (2).

Le **Barbeau méridional** (*B. meridionalis*) diffère du précédent par son corps moins effilé, son museau plus court, gros et arrondi, sa nageoire dorsale à rayon flexible et non dentelé en arrière. Sa coloration est assez variable ; elle est ordinairement d'un gris bronzé parsemé de petites taches noires, avec des reflets rosés ou rougeâtres ; la taille est de 0$^m$20 en moyenne et ne dépasse pas 0$^m$35. Ses mœurs sont les mêmes que celles du Barbeau commun ; sa chair est délicate. Ce Barbeau habite les régions du Midi ; en France, on le trouve dans le Languedoc et en Provence, ainsi que dans le département des Pyrénées-Orientales ; on l'y connaît sous le nom de *Durgan*. Il a été signalé depuis peu dans la Garonne.

*Genre Goujon* (*Gobio*). — Corps allongé ; tête large ; écailles minces et larges. Bouche munie de deux barbillons. Dents pharyngiennes au nombre de 7-8 de chaque côté et disposées sur deux rangs : 5 et 2-3.

(1) Voy. le chapitre sur les *Maladies des Poissons*.
(2) Voy. *Pisciculture artificielle*.

Le **Goujon de rivière** (*Gobio fluviatilis*) se rapproche du Barbeau par les formes et les mœurs. Il a le corps allongé, fusiforme, élargi dans les deux tiers antérieurs, comprimé en arrière et arrondi sur le dos ; la bouche, située en dessous du museau, porte à sa base deux longs barbillons. La nageoire dorsale n'a pas de rayon osseux. La coloration du Goujon est assez variable ; ordinairement, le dessus est d'un brun jaunâtre ou verdâtre à reflets métalliques, taché de noirâtre ; les flancs sont argentés avec des taches noires arrondies ; le ventre est blanchâtre à reflets jaunâtres. La taille est petite ;

Fig. 34. — Le Goujon.

elle est de 10 centimètres en moyenne et atteint rarement 15 centimètres. — Le Goujon est commun dans toutes nos rivières à fond ferme ; il aime les eaux vives et fraîches ainsi que les lits de gravier et de sable fin ; il ne recherche pas plus les eaux froides et rapides que les eaux calmes et vaseuses, mais s'y rencontre cependant en petite quantité ; il fréquente encore les grands lacs, surtout en hiver. Sa nourriture consiste principalement en proies animales : vers, larves d'insectes, frai de poisson, débris organiques de toutes sortes ; il mange aussi des végétaux. Il se tient presque constamment sur le fond des cours d'eau, surtout près des rives ; très sociable, il vit toujours en grandes troupes. Au printemps, il quitte les lacs et les étangs où il a hiverné, pour remonter les cours d'eau et se rendre, en bandes nombreuses, vers les eaux claires et peu profondes, à fond pierreux, où sa reproduction va s'effectuer. Le frai a lieu à diverses reprises, depuis avril

jusqu'à juillet, en mai notamment ; la ponte se fait surtout
la nuit : les œufs, petits et bleuâtres, sont collés sur les pierres
ou les herbes ; ils éclosent au bout d'un mois. Grâce à sa
grande fécondité et à sa croissance assez rapide (il est adulte
à trois ans), le Goujon est toujours à peu près aussi nombreux
dans nos cours d'eau, malgré la pêche intensive qu'on lui fait
pour sa chair blanche et délicate ; la friture de Goujon de
rivière est certainement la meilleure de toutes. Le Goujon est
à introduire dans les étangs à Truites.

## ABLES

### (Poissons blancs).

**Genre Bouvière** (*Rhodeus*). — Corps ovale et comprimé.
Écailles grandes. Ligne latérale très abrégée, ne dépassant
pas la cinquième ou sixième écaille. Dents pharyngiennes unisériées, au nombre de 5 de chaque côté. Caudale échancrée.

Fig. 35. — La Bouvière.

**La Bouvière commune** ou **Bouvière amère** (*Rhodeus amarus*)
(fig. 35) a le corps ovalaire et comprimé au point d'être translucide ; la tête est petite, les écailles sont très larges. Ce Cyprinide est de très petite taille : il mesure en moyenne de 4 à
6 centimètres et ne dépasse pas 8 centimètres ; sa largeur n'est
que de 10 à 14 millimètres. Ce petit poisson ressemble beaucoup à un alevin de Carpe, mais il ne possède pas de barbil-

lons ; sa coloration est d'ailleurs différente : le dos est d'un vert jaunâtre ou brunâtre, les flancs et le ventre sont d'un blanc argenté ; à l'époque de la reproduction, la livrée du mâle se pare de vives couleurs : le dos devient d'un bleu d'acier à reflets irisés, parfois il est rosé ou orangé ; une bande d'un vert émeraude orne la queue ; les nageoires dorsale et anale sont d'un jaune orangé, les pectorales et les ventrales d'un rose couleur de chair ; en outre, de petits tubercules apparaissent autour de la mâchoire inférieure. — Ce joli poisson est assez répandu dans tous nos cours d'eau du Nord, de l'Est et d'une partie du Centre ; on le trouve aussi dans les étangs alimentés par des cours d'eau. Sa nourriture consiste presque uniquement en végétaux. Au printemps, fin avril-commencement de mai, il va en troupes à la recherche des eaux vives et courantes, pour y frayer ; la femelle n'a pas alors la vive coloration du mâle, mais elle se distingue par un conduit génital extérieur, sorte de tube long de 2 à 4 centimètres, situé immédiatement en arrière de l'anus ; les œufs, jaunes et de la grosseur d'un grain de millet, sont pondus par ce conduit ; chose curieuse, la femelle introduit ses œufs dans les branchies des Moules d'eau douce (Mulettes des peintres), de façon à procurer un asile aux petits alevins pendant les premiers jours qui suivent l'éclosion. — La chair de la Bouvière est de mauvaise qualité, à cause, semble-t-il, de l'amertume que lui communique la vésicule biliaire, qu'il est difficile de retirer sans crever. Ce petit poisson n'a d'autre intérêt que de constituer une excellente amorce vive pour la Perche ; il s'élève aussi en aquarium, à condition qu'on lui fournisse une eau bien renouvelée.

**Genre Brême** (*Abramis*). — Corps ovale, comprimé latéralement. Écailles grandes. Dents pharyngiennes disposées sur un ou deux rangs, au nombre de 5 à 7 de chaque côté.

**La Brême commune** (*Abramis brama*) (fig. 36) a le corps comprimé et *très élevé*, le dos courbé et la tête tronquée ; les dents pharyngiennes sont unisériées. La nageoire anale est *très longue*, la dorsale étroite et la caudale très fourchue. La

coloration est brunâtre sur le dos, d'un jaune argenté sur les
flancs et d'un brun argenté sur le ventre, avec des reflets
brillants et de nombreux petits points noirs sur tout le corps.
La taille est comprise entre 0m20 et 0m50, mais elle atteint
0m60 et le poids, qui ne dépasse guère 2k500 d'ordinaire, peut
aller au delà de 4 kilogrammes. La Brême est très commune
dans la plus grande partie de la France, surtout dans le Nord,
l'Est et le Centre ; elle aime les eaux calmes et profondes,

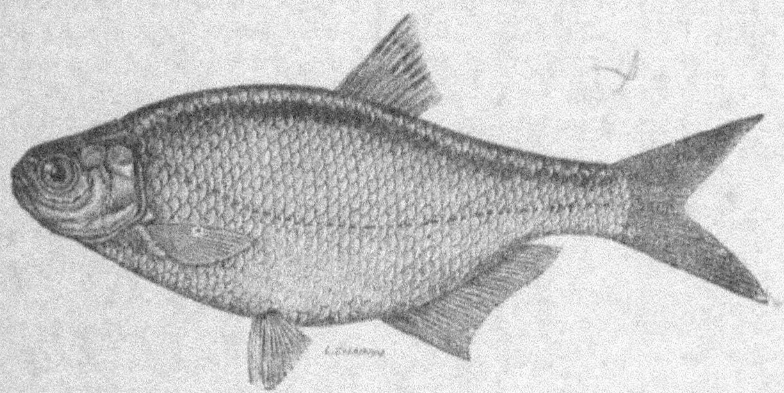

Fig. 36. — La Brême commune.

aussi la rencontre-t-on de préférence dans les lacs et dans les
grands cours d'eau où le courant n'est pas trop rapide. La
Brême se plaît sur les fonds vaseux et herbeux ; dans les cours
d'eau, elle se tient plutôt près des rives et se réfugie fréquemment dans les cavités situées entre les vieilles souches, car
elle est craintive et farouche. Elle se nourrit principalement
de végétaux et de débris organiques, mais aussi d'insectes et
de vers. Sa croissance est assez rapide ; à l'âge de trois ans,
elle commence à se reproduire ; elle pèse alors environ
350 grammes. Le frai a lieu quand l'eau a atteint la température de 17°, de fin avril à fin juin ; les mâles présentent à ce
moment des sortes de petits tubercules sur les écailles, et
l'on voit les Brêmes manifester la plus vive agitation : elles
se réunissent en bandes nombreuses, sillonnent l'eau en tous
sens et se rapprochent de la surface, de façon à devenir par-

faitement visibles ; c'est pendant la nuit qu'elles se livrent à leurs ébats et qu'a lieu la ponte ; pour l'effectuer, les Brêmes recherchent les rives en pentes douces bien garnies d'herbages aquatiques et, de préférence, les anses des cours d'eau. Les œufs, d'un gris verdâtre transparent, ont un diamètre de 1 millimètre ; ils sont pondus sur les herbes auxquelles ils adhèrent ; la femelle est très féconde : une Brême de 3 kilogrammes contient plus de 130 000 œufs ; l'éclosion a lieu au bout de dix jours environ. — La Brême a une chair blanche, molle et fade, qui a en outre l'inconvénient de sentir la vase quand le poisson a vécu dans une eau dormante ; les Brêmes du poids moyen de 1 kilogramme passent pour être celles dont la chair est de meilleure qualité. C'est à tort qu'on accuse les œufs de Brême d'être vénéneux.

La Brême commune paraît s'allier avec le Gardon commun pour produire la variété désignée sous le nom de BRÈME DE BUGGENHAGEN (*Abramis Buggenhagii*) ; cet hybride, dont l'aspect du corps rappelle celui du Gardon, mesure de 0$^m$15 à 0$^m$30 de longueur ; il est très rare en France et ne se pêche que de temps à autre dans la Moselle, la Meuse, la Somme, la Loire, la Mayenne et la Sarthe.

La **Brême-Rosse** (*A. abramo-rutilus*) se rapproche de la Brême de Buggenhagen ; c'est d'ailleurs l'hybride de la Bordelière avec le Rotengle ou Gardon Rosse ; elle a les mœurs et la forme générale du Gardon, le corps étant un peu plus élevé : sa taille est de 15 à 18 centimètres en moyenne. Ce poisson est rare en France ; on ne le trouve que dans la Meuse et la Moselle.

La **Brême de Gehin** (*A. Gehini*), qui est spéciale aux cours d'eau de l'Est, et notamment assez commune dans la Moselle, se rapproche beaucoup de la Brême commune. Cette espèce a le corps plus effilé et moins haut, des nageoires plus développées et la mâchoire caudale profondément échancrée ; sa coloration est d'un gris bleuâtre en dessus, d'un blanc argenté pointillé de noir sur le reste du corps. Sa taille est moins grande et la croissance moins rapide. Par contre, sa chair est moins fade.

La **Brême Bordelière** (*A. bjoerkna*) se distingue de la Brême commune par : ses dents pharyngiennes bisériées (7 de chaque côté), sa nageoire anale moins longue, sa coloration verdâtre sur le dos, argentée sur les flancs et le ventre, par sa taille moins grande, qui est en moyenne de 0<sup>m</sup>20 et ne dépasse pas 0<sup>m</sup>30. Cette petite Brème existe dans presque toute la France et fréquente les mêmes eaux que la Brème commune; elle a les mœurs de celle-ci, toutefois son régime paraît un peu plus carnivore et on lui reproche de manger du frai de poisson. Sa chair, molle et remplie d'arêtes, est peu estimée et généralement dédaignée.

**Genre Gardon** (*Leuciscus*). — Corps ovale, plus ou moins comprimé. Écailles grandes. Mâchoire supérieure dépassant ordinairement la mandibule inférieure. Dents pharyngiennes unisériées, ordinairement 6 à gauche et 5 à droite. Nageoires dorsale et anale courtes.

**Le Gardon commun** (*Leuciscus rutilus*) ou *Gardon Blanc*, *Rosse*, *Roche*, etc., a le corps élevé et comprimé, avec une tête assez forte et une petite bouche; la nageoire dorsale est plus haute que longue; la hauteur du tronc est comprise trois fois trois quarts à quatre fois deux tiers dans la longueur totale. La coloration varie assez peu avec la nature des eaux : le plus souvent, le dos est d'un brun verdâtre à reflets bleuâtres ou irisés, les flancs sont argentés, le ventre est d'un blanc d'argent et les nageoires sont rougeâtres. La taille, comprise ordinairement entre 0<sup>m</sup>15 et 0<sup>m</sup>30, ne dépasse pas 0<sup>m</sup>35; le poids atteint rarement 1 kilogramme. Ce poisson blanc est *très commun* dans les eaux de toute la France; on n'a constaté son absence que dans le département des Hautes-Pyrénées. On le trouve surtout dans les eaux tranquilles et limpides; il abonde notamment dans les étangs et les lacs. Le Gardon vit en bandes plus ou moins nombreuses; dans les rivières et les canaux, il se tient près des rives, presque toujours entre deux eaux; c'est un poisson vif et méfiant, dont la nourriture consiste en végétaux et en petits animaux. Le frai a lieu à partir de la fin d'avril et dure jusqu'à mi-juin; la reproduction est principalement active en mai; les Gardons forment alors des troupes considérables qui recherchent les endroits peu profonds et se rapprochent le plus possible des rives, pour pondre sur les herbes flottantes de la surface ou, à défaut, sur les cailloux du fond ; une femelle de taille moyenne pond jusqu'à 85 000 œufs ; ceux-ci sont petits, jaunes et adhérents ; ils éclosent au bout de dix à quinze jours. La chair du Gardon a peu de goût et renferme de nombreuses arêtes ; mais ce poisson offre le grand avantage de fournir au Brochet et à la Perche le fond de leur alimentation.

Le Gardon présente diverses variétés, parmi lesquelles nous signalerons : le VANGERON du lac Léman (*L. prasinus*), qu'on

Fig. 37. — Le Gardon pâle.

distingue à son dos couleur vert-pomme et à son corps plus allongé (la hauteur n'est que le cinquième de la longueur totale) ; le GARDON DE SÉLYS (*L. Sélysii*), au dos bleu, qui se trouve dans la Meuse. — Dans le lac d'Annecy et dans les cours d'eau de Savoie, on rencontre le GARDON PALE (*Leuciscus pallens*) (fig. 37), improprement appelé *Véron* par les pêcheurs ; ce Gardon est de forme plus allongée que le Gardon commun, il a les écailles plus larges, son dos est d'un gris ardoisé et le reste du corps d'un blanc argentin ; les nageoires sont jaunâtres. Le Gardon pâle atteint 0ᵐ40 de longueur ; sa chair est assez bonne.

**Genre Rotengle** (*Scardinius*). — Corps ovale, comprimé. Écailles larges. Dents pharyngiennes bisériées, au nombre de 8 de chaque côté.

**Le Rotengle** (*Scardinius erythrophthalmus*) ou *Gardon rouge*, *Rosse*, etc. (fig. 38) a le corps plus élevé, plus comprimé et plus ovale que celui du Gardon commun ; il a aussi la nageoire dorsale placée plus en arrière ; la hauteur du tronc est égale au tiers ou au quart de la longueur totale. Les parties supérieures du corps sont d'un vert olivâtre (ou brun verdâtre) ; les flancs sont d'un blanc argenté, le ventre est argenté ou rosé ; les nageoires inférieures sont rouges à leur extrémité et les yeux sont également d'un beau rouge. La taille varie de 0ᵐ15 à 0ᵐ30 ; le poids moyen est de 300 grammes,

Fig. 38. — Le Gardon rouge.

il atteint et dépasse rarement 500 grammes. Le Gardon rouge est un poisson commun ; on le trouve çà et là, dans les eaux claires et fraîches, courantes ou tranquilles ; il habite surtout les lacs et les étangs. C'est un poisson de demi-fond ; très vorace, il se nourrit des substances végétales et animales les plus diverses ; il vit en bandes, particulièrement nombreuses pendant l'été. Le Rotengle fraie à peu près aux mêmes époques que le Gardon blanc, quoiqu'un peu plus tôt, vers fin avril commencement de mai ; il pond, sur les herbages aussi bien que sur les cailloux, de nombreux petits œufs jaunes, adhérents, qui éclosent au bout d'une dizaine de jours. Ce poisson blanc est très recherché par la Perche et le Brochet ; il est à propager dans les eaux à Truites, mais au point de vue alimentaire il présente peu d'intérêt, car sa chair est molle et remplie d'arêtes.

**Genre Chevaine** (*Squalius*). — Corps fusiforme, allongé et légèrement comprimé. Nageoires dorsale et anale courtes. Dents pharyngiennes, disposées sur deux rangées (5 et 2).

Trois espèces : Meunier, Vaudoise et Blageon.

Fig. 39. — Le Chevaine.

Le **Chevaine commun** ou **Meunier** (*Squalius cephalus*), surnommé encore *Chabroisseau*, *Juène*, etc. et dont le nom s'écrit aussi Chevesne ou Chevenne, est un Cyprinide de grande taille ; il mesure de 0$^m$30 à 0$^m$60 et son poids, qui est compris en moyenne entre 1 et 2$^k$500, peut atteindre 4 kilos. C'est un poisson de forme élancée (fig. 39), à tête grosse et large en dessus, au corps revêtu de grandes écailles striées ; ses couleurs sont vives ; les parties supérieures sont d'un brun verdâtre, les flancs d'un gris bleuâtre et le ventre d'un blanc argenté. Le Chevaine meunier est *très commun* dans les rivières de toute la France ; c'est un poisson de surface, à allure rapide et fort méfiant, qui recherche surtout les eaux profondes et courantes ; il se tient ordinairement dans les endroits où l'eau produit des remous, près des chutes d'eau, des déversoirs de moulins (ce qui lui a valu son nom), des barrages, des ponts, etc. Le Chevaine est extrêmement vorace ; il se nourrit aussi bien de végétaux que d'animaux, et mord en tout temps aux appâts

les plus variés ; il détruit beaucoup de frai et de petit fretin ; il
est donc à écarter des étangs, qu'il ne recherche d'ailleurs pas.
Il fraie d'avril à juin ; il se réunit alors par bandes pour aller
pondre dans les endroits rapides et peu profonds, sur les pierres
et les graviers ; les femelles pondent chacune de 20 000 à
30 000 œufs, petits et jaunâtres, qui éclosent au bout de quelques jours. La chair du Chevaine est blanche et assez agréable
au goût ; mais elle est molle et remplie de fines arêtes.

Fig. 40. — La Vandoise.

La **Vandoise** (*Sq. leuciscus*) (fig. 40), encore appelée *Dard*,
*Meunier argenté*, est souvent confondue par les pêcheurs avec
le Chevaine Meunier ; mais sa tête est plus étroite, plus effilée
que celle du Chevaine et, vue de profil, elle est courbe dans
sa partie supérieure ; le corps, de forme oblongue, n'atteint
pas les dimensions de celui du Chevaine ; la taille est comprise
entre 0m 20 et 0m 30, pour une hauteur de 8 centimètres ;
le poids dépasse rarement 500 grammes. Les couleurs sont
plus brillantes que chez le Chevaine ; le dos est bleuté ou d'un
gris verdâtre, les flancs argentés à reflets d'un jaune verdâtre
et le ventre argenté. La Vandoise présente plusieurs variétés ;
le Rostré (*Sq. rostratus*), se trouve dans les Basses-Pyrénées ;
la Vandoise bordelaise (*Sq. burdigalensis*), se rencontre dans
la Gironde ; et l'Aubour (*Sq. bearnensis*) est spécial aux eaux du
lac Mariscot (près Biarritz). — La Vandoise est commune
dans les rivières et les lacs de presque toute la France, mais
surtout dans le Centre et le Nord. C'est un poisson de

surface, qui affectionne les eaux claires et limpides ; ses allures vives, sa nage très rapide, lui ont valu le surnom de *Dard*. La Vandoise vit en bandes, parfois considérables ; son régime est le même que celui du Chevaine, elle est cependant un peu moins vorace ; les insectes qui volent à la surface de l'eau constituent une bonne part de sa nourriture. Elle fraie dès le mois de mars et jusqu'en mai, selon les localités ; la femelle, très féconde, pond sur les fonds de gravier ou sur les herbes. La chair de la Vandoise est molle, riche en arêtes ; mais ce poisson fournit une proie abondante aux poissons carnassiers et est utilisé en pisciculture pour la nourriture des Truites.

Le **Blageon** (*Sq. souffia*), *Suiffe* ou *Chevaine soufie*, a le corps plus effilé et la tête plus courte que la Vandoise. Il a le dos d'un gris cendré ou violacé, le ventre d'un blanc argenté et une large bande brunâtre le long des flancs ; sa taille ne dépasse guère 0ᵐ16. Ce petit poisson vit dans les cours d'eau du Midi et du Sud-Est ; on le trouve dans tout le bassin du Rhône, dans les lacs du Bourget, d'Annecy, et aussi dans le lac de Neuchâtel (Suisse). Moins carnassier que la Vandoise, il a à peu près les mêmes mœurs.

*Genre Ablette* (*Alburnus*). — Corps mince et de forme oblongue. Écailles minces. Dents pharyngiennes bisériées, au nombre de 7 de chaque côté (5 et 2).

**L'Ablette commune** (*Alburnus lucidus*) (fig. 41), a la tête petite et pointue ; le corps, allongé et comprimé latéralement, a été comparé à une feuille de saule ; il paraît translucide. Les parties supérieures sont d'un gris verdâtre ou d'un bleu d'acier ; sur tout le reste du corps, les écailles sont d'un blanc d'argent nacré ; elles sont minces et très peu adhérentes. Ce joli poisson ne dépasse guère 0ᵐ15. Il abonde dans presque toutes nos rivières ; il aime l'eau courante et nage tout près de la surface, en bandes compactes ; ses mouvements sont d'une grande vivacité et il montre une curiosité souvent mise à profit par les pêcheurs au filet. L'Ablette est vorace ; elle se nourrit indistinctement de végétaux, d'insectes et de substances organiques. La fraie a lieu en mai et juin ; à ce moment, les Ablettes vont par troupes serrées, — en proie à

une vive agitation, — à la recherche des rives enherbées,
pour déposer leurs œufs sur les plantes aquatiques flottantes;
chaque femelle pond de 20000 à 30000 œufs. La rapide multiplication de ce poisson doit le faire écarter des étangs à
Carpes, car il finit par les envahir.

Fig. 41. — L'Ablette commune.

L'Ablette a du reste une chair remplie d'arêtes, peu
estimée en général; tout au plus, l'introduit-on en partie
dans les fritures; mais elle a l'avantage d'être très recherchée
par les poissons carnivores. En outre, ses écailles servent à la
fabrication de l'*essence d'Orient*, avec laquelle on colore les
fausses perles : on détache légèrement les écailles des flancs
et du ventre, on les lave et on les triture jusqu'à ce qu'on ait
détaché le pigment d'un blanc nacré qui recouvre leur face
interne; on traite ce pigment par l'ammoniaque pour le
débarrasser de toute matière organique et, avec de la gélatine,
on en fait une pâte, facile à étendre sur le verre. Chaque
Ablette produit en moyenne 8 centigrammes d'écailles; le
kilogramme d'écailles se vend de 20 à 24 francs.

L'Ablette commune présente plusieurs variétés : l'*Ablette
hachette*, que l'on trouve dans la Moselle et ses affluents;
l'*Ablette alburnoïde*, qui habite surtout les cours d'eau du
Nord-Est et atteint 0$^m$18 de longueur; l'*Ablette mirandelle*,
spéciale aux lacs du Bourget et Léman.

**L'Ablette Spirlin** (A. *bipunctatus*) ou *Éperlan de Seine* se
distingue de l'Ablette commune par sa taille plus petite : 10 à

12 centimètres seulement, et par une double série de points noirs sur les flancs. Elle est commune et se rencontre surtout dans les petits cours d'eau des régions de l'Est.

**Genre Vairon** (*Phoxinus*). — Corps allongé et cylindrique. Tête grosse. Dents pharyngiennes crochues, bisériées, au nombre de 6 à 7 de chaque côté (4 ou 5, et 2).

**Le Vairon commun** (*Phoxinus lævis*) ou *Véron*, connu vulgairement sous les noms d'*Arlequin*, *Gendarme*, *Conscrit*, etc., a le corps arrondi, comprimé en arrière et couvert d'écailles très petites, enduites d'un épais mucus. La coloration, très vive, est variable ; le dos est d'un vert bronzé, les flancs sont ornés de taches et de points noirs, le ventre est d'un blanc grisâtre ; à l'époque du frai, les mâles revêtent une livrée plus brillante : les parties supérieures deviennent d'un beau bleu d'acier, les flancs sont parcourus par une bande bleue et les parties inférieures prennent une teinte rouge vif. Le Vairon est de très petite taille, il n'a en moyenne que 7 à 8 centimètres.

Ce joli petit poisson est commun dans nos petites rivières, ruisseaux et étangs. Il y vit toujours en bandes plus ou moins nombreuses, avec les Goujons, les Chabots, les Loches, les Épinoches ; très vorace, il se nourrit d'insectes, de frai de poisson, de débris, de détritus divers. La fraie a lieu en mai et juin ; à cette époque, les bandes de Vairons remontent les cours d'eau ; les femelles déposent chacune un millier d'œufs sur les pentes garnies de gravier, à quelques centimètres seulement de la surface ; les œufs, petits et non adhérents, se logent dans les interstices des cailloux. Bien que la multiplication du Vairon soit très rapide, on voit avancer fréquemment dans les ouvrages que ce poisson ne se reproduit qu'à quatre ans ; M. Bertrand a fait remarquer qu'il y a là une erreur certaine, provenant sans doute d'une faute d'impression qui s'est produite dans l'*Histoire des poissons* de Lacépède et qui a toujours été reproduite. Fatio a observé que le Vairon ne craignait pas d'émigrer à terre, pour fuir une mare sur le point de se dessécher ou tenter de joindre à quelques mètres un filet d'eau courante ; il a souvent rencontré, soit en plaine, soit dans les Alpes, de petites bandes errantes de Vairons sautillant et culbutant dans une même direction, entre les herbes ou sur les pierres ; plusieurs périssent en route, mais leur perception instinctive du voisinage d'une autre eau est intéressante à noter.

Le Vairon a une chair blanche, assez estimée en friture ; il sert de nourriture aux poissons carnivores et convient notamment aux grosses Truites.

Fig. 12. — Le Vairon.

**Genre Ide** (*Idus*). — Corps ovalaire. Dents pharyngiennes sur deux rangs, 8 de chaque côté (5 et 3).

**L'Ide mélanote** ou **jesse** (*Idus jeses*) ressemble au Rotengle ; sa tête est large et courte, son corps est oblong, légèrement comprimé et recouvert d'écailles plus larges que longues. Ce poisson présente une belle coloration : le dos est d'un brun bleuâtre et les régions inférieures sont d'un blanc argenté ; les jeunes offrent souvent des teintes rosées sur le dos. Une variété de l'Ide, l'ORFE, a même les parties supérieures d'un beau rouge doré, ce qui la fait utiliser dans les pièces d'eau comme poisson ornemental, concurremment avec le poisson rouge. L'Ide a une taille assez grande : elle mesure en moyenne de 0m30 à 0m40 et atteint 0m60.

Ce poisson, répandu dans les eaux d'Allemagne, de Hollande et de Belgique, est rare en France ; on ne l'y trouve que dans les bassins de la Somme, de la Meuse et de la Moselle. Il aime les eaux courantes, limpides et froides ; très fécond, il se reproduit en avril-mai. Sa chair est estimée. L'Orfe, de taille

moins grande, est parfois utilisée avec avantage par les pisciculteurs pour la nourriture des poissons carnivores.


## CHONDROSTOMES


**Genre Chondrostome** (*Chondrostoma*). — Corps allongé;
museau saillant et épais, lèvres garnies d'une plaque cartila-
gineuse; dents pharyngiennes sur une seule rangée (5 à 7 de
chaque côté).

Le **Chondrostome Nase** ou **Hotu** (*Chondrostoma nasus*) (fig. 43)
est un poisson de formes élancées, à dos peu arqué et presque droit; sa tête est petite, mais son museau, proéminent et
allongé en forme de nez, est si caractéristique qu'il a fait
donner à ce Chondrostome le surnom de *Nase*; la bouche est
située en-dessous du museau. Les écailles sont grandes et
minces; elles sont d'un gris verdâtre aux parties supérieures
du corps, jaune clair sur les flancs, blanc argenté sous le ventre. La taille du Hotu est en moyenne de 0m20 à 0m35 et ne dépasse pas 0m45. — Ce poisson est assez commun dans beaucoup
de nos cours d'eau. Originaire d'Allemagne, et longtemps can-
tonné dans nos régions de l'Est, il s'est propagé depuis 1860 dans
les bassins de la Seine, de la Loire et du Rhône; par le canal
de la Marne au Rhin, il a d'abord pénétré dans la Seine,
puis dans l'Yonne et y a pullulé; la Loire a été ensuite
envahie; une erreur, qu'on a reprochée, peut-être à tort, à
l'Administration des Ponts et Chaussées, semble avoir contri-
bué à répandre le Hotu dans ce dernier bassin : cette administration, qui eut un moment les cours d'eau sous sa dépendance, aurait, d'après Olivier, fait lâcher dans l'Allier des
alevins de Hotu, en croyant avoir affaire à des Ombres et des
Féras; actuellement encore, les riverains de l'Allier appellent
indistinctement le Hotu : *Ombre*, *Féra* et surtout *Lavaret*. Le
Hotu n'est pas représenté dans le bassin de l'Adour.

Le Nase recherche les cours d'eau limpides, à fond de graviers; il y vit en troupes et, en avril ou mai, remonte ces cours
d'eau, par bancs serrés, pour aller frayer dans les endroits où
l'eau est claire et courante; les femelles, très prolifiques,

pondent la nuit, sur les graviers, au milieu du lit. Très
vorace, le Hotu se nourrit de matières végétales et de petites
proies vivantes, vers, insectes, ainsi que du frai des autres
poissons ; sa multiplication rapide fait que le Hotu repousse
devant lui les autres Cyprinides, sans compensation malheureusement, car sa chair est presque toujours molle, fade et
fourmille d'arêtes ; les adjudicataires de la pêche sont unanimes à s'en plaindre ; ce poisson est donc à détruire : on
pourrait y arriver assez aisément en jetant, au moment du
frai, des filets traînants sur les bandes compactes qui remontent les cours d'eau ; mais des abus sont à craindre si l'on
autorise ce mode de capture.

Fig. 43. — Le Chondrostome Nase.

Le **Chondrostome de Gené** (*Ch. genei*) est une espèce voisine
du Nase. Il est de taille moindre et présente plusieurs
variétés : le *Chondrostome bleuâtre*, qu'on trouve dans l'Est ; le
*Chondrostome de Drôme*, spécial au bassin de la Garonne ; et le
*Chondrostome du Rhône*.


## ACANTHOPSIDES

Les Acanthopsides, souvent réunis aux Cyprinides, s'en dis-
tinguent par des caractères très spéciaux. Ils ont un corps très
allongé, nu ou revêtu d'écailles très petites et très minces ; ils
ont toujours, autour de la bouche, de six à dix barbillons, qui
leur servent d'organes du tact. Ils ont un grand nombre de
dents pharyngiennes, disposées sur un seul rang. Leur vessie

natatoire est très petite et enfermée dans une cavité osseuse formée par les premières vertèbres soudées.

Le *genre Loche* (*Cobitis*) renferme trois espèces.

La **Loche franche** (*Cobitis barbatula*) (fig. 44), connue vulgairement sous les noms de *Barbotte*, *Moutelle*, *Dormille*, etc., a la bouche garnie de *six* barbillons, dont quatre sur la lèvre supérieure. La tête est très petite ; le corps est cylindrique en avant et comprimé en arrière. La coloration, fort jolie, est assez variable : le dos et les flancs sont brun verdâtre, gris jaunâtre ou jaune rougeâtre, avec des taches et des macules brunes ; le ventre est blanc jaunâtre. La Loche a 10 centi-

Fig. 44. — La Loche franche.

mètres seulement de longueur, 12 centimètres au plus. Elle est très commune dans les courants limpides ; elle se tient de préférence dans les petits ruisseaux, où elle demeure cachée tout le jour entre les pierres ; le soir elle se met en chasse et va à la recherche des petits animaux aquatiques dont elle fait sa nourriture. La fraie a lieu de mars à mai, sur les pierres et les graviers ; très féconde, la Loche se multiplie rapidement et contribue — avec le Vairon et le Chabot, qui fréquentent les mêmes eaux qu'elle, — à la nourriture des poissons carnassiers, et notamment des grosses Truites. La Loche franche a une chair délicate et estimée, dont on fait d'excellentes fritures. Elle s'élève aussi en aquarium, où elle donne le spectacle d'un poisson agile et gracieux.

La **Loche de rivière** (*Cobitis tænia*) ou *Loche épineuse*, vulgairement appelée *chatouille*, a *six* barbillons autour de la bouche ; elle a le corps très comprimé, en forme de ruban ;

au-dessous des yeux, se trouve un aiguillon fourchu, très mobile, qu'elle utilise comme organe de défense. Le dessus du corps est d'un gris verdâtre avec des taches foncées ; le ventre et les flancs sont gris et pointillés de brun. La taille est de 10 centimètres. Cette Loche est assez commune ; elle se trouve dans les fleuves et rivières de presque toute la France. Elle fraie, en mai-juin, sur les fonds pierreux. Sa chair est peu estimée ; mais elle est utilisée, comme la Loche franche, pour peupler les aquariums.

La **Loche d'étang** (*C. fossilis*) possède *dix* barbillons. Elle est d'un brun verdâtre ou jaunâtre avec des taches noires ou brunes ; deux bandes noirâtres longent ses flancs ; le ventre est jaune. Cette Loche est de taille beaucoup plus grande que les deux précédentes ; elle mesure de 0<sup>m</sup>20 à 0<sup>m</sup>30 et atteint même 0<sup>m</sup>35. Elle est très rare en France ; on ne la rencontre que dans quelques étangs du Centre et de l'Est ; les eaux stagnantes vaseuses constituent son habitat préféré ; son organisation lui permet de bien résister à la dessiccation et au défaut d'aération de l'eau : ses ouïes sont très petites et elle a — comme les autres Loches, mais à un degré plus prononcé, — la faculté de faire servir son tube digestif à la respiration : les expériences d'Ehrmann ont en effet montré que, en eau vaseuse, elle avale l'air par la bouche à la surface et dégage de l'acide carbonique par l'anus. La Loche d'étang fraie en avril-mai, sur les herbes aquatiques. Sa chair est molle et présente un goût de vase.


## SILURIDES


Les Silurides ont un corps allongé, une tête large et déprimée, une peau nue ou garnie de plaques osseuses ; le premier rayon de leurs nageoires pectorales est constitué par une forte épine. Parfois, une nageoire adipeuse post-dorsale.

*Genre Silure* (*Silurus*). — Peau molle, nue et visqueuse. Museau garni de quatre à six grands barbillons ; nageoire dorsale très courte ; nageoire anale très longue et réunie à la nageoire caudale.

Le **Silure commun** (*Silurus glanis*) (fig. 45) a le museau garni de deux longs barbillons à la mâchoire supérieure et de quatre petits à la mâchoire inférieure. Son corps est arrondi en avant, comprimé en arrière; les parties supérieures sont verdâtres et tachetées de noir, les parties inférieures sont d'un blanc jaunâtre. Ce Silure est, avec l'Esturgeon, le plus gros poisson d'Europe; il a en moyenne de 0<sup>m</sup>80 à 2 mètres, mais

Fig. 45. — Le Silure commun.

il peut atteindre 4 et 5 mètres de longueur. Cette « baleine des eaux douces » n'existe pas en France, on l'a péchée exceptionnellement dans le Doubs; mais on a essayé de l'acclimater; les tentatives ont échoué, fort heureusement, car le Silure est un poisson vorace, exclusivement carnivore, qui commet de notables dégâts dans les lacs et les étangs; de plus, sa chair est huileuse, indigeste et peu estimée. Coste recommandait spécialement le Silure pour le peuplement des tourbières de la Picardie et de la Champagne, mais les essais faits par Millet dans les départements de la Somme et de l'Aisne n'ont pas donné de résultats satisfaisants. Ce poisson est originaire des bassins du Danube et de la Volga; on le trouve aussi dans quelques lacs suisses, ceux de Neuchâtel, Morat et Bienne.

*Genre Amiure* (*Ameiurus*). — Peau molle, nue et visqueuse. Nageoires pectorales et dorsales munies chacune d'un rayon épineux acéré. Nageoire adipeuse post-dorsale.

Le **Poisson-Chat** ou **Silure nain** (*Ameiurus nebulosus*) doit son nom à sa tête aplatie munie de huit barbillons disposés autour de la bouche, qui présente ainsi l'aspect d'une tête de chat : un court barbillon est situé au-dessus de chaque narine, un long barbillon est placé de chaque côté de la mâchoire supérieure, et quatre petits barbillons garnissent la mâchoire inférieure. Les parties supérieures du corps sont d'un gris noirâtre avec des taches jaunâtres ; les parties inférieures sont d'un gris-perle. Dans nos eaux, la taille ne dépasse guère 40 centimètres et le poids 1 kilogramme. Ce poisson est originaire des États-Unis ; il fut introduit pour la première fois en France en 1871 ; puis, en 1883, M. H. Grosjean, ingénieur agronome en mission d'étude aux États-Unis (aujourd'hui inspecteur général de l'agriculture), le signala dans un rapport à l'attention des pisciculteurs français. Depuis 1900, le Poisson-Chat est devenu très en vogue : on l'a élevé en eaux closes et beaucoup de nos rivières n'ont pas tardé à en être ensemencées. Quelques renseignements sur la biologie de cette espèce ne sont donc pas inutiles. Ce Silure est un poisson très rustique, mais auquel ne conviennent pas les eaux froides, celles dont la température ne dépasse pas 18° ; il prospère au contraire dans les eaux chaudes, c'est-à-dire ayant plus de 25° pendant la belle saison. Les eaux stagnantes, à fond vaseux, sont celles qui conviennent le mieux au Catfisch ; celui-ci est en effet un poisson de fond, organisé pour vivre dans la vase ; il résiste très bien à la dessiccation et passe l'hiver complètement enfoui dans le sous-fond vaseux des étangs. C'est un omnivore, mais vorace comme tous les Silurides, et qui s'attaque fort bien aux petits poissons. Il fraie à trois reprises : en juin, juillet et août ; la femelle pond de 3 000 à 5 000 œufs, qu'elle dépose dans une sorte de nid creusé dans la berge. La chair du Poisson-Chat est tendre et sans arêtes, mais sa qualité est très discutée. (Se reporter au chapitre sur l'*Acclimatation*.)

## III

Parmi les Physoclystes, les *Anacanthiniens* constituent, à peu près, le groupe des *Malacoptérygiens subbrachiens* de la classification de Cuvier ; ce sont, en effet, des poissons malacoptérygiens, avec des nageoires ventrales situées en avant ou au-dessous des nageoires pectorales. Ils comprennent quatre familles : *Ophidides, Gadides, Pleuronectides* et *Scombérésocides*, presque entièrement composées de poissons de mer ; on ne trouve de poissons d'eau douce que dans les Gadides et les Pleuronectides.

## GADIDES

Les Gadides ont le corps allongé et la tête large ; ils sont pourvus de une ou deux nageoires anales et deux ou trois nageoires dorsales, qui s'étendent sur une grande partie de la longueur du dos ; les nageoires ventrales sont placées sous la gorge. C'est à cette famille qu'appartiennent la Morue et le Merlan. Le seul poisson d'eau douce qu'on y trouve est la Lotte.

**Genre Lotte** (*Lota*). — Corps comprimé en arrière, couvert d'écailles lisses. Un barbillon à l'extrémité de la mandibule inférieure. Deux nageoires dorsales et une nageoire anale.

La **Lotte commune** (*Lota vulgaris*) ou *Lote* (fig. 46) est un poisson d'aspect singulier ; son corps, presque cylindrique en avant, et sa peau visqueuse la rapprochent de l'Anguille ; sa large tête déprimée et la forme de ses yeux l'ont fait comparer à la Loutre. La coloration est très variable ; d'ordinaire, elle est d'un jaune verdâtre avec des marbrures brunes. La taille varie, en moyenne, entre $0^m35$ et $0^m50$, mais elle peut atteindre $0^m70$ et plus, avec un poids de 5 à 6 kilogrammes. La Lotte est un poisson de fond ; elle recherche les eaux vives et caillouteuses ; on la trouve dans presque toutes nos rivières, mais elle est assez rare dans les cours d'eau de plaine ; elle est commune dans les lacs de la Savoie (du Bourget et d'Annecy), ainsi que dans les grands lacs Suisses (Léman, Neuchâtel et Bienne). La Lotte fraie en hiver, de décembre à mars ; elle va en bandes et pond sur le gravier, près des rives, un grand nombre

d'œufs, très petits et de couleur blanche; chaque femelle
donne environ 130000 œufs; mais la Lotte, poisson *très
vorace*, dévore son propre frai et même ses congénères, ce
qui restreint notablement sa propagation; elle est également
avide du frai et des alevins des autres espèces. Sa chair est
blanche, sans arêtes; elle est fort estimée, ainsi que le foie,
qui est volumineux et délicat. La vessie natatoire est utilisée,
en certains endroits, pour la préparation de la colle de
poisson.

Fig. 46. — La Lotte.

## PLEURONECTIDES

Les Pleuronectides sont des poissons plats, à corps très
fortement comprimé latéralement. Seul, le côté du corps qui
porte les yeux, et qui regarde la lumière, est coloré; cette
asymétrie se produit pendant le jeune âge. Les nageoires ventrales et pectorales sont peu développées; les nageoires dorsales et anales sont au contraire très longues. La vessie natatoire manque.

Cette famille comprend : le Turbot, la Barbue, la Limande,
la Plie ou Carrelet, la Sole, tous poissons marins. Un seul, le
Flet, quitte les eaux salées et pénètre assez loin dans les cours
d'eau.

***Genre Flet*** (*Flesus*). — Corps ovale. Écailles petites et minces ; yeux sur le côté droit. Nageoire anale précédée d'une épine.

Le **Flet commun** (*Flesus vulgaris*), *Picaud* ou *Flondre* (fig. 47), présente une coloration variable avec les saisons et les milieux ; le côté droit du corps est ordinairement d'un brun verdâtre, marqué ou non de taches vertes, jaunes ou orangées ; le côté gauche est d'un brun grisâtre. La longueur du corps varie entre 0ᵐ20 et 0ᵐ40. Très commun sur nos côtes de la mer du Nord, de la Manche et de l'Océan, le Flet remonte, souvent fort loin, les cours d'eau tributaires de ces mers ; on le pêche dans la Somme, la Seine (où il va jusqu'aux Andelys), les

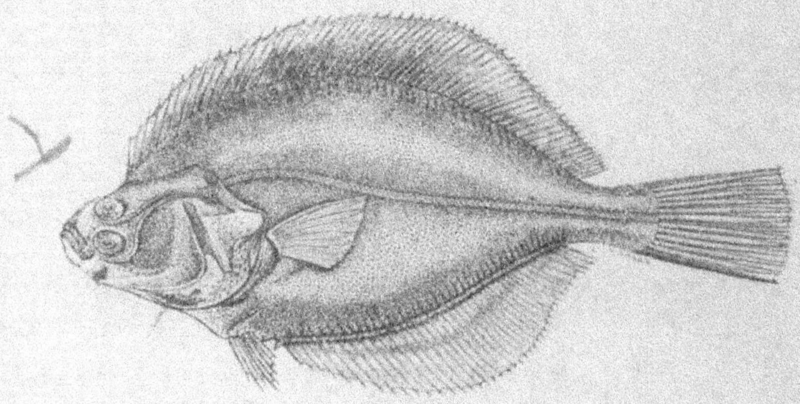

Fig. 47. — Le Flet.

petites rivières de Normandie et de Bretagne, la Loire, l'Allier, la Charente et même dans la Dordogne. Il est surtout abondant aux embouchures. Très rustique, il peut vivre dans des eaux impures, où l'Anguille seule résiste. Le Flet se nourrit de vers, de mollusques et de menu fretin. Il fraie en mai, aussi bien en rivière qu'en mer, et se montre d'une grande fécondité, car chaque femelle pond au moins un million d'œufs. Sa chair, médiocre dans les eaux marines, devient fine en eau douce ; dans les canaux et étangs où le Flet a été introduit, on n'a eu qu'à s'en féliciter, car sa croissance y est plus rapide qu'en eaux libres et sa chair de meilleure qualité.

## IV

Les Acanthoptérygiens sont caractérisés par la rigidité des rayons antérieurs de leur nageoire dorsale. Ils ont les nageoires ventrales situées sous le thorax, rarement sous la gorge ou l'abdomen. Leur corps est ordinairement recouvert d'écailles *cténoïdes* (dentées sur leur bord libre). — Nous examinerons, dans cet ordre, les familles des *Percides*, des *Gastérostéides*, des *Triglides* et des *Blennides*.

## PERCIDES

Les Percides ont le corps allongé, un opercule épineux, deux nageoires dorsales grandes et très rapprochées, une nageoire anale munie de deux rayons épineux.

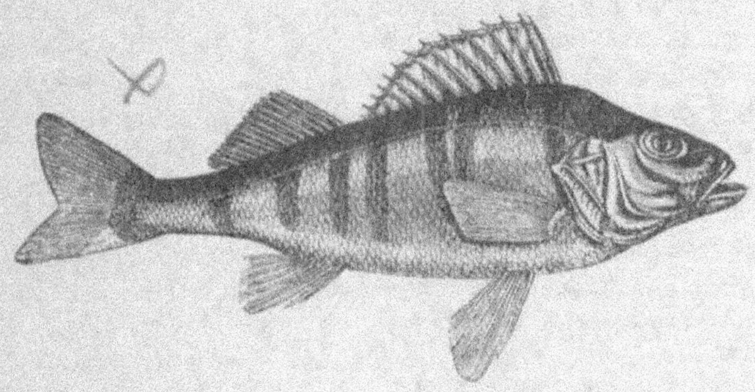

Fig. 48. — La Perche.

**Genre Perche** (*Perca*). — Tête allongée et dépourvue d'écailles. Écailles petites. Une seule épine à l'opercule.

La **Perche de rivière** (*Perca fluviatilis*) (fig. 48) a le corps ovale, un peu comprimé, avec le dos arqué; les rayons épineux de la première nageoire dorsale et de la nageoire anale, lui constituent des organes défensifs. Sa coloration est très belle : les parties supérieures sont ordinairement d'un gris bleu ou verdâtres avec des reflets dorés; cinq à sept bandes brunes rayent verticalement les flancs; le ventre est d'un gris blanchâtre. Les couleurs varient du reste sensiblement avec le milieu et sont toujours plus foncées dans les eaux vaseuses que dans les eaux claires. La taille est comprise entre 0<sup>m</sup>20 et 0<sup>m</sup>40 et ne dépasse qu'exceptionnellement cette dernière dimension ; le poids moyen est de 1 kilogramme. — La Perche est commune dans toute la France, si ce n'est en Provence ; elle se rencontre dans la plupart de nos cours d'eau, lacs et étangs, mais recherche particulièrement les eaux limpides, assez profondes, fraîches et à fond de gravier. D'habitude, elle se tient entre deux eaux, derrière les touffes d'herbe, à l'affût des bandes de petits cyprinides (carpes, gardons, etc.) qu'elle pourchasse avec ardeur ; la Perche est un poisson de proie par excellence et ne le cède en rien au Brochet pour la voracité ; seule l'exiguïté de sa taille l'empêche de s'attaquer à de grosses proies ; elle se jette sur tout ce qui remue et se repaît de petits êtres de toute sorte : vers, mollusques, insectes, écrevisses, petits poissons, que sa nage rapide et saccadée lui permet d'attraper aisément ; elle consomme aussi des quantités énormes de frai de poisson. La Perche va en bandes dans le jeune âge, mais reste presque toujours solitaire quand elle est adulte.

Ce poisson chasseur et carnassier est éminemment destructeur ; on l'utilise souvent dans les étangs, de concert avec le Brochet, pour restreindre le nombre trop considérable des jeunes Carpes, mais on doit surveiller et limiter sa propre multiplication. La Perche fraie dès l'âge de deux ans, de mars à mai, dans des eaux tranquilles ; les œufs, agglutinés entre eux, sont pondus sous forme d'un ruban long de 2 à 3 mètres et large de 3 à 4 centimètres ; cette sorte de chapelet est déposé sur les supports les plus variés, de préférence sur les herbes aquatiques ; les cordons d'œufs flottent d'ailleurs à la surface de l'eau ; ils sont donc des plus faciles à récolter, soit qu'on veuille les détruire, soit qu'on désire les transporter dans un étang pour les y faire éclore. Chaque femelle en pond de 150 000 à 300 000 en moyenne, ils sont d'un blanc verdâtre et n'ont que 2 millimètres de diamètre ; leur éclosion a lieu une quinzaine de jours après. Les jeunes alevins, ainsi que les œufs, sont exposés à de nombreuses causes de destruc-

tion; ils sont notamment la proie des poissons carnassiers ;
quant aux adultes, ils sont attaqués par des parasites variés.
La Perche est, après la Truite, un de nos meilleurs poissons
d'eau douce ; sa chair, quoique riche en arêtes, est très estimée
pour sa saveur. Outre le rôle utile qu'elle est susceptible de
remplir dans les étangs à Carpes marchandes, la Perche peut
être introduite dans les pièces d'eau et les bassins d'agré-
ment ; ce beau poisson s'apprivoise aisément et s'habitue à
venir chercher la nourriture qu'on lui présente à la main.

La *Perche des Vosges* est une variété spéciale aux lacs de
Gérardmer et de Longemer (Vosges), où nous l'avons pêchée ;
elle ne dépasse pas 18 centimètres de longueur, a le dos moins
arquée et une forme plus allongée que la Perche ordinaire.

**Genre Acérine** (*Acerina*). — Ce genre se distingue nettement du genre Perche par une seule nageoire dorsale, très
grande.

Fig. 49. — La Grémille.

**La Grémille** ou **Perche goujonnière** (*Acerina cernua*) (fig. 49)
doit son surnom à ce qu'elle rappelle un peu la coloration
du Goujon et non, comme le croient les pêcheurs, parce
qu'elle proviendrait du croisement de la Perche et du Goujon.
Son corps oblong est d'un brun jaunâtre ou verdâtre en
dessus, d'un jaune doré sur les flancs, d'un blanc rosé sous
la gorge et d'un blanc argenté sous le ventre. Ce joli poisson
est toujours de petite taille, il ne dépasse pas 18 centimètres.
Il est commun dans les petits cours d'eau et les ruisseaux du
Nord, de l'Est et du Sud-Est ; ses mœurs sont à peu près les

mêmes que celles de la Perche ; malgré ses faibles dimensions, il a l'inconvénient de détruire beaucoup de frai. Il vit en troupes et pond, dans le courant d'avril, de nombreux œufs en chapelets. Sa chair est très délicate.

*Genre Apron* (*Aspro*). — Deux nageoires dorsales nettement séparées.

Fig. 50. — L'Apron commun.

**L'Apron commun** (*Aspro vulgaris*) (fig. 50) a le corps fusiforme, recouvert d'écailles rudes, âpres au toucher ; la tête, déprimée, présente des écailles sur le crâne et entre les orbites ; la mâchoire supérieure est plus longue que l'inférieure. Les parties supérieures sont d'un gris fauve ou d'un brun jaunâtre avec, sur les flancs, trois à cinq bandes noirâtres transversales ou légèrement obliques ; le dessous est gris blanc. L'Apron a de 12 à 18 centimètres de longueur. Il ne se rencontre, en France, que dans le bassin du Rhône ; ce petit poisson a les mœurs de la Perche, mais sa voracité est moindre ; il se tient au fond de l'eau, sauf par les mauvais temps où il vient à la surface ; sa fraie a lieu en mars et avril. On l'estime fort pour sa chair.

*Genre Bar* (*Labrax*). — Deux nageoires dorsales rapprochées. Deux épines à l'opercule.

**Le Bar commun** (*Labrax lupus*), *Perche de mer* ou *Loup de mer*) (fig. 51), est une sorte de grande Perche, au corps oblong et d'un gris argenté ; sa taille est en moyenne de 0$^m$75.

C'est un poisson de mer, abondant sur toutes nos côtes, qui
se plaît aux embouchures et, parfois, remonte les cours

Fig. 34. — Le Bar.

d'eau assez haut. C'est un vorace, à chair très estimée, qui
a l'avantage de s'accommoder parfaitement de la stabulation
en vivier.

## GASTÉROSTÉIDES

Corps allongé, comprimé. Épines dorsales isolées, en avant
de la nageoire dorsale. Plaques osseuses le long du corps, sur
les côtés. Nageoires ventrales pourvues d'un fort piquant.

**Genre Épinoche** (*Gasterosteus*). — Deux à quatre épines
isolées en avant de la nageoire dorsale. Nageoire ventrale
constituée par une épine et un rayon mou. Plaques osseuses
sur la moitié antérieure du dos.

1. **Épinoche aiguillonnée** (*Gasterosteus aculeatus*) est un joli
petit poisson, agile et peu farouche, que l'on trouve en abondance dans presque tous les petits ruisseaux, étangs ou mares
de notre pays. Sa taille est comprise entre 5 et 8 centimètres;
ses couleurs sont assez variables, plus ou moins foncées,
plus ou moins vives : les parties supérieures sont verdâtres et
ponctuées de noirâtre, avec des reflets métalliques; le ventre
est d'un blanc argenté. Trois épines dorsales acérées, mobiles
à volonté, le protègent très efficacement contre ses ennemis.
Lui-même est batailleur, vorace et éminemment destructeur.

Très sociable, l'Épinoche vit en bandes qui n'hésitent pas à attaquer les gros poissons ; il détruit aussi beaucoup de frai et d'alevins et commet, de ce chef, de sérieux dégâts dans les étangs ; les pisciculteurs doivent donc chercher à le détruire, ce qui n'est pas chose aisée. On distingue plusieurs variétés d'Épinoches, d'après le nombre des plaques osseuses des flancs ou le nombre d'épines situées en avant de la nageoire dorsale : Épinoche neustrienne, É. demi-armée, É. demi-cuirassée, É. à queue lisse, É. argentée, É. de Baillon, É. élégante.

Les Épinoches sont de trop petite taille pour présenter un intérêt alimentaire, mais ce sont d'intéressants poissons d'aquarium. Elles retiennent l'attention par leurs mœurs curieuses. La fraie a lieu au printemps, en avril-mai, puis en juillet et août ; à ce moment, le mâle, qui est de taille moindre que la femelle, revêt des couleurs très vives : les parties supérieures deviennent d'un bleu noir brillant diapré de rouge et de vert, le ventre rosit entièrement ; l'élégant petit poisson se met alors en mesure de construire un nid : à l'aide de sa tête, il creuse une cavité dans la vase, puis en tapisse les parois avec des herbes et divers débris végétaux, qu'il saisit avec ses dents ; il forme ainsi, à moitié enfouie dans la vase, une sorte de boule creuse, de 10 centimètres de diamètre, et percée de deux ouvertures opposées. Ceci fait, le mâle, qui est polygame, va chercher successivement plusieurs femelles, les amène au nid et leur fait déposer leurs œufs dans la cavité ; chacune en pond au plus une centaine, mais le nid arrive parfois à en contenir un total d'un millier. Le mâle féconde les œufs au fur et à mesure de leur ponte, puis il clôt le nid et se met en sentinelle pour en défendre l'approche aux autres poissons jusqu'à l'éclosion ; celle-ci a lieu au bout d'une quinzaine ; pendant un mois encore, le père surveille et protège les jeunes alevins, jusqu'à ce qu'ils puissent subvenir à leurs besoins et se soustraire aux attaques des espèces carnassières.

L'**Épinochette piquante** (*Gasterostea pungitia*) présente de neuf à onze épines en avant de la nageoire dorsale et ne porte pas de plaques osseuses sur les côtés du corps. Sa taille est de 4 à 6 centimètres, 7 centimètres au plus. Les parties supérieures sont d'un vert jaunâtre pointillé de noirâtre, le ventre est d'un blanc argenté. Il en existe diverses variétés : l'Épinoche bourguignonne, l'Épinoche lisse, l'Épinoche lorraine, l'Épinoche à tête courte. Ce poisson, le plus petit de

Fig. 52. — L'Épinochette lisse et son nid.

nos eaux douces, est assez commun dans le Centre et le Nord de la France. Il nidifie, comme l'Épinoche ; le mâle construit le nid avec des brins d'herbe et le suspend aux végétaux aquatiques, ce qui accentue étonnamment la ressemblance avec un nid d'oiseau (fig. 52).

## TRIGLIDES

Joues cuirassées. Deux nageoires dorsales. Nageoires pectorales grandes. Nageoires ventrales placées sur la poitrine.

**Genre Chabot** (*Cottus*). — Tête large, un peu aplatie, dépourvue d'écailles. Corps non écailleux, de forme pyramidale (large en avant, mince en arrière).

Fig. 53. — Le Chabot.

Le **Chabot de rivière** (*Cottus gobio*), *Caboche*, *Têtard*, etc. (fig. 53), se reconnaît facilement à sa tête volumineuse, à bouche largement fendue, qui lui donne un aspect singulier ; son corps aplati latéralement et sa peau visqueuse contribuent à le faire ressembler au têtard de la grenouille. Les parties supérieures sont d'un gris terne avec des taches et des bandes noirâtres, le ventre est blanchâtre ; la taille mesure 10 à 12 centimètres. Le Chabot est très commun dans les eaux courantes, ruisseaux ou rivières à eaux claires, limpides, à fond de sable et de gravier ; c'est un poisson de fond ; il aime à se cacher sous les pierres, d'où, agile et rapide, il bondit sur les petites proies qui passent à portée ; très vorace, le Chabot se nourrit de vers, de mollusques, de crevettes d'eau douce, de larves d'insectes et surtout de larves de libellules, de frai et même de petits alevins de poissons. Il fraie en mars, avril ou mai ; la femelle dépose environ 200 œufs assez gros (2 millimètres de diamètre) dans une petite cavité que le mâle a creusée entre les pierres ; seul, le mâle prend soin des œufs jusqu'à leur éclosion, pendant une trentaine de jours, puis il surveille les premiers ébats de sa progéniture. La chair du Chabot est bonne et très estimée en

friture. Ce poisson constitue en outre une nourriture recherchée des gros poissons carnassiers, mais on lui reproche la
destruction du frai des Truites et des Saumons.

*

## BLENNIIDES

Forme allongée, comprimée. Écailles nulles ou très petites.
Nageoire dorsale très longue, occupant le dos presque tout
entier. Nageoire anale longue. Nageoires ventrales rudimentaires. Pectorales grandes.

**Genre Blennie** (*Blennius*). — Peau nue. Museau court;
bouche petite; dents unisériées, la dernière en forme de
canine.

La **Blennie cagnette** (*Blennius cagnota*) est un poisson de
petite taille (10 à 15 centimètres), qui présente, comme le
Chabot, un aspect assez bizarre; son corps est enduit d'une
épaisse couche de mucus; sa tête est longue et forte, elle
porte une sorte de petit tentacule au-dessus de chaque œil
et présente une crête chez le mâle. Les parties supérieures
sont d'un jaune verdâtre ponctué de brun, avec quelques
taches brunes sur le dos et des lignes brunes verticales; le
dessous est jaunâtre. La Blennie est assez rare en France;
on la trouve seulement dans les lacs et les cours d'eau du
Midi; elle recherche les eaux vives et courantes, à fond
caillouteux. C'est un poisson vorace, dont la nourriture
consiste en petits animaux aquatiques. Sa chair est blanche
et de bon goût.

Une variété, la BLENNIE ALPESTRE (*Blennius alpestris*), a été
découverte par Blanchard, dans les torrents des Alpes; elle
se distingue de la Cagnette surtout par sa dentition.

## MUGILIDES

Corps allongé. Tête aplatie. Bouche petite. Deux petites
nageoires dorsales. La nageoire ventrale présente une épine et
cinq rayons mous.

**Genre Muge** (*Mugil*). — Écailles grandes et caduques. Nageoires dorsales très écartées. Mâchoire supérieure échancrée

à sa partie médiane pour recevoir un tubercule de la mâchoire
inférieure. Dents très petites.

Le **Muge Capiton** (*Mupil capito*) ou *Mulet* est un poisson
marin, que l'on trouve en abondance sur toutes nos côtes de
la Méditerranée, de l'Océan et de la Manche, et qui s'engage
très loin dans les cours d'eau pendant toute la belle saison,
en mai, juin et juillet surtout; il remonte le Rhône, l'Adour,
la Loire (on le rencontre jusque dans la Mayenne et la
Sarthe), la Charente, l'Orne, la Somme. Ce poisson vit en
troupes assez nombreuses; à la fin de la belle saison, il
retourne à la mer pour y frayer; sa nourriture consiste en
substances organiques diverses. Le Muge Capiton mesure en

Fig. 54. — Le Muge Capiton.

moyenne 40 centimètres de longueur; il a le dos gris brun,
les flancs grisâtres parcourus par six ou sept bandes longitudinales d'un brun verdâtre; le ventre est d'un gris argenté.
La chair de ce poisson est blanche et fort agréable; avec les
œufs, on fait en Provence une sorte de caviar appelé *pou-
targue*.

Le **Muge céphale** ou à grosse tête (*M. cephalus*) a le corps
plus épais que le Capiton et faiblement comprimé latéralement; ses yeux sont munis de deux paupières verticales;
il est d'un gris bleuté, avec six ou sept bandes brunes parallèles sur les côtés; le ventre est argenté; sa taille mesure
50 centimètres en moyenne. Ce Mulet est commun sur les
côtes de la Méditerranée; dans l'Atlantique, il n'est abondant
que dans le golfe de Gascogne. Ses mœurs sont les mêmes
que celles du Muge Capiton; il remonte le Rhône et le Var;
sa fraie a lieu en mai et en août.

# PISCICULTURE NATURELLE

La Pisciculture naturelle a pour objet l'élevage des poissons destinés à l'alimentation de l'homme. Elle se propose de multiplier les espèces les plus précieuses, en favorisant leurs conditions d'existence, et elle a pour but d'obtenir des eaux, par une exploitation rationnelle, une production rémunératrice. La Pisciculture exige donc une connaissance parfaite des poissons et du milieu où ils doivent vivre. Tout l'art du pisciculteur, a dit Koltz, consiste à confier le poisson convenable à l'eau qu'il réclame.

Nous avons examiné les *Poissons*, dans l'ordre de leur classification zoologique ; le pisciculteur tirera de cette étude les données pratiques nécessaires, en tenant compte surtout de l'habitat et des mœurs des poissons (espèces sédentaires et migratrices), de leur régime (espèces carnassières et herbivores) et de leur rôle alimentaire. Il verra ainsi que tous les poissons migrateurs — ceux qui vivent alternativement en mer et en eau douce — sont carnassiers : Saumon, Truite de mer, Aloses, Lamproies, Esturgeon, Anguille ; que, parmi les espèces sédentaires d'eau douce, les plus précieuses : Truite, Ombre, Omble-Chevalier, Lotte, Brochet, Perche, sont carnassières et se plaisent dans les eaux froides, à fond pierreux ou sablonneux, tandis que les espèces omnivores recherchent les eaux chaudes et tranquilles. Il établira de la sorte les grandes lignes d'une *classification piscicole*, qui l'inspirera et le guidera dans le choix des poissons à employer au peuplement d'un étang, d'un lac ou d'un cours d'eau.

Le praticien a besoin également de connaître d'une façon

approfondie le milieu à cultiver, l'*eau*, dont l'influence est prédominante en pisciculture. Les principaux facteurs biologiques qui influent sur la répartition des espèces aquatiques sont, en effet : la température, la composition chimique, la vitesse, le volume et la capacité nutritive des eaux. Sous le rapport de la température, les exigences des divers poissons sont souvent très différentes ; la Carpe prospère où la Truite périt ; la température joue un rôle prépondérant en réglant, en grande partie, l'époque de la fraie, en agissant sur les habitudes spéciales du poisson, et en faisant varier dans l'eau la quantité d'oxygène dissous qui sert à la respiration des poissons. La composition chimique de l'eau demande à être connue ; les eaux trop calcaires, celles qui contiennent plus de 3 décigrammes par litre de sels calcaires, cessent d'être favorables à l'existence du poisson ; or la teneur en sels varie avec la température de l'eau et surtout avec son origine géologique. Les gaz dissous ont leur importance : l'eau est suffisamment aérée quand elle contient 2 à 3 p. 100 de son volume d'air ; mais elle ne doit pas renfermer plus de 2 p. 1 000 d'acide carbonique. Sa limpidité doit attirer l'attention : il ne faut pas que l'eau renferme trop de substances organiques, ni qu'elle soit souillée par des résidus d'usines ou par des eaux d'égout. Enfin, la faune et la flore aquatiques, ce qui constitue le *plancton*, doit être l'objet d'un examen sérieux.

L'action de la Pisciculture naturelle s'exerce sur toutes les eaux douces, quelle que soit leur nature. Nous l'examinerons successivement dans ses rapports avec les cours d'eau, les lacs et les étangs.

# LES COURS D'EAU

## ÉTENDUE DES COURS D'EAU

Les cours d'eau de France se répartissent en deux catégories : ceux, navigables ou flottables, qui font partie du domaine public, et ceux non navigables ni flottables qui appartiennent à des particuliers et constituent le domaine privé.

Le domaine public fluvial comprend :

1° Tous les canaux et les rivières totalement ou partiellement canalisées (Seine, Meuse), représentant 8 300 kilomètres ;

2° Les rivières non canalisées (Loire, Rhône, Garonne), qui atteignent une étendue de 8 400 kilomètres.

Au total, il y a donc 16 700 kilomètres de fleuves, rivières et canaux navigables ou flottables, affermés au profit de l'État. Il faut tenir compte, en outre, des parties des cours d'eau comprises dans les limites de l'inscription maritime (1) ; elles atteignent 2 500 kilomètres environ, dont 1 300 font partie de la pêche fluviale proprement dite et se comptent depuis la cessation de la salure des eaux jusqu'aux limites amont de l'inscription maritime ; les 1 200 autres kilomètres sont compris entre la mer et le point où cesse la salure des eaux, ils appartiennent à la pêche maritime et nous ne les considérerons pas comme eaux douces.

Quant aux cours d'eau du domaine privé, leur longueur est évaluée soit à 256 000 kilomètres (Mersey), soit à 180 000 kilomètres seulement (de Cardaillac de Saint-Paul).

Les cours d'eau de France reconnus et classés ont donc, en chiffres ronds, un développement total d'au moins 200 000 kilomètres et atteignant, peut-être, 276 000 kilomètres.

(1) Les inscrits maritimes pêchent, à titre gratuit, dans tous les cours d'eau compris dans les limites de l'inscription maritime.

# LE DÉPEUPLEMENT DES COURS D'EAU

## HISTORIQUE

La question du dépeuplement des eaux, qui attire, depuis une quarantaine d'années surtout, l'attention du monde piscicole, est plus que jamais d'actualité. Non que nos eaux soient tout à fait désertes, comme l'affirment certains auteurs pessimistes, mais parce qu'elles sont considérablement appauvries et que la pêche dérisoire qui y est faite ne répond plus aux besoins de notre consommation.

Si, au II° siècle, le poète latin Ausone a pu vanter la fécondité inépuisable des rivières de la Gaule, il ne faut pas en conclure que nos cours d'eau conservèrent intégralement cette richesse jusqu'à nos jours. Le pouvoir royal, disent MM. Mersey et Tisserant, prétendit de très bonne heure réglementer la pêche sur la généralité des cours d'eau. Dès la fin du XIII° siècle, on trouve des ordonnances sur la matière : la première en date paraît être celle de 1280 sous Philippe le Hardi, confirmée en 1292 par Philippe le Bel ; ces ordonnances étaient déjà provoquées par la diminution et la cherté du poisson ; elles défendaient certains engins ou procédés, établissaient des périodes d'interdiction, fixaient, suivant les espèces, les dimensions des poissons pouvant être pêchés, etc... Dans l'ordonnance du 26 juin 1326, qui complète et confirme celles de 1292 et de 1302, Charles IV s'appuie sur le grand dommage causé «... tant aux riches qu'aux pauvres gens de notre royaume... » par le dépeuplement des rivières grandes et petites, pour justifier les interdictions royales (1).

Mais depuis le début du XIX° siècle, le nombre des poissons a été en diminuant d'une façon si rapide que la plupart de nos cours d'eau ne fournissent plus qu'une infime partie de ce qu'ils produisaient auparavant, et que certains sont à peu près complètement dépeuplés. L'un de nos poissons les plus esti-

(1) Ce fut seulement de 1789 à 1798 que la pêche, permise à tous et partout, comme conséquence de l'abolition des droits féodaux, s'exerça librement, sans aucune restriction.

més, le Saumon, était jadis si commun qu'en certaines provinces (Bretagne, Limousin, Béarn, Alsace), les domestiques avaient soin de stipuler, dans leur contrat d'engagement, qu'on ne les nourrirait pas exclusivement de saumon pendant la saison de pêche de ce poisson et qu'on ne pourrait leur en donner que trois jours au plus par semaine. Actuellement le Saumon est devenu rarissime et on ne le pêche plus guère qu'aux embouchures des fleuves. Au siècle dernier, le Saumon remontait la Sioule presque jusqu'à sa source, non loin des Monts-Dores, et en 1787, il fournissait au châtelain de Pontgibaud une redevance d'environ 1200 Saumons; il en a complètement disparu à présent. Dans le Limousin, où, il y a un peu plus d'un siècle, le Saumon abondait dans la Vienne, la Maulde et le Taurion, on ne le pêche plus qu'en petit nombre en amont de Limoges; la majeure partie des Saumons qu'on consomme actuellement dans cette région vient de Hollande. Dans les Ardennes, le Saumon remontait autrefois la Meuse jusqu'à la Semoy, où il venait frayer; les pêcheurs de Monthermé le prenaient en quantités considérables; dès 1830, ce poisson commença à devenir rare et, depuis 1860, il a complètement disparu. En 1830, le produit de la pêche du Saumon, pendant six semaines, permit à la municipalité de Châteaulin (Finistère) d'équiper complètement sa garde nationale; en 1861, on prit seulement *neuf* Saumons dans le courant de l'année. Ces exemples significatifs pourraient être multipliés.

La pêche d'un autre poisson migrateur, l'Alose, a également beaucoup diminué d'importance dans toutes nos rivières. La Truite, ce poisson exquis, est en voie de disparition dans les rivières torrentueuses de nos montagnes, qui constituent son habitat préféré.

Ce dépeuplement des cours d'eau qui frappe nos poissons les plus recherchés, est constaté à peu près dans tous les pays. La mer elle-même, qui semblait un réservoir inépuisable, commence à être frappée; depuis plusieurs années, — persistance alarmante, — les sardines ne viennent plus en rangs si pressés sur les côtes bretonnes et les bandes de harengs se montrent moins abondantes.

# CAUSES
## DU DÉPEUPLEMENT DES COURS D'EAU

Les causes principales du dépeuplement des eaux douces sont : le braconnage, les déversements de liquides nocifs et les nécessités de la navigation à vapeur.

## LE BRACONNAGE

Quand le poisson ne pouvait être vendu que sur place, faute de transports rapides, pêcheurs et braconniers se contentaient de prises relativement restreintes. Il n'en est plus de même à notre époque ; la facilité donnée par les chemins de fer d'écouler le poisson en quantité illimitée a rendu les braconniers plus nombreux et plus dangereux que jamais ; les nouveaux moyens de communication ont ouvert de multiples débouchés, favorisé la dissémination des produits de la pêche dans tout le pays et amené par suite un accroissement considérable de la consommation ; la production restait stationnaire, pendant que la consommation grandissait ; le poisson augmenta de prix, conséquence de nature à faire exercer la pêche en tout temps et par tous les moyens. Les pêcheurs furent incités à se servir d'engins perfectionnés et... prohibés, d'autant mieux que le poisson devenait moins abondant et plus méfiant. L'*épervier* fut inventé, puis le *goujonnier*, épervier dont les mailles étroites arrêtent les poissons les plus petits, le filet *araignée* aux fils si ténus qu'ils sont presque invisibles et pourtant retiennent les plus gros poissons, l'*étiquet* ou *carrelet*, la *senne*, le *tramail*, tous filets très dangereux ; les verveux en ficelle cédèrent la place à des *nasses* métalliques restant dans l'eau aussi longtemps qu'il est nécessaire. A l'aide de ces filets et de ces pièges, les braconniers peuvent capturer toutes les espèces et ne s'en font pas faute ; ils ne prennent même pas le soin de rejeter à l'eau les alevins trop petits pour être vendus et les laissent périr sur la berge. Ils pêchent ainsi à toute heure du jour et de la nuit. Ils n'hésitent pas à pratiquer le « barraudage » pour rendre leur pêche plus fructueuse (1). C'est surtout aux environs des grands centres usiniers que se pratique la pêche de nuit, toujours fructueuse, car la nuit, le poisson vient jouer dans les herbes. On pêche aussi pendant la période d'interdiction, à l'époque du frai ; c'est le moment où la pêche de nuit est le plus destructive ; les braconniers connaissent l'emplacement des frayères et viennent y jeter à coup sûr leurs filets ; ils couvrent aussi de leurs éperviers les bandes de poissons, qui viennent alors près des rives où elles demeurent à peu près immobiles. M. Xavier Raspail a cité le cas d'un individu qui prit ainsi, une nuit de mai, près du pont de Précy (sur l'Oise), 21 Brêmes pesant en moyenne 1$^{kg}$200, ce qui, en comptant autant de femelles que de mâles, n'avait pas supprimé moins de 2 millions d'œufs. De même, en hiver, quelques coups d'épervier sur les frayères à Truites suffisent pour dépeupler les petites rivières.

**Piraterie**. — A côté du braconnage proprement dit, existe un fléau analogue, mais plus terrible encore, la *piraterie* ; elle consiste à détruire le poisson au moyen de produits chimiques, de drogues ou d'explosifs ; il en résulte l'anéantissement complet de la population animale et de la végétation sur un long parcours d'un cours d'eau ; les gros poissons et les alevins périssent par milliers. Ces procédés barbares rappellent la façon d'agir des nègres du Congo, qui abattent les arbres pour en extraire le caoutchouc.

Les « pirates » se servent de chaux vive, qu'ils jettent dans l'eau ; le lait de chaux ainsi formé corrompt l'eau et entraîne la mort par asphyxie du poisson : c'est ce qui s'appelle « brûler » la rivière. Ils emploient aussi fréquemment le chlorure de chaux (plus exactement hypochlorite de chaux), que l'on désigne souvent sous le simple nom de chaux ; cette substance détruit par asphyxie ou, plutôt, par désoxygénation de l'eau ; on s'en sert particulièrement contre les Truites, qui sont très sensibles à son action. Les poissons détruits par ces procédés viennent flotter à la surface de l'eau, où il est facile

(1) Les braconniers tendent en travers du cours d'eau des filets qui le barrent complètement dans sa largeur ; en exécutant un mouvement tournant, ils rassemblent tout le poisson.

de les recueillir ; ils ne sont pas dangereux à consommer, mais leur chair est de qualité inférieure et leur conservation difficile.

La noix vomique est parfois utilisée ; c'est le fruit du *Strychnos vomiquier*, arbre de l'Asie méridionale ; elle renferme un poison violent, la strychnine. Pulvérisée et triturée avec de la mie de pain, elle constitue une redoutable amorce. Il est heureusement assez difficile de se la procurer. Il n'en est pas de même de la coque du Levant, que l'on trouve chez les herboristes ; c'est le fruit d'un arbre des Moluques, l'*Anamirta cocculus* ; offerte au poisson de la même façon que la noix vomique, elle agit sur lui par ses propriétés enivrantes ; l'albumen de ce fruit est vénéneux, et il peut en résulter des accidents chez les personnes qui ont mangé du poisson ainsi pêché.

Un autre genre de destruction utilisé par les braconniers-pirates, pour être moins silencieux que les précédents, n'en est pas moins usité : c'est celui à la dynamite ; il est surtout appliqué dans les cours d'eau des montagnes, où les Truites constituent l'élément principal de la population aquatique : la solitude et les accidents de terrain y favorisent les opérateurs. Ils font éclater des cartouches de dynamite dans l'eau ; une cartouche de 40 grammes, munie d'une mèche qui brûle de 1 centimètre par seconde et terminée par une capsule de fulminate, est suffisante pour obtenir les effets voulus ; l'explosion soulève verticalement la nappe d'eau et, quand le calme est rétabli, on voit les poissons flotter à la surface, le ventre en l'air ; tous ne sont pas morts : ceux qui se trouvaient à une distance assez grande de la cartouche n'ont été qu'ébranlés par les vibrations, mais la commotion reçue les a mis comme en état d'hypnotisme, et cela permet aux braconniers de les recueillir avant qu'ils soient remis de leur stupeur.

La dynamite s'emploie moins fréquemment aujourd'hui qu'il y a quelques années ; il est du reste peu facile de s'en procurer et son emploi présente de graves dangers. Cependant, dans certaines circonstances elle cause de terribles ravages ; ainsi, il y a une dizaine d'années, on construisit, sur la rive gauche du lac d'Annecy, une ligne de chemin de fer allant d'Annecy à Albertville, qui nécessita d'importants travaux d'art ; de nombreux chantiers furent en permanence sur le bord des eaux et journellement, pendant toute la durée des travaux, les équipes de terrassiers limousins faisaient éclater dans le lac, afin de se procurer du poisson, la dynamite destinée à faire sauter le roc pour l'établissement de la voie ; des années sont nécessaires pour effacer les effets d'une semblable dévastation.

Des boîtes explosives, chargées à mitraille, servent, concurremment avec la dynamite, à ravager nos cours d'eau.

**Pêche abusive**. — Parfois, les pêcheurs à la ligne contribuent à la dépopulation de nos rivières, mais dans une mesure infiniment plus faible que les braconniers. Le goût de la pêche, cette distraction aussi passionnante que peu coûteuse, s'est développé d'une façon incroyable ; la technique de la pêche s'est également perfectionnée, les engins ont été remarquablement améliorés. Aussi rencontre-t-on des pêcheurs expérimentés qui, à l'aide de lignes flottantes, — lignes en soie montées sur racines d'une extrême finesse, — peuvent encore prendre jusqu'à 20 livres de poisson dans une seule journée. C'est à ces pêcheurs, aussi habiles qu'assidus, que M. X. Raspail attribue la disparition presque totale, en quelques années, du Nase ou Surmulet, dans le canton situé entre le pont de Boran et le pont de Saint-Leu-d'Esserent, dans l'Oise ; ce poisson affectionne certains fonds où il se tient en bandes nombreuses, il est en outre très vorace ; en l'amorçant en ces endroits avec d'énormes boulettes composées d'asticots, de blé cuit avec du thym, de sang et de terre argileuse, on en fait des pêches prodigieuses : en 1884, deux pêcheurs prirent, dans leur journée d'ouverture, 63 kilogrammes de Nases ; certains jours, les pêcheurs à la ligne ne retiraient pas moins de 200 kilogrammes de poisson sur un parcours d'à peine deux kilomètres. Il n'y a pas lieu de s'étonner si les Nases, signalés dans l'Oise en extrême abondance dès 1880, ont diminué au point qu'on n'en pêche plus à présent que très rarement. Il n'y a d'ailleurs pas à le regretter, car le Nase est un mauvais poisson à chair filandreuse remplie d'arêtes, et de plus très vorace, qui détruit le frai des autres espèces. Mais Brêmes, Gardons et Chevaines sont devenus, pour la même raison, beaucoup moins nombreux dans cette rivière.

De leur côté, les riverains propriétaires de petits cours d'eau abusent de leur droit de pêche, et les fermiers de pêche encore davantage ; ceux-ci sont souvent les premiers à capturer les poissons sur les frayères. Les excavations situées sur les bords des cours d'eau fonctionnent constamment comme des sortes de pièges : en temps de crue, elles se remplissent de poissons, qui sont ensuite enlevés par les propriétaires riverains.

## LES DÉVERSEMENTS NOCIFS

**Déversements industriels.** — Les braconniers-pirates ne sont malheureusement pas seuls à polluer nos cours d'eau. La plupart des fleuves et rivières possèdent maintenant sur leur cours un nombre plus ou moins grand d'usines, de fabriques, d'établissements insalubres, qui y prennent leur force motrice et y écoulent leurs liquides résiduaires, empoisonnant ainsi l'eau involontairement. Dans les contrées industrielles, ces déversements sont une des causes les plus fréquentes de la disparition du poisson.

Les industries signalées comme nuisibles sont : les sucreries, les raffineries, les féculeries, les distilleries de betteraves, les brasseries et malteries, les huileries, les fabriques d'engrais chimiques, les filatures, les tanneries, les laiteries, les fabriques de colle (qui traitent des os et des déchets animaux), les papeteries, les cartonneries, les blanchisseries, les usines à gaz, les scieries mécaniques, les usines procédant au décapage des métaux et les exploitations minières (lavage des minerais) — Les eaux résiduaires, dont ces industries se débarrassent en les envoyant à la rivière, contiennent en effet des substances chimiques ou des produits de fermentation qui, le plus souvent, entraînent la mort du poisson.

Les brasseries et malteries sont nuisibles par leurs eaux de mouillage, de levure, de lavage des chaudières et ustensiles, par les drèches en décomposition et les égouttoirs de ces drèches; les huileries par les matières albuminoïdes et les eaux de battage à l'acide sulfurique; les fabriques d'engrais chimiques par les eaux de lavage des sacs; les filatures et tissages par les déchets et les eaux de lavage des cotons ou des laines; les teintureries par les eaux de bains usés ou décolorés, par les eaux de débouillissage et de rinçage; les laiteries par les diverses eaux résiduaires, chargées de matières organiques et d'acides gras, susceptibles de fermentation, en été surtout; les fabriques d'extrait tannique de châtaignier par leurs eaux de lavage.

Les matières caustiques et toxiques sont surtout des chlorures et des sels ammoniacaux. Les blanchisseries et les papeteries se servent du chlorure de chaux pour blanchir soit le linge, soit les chiffons. Les fabriques de papier à la pâte de bois emploient une lessive de bisulfite de chaux, qui donne avec le bois ce que les fabricants appellent la « lessive noire » ou lessive épuisée; cette lessive est expulsée dans les cours d'eau comme déchet inutilisable; elle est très riche en matières organiques, est saturée de sulfate de calcium, et contient enfin du sulfite de calcium; des expériences ont montré qu'il suffisait de 25 centimètres cubes de cette lessive par litre d'eau pour amener la mort des Truites en deux ou trois heures : les poissons meurent par empoisonnement gastrique sous l'influence de l'acide sulfureux libre ou combiné. L'action nocive de cette lessive est à redouter pour les Salmonides tant que sa dilution par les eaux n'a pas abaissé la proportion d'acide sulfureux au-dessous de $0^\text{gr}07$ par litre (1).

Les usines à gaz sont encore plus dangereuses; leurs eaux résiduaires contiennent de l'acide phénique; or, il en suffit d' $\dfrac{1}{50.000}$ pour nuire au poisson; au-dessus de cette dose la mort s'ensuit dans un délai plus ou moins rapide. L'éclairage à l'acétylène tend à se répandre et souvent les résidus

_________

(1) Pour éviter les accidents causés par ce produit, il suffit donc d'imposer aux usiniers la dilution préalable de la lessive de bisulfite de chaux épuisée dans au moins 50 fois son volume, avant de la projeter dans le cours d'eau.

de carbure de calcium sont rejetés à la rivière ; un empoisonnement dû à cette cause a été constaté en Seine, à Villennes (Seine-et-Oise).

D'après MM. Bruyant et Eusebio, ce sont les exploitations minières installées sur le cours de la Sioule, qui ont dépeuplé considérablement cette rivière, primitivement très riche ; ils attribuent les empoisonnements constatés à diverses reprises au déversement des sables et des eaux résiduaires.

Certains produits industriels, ni toxiques ni caustiques, n'en sont pas moins nuisibles ; telles sont les substances organiques réductrices, qui agissent par absorption de l'oxygène dissous dans l'eau et déterminent indirectement l'asphyxie du poisson. Baudran a reconnu que les produits de sucrerie et de distillerie (eaux de presses à cossettes ou de diffusion, vinasses, eaux de lavage des appareils et des ateliers, eaux de lavage des betteraves ayant subi un commencement de fermentation ou mélangées avec des eaux de réfrigération et de condensation, eaux ayant servi plusieurs fois au transport hydraulique des betteraves), causent la mort du poisson par asphyxie et non par empoisonnement ; la présence de matières fermentescibles amène en effet une diminution de la quantité d'oxygène dans l'eau. M. Cloez a constaté la présence, dans les eaux provenant des sucreries, d'une algue gélatineuse (Confervacée) très riche en soufre, qui meurt au bout de quelque temps et dont les débris putréfiés altèrent les eaux par l'hydrogène sulfuré qu'ils dégagent et font périr tous les animaux aquatiques.

Ces matières organiques sont plus néfastes encore que les eaux ammoniacales et les chlorures ; ceux-ci ne tardent pas à être dilués et leur action se limite à un faible parcours, tandis que les matières albuminoïdes solubles déversées par les sucreries et les féculeries fermentent en cours de route, absorbent au fur et à mesure l'air dissous dans l'eau, et entraînent l'asphyxie des poissons aussi longtemps qu'elles renferment des substances fermentescibles. A côté de cette asphyxie physiologique, confirmée par les recherches de MM. Léon Perrier et Labatut, ces mêmes auteurs ont signalé un mode d'asphyxie mécanique, par colmatage des branchies ; ce fait se produit dans le cas où des précipités se forment au contact de l'eau ; il a été observé avec un savon de résine et de soude ayant servi à l'encollage des papiers, produit qui donne un précipité à peine perceptible, mais tue cependant les poissons avec une extrême rapidité, car il est gluant et enduit les branchies d'une sorte de vernis ; il exerce sans doute aussi une action toxique, qui agit concurremment avec l'action mécanique.

Il y a lieu de remarquer ici que les précipités les plus abondants et les plus salissants ne sont pas nécessairement les plus nuisibles. Ainsi le savon de résine donne, au contact de l'eau, un précipité insignifiant, un très léger louche, ce qui ne l'empêche pas d'avoir une grande puissance destructive ; au contraire, le sulfate ferreux introduit dans l'eau produit un précipité extrêmement abondant d'hydrocarbonate ferrique, qui n'exerce cependant aucune action sur la respiration branchiale. De même, les déversements des peausseries et des teintureries salissent les rivières au plus haut point, mais ne nuisent guère au poisson, tandis que les eaux relativement limpides que rejettent les sucreries et les féculeries sont éminemment dangereuses.

Cette question des déversements industriels est fort importante. On a souvent l'occasion de constater la présence de poissons en quantité considérable en amont des usines, et leur absence à peu près totale en aval, celle-ci coïncidant avec la disparition des mollusques et même des herbes aquatiques. C'est en été, à l'époque des basses eaux, que l'effet néfaste des liquides résiduaires se fait le plus sentir, à cause de leur moindre dilution. Fréquemment, il y a, de ce chef, des procès entre poissonniers, pêcheurs ou producteurs et usiniers ; c'est le cas des étangs des environs de Péronne ; les dommages causés dans ces nombreux et vastes étangs furent évalués, pour un seul déversement d'eaux de lavage de betteraves, à 177 000 francs ; les sucriers poursuivis furent condamnés ; mais, malgré le rapport des experts, les poissonniers n'obtinrent que 36 000 francs d'indemnité, somme bien inférieure à la perte éprouvée ; une autre année, le fermier de l'étang de Saint-Christ perdit pour plus de 50 000 francs d'Anguilles.

Dans cette région, les usines sont si nuisibles qu'elles forment une sorte d'écran et qu'au-dessous de Ham on ne trouve plus de poissons actuellement; les eaux rejetées nuisent au poisson par la seule élévation de leur température.

**Rouissage du lin et du chanvre.** — Le rouissage du lin et du chanvre consiste en une fermentation de ces plantes textiles, laquelle amène la dissolution de la matière gommeuse qui relie les fibres entre elles. Cette opération commence entre le 25 août et le 10 septembre, époque où les eaux sont à leur niveau le plus bas; quand la fermentation du chanvre ou du lin est achevée, on rince les paquets de tiges et on les retire de l'eau; la surface de la rivière se couvre d'une écume épaisse et une sorte de boue noire et fétide se répand au loin. Les poissons (Brochets, Carpes et Barbeaux surtout) viennent se débattre à la surface de l'eau et y chercher l'oxygène dont ils sont privés; ils ne tardent pas à mourir asphyxiés et leurs cadavres, marbrés de taches blanchâtres, viennent échouer par milliers le long des rives. Les braconniers savent profiter du rouissage pour prendre au panier le poisson malade, qui vient « becqueter » à la surface et ne peut se défendre. L'eau souillée est, en outre, impropre à la consommation et à *tous* les usages domestiques; la puanteur exhalée par les eaux ainsi infectées est si grande, dit M. le Dr Barth, qu'elle se fait sentir jusqu'à plusieurs centaines de mètres de leurs bords; par les temps chauds et orageux, il en résulte, parmi les habitants des localités riveraines, des troubles gastro-intestinaux qui prennent parfois la forme épidémique. Dans plusieurs départements de l'Ouest, où le rouissage se pratique en eau courante, presque tous les ans les rivières sont empoisonnées et le poisson détruit en masse.

**Eaux d'égout.** — Les grandes agglomérations urbaines contribuent à la contamination des eaux courantes en y déversant leurs eaux d'égout et leurs ordures ménagères. Les détritus organiques jetés dans les cours d'eau peuvent servir à la nourriture du poisson, mais à la condition d'être déversés en quantité minime. Ce n'est pas le cas pour les immondices des cités populeuses. A Paris, jusqu'en 1900, toutes les eaux résiduaires étaient déversées directement dans la

Seine et transformaient les eaux limpides du fleuve en un
cloaque pestilentiel, privé d'oxygène et impropre à la vie des
poissons; la Seine recevait de 300 à 350 000 mètres cubes d'eau
d'égout par jour, alors que son débit, dans la saison estivale,
est d'environ 4 millions de mètres cubes; l'eau d'égout n'était
donc diluée, durant cette période, que dans le rapport de 1 à 13;
par le fait d'une aussi faible dilution, les matières insolubles
se déposaient en Seine et formaient des bancs qui gênaient la
navigation; ces résidus fermentaient en été et l'on pouvait
voir au-dessous d'Asnières, ainsi que nous avons pu souvent
le constater, d'énormes bulles de gaz venir crever à la surface.
L'eau de la Seine restait privée d'oxygène jusqu'à Marly et les
poissons disparaissaient sur un parcours de près de 40 kilomètres; seuls à peu près, résistaient, dans la traversée de Paris,
le Chevaine, le Gardon, la Brême et l'Ablette (1). Depuis 1900,
cette situation a été quelque peu améliorée; la ville de Paris
s'est mise à pratiquer le système d'irrigation épuratrice des
eaux d'égout, c'est-à-dire qu'elle ne rejette ses eaux résiduaires
dans la Seine qu'après les avoir purifiées dans des champs
d'épandage, dont la superficie est actuellement de 5 300 hectares; mais cette surface irriguée est loin d'être suffisante;
à présent encore une centaine de mille mètres cubes d'eau
d'égout sont déversés chaque jour dans la Seine. Un tel état
de choses est incompatible avec l'assainissement complet du
fleuve.

Dans certaines villes, les déversements d'eaux d'égout sont
un danger, non seulement pour les poissons, — qui meurent de
maladies diverses, spécialement de la furonculose, — mais aussi
pour la santé publique. Les communes considèrent la rivière
comme le déversoir naturel de leurs immondices. A Reims, la
Vesle s'est trouvée dépeuplée par les eaux d'égout de la ville.

(1) L'étude microbiologique des eaux de Paris a donné à M. Miquel
les résultats suivants :

|  | Nombre<br>de bactéries<br>par litre. |
|---|---|
| Eau de la Seine (à Bercy, en amont de Paris).. | 4 800 000 |
| Eau de la Seine (à Asnières, en aval de Paris).. | 12 800 000 |
| Eau d'égout (puisée à Clichy)................ | 80 000 000 |

jointes aux eaux résiduelles des usines. Mais nulle part, l'empoisonnement des eaux n'a atteint une intensité comparable à celui de la Lys, de la Deûle et de la Marque ; ces rivières sont devenues d'immondes égouts dont les exhalaisons pestilentielles engendrent les plus graves maladies; à Lille, un quart au moins de la mortalité a pu être attribué à l'infection de la Deûle.

## NAVIGATION ET FORCE MOTRICE

### Inconvénients et exigences de la navigation à vapeur

La navigation à vapeur exerce une action destructrice sur les poissons de nos cours d'eau. Il est facile de comprendre comment. Les chevaux qui, jadis, remorquaient paisiblement les bateaux, ont cédé en grande partie la place à des remorqueurs aux allures accélérées ; cette navigation rapide, dont les avantages économiques ne sont pas à démontrer, met en usage des propulseurs puissants, qui font subir à l'eau des fleuves des mouvements incessants ; le passage des bateaux et l'agitation de l'eau n'ont pas, selon nous, grande influence sur les poissons, ceux-ci s'habituant assez vite à séjourner dans les eaux ainsi fréquentées ; mais les vagues et les remous profonds occasionnés par les aubes et les hélices des bateaux à vapeur viennent battre violemment les bords des rivières, détachent par leur choc et leur retrait successifs les œufs déposés sur les pierres et le gravier ou sur les plantes aquatiques qui garnissent les rives, les projettent sur les berges où ils se dessèchent, ou bien les entraînent entre deux eaux où ils deviennent la proie de divers poissons (Carpes, Barbeaux, Goujons, Perches, etc.). Des millions d'œufs sont détruits de la sorte peu de temps après le frai, particulièrement ceux des Carpes, des Tanches, des Cyprins de toute sorte, qui pondent sur les joncs et les laiches des bords. En outre, les jeunes poissons sont exposés à être soulevés et portés sur les berges où ils se trouvent arrêtés et périssent. — Les canots automobiles, qui marchent à 40 kilomètres à l'heure, produisent, de leur côté, des vagues de 70 à 80 centimètres de hauteur ; ce bouleversement de l'eau détruit les herbes, anéantit les frayères et modifie les rives.

**Canalisation et fractionnement des rivières.** — L'appropriation des cours d'eau aux nouveaux modes de transport a nécessité des travaux considérables de canalisation et d'endiguement, qui comptent parmi les causes les plus importantes de la diminution du poisson. La canalisation (1) a eu pour principal effet d'entraîner la disparition des frayères naturelles, c'est-à-dire des végétaux aquatiques qui servent à un grand nombre d'espèces pour déposer leurs œufs ; la végétation du lit des rivières a été supprimée, ainsi que les pentes douces et les herbes qui les couvraient. De ce fait, l'alimentation des poissons herbivores a été réduite, et les abris où se réfugiaient les jeunes poissons ont été supprimés ; par contrecoup, les poissons carnivores, dont la chair est le plus estimée, se sont vus privés de leur nourriture habituelle. Ce curage des cours d'eau ne pouvait avoir que de funestes résultats pour leur population aquatique ; il suffit, pour s'en rendre compte, de penser à la situation lamentable qui serait faite aux petits oiseaux si on leur supprimait tous les abris naturels, arbres, haies et buissons, où ils s'abritent et se reproduisent.

La régularisation des cours des fleuves a amené aussi l'isolement des petites baies, des sortes de mares, où jusque-là s'effectuait la reproduction des espèces (Carpes, Tanches, etc.) qui aiment à frayer dans les eaux calmes et dormantes ; les digues ont également isolé les cours d'eau de leurs anciens bras, où étaient réunies les conditions les plus favorables au peuplement.

**Chômage.** — Les inconvénients de la navigation à vapeur ne s'arrêtent malheureusement pas là. Dans un grand nombre de rivières, on a établi des barrages qui, en surélevant le niveau de l'eau, permettent d'augmenter sur une assez grande étendue la profondeur d'eau et de réduire notablement la force du courant ; et, chaque année, on doit exécuter des tra-

---

(1) On a donné le nom de « canal de navigation » à une rivière dont on a, par des dragages convenables, régularisé le fond, de manière à obtenir une profondeur à peu près égale ; des barrages munis d'écluses la partagent en sections.

vaux de réparation et de nettoyage (dragage, curage, faucardement), pour lesquels on abaisse le niveau de l'eau ; c'est la période dite du chômage, aussi préjudiciable à la batellerie que funeste au poisson. Le chômage dure souvent près d'un mois ; pendant ce temps, les eaux sont ramenées à l'ancien niveau de la rivière, ce qui détermine une baisse assez considérable, atteignant parfois jusqu'à 2ᵐ 50. C'est précisément au mois de juin, époque de la fraie des espèces les plus communes (Carpe, Tanche, Brême, Ablette, Chevaine), que se pratique d'ordinaire le chômage ; les œufs déposés par millions près des rives, sur les herbes ou les graviers, se trouvent exposés à l'air et se dessèchent rapidement ; cette baisse des eaux entraîne, pour la même raison, la mort d'une immense quantité de jeunes poissons. La vidange des biefs des canaux détruit également tous les ans un nombre immense d'œufs, d'alevins et d'adultes.

Les *curages* effectués, à l'aide de dragues, dans les rivières flottables et navigables, suppriment toute la végétation aquatique et jusqu'aux lits de sable et de gravier ; leur répercussion sur la reproduction du poisson est manifeste ; en outre, on a le tort de les effectuer souvent au printemps, époque à laquelle les frayères sont fréquentées par les poissons. Il en est de même des curages pratiqués dans les petits cours d'eau en dehors de l'époque du frai ; ils détruisent les herbes qui forment, dans ces ruisseaux, des frayères naturelles, très recherchées par les espèces des grands cours d'eau.

Dans les cours d'eau non navigables ni flottables, les propriétaires riverains sont, en retour du droit de pêche, assujettis à la dépense du curage et à l'entretien de ces cours d'eau : ils doivent débarrasser les petites rivières des herbes qui les envahissent rapidement et finissent par gêner le passage des barques ainsi que la pêche à la ligne ; ces plantes, en s'accumulant, diminuent d'autre part la profondeur du lit et amènent des inondations. Il est donc nécessaire de *faucarder*, c'est-à-dire de faucher à leur base les plantes aquatiques et de les tirer hors du cours d'eau ; cette opération a lieu une fois par an. Mais le faucardement supprime, selon l'époque où on l'effectue, soit les frayères naturelles indispensables au poisson pour pondre, soit les œufs pondus sur les herbes, soit les abris, si utiles aux jeunes alevins. La suppression des herbes dans une rivière entraîne un amoindrissement notable dans la quantité de nourriture disponible et, par suite, une diminution dans la production en poissons, ceux-ci devenant moins nombreux et s'accroissant moins rapidement. Il faut tenir compte aussi de la respiration des plantes ; elle contribue à l'aération de l'eau et y favorise ainsi l'existence des poissons. Les mauvais effets du faucardement se font vivement sentir dans les petits cours d'eau ; citons, avec M. Peupion, l'exemple typique de l'Orge, petite rivière de Seine-et-Oise, autrefois des plus poissonneuses, aujourd'hui dépeuplée — on n'y trouve plus que des Loches, des Vérons et des Chabots — à la suite de curages trop fréquents.

**Manœuvres d'eau.** — Les œufs déposés près des rives, sur les pierres ou sur les herbes, ne sont pas exposés à la mise à sec seulement pendant la période du chômage ; ils le sont aussi à différentes reprises lorsqu'on abaisse le niveau de l'eau soit en ouvrant les écluses, soit en levant les vannes des barrages ; ces manœuvres, ordonnées par les ingénieurs, ont lieu à l'improviste ; elles font baisser l'eau de 30 à 50 centimètres entre deux barrages, ce qui, en temps de frai, amène en quelques heures la perte d'un nombre énorme d'œufs.

De leur côté, les usiniers font fréquemment baisser l'eau dans les canaux qui leur apportent l'eau utilisée comme force motrice et qui servent comme retraites aux poissons ; il leur suffit pour cela de manœuvrer les vannes de prise d'eau situées à l'origine de ces canaux ; la destruction du frai et la capture aisée des poissons en sont les conséquences. Les propriétaires d'usines ou de moulins tirant leur force motrice d'un cours d'eau du domaine public profitent fréquemment de l'abaissement du niveau de ces cours d'eau pour y pêcher ; ils saisissent toutes les occasions qui s'offrent à eux : curages, faucardements, entretien des radiers, réparation des vannes, etc., pour organiser des pêches fructueuses dans les biefs ou écluses de leurs barrages. « Il existe, dit M. de Sailly, inspecteur des eaux et forêts, des usines ou des moulins où la conduite des eaux est aménagée de telle façon que les biefs peuvent être pêchés à toute époque et à tout moment sans arrêter la marche de l'usine ; à cet effet, dans un bief de 2 à 3 mètres de large et de 0m 80 à 1m 50 de profondeur, on installe sur une longueur de 300 mètres un canal étanche en bois supporté par des chevalets et dont la section (environ 0m 60 de large sur 0m 40 à 0m 50 de profondeur) correspond au débit d'étiage du ruisseau moteur ; avec un système de pelles en amont et en aval, le propriétaire peut, aussi souvent qu'il lui plaît, remplir et vider le bief et le pêcher sans arrêter le travail industriel. » Il est même certains usiniers qui tirent le plus clair de leurs ressources de la vente du poisson ainsi frauduleusement capturé.

**Barrages**. — Le fractionnement des rivières présente encore d'autres inconvénients très graves. Les barrages, construits pour faciliter les moyens de transport par eau ou pour mettre en mouvement les turbines des usines, empêchent le poisson de circuler librement ; ils obligent les *espèces sédentaires* à rester cantonnées dans les différents biefs, où elles ne trouvent plus à la longue qu'une quantité limitée de nourriture et voient par suite leur multiplication enrayée. Mais les *espèces voyageuses*, telles que le Saumon et l'Alose, subissent, du fait des barrages, un tort beaucoup plus considérable ; c'est surtout à ces constructions qu'est due leur rareté dans un grand nombre de nos rivières.

Les Saumons vont toujours frayer aux lieux de leur naissance, près des sources des cours d'eau, où ils trouvent, avec des fonds de sable ou de gravier, les eaux fraîches, limpides et oxygénées qui conviennent à l'incubation de leurs œufs ; ils viennent d'ailleurs dans nos rivières pour s'y reproduire, et passent une notable partie de leur existence à la mer ; on conçoit donc que les barrages, en interceptant à ces poissons le chemin qu'ils suivent lors de la montée, soient pour eux un sérieux empêchement à aller frayer dans les endroits convenables. Ces obstacles ne sont pas tous insurmontables ; les Saumons s'efforcent toujours de les franchir et ils y arrivent généralement quand la chute d'eau ne dépasse pas 1m 20 à 1m 50 de hauteur ; sinon, ils séjournent longtemps au pied de la digue, recherchant un passage ou attendant que de plus hautes eaux leur permettent de passer. Quand ils ne peuvent y parvenir, ils sont obligés de laisser échapper leurs œufs, qui se trouvent perdus. La partie de la rivière en amont se dépeuple donc très rapidement et la partie aval se voit de moins en moins fréquentée, à cause des mauvaises conditions dans lesquelles s'y fait la reproduction.

Les exemples de cette influence des barrages sont nombreux et péremptoires. La disparition presque complète du Saumon dans la Garonne date de la construction du barrage du Bazacle à Toulouse. Dans la Meuse, la rareté du Saumon a coïncidé avec la construction de barrages sans issues dans la partie belge du fleuve. C'est également à la suite de la construction de barrages importants, munis d'échelles fonctionnant mal, que le Saumon a presque complètement disparu du Lot, du Tarn et de l'Aveyron. Très abondant autrefois dans la Seine et ses affluents, le Saumon n'y vient pour ainsi dire plus, depuis que des barrage éclusés ont été installés pour la navigation. La canalisation de l'Yonne a fait à peu près disparaître le Saumon de ce cours d'eau ; en 1870-71, la navigation sur la Seine ayant été interrompue pendant plusieurs mois, on vit reparaître le Saumon dans l'Yonne en grande quantité. Dans la Vienne, la diminution des Saumons a marché de pair avec le développement de l'industrie ; depuis soixante-quinze ans, dit M. J. de Sailly, les anciens moulins à farine ou à tan qui bordaient cette rivière se sont transformés en minoteries, tanneries, papeteries, moulins à broyer le kaolin, fabriques d'extrait de bois de châtaignier, fabriques de carton pour boîtes d'allumettes, pour semelles ou talons de chaussures économiques, usines d'électricité pour l'éclairage ou le transport de la force motrice, etc., si bien que, sur les 140 kilomètres que la Vienne parcourt dans le département de la Haute-Vienne, on ne compte pas moins de 100 barrages, dont la hauteur varie de 0$^m$80 à 3 mètres et est comprise en moyenne entre 1$^m$10 et 1$^m$80 ; ces nouveaux barrages sont étanches pour la plupart et construits à profil vertical du côté aval ; comme les jeunes Saumons franchissent difficilement une hauteur de 1$^m$20, ces barrages s'opposent à leur libre circulation. Il n'en était pas de même anciennement,

car les barrages des moulins n'ayant guère que 0m 80 de
hauteur, les Saumons pouvaient les franchir en tout temps;
en outre, ils présentaient généralement un intervalle de
3 à 8 mètres pour le passage du poisson; aussi les espèces migratrices venaient-elles, chaque année, frayer vers les sources
et dans les affluents de cette rivière aux eaux vives et
pures.

## CAUSES SECONDAIRES DU DÉPEUPLEMENT

**Irrigations.** — Les nombreux emprunts faits aux rivières
pour les irrigations occasionnent un abaissement très sensible
de leur niveau; parfois elles sont mises presque à sec : les
poissons se réfugient alors dans les dépressions du lit, où
leur capture est des plus faciles. D'autre part, les jeunes poissons, les alevins surtout, pénètrent dans les rigoles d'arrosage
et s'engagent dans les prairies, où ils périssent tous quand on
suspend la distribution de l'eau, à moins qu'ils ne soient capturés par les propriétaires des herbages. A l'heure actuelle,
l'irrigation des cultures tend à se pratiquer de plus en
plus et elle constitue une cause notable de dépeuplement des
cours d'eau, surtout dans les grandes régions d'herbages, telles
que la Normandie et le Nivernais; les repeuplements y sont
voués à un échec certain.

**Déboisement.** — Le déboisement des montagnes, si
funeste à tous les points de vue, entraîne dans le débit des
cours d'eau des irrégularités qui présentent des inconvénients
pour le poisson. Les ruisseaux à Truites sont presque à sec
à l'époque des basses eaux; ils sont donc faciles à barrer
et à détourner; les braconniers ne s'en font pas faute, non
plus que les propriétaires riverains, ceux-ci il est vrai dans le
but d'irriguer leurs prairies; le dépeuplement de ces ruisseaux
en est la conséquence.

Le déboisement retire du reste aux Truites la nourriture et
l'ombre que leur fournissaient les arbres des rives. Il entraîne
également l'assèchement rapide des autres cours d'eau en été,
circonstance qui y rend le braconnage singulièrement plus
facile et plus destructeur; cet abaissement du niveau fait aussi

que les poissons migrateurs sont arrêtés par des obstacles franchissables en temps ordinaire.

**Ennemis des poissons.** — Les ennemis naturels des poissons jouent un rôle secondaire, mais non négligeable, dans le dépeuplement des eaux. Le plus dangereux de tous est un mammifère amphibie, la loutre ; le blaireau, le renard, les rats et la musaraigne d'eau sont également nuisibles, soit au poisson, soit au frai. Un certain nombre d'oiseaux aquatiques se nourrissent presque exclusivement de poissons : le balbuzard fluviatile, le martin-pêcheur, le merle d'eau et les hérons ; les cygnes, les oies et surtout les canards, élevés par les riverains des petits cours d'eau, détruisent les alevins et une quantité *énorme* de frai ; toutes les espèces qui fraient en eau peu profonde, sur le gravier du lit des petits cours d'eau (Truite, Lotte, Goujon, Chevaine, etc.) ou sur les herbes des rives (Cyprinidés, Perche) subissent de ce chef des pertes considérables ; M. Lesourd n'hésite pas à évaluer à plusieurs centaines de mille les œufs détruits par un seul canard en une année ; il a fréquemment trouvé dans l'estomac d'un canard tué au sortir de la rivière, à l'époque du frai, de 100 à 300 gr. d'œufs de poisson. Il existe aussi des poissons carnassiers qui se rendent redoutables dans les rivières et les canaux, en détruisant le frai, les espèces herbivores et même les jeunes alevins carnassiers ; les plus dangereux sont la Lotte, l'Anguille, la Perche et surtout le Brochet.

**Maladies des poissons.** — Les innombrables parasites animaux et végétaux qui s'attaquent aux poissons amènent parfois la disparition presque totale de certaines espèces. Des cryptogames, des bactéries, des protozoaires, des vers, des crustacés, contribuent, avec les causes précédemment énumérées, à dépeupler nos cours d'eau. Depuis trente ans, une épidémie fort grave, causée par un sporozoaire, décime les Barbeaux dans l'est de la France ; la variole de la Carpe est causée par un parasite analogue. Des infusoires s'attaquent aux Truites (*Costia necatrix, ichtyophtirius*) ; des trypanosomes infectent leur sang. Un crustacé (*Argulus foliaceus*) vit sur les Carpes. Parmi les vers, des nématodes (ascaris), des cestodes (ligule), des trématodes, des acanthocéphales, occasionnent diverses affections. Un bacille (*Bacillus pestis astaci*) est responsable de la terrible peste des écrevisses, qui a dépeuplé en trente ans la plupart de nos cours d'eau. Enfin, les *Saprolégniées* sont des moisissures redoutables.

## CONSÉQUENCES DU DÉPEUPLEMENT

Le dépeuplement progressif de nos eaux a de regrettables conséquences. Tout d'abord, pour notre richesse nationale, à laquelle il porte un préjudice sérieux en nous rendant tributaires des pays étrangers; depuis le commencement du xixe siècle, nous avons demandé à nos voisins des quantités de poissons de plus en plus considérables, si bien que nous sommes arrivés à payer, sur une consommation de 15 millions de francs en poisson d'eau douce, près de moitié à l'exportation étrangère; de 1890 à 1899, nous avons importé pour 52 866 548 francs de poisson d'eau douce; en 1899, qui fut une année moyenne, nous avons acheté au dehors, surtout à l'Allemagne, pour 5 079 690 francs de poisson d'eau douce. Cependant, depuis quelques années, grâce aux efforts répétés des sociétés de pêche et de pisciculture, l'importation du poisson d'eau douce est allée sensiblement en diminuant : de 1896 à 1900, la France a emprunté à l'étranger 600 000 kilogrammes de moins qu'antérieurement. Pour la période quinquennale 1897-1901, la valeur en francs des importations et des exportations annuelles, en poissons frais, a été la suivante :

| | Importations Francs. | Exportations Francs. |
|---|---|---|
| Salmonides.............................. | 4 018 508 | 46 970 |
| Autres ................................. | 4 499 682 | 154 158 |

Depuis 1900, les importations de poisson d'eau douce ont peu varié; les apports indigènes ont cessé de décroître et se sont maintenus à peu près stationnaires — grâce au succès partiel du réempoissonnement de nos cours d'eau, — ainsi qu'on peut s'en rendre compte par le tableau suivant (1), qui

(1) D'après le *Rapport sur les Services municipaux de l'approvisionnement de Paris*.

donne le total des arrivages français et étrangers, aux Halles Centrales de Paris, en poisson d'eau douce et écrevisses :

| ANNÉES. | FRANCE. | ÉTRANGER. | ENSEMBLE. |
|---|---|---|---|
| | kil. | kil. | kil. |
| 1901............ | 1 036 320 | 2 088 685 | 3 125 005 |
| 1902............ | 962 057 | 2 181 536 | 3 143 593 |
| 1903............ | 895 844 | 2 019 958 | 2 915 802 |
| 1904............ | 981 487 | 2 095 040 | 3 076 527 |
| 1905............ | 985 624 | 1 976 149 | 2 961 773 |

Pendant cette période, les proportions moyennes, par catégorie, des envois français et étrangers aux Halles de Paris ont été les suivantes (par rapport au total des diverses catégories) :

| | EAU DOUCE. | MARÉE. | ESCARGOTS. | MOULES ET COQUILLAGES | TOTAL. |
|---|---|---|---|---|---|
| | p. 100. | p. 100. | p. 100. | p. 100. | p. 100. |
| France........ | 2,2 | 68,3 | 1,1 | 4,2 | 75,8 |
| Étranger..... | 4,6 | 3,7 | 0,1 | 15,8 | 24,2 |
| Ensemble.... | 6,8 | 72,0 | 1,2 | 20,0 | 100,0 |

Sur tous nos marchés, les poissons d'eau douce arrivent en quantité bien inférieure à ceux de mer. En certains endroits, le poisson d'eau douce est devenu si rare que la marée figure uniquement dans les approvisionnements.

Les cours d'eau du domaine public, dont la pêche est mise en location, devraient être d'un excellent rapport pour l'État et lui fournir des ressources appréciables. Sur les 16 700 kilomètres de cours d'eau flottables ou navigables, la moitié est canalisée; en 1899, la pêche de ce parcours a rapporté à l'État 647 000 francs, tandis que les rivières non canalisées ont rapporté 318 000 francs; au total, l'État touche ainsi près d'un million par an, ce qui fait au kilomètre un revenu moyen de 78 francs pour les canaux et rivières canalisées, et 38 francs seulement pour les rivières non canalisées. Ce sont là des chiffres bien insuffisants, plus faibles encore pour les rivières non navigables ni flottables. Il existe, il est vrai, des cours d'eau dont le rendement est très supérieur; ainsi, dans la dernière partie de son cours (44 derniers kilomètres), la Loire donne à l'État un revenu de plus de 450 francs au kilomètre, car le Saumon s'y pêche en assez grande quantité; 5 kilomètres de l'Iton (Eure) sont loués à raison de 400 francs le kilomètre; la Vienne produit, sur 42 kilomètres, 200 francs par kilomètre. Mais que sont ces chiffres à côté de ceux donnés par certaines rivières d'Angleterre, qui rapportent plus de 4 000 francs au kilomètre! Dans l'est de la France, la Moselle ne se loue que 110 francs au kilomètre; la Meurthe atteint 160 francs; mais nombre d'autres cours d'eau tombent à un rendement dérisoire, qui va de 4 francs à 0 fr. 60 par kilomètre.

Quant au produit total, en nature, de la pêche des eaux courantes, il serait, par an, d'après les calculs de M. de Cardaillac de Saint-Paul, de 45 200 000 kilogrammes de poisson, se décomposant ainsi :

*Eaux du domaine public :*

Fermiers, co-fermiers, permissionnaires, etc..   16 700 000 ⎫
Inscrits maritimes............................   10 000 000 ⎬ 31 700 000
Pêcheurs à la ligne...........................    5 000 000 ⎭

*Eaux du domaine privé :*

Fleuves et rivières non navi-⎧Propriétaires riverains⎫
  gables ni flottables.........⎨        pêcheurs.     ⎬ 11 000 000

Bien que ces chiffres aient été établis après des calculs très étudiés, il y a lieu de ne les accepter que sous réserve, tant que des statistiques officielles manqueront sur le rendement de nos différents cours d'eau.

L'appauvrissement de nos cours d'eau exerce aussi son influence sur le bien-être et l'alimentation de la population. Le poisson, qui constitue une nourriture saine et substantielle, n'est plus à la portée de toutes les bourses et a cessé d'être un aliment économique. A la fin du xvii⁰ siècle, le Saumon coûtait de 0 fr. 25 à 0 fr. 30 le kilogramme; en 1774, la corporation des pêcheurs de Strasbourg décidait de vendre la livre de Saumon au même prix que celle du bœuf, soit à peine 0 fr. 20. Ces temps heureux ne sont plus ! Actuellement, le Saumon vaut environ de 4 à 8 francs le kilogramme.

Aussi ne faut-il pas s'étonner si la consommation du poisson d'eau douce est, à l'heure actuelle, insignifiante en France. En 1900, la consommation totale en poisson d'un habitant de Paris a été de 15$^{kg}$833, soit 43$^{gr}$4 par jour ; en tenant compte des proportions importées (indiquées ci-dessus), on voit que la quantité de poisson d'eau douce consommée par un Parisien a dû être d'environ 1 kilogramme en un an ou de 3 grammes par jour ; or, le Parisien consomme, en poisson d'eau douce, près de cinq fois autant que les autres Français. Par contre, il a consommé quotidiennement : 193 grammes de viande de boucherie, 31$^{gr}$5 de viande de porc, 6$^{gr}$6 de viande de cheval et 34$^{gr}$3 de volaille et de gibier.

## REMÈDES AU DÉPEUPLEMENT DES COURS D'EAU

Il est possible, non de faire disparaître entièrement, mais d'atténuer les causes du dépeuplement de nos eaux douces et de faire renaître une richesse relative.

## RÉPRESSION DU BRACONNAGE

Avant tout, il est nécessaire de réprimer le braconnage. Les lois existantes sont suffisantes pour cela et il serait facile de restreindre considérablement les dévastations des braconniers si la surveillance des cours d'eau n'était pas à peu près illusoire.

**La police de la pêche**. — Les agents de l'État chargés de la police de la pêche, sont :

Les gardes-pêche, au petit nombre de 333 pour toute la France ; ils sont presque exclusivement établis sur les canaux et rivières navigables et flottables, dont ils ne peuvent du reste suffire à surveiller efficacement les 13 300 kilomètres courants.

La gendarmerie, sur le concours de laquelle on ne doit guère compter, étant données les nombreuses obligations de son service; les rondes nocturnes, si utiles cependant, ont dû même être supprimées.

Les gardes-forestiers, qui jouent un rôle mixte et s'occupent à la fois des forêts et des cours d'eau avoisinants; ils apportent une aide précieuse aux gardes-pêche, surtout en temps de frai, et se rendent beaucoup plus utiles que les agents des Ponts et Chaussées, en nombre trop restreint, qui exercèrent un moment à leur place la police de la pêche (1); mais, à différentes reprises, par exemple à l'époque du martelage des coupes, les gardes-forestiers sont dans l'obligation de délaisser la surveillance des cours d'eau pour les travaux en forêt, ce dont les braconniers ne manquent pas de profiter; de plus, dans les départements où les forêts sont peu nombreuses, les agents forestiers sont rares.

Les gardes champêtres, les éclusiers de canaux, ont également qualité pour constater les délits en matière de pêche. Mais ils usent trop rarement de ce droit, ainsi que les maires, adjoints, juges de paix, commissaires de police, procureurs de la République, leurs substituts, et les préfets.

Enfin, les agents des douanes, les receveurs d'octroi, les employés des contributions indirectes et les chefs de gare, ont le pouvoir d'interdire le colportage, l'exportation et l'importation du poisson en temps prohibé ou n'ayant pas les dimensions voulues; mais ils négligent l'exercice de ce droit.

Le défaut de surveillance tient au petit nombre des gardes-pêche; seuls, ces agents ont un rôle bien déterminé, qu'ils remplissent d'ailleurs de leur mieux. Une surveillance plus active ne peut être réalisée que par une augmentation du nombre de ces agents; celle-ci est instamment réclamée depuis longtemps, ainsi que la création de brigades mobiles. Mais on ne saurait attendre d'un gouvernement les sacrifices considérables que nécessiterait l'entretien d'un corps de

(1) Le décret du 7 novembre 1896 a placé la surveillance et la police de la pêche fluviale dans les attributions du ministère de l'Agriculture et les a rattachées à l'administration des Forêts. On a ainsi augmenté considérablement le nombre des agents chargés de la constatation des délits.

gardes-pêche proportionné à la surveillance rigoureuse des eaux du domaine public. Il vaut mieux compter sur l'initiative privée ; les sociétés de pêche ou de pisciculture, en instituant des gardes particuliers, peuvent rendre à cet égard les plus signalés services.

**Les délits de pêche**. — En tout cas, il est *nécessaire* que les services spéciaux des Ponts et Chaussées, des Eaux et Forêts et de l'Intérieur appliquent strictement et rigoureusement les lois et règlements sur la pêche. L'administration des Ponts et Chaussées, particulièrement, devrait apporter un concours plus actif, — qu'elle doit d'ailleurs, — à l'Administration des Eaux et Forêts, pour la surveillance des délits de pêche. Il est indispensable que la loi soit appliquée, dans toute sa rigueur, aux délinquants, surtout dans les cas graves. Les juges montrent généralement trop d'indulgence, et les coupables obtiennent souvent remise des amendes dérisoires auxquelles ils ont été condamnés ; cela n'est pas fait pour inciter les agents de l'État à redoubler de vigilance. Il importe que les braconniers de profession fassent toujours la prison à laquelle ils ont été condamnés, qu'ils subissent la contrainte par corps en cas de non paiement de l'amende et que leurs filets soient confisqués.

L'article 25 de la loi du 15 avril 1829, qui prohibe l'empoisonnement à l'aide du chlorure et de la chaux, condamne les contrevenants à une amende de 30 à 300 francs et de un à trois mois de prison ; mais il a été modifié par la loi du 18 novembre 1898, qui a légèrement atténué les peines prononcées contre les « pirates » qui enivrent ou détruisent le poisson à l'aide de drogues. L'article 25 de la loi de 1829 était ainsi conçu : « Quiconque aura jeté dans les eaux des drogues ou appâts qui sont de nature à enivrer le poisson ou à le détruire, sera puni d'une amende de 30 à 300 francs, et d'un emprisonnement d'un mois à trois mois. » La loi du 18 novembre 1898 a modifié ce texte comme il suit : « Quiconque aura jeté dans les eaux des drogues ou appâts qui sont de nature à enivrer le poisson ou à le détruire sera puni d'une amende de 30 à 100 francs et d'un emprisonnement d'un mois à trois mois. Ceux qui se seront servis de la dynamite ou d'autres produits de même nature seront passibles d'une amende de 200 à 500 francs, et d'un emprisonnement de trois mois à un an. » Malheureusement, la dévastation des cours d'eau à l'aide de drogues ou de dynamite est difficile à constater, car il faut surprendre le braconnier au moment précis où il jette à l'eau les substances de nature à enivrer ou à détruire le poisson ; quand celles-ci ont produit leur œuvre, rien n'est plus facile au pirate de revenir, muni d'un engin réglementaire, pour ramasser en toute sécurité les poissons qui flottent à la surface de l'eau. Il est donc nécessaire de combler la lacune de la loi et de punir la pêche du poisson enivré, empoisonné ou tué, en édictant, comme l'a proposé M. Campardon, une amende de 30 à 100 francs et un emprisonnement de dix jours à un mois.

**Les recéleurs.** — Il serait désirable que les tribunaux soient autorisés à prononcer, en sus de la peine corporelle ou pécuniaire, l'affichage du jugement dans les établissements des marchands de comestibles pris en flagrant délit de vente de poisson en temps prohibé. Le colportage et la vente du petit poisson seraient faciles à enrayer en surveillant les hôteliers et en les poursuivant comme recéleurs ; c'est le rôle des polices urbaines, des octrois des villes et des gardes champêtres ; les chefs de gare sont également responsables, d'après l'article 7 de la loi du 31 mai 1865. Il faudrait redoubler de surveillance au moment des fêtes ou du carême, et faire saisir, à l'octroi ou chez les marchands, les Truites empoisonnées, que l'on reconnaît à des caractères très nets : les branchies sont décolorées, les téguments sont d'une pâleur caractéristique, la queue et les nageoires sont noircies, se dessèchent rapidement et deviennent cassantes ; la cornée de l'œil est opalescente ; enfin, après la cuisson, la chair devient molle, très friable.

Rappelons que l'article 7 de la loi du 31 mai 1865 punit d'une amende de 30 à 100 francs, et d'un emprisonnement de dix jours à un mois, la vente, la mise en vente, l'achat, le transport, le colportage, l'exportation et l'importation des poissons enivrés ou empoisonnés, mais seulement en temps prohibé.

**Le certificat d'origine.** — Une surveillance spéciale

devrait être exercée, à la frontière et à l'entrée des villes, sur le *certificat d'origine*. Cette surveillance devrait être particulièrement sévère dans les départements de la Haute-Savoie et des Basses-Pyrénées ; le lac Léman et la Bidassoa, qui forment en même temps la frontière de ces deux départements et celle de la France, permettent aux braconniers de pêche d'y opérer dans des conditions exceptionnellement favorables ; le régime de la pêche en est réglé par une convention internationale et il arrive fréquemment que la pêche d'une espèce de poisson y est autorisée, tandis qu'elle est interdite dans les autres cours d'eau du département ; le colportage et la vente sont par suite autorisés dans le département.

**La protection des frayères naturelles**. — La surveillance des gardes a besoin d'être complétée, à l'époque du frai, par la protection des frayères où les braconniers sont assurés de faire bonne pêche la nuit. La protection contre les filets se réalise facilement, à l'aide de pieux en bois d'aune ou de mélèze et armés de pointes, que l'on enfonce d'au moins 1 mètre et dont l'extrémité supérieure n'atteint pas tout à fait la surface de l'eau ; ou bien, en jetant à l'eau, en travers des frayères, des fagots garnis de crochets, reliés par des ronces métalliques et lestés par des blocs de pierre. Ces procédés empêchent l'usage des filets traînants et de l'épervier. On peut également rendre difficile la manœuvre de ces filets, au moyen de caisses ou de petits barils hérissés de crochets et remplis de pierres, que l'on immerge dans les endroits profonds ; les fagots ou les barils ont sur les pieux l'avantage de pouvoir être retirés aisément par le propriétaire, quand celui-ci veut se livrer à la pêche.


## RESTRICTIONS A L'EXERCICE DE LA PÊCHE

La loi fondamentale de 1829 sur la pêche fluviale déclare en principe que, dans tous les *cours d'eau navigables et flottables*, le droit de pêche est exercé au profit de l'État, qui loue à des particuliers ou à des collectivités ; le seul mode de pêche permis à tout le monde est la ligne tenue à la main et flottante (la ligne de fond n'est pas autorisée en principe).

Dans les *cours d'eau non classés*, qui sont les plus nombreux, le droit de pêche est attribué aux riverains par l'article 2 de la loi ; mais il leur est interdit de placer dans les rivières des obstacles, des barrages ou des filets barrant complètement la rivière.

*a.* **Cours d'eau navigables et flottables**. — Au droit de pêche ainsi déterminé et délimité, la loi de 1829 a apporté des restrictions, dans le but de protéger la reproduction et le développement des poissons.

Époques d'interdiction de la pêche. — Les époques où la pêche est interdite sont, naturellement, celles qui correspondent aux périodes de reproduction des poissons ; il a fallu diviser les poissons en deux catégories, car une importante famille, celle des Salmonides, pond en hiver, et la plupart des autres poissons fraient au printemps. La pêche du Saumon est interdite (décret du 5 septembre 1897) du 30 septembre exclusivement au 10 janvier inclusivement ; celle de la Truite et de l'Omble-Chevalier, du 20 octobre exclusivement au 31 janvier inclusivement ; celle du Lavaret, du 15 novembre au 31 décembre. Pour tous les autres poissons, l'interdiction va du lundi qui suit le 15 avril au dimanche qui suit le 15 juin. Ces interdictions s'appliquent à tous les procédés de pêche et à tous les cours d'eau.

La loi permet aux préfets de modifier les dates d'interdiction de la pêche, soit pour restreindre, soit pour augmenter la durée de ces périodes ; les préfets ont même le pouvoir d'interdire la pêche pendant toute une année, à condition d'avoir l'approbation de la Commission de la pêche fluviale.

Ce système d'interdictions présente le grave défaut de laisser, dans bon nombre de cours d'eau, la pêche ouverte toute l'année : du 20 octobre au 31 janvier, la Truite seule est interdite, et du 15 avril au 15 juin elle est seule permise ; il en résulte que les pêcheurs ont toute facilité pour capturer les poissons interdits ; jamais, du reste, ils ne sont assez consciencieux pour remettre à l'eau un beau poisson capturé involontairement en temps de frai. Il serait préférable et plus logique de diviser, comme l'a proposé M. Rouyer, conservateur des eaux et forêts, les cours d'eau en deux catégories :

ceux où dominent les Salmonides et ceux où ces poissons sont l'exception ; dans les cours d'eau de la première catégorie, on interdirait la pêche d'une façon absolue pendant toute la durée du frai des Salmonides et on empêcherait seulement la capture des autres espèces pendant l'époque où ces dernières pondent ; on ferait l'inverse dans les cours d'eau de la seconde catégorie. De cette façon, la surveillance serait singulièrement facilitée et les espèces qu'il importe de conserver seraient protégées à coup sûr. — La ponte est une question de température ; les poissons n'attendent pas pour frayer les dates fixées par les arrêtés et règlements ; le frai peut commencer dès le début d'avril, comme il peut avoir lieu encore en juillet. La Perche pond dès le 1er avril, tandis que la Tanche, le Goujon et l'Ablette fraient souvent en juillet. Donc trois mois de clôture seraient nécessaires : 1er avril - 1er juillet. Pour le Saumon, l'interdiction de la pêche devrait être prolongée jusqu'au 31 janvier.

Cette interdiction de la pêche a été complétée, il est vrai, par des mesures concernant la vente et le colportage du poisson, édictées par la loi du 31 mai 1865 (voir page 142). Mais, là encore, une fissure se présente, qui permet aux braconniers d'exercer leur coupable industrie en temps de fermeture ; la loi donne, en effet, le droit aux propriétaires d'étangs ou de rivières de vendre leur poisson quand la pêche est interdite. Cette exception favorise le braconnage. Tant que le *certificat d'origine* existera, on ne pourra exercer un contrôle sérieux sur les marchés.

PROTECTION DES ALEVINS. — Le décret sur la pêche fluviale du 5 septembre 1897, article 8, a fixé comme il suit les dimensions au-dessous desquelles les poissons ne peuvent être pêchés, même à la ligne flottante, et doivent être immédiatement rejetés à l'eau :

1° Saumons, 0m 40 de longueur ;

2° Anguilles, 0m 25 ;

3° Truites, Ombles-Chevaliers, Ombres communes, Carpes, Brochets, Barbeaux, Brêmes, Meuniers, Muges, Aloses, Perches, Gardons, Tanches, Lottes, Lamproies et Lavarets, 0m 14 ;

4° Soles, Plies et Flets, 0m 10 ;

3° Écrevisses à pattes rouges : 0ᵐ08 ; à pattes blanches : 0ᵐ06 (1).

Prohibition d'engins. — Un certain nombre d'engins de pêche sont prohibés comme étant de nature à nuire au repeuplement des rivières. Est interdit l'emploi : des lacets ou collets, des filets traînants sauf quelques exceptions (c'est-à-dire coulés à fond au moyen de poids et promenés sous l'action d'une force quelconque), et de la bouteille. Les filets doivent avoir des mailles de 10 millimètres au minimum, les mailles étant mesurées de chaque côté, après leur séjour dans l'eau ; les engins à mailles de 10 millimètres ne sont du reste autorisés que pour la capture des petites espèces seulement. Voici comment la loi a fixé les dimensions des mailles des filets et l'espacement des verges, bires, nasses et autres engins employés à la pêche des poissons :

1° Pour les Saumons, 40 millimètres au moins ;

2° Pour les grandes espèces autres que le Saumon et pour l'Écrevisse, 27 millimètres au moins ;

3° Pour les petites espèces telles que Goujons, Loches, Vérons, Ablettes et autres, 10 millimètres.

Ces mesures prohibitives ne paraissent pas encore suffisantes à quelques-uns. On réclame l'interdiction absolue des filets fixes et des engins de pêche à mailles au-dessous de 27 millimètres, ces derniers parce qu'on les utilise à la capture de tous les poissons, sans distinction de taille ou d'espèce ; la suppression de l'épervier-goujonnier est particulièrement réclamée. Il est exact que l'étiquet est plus souvent employé à la pêche de tous les poissons blancs (Brèmes, Chevaines, Gardons) qu'à celle du Goujon et de l'Ablette ; quant aux verveux et nasses à petites mailles, on les tend certainement dans l'intention de prendre d'autres poissons que les Loches, Chabots, Épinoches, Goujons et Ablettes. C'est aller un peu loin cependant dans la voie des prohibitions ; il y a d'honnêtes pêcheurs au filet comme des pêcheurs à la ligne peu consciencieux, et l'importante industrie de la pêche fluviale ne saurait raisonnablement

(1) La longueur des poissons mentionnés est mesurée de l'œil à a naissance de la queue déployée ; celle de l'Écrevisse, de l'œil à l'extrémité de la queue déployée.

être paralysée par la faute de certains pêcheurs sans scrupules. Mais il serait logique d'interdire toute pêche au filet quand les eaux sont au-dessous de l'étiage ; on pourrait aussi interdire absolument l'emploi du filet dit *araignée*.

En tout cas, pour permettre la vérification des engins dont les pêcheurs font usage sur les cours d'eau qui ne sont ni navigables ni flottables (car l'article 34 de la loi du 15 avril 1829 ne s'applique qu'à la pêche sur les rivières et canaux désignés par les deux premiers paragraphes de l'article premier de la même loi), il conviendrait, comme l'a proposé M. Campardon, de modifier ainsi qu'il suit l'article 34 de la loi du 15 avril 1829 : « Les fermiers de la pêche, les porteurs de licence et tous les pêcheurs en général dans tous les cours d'eau dont la pêche est réglementée par la présente loi, seront tenus d'amener leurs bateaux, de laisser vérifier et examiner tous les engins de pêche, d'ouvrir leurs paniers, loges, hangars, bannetons, huches et autres réservoirs ou boutiques à poisson, à toute réquisition des agents et préposés chargés de la police de la pêche, à l'effet de constater les contraventions qui pourraient être par eux commises aux dispositions de la présente loi. Ceux qui s'opposeront à cette vérification seront punis d'une amende de 50 francs. »

La loi qui a fixé à 10 millimètres les dimensions des mailles des filets, n'a pas envisagé les dimensions à donner aux mailles des nasses en grillage métallique ; il est évident que les mailles rigides du grillage en fer doivent avoir un écartement plus grand que les mailles souples en ficelle ; M. Rouyer a proposé de n'employer que le grillage à triple torsion et à écartement de 34 millimètres.

Il y aurait lieu de délimiter les droits des propriétaires en ce qui concerne les noues, boires, fossés et excavations de tous genres, qui se rencontrent sur les bords des cours d'eau.

Enfin, une sage réglementation de la pêche à la ligne flottante servirait à empêcher certains pêcheurs de capturer une quantité exagérée de poissons en une seule journée.

*b*. **Cours d'eau non navigables ni flottables.** — Nous avons vu que la pêche des petits cours d'eau appartient aux riverains. Il est nécessaire, tout en laissant aux riverains leur droit de jouissance, de le réglementer et de le limiter, afin de protéger les plus minimes cours d'eau contre une pêche abusive. D'ailleurs, l'interdiction de la pêche en temps prohibé et la défense de certains modes de pêche et de certains engins est applicable à ces cours d'eau comme aux autres. (Pour l'étude des *Réserves*, voir page 171.)

# INTERDICTION DES DÉVERSEMENTS NOCIFS

**Réglementation des déversements industriels**. — Les déversements de produits nocifs dans les cours d'eau sont formellement interdits par la loi du 15 avril 1829 ; l'article 25 de cette loi punit d'une amende de 30 à 300 francs et d'un emprisonnement de 1 à 3 mois « quiconque aura jeté dans les eaux des drogues ou appâts qui sont de nature à enivrer le poisson ou à le détruire ». L'interprétation donnée à cet article présente un intérêt considérable pour les usiniers ; il est évident que le législateur de 1829 ne visait, dans l'article 25, que les empoisonnements au chlorure et à la chaux, déjà pratiqués à cette époque par les braconniers ; cependant le texte ci-dessus a permis de poursuivre les industriels ayant contaminé les cours d'eau par l'écoulement de liquides résiduaires. Au début, la jurisprudence hésitait à appliquer l'article 25 aux déversements industriels ; la Cour d'appel de Douai avait décidé que cet article n'avait pour objet que de réprimer un mode de pêche prohibé ; depuis, à la suite de procès retentissants, l'opinion contraire a prévalu définitivement : la Cour de cassation a jugé que « la loi du 15 avril 1829 n'a pas eu pour but unique de réglementer la police de la pêche dans les fleuves ou rivières navigables et flottables, ruisseaux et cours d'eau quelconques, mais qu'elle a voulu aussi et principalement remédier au dépeuplement des rivières, et assurer ainsi la conservation et la régénération du poisson au point de vue de l'alimentation publique ».

Pour qu'un usinier soit l'objet de poursuites, il n'est donc pas nécessaire qu'il y ait eu intention malveillante de sa part, et, par suite, il ne semble même pas qu'il ait dû connaître les effets toxiques des produits déversés (1). Il suffit qu'il y ait eu déversement de matières qui, mélangées à l'eau de la rivière, rendent celle-ci impropre à la vie du poisson. Toutefois, il est nécessaire que l'accusation prouve que les produits déversés dans les cours d'eau ont occasionné la destruction du poisson.

ÉPURATION DES EAUX RÉSIDUAIRES. — Il est bien difficile, sinon impossible dans la plupart des cas, de prouver la nocuité de matières qui ont été mélangées à une grande quantité d'eau ; il importe donc qu'on exige d'un industriel qui demande l'autorisation de s'installer, un échantillon de résidus analogues à ceux qui sortiront de son usine, afin qu'on puisse lui imposer, suivant la nocivité de ses produits, soit une épuration préalable, soit un épandage dans une prairie, soit une dilution convenable des eaux résiduaires avant leur déversement dans la rivière.

L'*épuration par le sol* au moyen d'irrigations méthodiques donne d'excellents résultats ; elle a l'avantage de permettre l'utilisation, comme éléments fertilisants du sol, des résidus organiques contenus dans les eaux industrielles. La filtration sur des lits de coke et de sable est également recommandable.

Le *procédé biologique de dépuration* est appelé à rendre de grands services, notamment dans l'épuration des eaux de sucrerie. On l'a installé avec succès dans diverses sucreries de la Haute-Somme ; M. Demorlaine le décrit ainsi : des lits formés de scories ou de mâchefer d'inégale grosseur, dits « lits bactériens », déposés dans des cases bétonnées, légèrement inclinées et munies d'un système de drainage à la partie inférieure pour l'écoulement des eaux, reçoivent les eaux résiduaires de presses et de diffusion mélangées, qui les traversent en couche mince et sur lesquelles agissent les microbes en nombre infini pour fixer les matières organiques fermentescibles. L'usine doit posséder plusieurs jeux de ces lits bactériens, disposés en gradins, en nombre variable suivant l'importance du cube d'eau à traiter. Pendant qu'un jeu de bassins travaille, un autre se repose ; mais les microbes restés sur les scories du

(1) Lyon, 17 août 1863, *Rev. Eaux et Forêts*, t. II, n° 262.

bassin qui s'aère, empruntent de l'oxygène à l'air, brûlent les matières organiques qu'ils ont fixées et les réduisent à l'état d'éléments minéraux inoffensifs.

L'*épandage des vinasses* a des avantages agricoles et économiques. Ces épandages empêchent la pollution des cours d'eau par les eaux résiduaires. Les vinasses résiduaires de distillerie de betteraves représentent un engrais d'une grande richesse, dont la valeur totale pour la France peut être évaluée à environ 5 millions de francs. Il y aurait intérêt à ce que ce précieux engrais fût employé d'une façon complète, partout où l'on dispose auprès des usines d'une quantité suffisante de terrains propres à l'irrigation.

Ce sont les préfets qui, d'après l'article 19 du décret du 10 avril 1875, réglementent « l'évacuation dans les cours d'eau des matières et résidus susceptibles de nuire aux poissons et provenant des fabriques et établissements industriels quelconques ». Les arrêtés préfectoraux, individuels ou généraux, déterminent les mesures à observer pour le déversement des produits toxiques, pour le refroidissement des eaux nuisibles seulement par leur température, pour empêcher la décomposition ou la fermentation ultérieure de liquides résiduaires, etc. Bien qu'ils soient rendus sur les avis des conseils de salubrité et des ingénieurs ou des fonctionnaires des Eaux et Forêts, ils sont souvent trop restrictifs ; du reste, les mesures indiquées dans ces arrêtés, pour rendre les déversements inoffensifs, sont purement indicatives et elles ne dispensent pas l'usinier de toute responsabilité : celui-ci est déclaré coupable quand il continue à déverser des substances dans une rivière après avoir constaté qu'elles empoisonnaient le poisson, même si l'écoulement de ces substances avait été permis par arrêté du préfet. Malheureusement, les tribunaux manquent de règles précises pour établir le fait de la pollution et pour pouvoir appliquer la loi ; il conviendrait, selon le vœu émis par le Congrès national d'Aquiculture de 1904, que la réglementation des substances de nature à enivrer le poisson ou à le détruire soit précisée, de façon à pouvoir dresser une liste de celles dont l'action nuisible est bien établie, en faisant connaître pour chacune le degré de dilution à partir duquel elle présente des inconvénients pour les animaux aquatiques.

Les sociétés de pêcheurs à la ligne demandent avec insistance, depuis longtemps, que la loi soit rigoureusement appliquée. Elles se plaignent de l'indulgence des tribunaux à l'égard des industriels coupables ; elles demandent des amendes très rigoureuses pour ceux qui jettent sciemment à l'eau des résidus nuisibles aux poissons, ainsi que de forts dommages-intérêts vis-à-vis des sociétés et des particuliers ; elles voudraient aussi que, dans certains cas, on puisse repeupler les lots ruinés par les usiniers en exigeant des déversements d'alevins appropriés.

Cette question des empoisonnements industriels est fort délicate à résoudre. La répression des pratiques délictueuses n'est pas chose facile ; elle exigerait une très active surveillance, car généralement les usiniers opèrent leurs déversements la nuit ; presque toujours il est impossible de prouver matériellement leur culpabilité : on ne peut guère établir, d'une façon indiscutable, une relation entre la mort des poissons et la présence dans l'eau des produits déversés. Et ne faut-il pas se placer aussi à un point de vue plus général, celui de la production nationale, en tenant compte de l'importance capitale de l'industrie, comparée à celle de la pêche ? Il est évident que les intérêts de l'une priment ceux de l'autre et que l'on ne saurait restreindre le développement des usines au profit de la pêche. Mais, il convient de remarquer que l'industrie est la première intéressée au maintien de la pureté de l'eau des rivières, et l'on doit poser en principe que chaque usine est tenue de rendre l'eau telle qu'elle l'a prise, afin d'empêcher que les usines situées en amont ne mettent celles situées en aval dans l'obligation de travailler avec des eaux polluées. L'industrie, l'aquiculture et l'hygiène publique doivent donc s'unir pour trancher les difficultés qui s'opposent à la salubrité de nos cours d'eau.

**Interdiction du rouissage en eaux courantes.** — Le rouissage du lin et du chanvre n'ayant pas été visé par la loi du 15 avril 1829, on ne peut songer à l'interdire. Mais les décrets de 1875 à 1877 ont donné aux préfets le droit de réglementer cette opération, d'en déterminer la durée et d'indiquer les emplacements où elle doit être effectuée. Puis, le décret du 5 septembre 1897 a fait rentrer le rouissage dans les actes de contamination des eaux qui tombent sous le coup de l'article 25 de la loi de 1829, donnant ainsi une sanction aux arrêtés préfectoraux et assimilant aux déversements de matières nuisibles le rejet en rivière des produits du rouissage opéré en bassin fermé.

Il serait beaucoup plus simple et plus efficace d'interdire complètement le rouissage dans les cours d'eau et dans les étangs en communication avec des cours d'eau ou des canaux. Le rouissage en rivière ne présente en effet aucun avantage sur le rouissage en routoir ; il a, au contraire, l'inconvénient de ralentir la fermentation, qui se fait moins bien en eau courante qu'en eau calme, et d'entraîner la perte des résidus, des boues, qui proviennent de l'opération et qui constituent d'excellents engrais pour les terres consacrées à la culture très épuisante du chanvre. Il importe donc de multiplier les routoirs au voisinage des cours d'eau où se pratique le rouissage, en ayant soin de les isoler de ceux-ci.

**Épuration des eaux d'égout.** — L'épandage des eaux d'égout convient beaucoup mieux aux villes à faible population disposant de vastes terrains incultes qu'aux grandes agglomérations ; nous avons signalé l'insuffisance de cette méthode à Paris, et les inconvénients qui en résultent. Il est nécessaire d'avoir recours à d'autres procédés d'épuration, soit chimiques, soit biologiques. Les procédés biologiques, dont le D\u1d63 Calmette, directeur de l'Institut Pasteur de Lille, s'est fait le propagateur, présentent le précieux avantage de n'exiger qu'une faible surface ; ils sont employés avec succès dans plusieurs grandes villes d'Angleterre : le procédé de dépuration biologique en fosse septique, que nous avons décrit précédemment, donne de bons résultats dans le nord de la France, où on l'applique depuis quelques années aux liquides résiduaires organiques. Il est à désirer que ce procédé, combiné avec l'épuration chimique ou avec le procédé des bassins filtrants, soit utilisé concurremment avec l'épandage et contribue à débarrasser nos rivières des impuretés qui les polluent.

La loi sur l'hygiène publique. — Une loi récente, celle du 15 février 1902 sur l'hygiène publique, a imposé aux communes des prescriptions formelles concernant « l'évacuation des eaux usées ». Excellente en ce qui concerne la stagnation des eaux usées et la pollution des nappes d'eau souterraines, elle laisse de côté ce qui est relatif à la protection des cours d'eau. Comme les déversements des détritus d'origine non industrielle ne tombent pas directement sous le coup de la loi de 1829, il en résulte que les arrêtés préfectoraux seuls peuvent les viser et que leurs auteurs sont seulement justiciables du tribunal de simple police, alors que les industriels poursuivis pour infraction à la loi sur la pêche sont envoyés devant le tribunal correctionnel. Il y a là une inégalité de traitement à supprimer; il est contraire à toute justice de poursuivre les usiniers, quand on laisse les villes empoisonner impunément les cours d'eau avec leurs eaux ménagères; cette dernière cause de destruction des poissons empêche même souvent de déterminer le préjudice causé par un industriel et permet à celui-ci d'échapper à une condamnation.

## ATTÉNUATION DES INCONVÉNIENTS DE LA NAVIGATION ET DES USINES

Il semble qu'il soit bien difficile de remédier au tort que cause la navigation à vapeur, par elle-même ou par les travaux de régularisation et d'endiguement des cours d'eau qu'elle nécessite. On pourrait cependant arriver à concilier, dans une certaine mesure, ses intérêts avec ceux de la pêche, en ménageant aux poissons des retraites qui leur offriraient les meilleures conditions pour frayer : abris et plantes, tranquillité et nourriture. Il suffirait de remettre les rivières en communication avec leurs anciens bras, quand ceux-ci persistent encore; dans le cas contraire, on réserverait sur les bords un certain nombre de baies, de petites anses ou de canalisations demi-circulaires communiquant aux deux bouts avec la rivière; des baies de un are de superficie et de 0m 50 de profondeur, placées de deux en deux kilomètres, approvi-

sionneraient de carpes et de tanches une rivière de 30 mètres
de largeur (D⟨r⟩ Lamy). Ces *refuges* sont tout à fait pratiques;
ils ont déjà donné d'excellents résultats. On pourrait
aussi, le long des canaux, créer de petits bassins, des sortes
de viviers-réservoirs, où les adjudicataires de la pêche
mettraient des reproducteurs; l'alevinage serait, de la sorte,
parfaitement protégé. Enfin, il faudrait réglementer la vitesse
des bateaux automobiles et leur interdire absolument le
passage dans les bras morts ou petits bras.

**Remèdes au chômage.** — Il y a divers moyens d'atténuer
les désastreux effets du chômage des canaux de navigation.
D'abord, choisir, pour l'effectuer, une autre époque que celle
comprise entre le milieu de juin et le milieu de juillet; en
le commençant au 15 juillet ou au 1⟨er⟩ août, par exemple,
on éviterait la destruction du frai et on n'interdirait pas
la pêche au lendemain de son ouverture. La coupe des
herbes des bords, dès le premier chômage, permettrait aussi
de sauvegarder une partie des œufs; ces herbes seraient jetées
au fil de l'eau, et les œufs qu'elles supportent mis ainsi à
l'abri du desséchement qu'entraîne la baisse des eaux. L'une
ou l'autre de ces mesures parerait à l'anéantissement des
œufs, mais les alevins et les adultes n'en seraient pas
moins exposés à périr lors de la mise à sec; on protégerait
ceux-ci en creusant dans chaque bief, à quelques mètres en
aval de l'écluse, un *déversoir* où les poissons se rassembleraient
au moment de la baisse des eaux; ils ont en effet l'habitude à
ce moment de toujours remonter le courant; en prenant la
précaution de laisser couler un mince filet d'eau de l'écluse
supérieure, ils viendraient tous se rassembler dans ce déversoir; il serait facile de les y pêcher et de les transporter dans
une rivière, un étang, ou mieux un *bassin de dépôt*, comme le
bassin d'alevinage que nous avons recommandé au paragraphe
précédent.

**Faucardement rationnel.** — Les curages et les faucardements, dont la nécessité est incontestable, sont le plus souvent
effectués mal à propos. Ils devraient, avant tout, être subor-
donnés à l'époque du frai; les ministères de l'Agriculture et des
Travaux publics, représentés par la Direction des Eaux et Forêts

et l'Administration des Ponts et Chaussées, pourraient se concerter afin de les fixer à des dates opportunes ; en dehors des époques ainsi fixées chaque année, il faudrait demander une autorisation pour pratiquer des faucardements supplémentaires. — Jamais le faucardement ne doit être opéré sur toute l'étendue d'une rivière. Il suffit de faucarder les deux tiers seulement de la surface enherbée, sauf sur les points situés en-dessous des usines où le jeu des turbines nécessite un fauchage complet. De plus, il faut avoir soin de prescrire aux ouvriers de ne pas faucher indistinctement, de ménager les frayères ou, tout au moins, de conserver des îlots de plantes, des touffes d'herbes disposées près des rives, et où les Cyprinides pourront fixer leurs œufs. Pour les espèces qui recherchent au contraire les cailloux du lit des cours d'eau, on favorisera leur ponte en répandant, après le curage, du gravier en différents endroits.

Le faucardement s'effectue avec la faux à main ; ce procédé laisse à désirer, il devrait être remplacé par la *chaîne à faux* ou *chaîne-scie*, qui permet de procéder rapidement. « Ce sont, disent MM. Duval et Wurtz, des faux articulées et placées bout à bout, dont le plat est maintenu sur le fond de la rivière par des poids appropriés, et que l'on manie du bord, à l'aide de deux cordes que l'on hâle, par un mouvement de scie, de l'une à l'autre rive, à travers la rivière et en remontant. Bien aiguisé et à condition de ne pas aller trop vite, cet instrument fait merveille. Nous avons nous-mêmes fauché la rivière de Bresle, sur une largeur de 18 mètres environ et sur une longueur de 300 mètres, en un peu moins de deux heures ; il y avait deux équipes, de trois hommes chacune, sur chaque rive. C'était au mois de mai ; la rivière était complètement obstruée d'herbes et il eût fallu huit jours au faucardeur attitré pour faire cette besogne. En allongeant la corde d'un côté ou en la raccourcissant, on arrive, soit à couper les herbes au ras de la berge, soit au contraire à ménager une bordure d'herbes de la largeur qu'on juge convenable. »

**Manœuvres d'eau moins fréquentes.** — L'administration des Ponts et Chaussées fait subir d'incessantes modifications au « plan d'eau » dans les rivières navigables, par le jeu des écluses des barrages ; elle ne se préoccupe nullement des frayères, et ouvre souvent les écluses au moment du frai, provoquant ainsi un abaissement du niveau de l'eau, qui peut atteindre 40 centimètres : les herbes sont mises à sec et les œufs dont elles sont chargées infailliblement détruits. Les ingénieurs de cette administration pourraient se soucier un peu des poissons et n'abaisser le plan d'eau que lorsque le besoin s'en fait réellement sentir.

**Surveillance des canaux d'usines.** — Les pêches illicites faites dans les canaux d'amenée ou de retenue dépendant des usines, sont visées et punies par l'article 17 du décret du 5 septembre 1897 ; mais elles sont très difficiles à réprimer, car les manœuvres d'eau ayant pour but d'abaisser le niveau d'un bief pour y opérer des curages ou des travaux quelconques ne sont pas explicitement prohibées par les règlements sur la pêche. Pour faciliter la surveillance, il serait nécessaire d'interdire de vider aucun bief, canal d'amenée ou bassin de retenue alimenté par un cours d'eau du domaine public, sans en avoir fait la déclaration à la mairie quarante-huit heures au moins et huit jours au plus à l'avance. Toutefois, cela n'empêcherait pas les canaux industriels de servir comme pièges à poissons, et ne mettrait pas les poissons engagés dans les canaux d'amenée à l'abri des turbines qui les hachent ou des aubes des roues qui les assomment ; il y a là une cause de destruction non négligeable : on a cité, à Dôle, une usine où cette destruction était assez importante pour donner lieu à un affermage régulier du droit de recueillir les fragments de poissons. Au surplus, dans les canaux de fuite, absolument pollués par des résidus nocifs, les poissons courent le danger de périr asphyxiés. Aussi serait-il bon d'imposer aux usiniers l'obligation d'établir à l'entrée de chaque canal de prise des grillages protecteurs, d'un modèle donné, dont l'entretien serait à la charge des industriels ; ces grilles ne sauraient être une gêne ; souvent les usines sont obligées d'y recourir pour débarrasser les eaux des débris de bois ou des cailloux roulés apportés par le courant. Il est vrai qu'alors les poissons s'amoncellent aux environs des grillages, ce qui facilite le braconnage; la surveillance ne devrait en être que plus active aux approches des usines.

**Barrages et Échelles à poissons.** — La question des barrages est devenue aujourd'hui de première importance. Depuis qu'on sait tirer parti de la force motrice que les chutes d'eau mettent à la portée de tous, les usines électriques ont pris un développement inouï et les barrages se sont multipliés dans toutes les parties des cours d'eau qui ne sont pas protégés par une déclaration de navigabilité; certains barrages atteignent une hauteur de 5, 6, 8 mètres, et sont insurmontables pour toutes les espèces de poissons; il est devenu plus nécessaire que jamais d'assurer la libre circulation des poissons et notamment celle des Saumons.

Le Saumon est capable de franchir un obstacle très élevé : il peut s'élancer, quand il a atteint son complet développement, jusqu'à 4 et 5 mètres de hauteur; cependant il est souvent arrêté par un barrage ne dépassant pas $1^m 20$, faute par celui-ci de présenter certaines conditions; pour la facilité du saut, l'élévation importe beaucoup moins que la manière dont l'eau se déverse par-dessus le barrage et que la profondeur d'eau au pied de la chute. Si l'épaisseur de liquide au-dessus du fond est en rapport avec la hauteur de chute et si le volume d'eau qui coule sur le barrage est assez grand, un obstacle, même très élevé, est franchissable par les Saumons; ainsi, — d'après le témoignage de M. Atkins, directeur du grand établissement de pisciculture de Bucksport (États-Unis), — ils parviennent assez souvent à franchir la cataracte de Carralunck (sur le Kennebec), qui a plus de 5 mètres de hauteur; la profondeur, au pied de ce barrage, est considérable; elle permet aux poissons de prendre un élan formidable pour s'élancer dans l'air; s'aidant ensuite de vigoureux coups de queue, ils atteignent, en nageant dans la chute même, le sommet de la cataracte. Mais, si la tranche d'eau qui couvre le fond n'est pas assez épaisse pour la hauteur du barrage, et si la nappe de déversement est trop mince ou trop verticale, le Saumon s'épuise en vains efforts; il ne se résout du reste à sauter hors de l'eau que lorsqu'il lui est impossible de franchir autrement le barrage. C'est pourquoi, en général, il est nécessaire de construire une *échelle* lorsque la hauteur de chute dépasse 1ᵐ 50 ; pour les hauteurs inférieures, un vannage établi à travers le barrage est suffisant.

L'efficacité des échelles à poissons est parfaitement établie. D'abord essayées en Écosse sur des rivières barrées par des usines et des scieries, elles permirent au Saumon, qui en avait disparu, de revenir en abondance. Des exemples très significatifs de l'utilité des échelles se rencontrent en Irlande : dans la baie de Ballisodare, près de Sligo, se jettent deux rivières, l'Arrow et l'Oweamore, qui s'y réunissent en formant une chute verticale de 9 mètres de hauteur ; cet obstacle ne pouvait être franchi par les Saumons qu'au moment des plus hautes marées ; mais deux autres chutes se rencontraient plus loin, l'une de 4ᵐ 50, l'autre de 5ᵐ 50, et elles empêchaient les Saumons de pénétrer dans les parties élevées de ces deux rivières, où ils auraient effectué leur ponte. Trois échelles furent établies et les Saumons purent franchir les trois cascades ; il en résulta un accroissement considérable du produit de la pêche : alors qu'en 1854 on prit, dans les deux rivières, 300 Saumons d'une valeur de 1050 francs, en 1862 la pêche fut de 4382 Saumons représentant une valeur de 18 824 francs ; en huit ans, le rendement était devenu dix-neuf fois plus fort, grâce aux échelles ; aujourd'hui on pêche plus de 10 000 Saumons par an. La pêcherie de Galway, en Irlande, peut être également citée comme exemple de l'utilité des échelles ; grâce à celles-ci, les Saumons ont pu accéder aux lacs Corrib et Mask, dont la surface est considérable et qui constituent d'excellentes frayères ; en 1853, on capturait 1663 Saumons dans la rivière Corrib ; actuellement, ce nombre dépasse 40 000. — En Angleterre, en Norvège, au Canada, on accrut de même le produit des cours d'eau. En Norvège, la rivière Sire, dont le cours mesure 135 kilomètres, n'était accessible au Saumon que sur quelques centaines de mètres seulement, à cause des cataractes de Logfos et de Rukanfos, qui ont respectivement 8ᵐ 50 et 27 mètres de hauteur ; depuis que des échelles y ont été établies, 75 kilomètres de cette rivière sont ouverts à la circulation du Saumon, qui y vient en grande abondance.

Il semble donc que, sur tous nos cours d'eau, les barrages infranchissables aux poissons devraient être actuellement pourvus d'échelles. Malheureusement il n'en est rien ; par suite de la non application des règlements, ces appareils sont encore en nombre dérisoire. Une enquête faite à la fin de l'année 1895 a montré qu'il existait en France 157 échelles à poissons ; sur ce nombre, 16 seulement fonctionnaient parfaitement et favorisaient le passage du Saumon ; 96 étaient dans de mauvaises conditions. Or, il y a en France environ 70000 petits barrages, grandes chaussées et obstacles analogues. — La loi du 31 mai 1865 donne bien le droit à l'administration d'établir des échelles sur les barrages des particuliers ; toutefois elle ne rend pas obligatoire, comme aux États-Unis et en Allemagne, l'établissement d'échelles à Saumons dans tous les barrages. L'article 1er de cette loi autorise simplement le Gouvernement à déterminer, — par des décrets rendus en Conseil d'État après avis des Conseils généraux, — « les parties des fleuves, rivières, canaux et cours d'eau, dans les barrages desquels il *pourra* être établi, *après enquête*, un passage appelé échelle, destiné à assurer la libre circulation du poisson ». L'article 3 stipule que l'établissement d'échelles *dans les barrages existants* peut donner lieu à des indemnités. Notre législation laisse donc à désirer et on doit attribuer en partie à son manque de précision la non application de la loi pendant trente-cinq ans ; durant cette longue période, aucun décret ne fut rendu, conformément à la loi du 31 mai 1865, pour déterminer les parties des cours d'eau où des échelles à poissons devaient être établies. Aussi les industriels, après avoir commis un abus manifeste en modifiant la nature des cours d'eau à leur avantage et au détriment de la pêche, considèrent-ils à présent comme un droit acquis ce qu'ils ne doivent qu'à une négligence législative et administrative.

En 1900, le Congrès international d'Aquiculture et de Pêche émit le vœu suivant : « les Gouvernements ayant adhéré au Congrès seront priés de provoquer l'étude du meilleur système de passage pour les poissons et à en imposer l'emploi sur tous les barrages industriels ou agricoles dont la hauteur dépasse 80 centimètres ; ils sont, en outre, invités à ne pas tolérer à l'avenir des barrages étanches à profil vertical en aval, et à exiger que les ouvrages de retenue des eaux soient établis, soit en dos d'âne, soit à une inclinaison de 30 degrés.»

En 1901, la question fut reprise sur l'initiative de M. Jean Dupuy, ministre de l'Agriculture, à l'effet de rechercher les mesures techniques et administratives à prendre pour appliquer le régime des échelles sur tout notre territoire. On soumit à l'enquête prescrite par la loi de 1865, les importants bassins de la Seine et de la Loire; les Conseils généraux des départements intéressés furent appelés à donner leur avis, le Conseil d'État fut entendu et deux décrets contresignés par les ministres de l'Agriculture et des Travaux publics, l'un du 3 août 1904, l'autre du 1er avril 1905, classèrent « dans la catégorie soumise au régime des échelles à poissons » le fleuve et différents affluents des bassins de la Seine et de la Loire. L'administration est maintenant suffisamment armée pour prescrire aux usiniers, par des arrêtés de réglementation, l'établissement d'échelles à poissons ou de procédés équivalents, partout où il convient d'assurer la libre circulation des espèces migratrices dans ces deux bassins fluviaux.

Cette législation est sage; il ne serait pas juste de prescrire l'établissement d'échelles dans *tous* les barrages, comme on l'a demandé. Tout d'abord, on peut mettre hors de cause les barrages au-dessous de 1 mètre à 1m 50, qui sont, en général, facilement franchis par les Saumons. Il importe aussi de laisser de côté les rivières que les Saumons ne fréquentent pas, à cause de la nature de leurs eaux. Il est, de même, absolument inutile de songer à installer une échelle quand le débit de la rivière n'atteint pas *au moins* 400 litres par seconde; faute d'un tel débit, l'échelle, insuffisamment alimentée en eau, fonctionne mal ou pas du tout, et, comme elle laisse échapper constamment une certaine quantité d'eau, la rivière se maintient difficilement à son niveau légal; le propriétaire du barrage hésite donc à lever les vannes de décharge et le poisson a de la sorte moins de chances encore de passer que s'il n'y avait pas d'échelle; d'ordinaire, en effet, la levée des vannes a lieu assez fréquemment pour des motifs divers et le poisson, qui séjourne toujours quelque temps au pied du barrage, réussit alors à franchir l'obstacle. Aussi, quand l'insuffisance du débit empêche l'installation d'une échelle, n'y a-t-il qu'à prescrire l'ouverture, pendant trente heures par semaine, des vannes d'évacuation des barrages; en Angleterre, existe une réglementation d'eau dominicale, qui assure, au moins une fois par semaine, le libre passage des poissons entre les biefs d'aval et les biefs d'amont des barrages situés sur les principaux cours d'eau. Il ne faut pas oublier d'ailleurs que, dans certaines parties des rivières torrentueuses, les barrages jouent un rôle utile en empêchant leur assèchement et en assurant un régime plus régulier. — L'établissement des échelles doit donc être surtout exigé pour les barrages infranchissables en toute saison dans les cours d'eau d'un fort débit et dans lesquels le frai du Saumon a le plus de chance de réussir. En agissant autrement, on ne rendrait aucun service à la pisciculture et on occasionnerait un préjudice sérieux à l'industrie ou à l'agriculture, car le grand volume d'eau exigé pour le bon fonctionnement d'une échelle diminue très sensiblement soit la puissance d'une chute, soit la quantité d'eau disponible pour l'irrigation (1). Une circulaire du ministre des Travaux publics a d'ailleurs déclaré qu' « avant de déterminer les barrages dans lesquels des échelles devront être établies, les ingénieurs tiendront compte des moyens dont l'Administration pourrait user pour assurer le passage des poissons par une simple réglementation de la manœuvre des parties mobiles ou des déversoirs et vannes de décharge ».

L'établissement d'une échelle rend plus facile aux braconniers

(1) « Que représente un débit de 500 litres d'eau par seconde comme richesse utilisable d'une rivière? Pour les irrigations, cela représente 500 hectares susceptibles d'être convenablement arrosés; pour l'industrie, si la chute est seulement de deux mètres, cela représente une puissance constamment utilisable de plus de 10 chevaux-vapeur, c'est-à-dire une force suffisante pour la mise en marche d'un moulin, d'une papeterie ou de toute autre usine. Ces nombres d'hectares non susceptibles d'être arrosés, ou de chevaux-vapeur perdus par l'usine par suite de la construction d'une seule échelle, donnent une idée du trouble profond qui serait apporté à l'industrie et à l'agriculture si tous les barrages devaient être munis d'échelles. » (L. Philippe.)

la capture des poissons : il suffit de simples nasses placées au bas et au sommet de l'appareil pour en prendre une très grande quantité. MM. Caméré et Raveret-Wattel ont constaté, en 1893, sur la Seine, qu'en plaçant simplement une épuisette à l'orifice amont d'une échelle, on a pu prendre 4 000 poissons, d'ailleurs sans valeur, en l'espace de quelques minutes. Les échelles exigent donc une surveillance active de la part des agents de l'Administration.

Ces réserves faites, on doit reconnaître que les échelles concilient les exigences de la navigation, de l'industrie et de l'agriculture, avec celles de la reproduction des poissons migrateurs. Or, il y a le plus grand intérêt à favoriser celle-ci ; les espèces voyageuses, par leur quantité et leur qualité, constituent la principale richesse des grands cours d'eau ; certaines d'entre elles, comme le Saumon et l'Alose, sont particulièrement précieuses : elles offrent tout bénéfice aux riverains, car elles vont s'engraisser à la mer et ne mangent plus ou presque plus dès qu'elles reviennent en eau douce ; elles ne nuisent pas à l'alimentation des espèces sédentaires et ne portent aucun préjudice au peuplement de nos rivières. Millet a pu dire, avec raison, qu'elles font des cours d'eau les chemins d'exploitation de la mer.

**Canaux d'irrigation.** — Les canaux d'irrigation devraient être soumis à un règlement spécial et être l'objet d'une surveillance particulière. On éviterait la mort des alevins qui s'y réfugient, en ménageant de distance en distance, dans les canaux d'une certaine importance, des points bas pouvant servir de refuge pendant la mise à sec.

**Nécessité du reboisement.** — Le reboisement de nos montagnes s'impose, tant au point de vue économique que social. C'est une œuvre considérable, mais parfaitement réalisable, qu'il importe de poursuivre activement avec le concours de l'État. Une législation protectrice est avant tout nécessaire.

**Destruction des animaux nuisibles.** — La destruction des animaux nuisibles (Mammifères, Oiseaux, Reptiles, Batraciens), est traitée dans un chapitre spécial. Un système de primes encouragerait la destruction des animaux ichtyophages. Il conviendrait aussi de donner aux adjudicataires toutes facilités pour détruire ces animaux sur leurs lots.

· Le Brochet devrait être exclu des rivières en voie de dépeuplement, et limité en nombre dans les autres cours d'eau; on pourrait autoriser sa pêche sans restriction de taille et pratiquer, tous les ans, à la fin d'août, une pêche générale au filet traînant. Dans un cours d'eau bien peuplé, il ne devrait pas y avoir plus de 2 p. 100 de Brochets, par rapport aux autres poissons. Dans les *réserves*, il faudrait supprimer complètement Brochets, Perches, Lottes et Anguilles. Contre la multiplication excessive de ces espèces voraces, on a proposé des pêches exceptionnelles (dans les conditions prévues par l'article 48 de la loi de 1829), faites sur l'initiative de l'administration, ainsi que l'autorisation de pêcher au vif, même en temps de frai.

La circulation dans les cours d'eau des oies, canards, cygnes et autres oiseaux aquatiques élevés en domesticité devrait être interdite pendant l'époque du frai, depuis le 15 avril jusqu'au 15 juin : il suffirait aux maires de prendre des arrêtés en conséquence.

## LE REPEUPLEMENT DES COURS D'EAU
## PAR LA PISCICULTURE NATURELLE

Le repeuplement de nos cours d'eau se réaliserait sans aucune intervention s'il était possible de supprimer rigoureusement toutes les causes de dépeuplement. Nous avons indiqué les mesures à prendre à cet effet; mais leur application rencontre, en pratique, d'assez grandes difficultés et l'on ne parviendra, en procédant ainsi, qu'à atténuer en partie l'appauvrissement actuel de nos eaux. Il est nécessaire de compléter cette œuvre première et indispensable en favorisant d'une manière plus directe le peuplement des eaux fluviales. Ce repeuplement proprement dit peut s'effectuer, soit en protégeant simplement la reproduction naturelle des poissons, soit en ayant recours aux méthodes de la pisciculture artificielle.

En restant dans le domaine de la Pisciculture naturelle, on peut favoriser la reproduction des poissons :

1° En protégeant les frayères naturelles existantes ;
2° En créant des frayères ;
3° En établissant des réserves.

## Frayéres Naturelles.

Les poissons ne déposent pas leur frai indifféremment ; ils recherchent les endroits des rivières, des lacs ou des étangs où se trouvent réunies les conditions les meilleures pour l'éclosion de leurs œufs ; ces endroits, appelés *frayères*, sont situés diversement selon les espèces.

Les *Cyprinides et tous les poissons à œufs adhérents* fraient sur les plantes qui garnissent le bord des eaux. Il est donc tout indiqué de conserver une partie des végétaux aquatiques qui garnissent les berges ou les îlots des cours d'eau (1). Quand est venu le moment du frai, il y a intérêt à surveiller les poissons afin de reconnaître l'emplacement de leurs frayères ; tout le temps que dure la ponte, la surveillance des frayères s'impose absolument, car les braconniers connaissent parfaitement ces endroits et n'hésitent pas à jeter leurs filets sur la masse compacte des poissons blancs, réunis le long des rives pour déposer leurs œufs sur les herbes. Pendant une semaine environ, les gardes ne doivent pas perdre de vue un instant les frayères, la nuit comme le jour ; c'est par cette surveillance active que les sociétés de pêche manifestent surtout leur utilité. — Les ronces artificielles viennent en aide au service de surveillance (voir page 143).

Les *Salmonides et les poissons à œufs libres* déposent leurs œufs sur le fond des ruisseaux à courant rapide et à eaux peu profondes. Si le courant de ces ruisseaux est par trop vif, il y a lieu de le rompre à l'aide de traverses en bois ; puis, la ponte effectuée, il est prudent de mettre le frai à l'abri des attaques des oiseaux en le recouvrant avec des planches ou de vieux filets. Il est nécessaire, bien entendu, de surveiller rigoureusement les frayères depuis la ponte jusqu'à l'éclosion des œufs.

(1) Voy. *Faucardement*, p. 155.

Les *poissons voyageurs* autres que le Saumon demandent également une protection spéciale à l'époque du frai. L'Alose fraie au milieu des rivières, pendant la nuit ; il faudrait n'autoriser la pêche de ce poisson que sur un quart au plus de la largeur de la rivière à partir de la rive, à moins d'observer la ponte, de noter les endroits où elle a lieu et d'y interdire la pêche pendant toute la durée du frai ; il serait plus efficace encore de ne permettre la pêche de l'Alose que pendant un mois au plus après le début de la montée de ce poisson. Mais ces mesures restrictives amèneraient la perte des Aloses pour la pêche et l'alimentation, car ces poissons n'ont, après le frai, aucune valeur alimentaire. L'Esturgeon est devenu rare dans nos cours d'eau, ce qui rend presque impossible la protection de ses frayères; pour qu'on puisse reconnaître celles-ci et les protéger, il faudrait favoriser la multiplication de l'Esturgeon par une interdiction absolue de la pêche pendant quelques années; mais la pêche qui en est faite en mer rendrait ces mesures illusoires. Les frayères des Lamproies auraient grand besoin aussi d'une protection spéciale.

### Frayères Artificielles.

Quand les frayères naturelles font défaut, on y supplée en mettant des frayères artificielles à la disposition des reproducteurs. Ces frayères doivent réunir, aussi fidèlement que possible, les conditions réalisées dans la nature; elles différeront, selon qu'il s'agira de favoriser la multiplication de poissons à œufs adhérents ou celle de poissons à œufs libres; les premiers fraient généralement en été et déposent leurs œufs sur les herbes, les seconds pondent au contraire en hiver sur les fonds de gravier; il importe donc de tenir compte des mœurs et des habitudes des différentes espèces de poissons au moment du frai, sans quoi on ne réussirait ni à attirer ni à retenir le poisson en des points déterminés.

*Frayères pour poissons à œufs adhérents.* — Les poissons dont les œufs sont adhérents, c'est-à-dire agglutinés entre eux et formant des sortes de chapelets, appartiennent presque tous à la famille des Cyprinides; ils pondent pour la plupart, au printemps et en été, sur les herbes aquatiques ou sur les graviers du fond.

1° Les principaux Cyprinides qui déposent leurs chapelets d'œufs sur les plantes sont la Carpe, la Brème, la Tanche, le Gardon, etc. Pour leur procurer des frayères, c'est-à-dire pour créer de véritables herbages aquatiques, il faut s'y prendre dès l'année qui précède l'époque de la ponte : dans le courant de l'été on procède à des plantations d'herbes fines, déliées, mais à tiges résistantes (Voir le chapitre consacré aux *Végétaux aquatiques*), et si, au printemps suivant, les herbes repoussent avec trop de vigueur, on les fauche de façon à les maintenir à une faible profondeur au-dessous de la surface de l'eau. Mais il n'est pas toujours facile d'obtenir un semblable tapis de plantes hydrophiles ; on a alors recours aux *frayères artificielles mobiles*. Ces frayères sont de plusieurs sortes ; on les fait avec des claies, des fascines, des balais de bouleau, etc.

*Frayères à claies.* — Pour constituer des frayères à claies, on fait des cadres en bois rectangulaires, de 2 mètres de long sur 1m 50 de large en moyenne ; on y fixe dans le sens de la largeur cinq ou six lattes, de 25 en 25 centimètres ; sur la claie ainsi confectionnée, on attache avec de l'osier ou du fil de fer, des balais de bruyère ou de bouleau, des bottes de joncs ou de menus branchages. Ce clayonnage est posé dans le cours d'eau, contre la rive ; on l'immerge aux trois quarts en l'inclinant de façon à appuyer et à fixer l'extrémité supérieure contre la berge et à faire reposer sur le fond la partie inférieure lestée avec des pierres (fig. 55). Au lieu de ces frayères verticales, on se sert parfois de frayères horizontales formées par des cerceaux et des claies croisées à leur centre, que l'on garnit de branchages et que l'on superpose.

*Frayères à fascines.* — On construit des frayères très simples en plaçant, suivant le procédé Lamy, des fagots ou bourrées de menu bois dans une partie tranquille et peu profonde du cours d'eau ou de l'étang. On dresse ces fascines à quelques mètres de distance les unes des autres, de telle sorte que la moitié présentant le plus de brindilles plonge dans l'eau et que l'autre moitié, la plus compacte, soit fixée à la rive.

Fig. 55. — Frayère à claies.

*Frayères à caisses.* — On immerge, à peu de distance de la surface de l'eau, des caisses plates en bois, remplies de terreau, où l'on a placé des végétaux aquatiques enlevés avec leurs racines et la terre qui les soutient (fig. 56). On peut aussi, dans les étangs, immerger des tables de 4 à 5 mètres de longueur, couvertes de mottes de gazon et de plantes aquatiques ; on les incline, en maintenant une de leurs extrémités à 5 centimètres de la surface de l'eau et l'autre extrémité à 20 centimètres, afin de favoriser l'échauffement par les rayons solaires. Des caisses à claire-voie sont à recommander, quand on désire recueillir facilement les œufs ; ce sont des sortes de grandes cages en osier, munies de flotteurs, aux barreaux desquelles on attache des paquets de bruyère, des branches de genévrier ou des bouquets d'herbes aquatiques, destinés à recevoir les œufs.

Certaines précautions sont nécessaires pour assurer le succès de ces frayères artificielles. Il faut les disposer en eau tranquille, susceptible d'être rapidement échauffée, et dans un endroit peu fréquenté ; on les fixe solidement avec des pieux et on assure leur enfoncement dans l'eau à l'aide de piquets ou de pierres ; quand la chose paraît nécessaire, on les protège contre le courant avec une cloison. On choisit, comme emplacement, un rivage en pente douce, bien exposé au soleil. Les frayères ne doivent pas être placées trop longtemps à l'avance ; si on les mettait avant l'hiver, elles se recouvriraient d'une couche de limon ; cela suffirait à éloigner les poissons, qui recherchent surtout une surface consistante et solide pour y fixer leurs œufs ; il faut donc avoir soin de mettre les frayères en place un mois environ avant l'époque du frai et, si on le juge convenable, de les secouer fortement pour les nettoyer, au moment où la ponte va avoir lieu. En outre, il faut prendre la précaution de n'installer les frayères qu'après les avoir fait tremper plusieurs jours dans une eau fréquemment renouvelée ou dans un cours d'eau à courant assez rapide, afin d'enlever au bois le tanin que renferme son écorce et dont l'odeur éloignerait les poissons. — La ponte terminée, il faut s'efforcer de protéger les œufs contre les multiples genres de destruction auxquels ils sont exposés ; un excellent moyen consiste à placer les herbes et les branchages couverts de frai dans des caisses en toile métallique ou dans des paniers d'osier ; on met les alevins en liberté aussitôt leur éclosion, qui a lieu une dizaine de jours après la ponte.

2° Parmi les poissons à œufs adhérents, appartenant à d'autres familles que celle des Cyprinides, et qui fraient sur les plantes, citons la Perche et le Brochet. Bien que ces deux espèces soient extrêmement carnassières, leur chair est trop

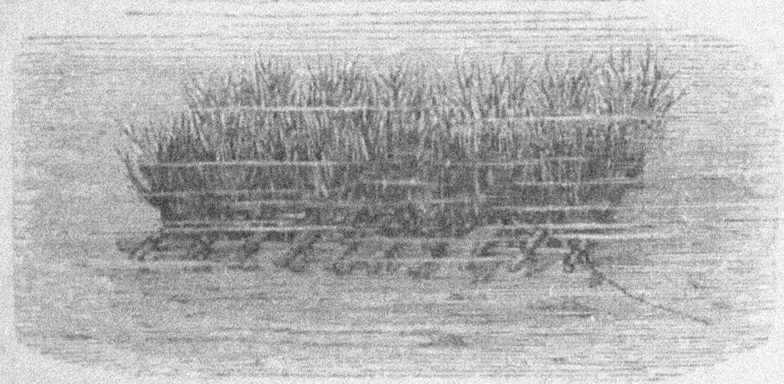

Fig. 36. — Caisse dans laquelle sont groupées des plantes aquatiques formant frayère.

appréciée pour qu'on les bannisse complètement des cours d'eau et des étangs ; il y a toujours intérêt à surveiller leur reproduction, soit pour la favoriser, soit pour l'enrayer, suivant les circonstances. Les frayères artificielles à préconiser pour la Perche, sont des fascines plongées dans l'eau ou des branches de saule, que l'on pique dans les rives à 40 ou 50 centimètres de profondeur ; on peut ainsi recueillir facilement les rubans d'œufs. Au Brochet, conviennent également des branchages et des ramilles, ainsi que des mottes de gazon garnies d'herbes et de racines.

3° Certains Cyprinides effectuent leur ponte sur les graviers du lit des cours d'eau ; tels sont le Barbeau, le Chevaine, le Goujon, etc. Il faut mettre à leur disposition des petits monticules, bien propres, de pierres et de gravier, comme nous allons l'indiquer en parlant des Salmonides.

*Frayères pour poissons à œufs libres.* — Les poissons à œufs libres, c'est-à-dire à œufs pondus isolément, sont principalement des Salmonides ; ils fraient dans les eaux froides, courantes, et affectionnent surtout les cours d'eau des pays de montagnes. Pour leur établir des frayères, il faut rechercher les petits ruisseaux à forte pente, qui offrent un courant vif, une faible profondeur et une eau claire, bien aérée, non susceptible de se troubler, de changer de niveau ou de geler ; à l'endroit où ces conditions sont réalisées, on dispose une couche assez épaisse de sable et de gravier. Quand le fond est caillouteux, rien n'est plus simple : on rassemble le gravier et les cailloux, on les nettoie en les remuant avec un râteau et on en fait de petits monticules. Si le fond est vaseux, on apporte quelques brouettées de galets, de cailloux et de gros gravier ; ces pierres doivent avoir de 1 à 5 centimètres de diamètre et être arrondies, car les femelles se blesseraient en se frottant le ventre sur des cailloux aigus et tranchants ; ces matériaux doivent être *très propres* ; on les met en place dans le courant de septembre, en formant une couche de 20 à 30 centimètres d'épaisseur et de 2 à 3 mètres carrés de surface, mais en évitant de barrer toute la largeur du ruisseau ; on peut également faire plusieurs petits monticules.

La vitesse de l'eau est souvent assez grande pour entraîner les œufs ; il est nécessaire alors de briser le courant en amont, à l'aide de quelques planches, de pieux ou de grosses pierres. Il est bon, d'autre part, de fournir des abris aux reproducteurs, surtout en vue de les protéger contre les oiseaux aquatiques ; à cet effet, on peut creuser des cavités sous les berges, réserver des touffes de végétaux, immerger des fascines ou jeter en travers du ruisseau des planches formant pont. Il importe de nettoyer les frayères en les remuant à l'aide d'un râteau quand la ponte semble devoir commencer ; dès que celle-ci est effectuée, on protège les œufs en recouvrant les frayères avec des treillages en fer galvanisé, avec des broussailles fixées par des piquets, ou avec des planches ; ces dernières ont le double avantage de protéger contre les oiseaux et de maintenir les œufs dans une demi-obscurité ; à la pleine lumière, en effet, le développement des saprolégniées à la surface des œufs est à redouter pendant les cinquante jours environ que dure l'incubation.

Les frayères artificielles, indépendamment du rôle qu'elles jouent dans le repeuplement des rivières appauvries, permettent la reproduction de certaines espèces dans des cours d'eau où celles-ci ne peuvent pas frayer ordinairement ; elles retiennent aussi les poissons qui, faute d'endroits convenables, iraient frayer ailleurs au profit des propriétaires ou des fermiers de pêche de lieux éloignés.

L'utilité des frayères, tant naturelles qu'artificielles, est du reste incontestable. L'Administration des Eaux et Forêts, par une circulaire en date du 26 novembre 1898, l'a signalée à ses agents ; elle accorde même des gratifications à ceux qui ont pris une part active et obtenu de bons résultats dans leur organisation.

## Réserves.

L'effet des frayères naturelles ou artificielles sur le repeuplement des cours d'eau serait grandement accru, semble-t-il, si l'on prohibait pendant une période de cinq années, et en toute saison, la pêche, même à la ligne, dans des zones nettement délimitées. L'établissement de ces *réserves* est autorisé par la loi du 31 mai 1865 (articles 1, 2 et 3), dans tous les cours d'eau, *de quelque nature qu'ils soient*, moyennant une indemnité aux riverains quand il s'agit de cours d'eau non navigables et flottables. Les réserves ont aussi bien leur raison d'être dans les eaux non navigables et non flottables, en tête des bassins, où viennent frayer un grand nombre de poissons et particulièrement les Salmonides, que dans les cours d'eau du domaine public et dans les bras de rivière non utilisés pour la navigation. Mais, jusqu'à présent, elles ont été à peu près uniquement établies dans les cours d'eau navigables et flottables, et ne représentent qu'environ 1/20e de ceux-ci. Il existe, en effet :

540 kilomètres de réserves sur les canaux et rivières canalisées ;

334 kilomètres sur les autres rivières du domaine public;

et 99 kilomètres, depuis le 1ᵉʳ janvier 1900, sur les cours d'eau particuliers.

A *priori*, la constitution de réserves judicieusement distribuées et rigoureusement surveillées donne de sûres garanties de repeuplement naturel : les reproducteurs y frayent en toute sécurité, les œufs parviennent à l'éclosion et les alevins se développent librement jusqu'à l'état adulte pour se reproduire ensuite à leur tour ; la population aquatique des parties réservées doit donc se multiplier rapidement et gagner peu à peu les cantons non protégés. Mais, dans la réalité, il est loin d'en être ainsi ; les réserves sont un appât des plus tentants pour les braconniers ; dès que le nombre des poissons s'accroît dans les réserves, les espèces carnassières progressent également et ne tardent pas à y pulluler ; Brochets et Perches, les premiers surtout, dévastent le canton réservé, puis ils gagnent les endroits non interdits qu'ils ravagent à leur tour. Les réserves vont ainsi tout à fait à l'encontre de leur but et des pisciculteurs avertis les considèrent comme désastreuses pour le réempoissonnement ; ils estiment qu'elles ne servent guère qu'à créer de gros Brochets, ce qui n'est pas avantageux, s'il est vrai que la production d'un Brochet de 8 kilogrammes coûte environ 250 francs de poisson. M. Pinard a cité un exemple bien significatif : ayant eu l'occasion de pêcher un bief réservé depuis dix-huit ans, il y trouva moins de poissons que partout ailleurs ; il n'y avait guère que 40 à 50 gros Brochets. En Allemagne, les mauvais résultats donnés par les réserves, ont amené leur suppression radicale. Les partisans des réserves réclament, il est vrai, des mesures destructives contre les poissons carnassiers ; mais en autorisant la pêche de ces espèces nuisibles, on retirerait aux réserves le bénéfice de l'interdiction absolue et toutes les espèces de poissons y seraient également exposées à la destruction.

Des REFUGES ARTIFICIELS, c'est-à-dire de petites galeries creusées dans les rives (avec le concours des riverains), donnent de meilleurs résultats, car elles suffisent pour mettre le poisson à l'abri des braconniers. Dans les petits cours d'eau à courant irrégulier (crues en hiver, asséchés en été), il est fort utile de pratiquer des retraites aussi profondes que possible, où les poissons se réfugieront pendant les chaleurs. On peut d'ailleurs remplacer avantageusement les réserves en empoissonnant les étangs situés le long des cours d'eau et en les vidant chaque année dans ceux-ci.

On obtient, sans grands frais, de bons résultats dans le repeuplement des cours d'eau à Cyprinides, en plaçant les œufs récoltés sur les frayères naturelles ou artificielles, dans des RÉSERVOIRS D'ALEVINAGE ET D'ÉLEVAGE situés à proximité de ces cours d'eau, de façon à mettre les œufs, puis les jeunes poissons à l'abri de toute cause de destruction. Il suffit d'enlever les branchages artificiels ou de couper les plantes des frayères naturelles et de les transporter chargées d'œufs. Si la nourriture naturelle offerte par ces réservoirs paraît insuffisante, on distribue de la nourriture artificielle. Au bout de quelques mois, quand les jeunes ont atteint une taille suffisante, on les lance à la rivière ; il est préférable d'attendre qu'ils soient âgés de dix-huit mois et aient environ 20 centimètres de longueur ; des installations très simples permettent d'obtenir un nombre considérable de poissons de cette dimension. Pour les Salmonides, le même système est à préconiser, mais il implique la fécondation artificielle.

## UTILITÉ DES ASSOCIATIONS PISCICOLES.

Les dévastations inquiétantes des braconniers d'eau douce ont amené, en maints endroits, les pêcheurs à la ligne à se réunir, d'accord parfois avec les riverains et les adjudicataires de pêche, en sociétés ayant pour but, non le seul plaisir de la pêche, mais la répression du braconnage et le repeuplement des rivières. Ces sociétés particulières, à l'énergie et à la ténacité desquelles il faut rendre hommage, exercent une surveillance active et collaborent, avec les agents du gouvernement, à la bonne garde de nos cours d'eau. Elles ont comme ressources, les cotisations de leurs membres et les allocations des départements et de l'État (1). Pour réprimer le

(1) Un crédit de 15 000 francs est affecté aux sociétés de pêcheurs à la ligne, sur le budget du ministère de l'Agriculture.

braconnage, ce qui est leur principal objectif, les sociétés suffisamment importantes rétribuent un garde particulier, uniquement affecté à cette fonction ; d'autres se contentent d'un garde à traitement réduit, qui exerce un autre métier et surveille par intermittence. Certaines sociétés prennent leurs surveillants parmi leurs propres membres, et les font assermenter pour leur permettre de verbaliser le cas échéant ; ces gardes bénévoles touchent seulement, pour les délits constatés, les primes légales payées par l'État (1), ainsi que les gratifications données par les sociétés. Afin d'encourager les sociétés de pêche à instituer des gardes et en même temps pour donner à ceux-ci une autorité plus grande, les ministres de l'Agriculture et des Travaux publics ont décidé que les gardes particuliers des sociétés pourraient être commissionnés en qualité d'agents du gouvernement et que l'Administration prendrait, en ce cas, à sa charge, leurs frais de prestation de serment.

Indépendamment des gratifications allouées à leurs gardes particuliers et à tous les agents chargés de la police de la pêche, les sociétés de pêcheurs à la ligne prennent d'ordinaire à leur charge les frais de procès-verbaux et de poursuite des délits. Pour rendre la surveillance tout à fait stricte à l'époque du frai, elles organisent des patrouilles de jour et de nuit, avec le concours de sociétaires, qui reçoivent de ce chef une certaine allocation. Elles délivrent aussi des primes aux destructeurs d'animaux ichtyophages, notamment de loutres. Enfin, ces associations se préoccupent du repeuplement ; elles consacrent chaque année une certaine somme à l'achat et au déversement d'alevins ou de reproducteurs d'espèces appropriées à la nature des cours d'eau (Tanches, Carpes, Brêmes, Truites, Perches, etc.) ; elles louent parfois la pêche d'une rivière et y constituent des réserves. Certaines, comme la Société de pêche et de pisciculture de Nogent-le-Rotrou, possèdent même des laboratoires d'éclosion pour les Salmonides. Elles se rendent

____

(1) Les primes allouées sur les rivières de l'État sont de 2 ou 5 francs pour un délit ordinaire, et de 20 ou 25 francs pour un délit grave (pêche de nuit en temps de frai, avec matières toxiques ou explosibles).

utiles encore lors du chômage des canaux en recueillant les poissons menacés de périr et en les transportant en rivière. Ces associations, syndicales ou non, parviennent à d'excellents résultats.

## ÉTUDE TECHNIQUE DES ÉCHELLES A POISSONS

Nous avons montré précédemment la nécessité des échelles pour les poissons migrateurs ; elles seules rendent possible leur accès, celui des Saumons notamment, dans les parties les plus élevées des cours d'eau. Leur invention remonte à 1828. C'est à un Écossais, J. Smith, de Deanston, qu'on en est redevable ; propriétaire d'une usine située à Donne (comté de Perth), sur le Thiet, près d'un barrage, il perdait beaucoup d'eau en ouvrant les vannes pour livrer passage au poisson ; il eut l'idée d'établir un plan incliné où coulait une nappe d'eau peu épaisse ; ce plan portait des cloisons transversales à ouvertures alternantes, de façon à forcer le courant à décrire un lacet et à diminuer ainsi sa vitesse. Smith avait trouvé le moyen de réduire à la fois la dépense d'eau et la rapidité du courant, ce qui était tout bénéfice et pour l'usine et pour les poissons, qui dès lors remontèrent facilement le barrage grâce à cette sorte d'*échelle*.

Depuis, les échelles ont été appliquées à un grand nombre de chutes ou de barrages et leur forme a été modifiée de diverses manières ; mais le principe qui préside à leur construction est resté le même, c'est-à-dire qu'elles mettent toujours deux biefs en communication par l'intermédiaire d'un plan incliné en forme de couloir, sur lequel un système de cloisons ralentit la vitesse du courant.

### Échelles à Saumons.

Les différents types d'échelles à Saumons actuellement en usage peuvent se classer dans quatre catégories :

Les échelles à couloir sans cloisons ou *rigoles* ;

Les échelles à gradins ou *escaliers* ;

Les échelles à couloir avec cloisons ou *échelles proprement dites* ;

Fig. 57. — Rigole dans un barrage.

Les échelles à contre-courants liquides ou *échelles à jaillissement.*

Fig. 58. — Sillons oblique sbrises.

**Échelles à couloir sans cloisons.** — De simples *rigoles*, pratiquées en biais dans la maçonnerie d'un barrage (fig. 57), suffisent à ralentir la vitesse de l'eau, surtout si l'on y pratique des sillons en zig-zag obliques brisés (fig. 58). Ces rigoles sont applicables aux barrages présentant déjà une certaine inclinaison en aval; dans ce cas, elles peuvent rendre quelques services.

*Échelles à gradins ou à cascades.* — Les échelles à gradins, appelées encore *escaliers*, sont constituées par une série de bassins carrés, en bois ou en maçonnerie, disposés les uns au-dessus des autres sur un plan incliné ; ces grandes vasques se succèdent ainsi en gradins, la première étant au niveau du pied du barrage et la plus élevée communiquant de plain pied avec l'eau du bief supérieur. En arrivant dans le bassin supérieur, l'eau s'élance à angle droit sur la paroi qui lui fait face et est forcée de s'écouler par une entaille pratiquée latéralement dans cette paroi ; chaque bassin présente ainsi sur le côté de sa paroi de retenue une échancrure qui alterne avec la précédente et la suivante, de sorte que l'eau, en tombant, produit une succession de petites cascades, dont l'ensemble forme une ligne ondulée (fig. 59).

Fig. 59. — Coupe et élévation d'une échelle à cascades (à chutes en ligne droite).

On voit qu'une échelle à bassins successifs constitue un véritable escalier (fig. 60) : le Saumon doit en sauter les marches, c'est-à-dire les bassins, à l'endroit où l'eau forme cascade ; il exécute successivement autant de sauts qu'il y a de petites chutes ; comme chacune d'elles peut avoir de $0^m 30$ à $0^m 50$ de hauteur, il est nécessaire que chaque bassin soit assez grand et assez profond pour que le poisson puisse s'y reposer et y reprendre son élan sans risquer de se blesser ; il importe de même que l'eau s'y trouve toujours en quantité suffisante pour permettre le saut d'un bassin quelconque dans le bassin situé au-dessus.

Ce système d'*escaliers* est très peu usité en Amérique et en Angleterre ; il est quelquefois employé en Allemagne et a été adopté en France en beaucoup d'endroits. On l'a critiqué sévèrement ; M. Raveret-Wattel lui reproche de ne pas fournir une couche d'eau assez épaisse au moment des basses eaux ; mais puisque « le Saumon ne remonte jamais pendant les basses eaux et attend toujours une légère crue pour voyager », il importe peu que l'échelle ne soit alors « alimentée que par un mince filet d'eau tout à fait insuffisant pour attirer le poisson ». M. Coumes, ingénieur en chef des Ponts et Chaussées, est d'avis que le Saumon répugne à exécuter une série de bonds successifs et qu'il préfère « plutôt une dérivation fortement inclinée, sur laquelle l'excès de vitesse que prendrait la nappe liquide se trouve modéré par l'interposition de cloisons », préférence que M. Coumes justifie en ajoutant que, dans un couloir à cloisons, le Saumon « ne se sent point en sûreté » et qu' « il veut le franchir, non pas en jouant et par bonds successifs, mais avec la plus grande rapidité ». Il est évident qu'un passage de cette sorte doit être traversé plus vite qu'une succession de cascades, mais les échelles à gradins semblent se rapprocher davantage des obstacles naturels que les Saumons franchissent « en jouant et par bonds successifs » ; elles fonctionnent du reste de façon très satisfaisante quand elles ont été bien installées. On peut en citer des exemples, tant en France qu'à l'étranger ; l'échelle du barrage de la Haye-Descartes, sur la Creuse, permet le passage de nombreux Saumons ; elle rachète une chute de

2ᵐ 50 par cinq chutes partielles de 0ᵐ 50 ; sa largeur est de trois mètres et sa longueur de 20 mètres : le poisson y a sous lui au moins un mètre d'eau pour franchir chacune des chutes de 0ᵐ 50. Au barrage de Bergerac, sur la Dordogne, une

Fig. 60. — Échelle à Saumons, à chutes en ligne droite.

échelle à cascades a été construite en 1887 ; elle donne un facile passage aux Saumons et aux Aloses, alors que deux échelles à cloisons, qui existaient précédemment à ce barrage ont toujours très mal fonctionné ; cette échelle rachète une chute de 3ᵐ63 par quatre chutes partielles de 0ᵐ60 et un radier d'appel en pente douce; elle a sept mètres de large, dix-huit mètres de long, et consomme 7 480 litres d'eau par seconde.

Pour qu'une échelle à cascades donne de bons résultats, il faut que toujours son issue inférieure débouche à l'endroit de la rivière où la profondeur d'eau est la plus grande, afin que le poisson soit attiré par le remous au pied de l'escalier. Il est également nécessaire que les bassins successifs offrent une profondeur d'eau de 0m70 au moins; pour des chutes partielles de 0m30 à 0m40, la profondeur d'eau dans chaque bassin doit être au moins de 0m60 à 0m80, ce qui nécessite une largeur d'au moins 1m50 et une longueur d'environ 2m50; il est bon d'incliner légèrement dans le sens du courant le fond des bassins, pour éviter leur ensablement. Enfin, le plan doit être incliné d'un cinquième au plus de la hauteur à franchir.

Échelle Cail. — Les échelles à bassins successifs sont susceptibles de recevoir une modification, qui les met à l'abri de toute critique, car les poissons peuvent alors les franchir sans sauter les gradins. C'est à M. Richard Cail, ingénieur civil, maire de Newcastle sur Tyne (Angleterre), qu'est dû ce type perfectionné d'échelle à cascades; comme l'échelle ordinaire, l'échelle Cail se compose d'une série de bassins disposés en gradins, mais ceux-ci communiquent l'un avec l'autre par un orifice carré de 0m30 de côté, pratiqué *à la partie inférieure* de chaque cloison séparative (fig. 61). Le bassin supérieur présente un orifice plus grand, afin de laisser passer un excès d'eau, qui se déverse ensuite par-dessus les séparations des bassins; cet orifice supérieur doit être au-dessus du niveau des plus basses eaux. Au lieu d'être placés à la suite les uns des autres, les bassins peuvent être superposés en spirale, ce qui présente le grand avantage de faire déboucher l'échelle près du pied de la chute. Chaque bassin doit avoir un mètre de profondeur et de un à deux mètres de largeur et de longueur; la différence de niveau entre les bassins ne doit jamais dépasser 0m45 et être en moyenne de 0m30 à 0m35. Ces échelles ne font pas une grande consommation d'eau et fonctionnent de façon très satisfaisante.

*Échelles à couloir avec cloisons transversales.* — Les

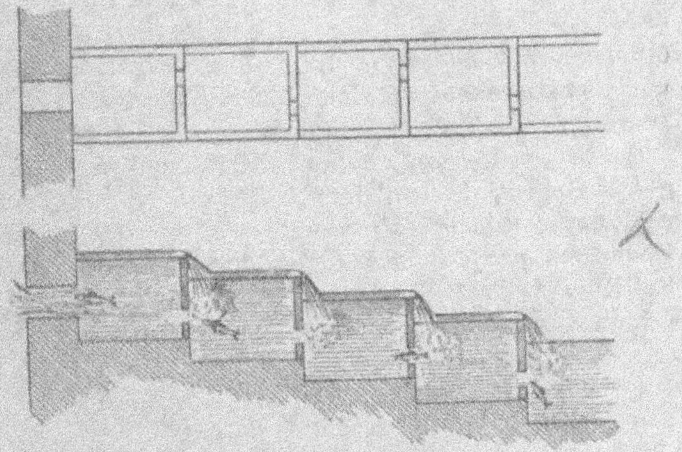

Fig. 61. — Échelle Cail (plan et coupe).

échelles à cloisons, qui sont les *échelles proprement dites*, sont

Fig. 62. — Échelle à cloisons. — Passe diagonale, à Bradford,
sur la Tamise.

constituées par un plan incliné, en forme de couloir, sur lequel

la vitesse de l'eau est ralentie de distance en distance par des
cloisons transversales, interrompues à une de leurs extrémités,
de façon à ménager des orifices alternants ; ces cloisons peuvent
être perpendiculaires ou obliques par rapport aux bords du
couloir ; le courant est ainsi obligé de décrire des circuits et
se trouve ralenti (fig. 62).

Quand les cloisons de ralentissement sont perpendiculaires
aux bajoyers, le couloir est partagé en plusieurs compartiments rectangulaires, qui communiquent les uns avec
les autres par des ouvertures ayant de un tiers à un
huitième de la largeur totale de l'échelle. Telles sont les
échelles du moulin de Brioude sur l'Allier et du barrage de

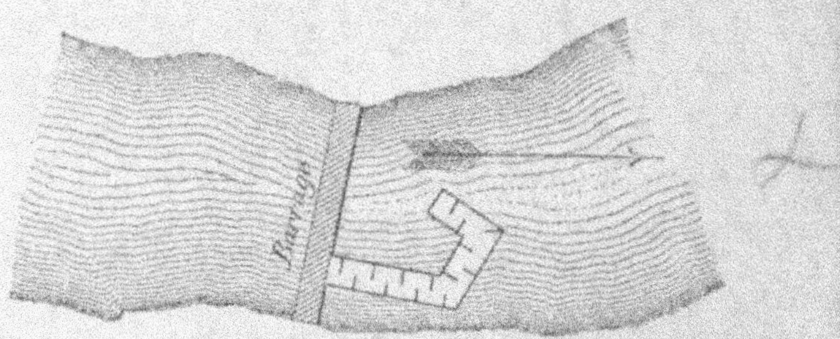


Fig. 63. — Échelle d'Orthez.

Laroche sur l'Alagnon ; elles rachètent des chutes de 1ᵐ 19
et 1ᵐ 65 ; leur pente est de un sixième et un huitième ; leur
largeur est de 1ᵐ 30 ; les cloisons sont espacées de 1ᵐ 30
environ et sont percées d'orifices en chicane de 0ᵐ 30 de
largeur. L'épaisseur de la tranche d'eau qui coule sur ces
échelles est d'au moins 0ᵐ 30, et leur débit est de 400 à 500
litres. Ces échelles donnent de bons résultats. Il en est de
même pour l'échelle construite sur le Gave de Pau, à Orthez,
qui rend possible la remonte des Saumons en amont de cette
ville ; cette échelle (fig. 63) est coudée deux fois, de façon à venir
déboucher près du thalweg et au pied de la chute ; elle rachète
une chute de 3ᵐ 60, sa largeur est de 1ᵐ 40, sa pente de
1/20 ; l'espacement des cloisons est de 1ᵐ 45 et la largeur des
orifices de 0ᵐ 30.

ÉCHELLE BRACKETT. — M. E. Brackett, commissaire des pêcheries du Massachusetts, a perfectionné le type primitif en augmentant le nombre des cloisons, de façon à obliger l'eau à décrire des zigzags plus nombreux et à amortir davantage la violence du courant en temps de crue ; il a simplement ajouté à chaque cloison transversale un montant formant angle droit, ce qui donne aux cloisons de ralentissement la forme d'un T. Il a, en outre, prolongé l'échelle, en lui faisant traverser le barrage, et il a muni la partie de l'appareil située ainsi en amont de la chute, de trois vannes placées à des hauteurs différentes, ce qui permet de faire péné-trer l'eau quel que soit le niveau de la rivière et de régler facilement le débit (fig. 64).

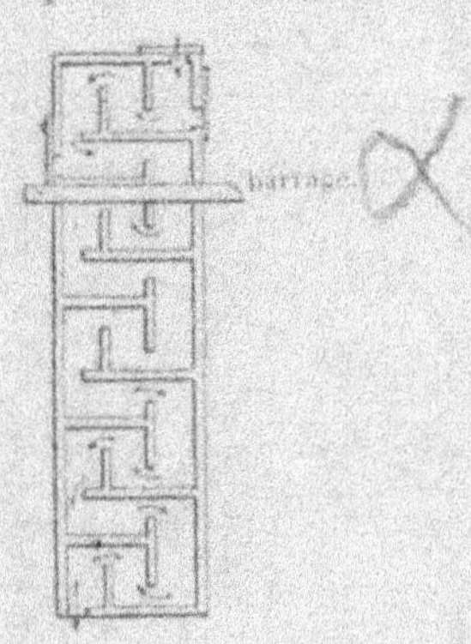


Fig. 64. — Echelle Brac-
kett (coupe).

L'échelle de Rukanfos, sur la rivière Sire, en Norvège, est construite sur le type Brackett ; elle rachète une chute de 27 mètres de hauteur et permet une abondante circulation des Saumons ; sa pente est comprise entre 1/7 et un 1/8.

Le reproche que l'on peut faire à l'échelle Brackett, c'est de gêner le Saumon par des cloisons trop nombreuses et trop enchevê-trées, après lesquelles il se cogne.

ÉCHELLES FORSTER et ROGERS. — Les cloisons de ralentissement peuvent être placées obliquement au lieu d'être perpendiculaires aux bajoyers ; le trajet du poisson est rendu plus facile. C'est la disposition que l'on trouve dans l'échelle Forster (fig. 65) et dans l'échelle Rogers ; cette dernière est très répandue au Canada, en Nouvelle-Écosse et au Nouveau-Brunswick ; elle réussit parfaitement avec les barrages peu élevés ; grâce à des orifices latéraux placés à différentes hauteurs et munis de vannes, elle fonctionne bien à n'importe quel niveau de la rivière ; les cloisons sont inclinées à 45° par rapport aux bajoyers, la largeur de l'échelle est de 1m 50 et celle des orifices des cloisons est de 0m 35.

Pour donner de bons résultats, une échelle à cloisons doit

être placée dans les mêmes conditions qu'une échelle à
cascades : l'échelle doit déboucher le plus près possible de la
chute et à l'endroit où il y a le plus d'eau ; l'eau qui s'échappe
de l'échelle doit produire un remous assez accentué : le
poisson, attiré par le bruit de l'eau, s'engage dans le compartiment inférieur de l'échelle, puis passe avec une rapidité étonnante dans tous les autres compartiments et arrive au bief
d'amont. Il faut, en outre : que les cloisons soient à une

Fig. 65. — Échelle Forster, mise à sec par la fermeture
de la vanne pour laisser voir la disposition intérieure.

distance convenable les unes des autres, eu égard à la largeur
de l'échelle et à la quantité d'eau qui parcourt l'échelle, — et
que les ouvertures des cloisons soient proportionnées aux dimensions de l'ouverture donnant accès à l'eau. D'après M. Coumes, l'espacement des bajoyers et l'intervalle entre les cloisons
transversales doivent présenter au moins quatre à cinq fois la
largeur des orifices des cloisons ; ceux-ci doivent avoir environ
0$^m$30 de largeur ; les cloisons transversales doivent être
assez hautes pour ne pas être surmontées par la nappe liquide,
en temps ordinaire ; une hauteur d'eau de 0$^m$30 paraît suffi-

sante ; enfin, la prise d'eau doit avoir une section double divisée en deux prises pouvant se fermer par des vannes. C'est en tâtonnant qu'on arrive à fixer les dimensions des ouvertures pratiquées dans les cloisons, l'espacement de celles-ci et les dimensions de la prise d'eau, de façon à rendre très net le courant qui zigzague et à éviter les remous qui font hésiter le poisson sur la direction à suivre dans l'échelle. Les échelles à cloison n'ont pas donné de bons résultats en France : sur 89 échelles de ce type, examinées en 1895 par la Commission des échelles à poissons, 4 seulement fonctionnaient très bien. En Amérique, en Grande-Bretagne et en Irlande, elles ont au contraire parfaitement réussi. Elles offrent l'avantage de la simplicité et de la rusticité.

*Échelles à contre-courants de ralentissement.* — Tout à côté des échelles à cloisons transversales, se placent des échelles à plan incliné dans lesquelles la vitesse de l'eau est ralentie par des contre-courants liquides, qui jouent le rôle de cloisons. Il existe deux systèmes de ces échelles à jaillissement : le système Mac-Donald et le système Caméré.

Système Mac-Donald. — Le colonel Marshall Mac-Donald, commissaire des pêcheries de l'État de Virginie (États-Unis), eut le premier l'idée ingénieuse d'une échelle constituée par un couloir dans lequel la vitesse de l'eau est amortie au moyen de veines d'eau jaillissantes (fig. 66) ; ce système a théoriquement de grands avantages ; il permet le déversement de l'eau en ligne directe, sans déviations pour ralentir le courant et par conséquent sans chutes ou remous accentués ; il assure un volume d'eau suffisant pour attirer le poisson et un courant assez modéré pour que le poisson le moins bien doué sous le rapport de la force musculaire puisse le remonter sans difficulté ; il réduit les frais de construction en fournissant au poisson un chemin en pente très rapide, très court et très direct ; il simule, enfin, le lit d'un ruisseau (1).

Pour que l'échelle Mac-Donald (fig. 67) fonctionne bien, il faut, d'après l'inventeur, réaliser les conditions suivantes :

_______

(1) Pour la théorie de l'appareil Mac-Donald, consulter *La Pisciculture en eaux douces*, de Gobin et Guénaux (p. 252).

mettre le pied de l'échelle dans le voisinage immédiat du barrage et à un emplacement où l'eau ait une profondeur suffisante, — régler le débit de l'appareil d'après l'importance du cours d'eau, — placer le sommet de l'échelle à la hauteur

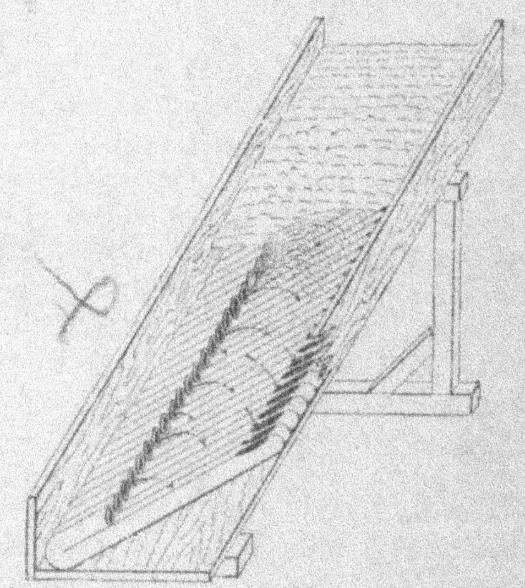

Fig. 66. — Théorie de l'Échelle Mac-Donald.

voulue pour assurer à l'appareil une alimentation aussi régulière que possible.

L'échelle Mac-Donald peut être établie avec de très fortes pentes, même celle de 1/4 ; elle est donc économique ; elle a aussi l'avantage de ne pas consommer beaucoup d'eau. Elle a donné des résultats très satisfaisants aux États-Unis et en Angleterre ; son emploi est même obligatoire dans l'État de New-York et en Virginie. En France, elle n'a pas rendu les services qu'on en attendait ; on reproche, avec raison, à ce système d'avoir des organes compliqués, difficiles à régler, à réparer et à nettoyer.

Système Caméré. — En France, M. Caméré, inspecteur général des Ponts et Chaussées, a également construit plusieurs types d'échelles, tous basés sur le ralentissement du courant par des *cloisons liquides*, cloisons constituées par des veines d'eau jaillissantes qui viennent couper le courant ; ils présentent les

Fig. 67. — Échelle Mac-Donald.

mêmes avantages que le système précédent, c'est-à-dire offrent
au poisson un passage direct, sans chutes ou remous accen-

tués ; ils permettent par suite de réduire les dimensions des appareils et d'augmenter sensiblement leur pente. Les échelles Caméré l'emportent sur les échelles Mac-Donald par la facilité de leur réglage et de leur nettoyage ; de plus, à l'encontre de tous les appareils que nous avons signalés jusqu'ici, elles sont mobiles et susceptibles d'être aisément déplacées pour recevoir, si nécessaire, un emplacement plus satisfaisant.

L'une des échelles du système Caméré est constituée par une bâche rectangulaire à double fond ; le compartiment supérieur, non couvert, forme le couloir destiné au passage du poisson ; le compartiment inférieur est fermé à l'aval ; il forme une conduite qui amène sous pression l'eau du bief d'amont ; cette eau jaillit dans le couloir supérieur par des rainures horizontales pratiquées dans le double fond ; elle y produit des cloisons d'arrêt liquides, qui diminuent la vitesse de l'eau descendant dans le couloir-échelle. Ce type d'échelle se place contre un barrage, sans qu'il y ait besoin de pratiquer aucune coupure dans celui-ci ; les parois ne présentent aucune saillie pouvant blesser le poisson, qui franchit l'échelle en nageant en ligne droite. Au barrage de Martot, sur la Seine, près d'Elbeuf, est installée depuis 1895 une échelle de ce type, dont le fonctionnement est satisfaisant ; le couloir a une largeur de 0$^m$ 60 et une profondeur de 0$^m$ 50 ; le débit par seconde est de 500 litres.

Dans un autre type d'échelle Caméré, constitué également au moyen d'une bâche, le couloir formant échelle est compris entre deux conduites rectangulaires fermées à leur extrémité inférieure et dont les extrémités supérieures plongent dans le bief d'amont ; l'eau fournie par le bief d'amont arrive donc sous pression dans ces deux conduites latérales, et elle en jaillit par des rainures verticales percées dans les parois de ces conduites, du côté du couloir central ; les veines jaillissantes ainsi formées ralentissent le courant descendant de l'échelle.

Les différents types d'échelles Caméré sont franchis facilement par tous les poissons voyageurs, Saumons, Truites de mer, Aloses, etc. ; les expériences faites sur plusieurs barrages de la Basse-Seine ont été très satisfaisantes. On ne peut que recommander cet excellent système.

## Échelles à Aloses.

L'Alose est douée d'une grande force musculaire : elle remonte les courants les plus rapides et nage aisément dans les plus violents tourbillons ; mais elle ne saute pas les obstacles avec autant de facilité que le Saumon. Aussi les échelles à cascades lui conviennent-elles moins bien que les échelles à cloisons ou à veines d'eau jaillissantes. Il n'est d'ailleurs nécessaire de lui construire des échelles que pour les chutes dont la hauteur dépasse 1 mètre ; elle remonte aisément un barrage en maçonnerie inférieur à 1 mètre, à condition toutefois que l'inclinaison des talus soit au moins de 1/3 et que la nappe d'eau déversante ait un débit suffisant. Aux États-Unis, c'est surtout pour le passage de l'Alose que l'échelle de Mac-Donald a donné de bons résultats.

## Échelles à Lamproies.

Tous les types d'échelles à Saumons permettent le passage de la Lamproie ; ce poisson franchit du reste assez facilement les barrages en progressant par bonds successifs et en se fixant à l'aide de son suçoir.

## Échelles à Anguilles.

L'Anguille n'ayant pas, comme la Lamproie, la faculté de se fixer après les rochers, ne peut guère franchir les barrages qu'en les contournant, mais cela ne lui est pas toujours possible. Des échelles sont nécessaires pour que le repeuplement naturel s'effectue. M. Caméré a installé sur divers barrages de la Seine des échelles à Anguilles, qui fonctionnent parfaitement ; ces échelles spéciales sont mobiles, elles se composent d'un simple couloir en bois de 0$^m$30 à 0$^m$50 de large sur 0$^m$20 de profondeur, dont le fond est garni de tresses en osier entrelacées, qui ne doivent être recouvertes que de quelques centimètres d'eau ; un petit filet d'eau, venant par le haut, suffit à alimenter ces échelles. Mises en place de

11.

juin à septembre, elles facilitent la montée des petites anguilles.

### Échelles pour les Poissons sédentaires.

Les espèces non migratrices peuvent également profiter des échelles à poissons, car elles ont aussi besoin parfois de remonter les barrages, notamment à l'époque du frai, pour se rendre aux lieux favorables à leur reproduction. Le Goujon se trouve souvent empêché, par les barrages des cours d'eau canalisés, de voyager de bief en bief; la Lotte est souvent localisée dans certaines parties des cours d'eau pour la même raison. D'une façon générale, les échelles à poissons favorisent la répartition régulière des différentes espèces de poissons non migrateurs dans les différents biefs d'un même cours d'eau. Les échelles à cascades ne leur conviennent pas; il faut adopter les échelles à veines jaillissantes ou les échelles à cloisons transversales.

### Conditions de fonctionnement des Échelles.

Parmi toutes les échelles à poissons construites en France, très peu donnent de bons résultats en ce qui concerne la remonte du Saumon. C'est que le problème à résoudre est assez complexe. L'installation, sur un barrage, d'une échelle appartenant à l'un des types précédemment décrits, ne suffit pas pour aplanir toute difficulté. On ne peut préjuger du résultat; même en se rapprochant le plus possible des indications que nous avons données, on ne réussit du premier coup que si l'on est favorisé par les circonstances; la plupart du temps, on est obligé de rechercher les défectuosités de l'échelle installée et de les modifier au fur et à mesure qu'elles sont révélées par un examen attentif. C'est pourquoi la Commission des échelles à poissons, instituée en 1894 pour l'étude de la question, a conclu à l'impossibilité de formuler des règles générales pour la construction des échelles; les dispositions de détail des meilleurs appareils en service sont en effet trop variables. Ainsi, il est bien difficile d'établir une relation entre l'inclinaison et les diverses dimensions des échelles : il existe, dit M. Léon Philippe (*Rapport sur les Échelles à Poissons*), des échelles à cloisons transversales fonctionnant très bien dont la pente est de 1/8 et d'autres où la pente est de 1/30, et cependant les dimensions des ouvertures ménagées dans les cloisons, les dimensions de la prise d'eau, l'écartement des cloisons et la largeur de l'échelle sont à peu près les mêmes.

Mais il y a une condition capitale, qu'il est indispensable d'observer quel que soit le type d'échelle adopté : c'est la position à donner à l'échelle par rapport à la chute. Il faut, avant tout, disposer l'entrée de l'échelle de façon à y favoriser l'accès du poisson ; or, on a remarqué que les poissons migrateurs se rassemblent toujours, pour franchir la chute, aux endroits où l'eau est profonde et le courant très rapide, là où se forment des tourbillons et des remous. L'orifice inférieur d'une échelle doit donc être toujours situé aussi près que possible du pied du barrage ; ce n'est pas en cherchant à profiter d'une pile ou d'un mur de la berge pour y accoler l'échelle qu'on réalisera cette condition, à moins d'un hasard heureux ; avant d'entreprendre toute construction, il faut « étudier avec soin la configuration des lieux et se renseigner, auprès des pêcheurs de la localité, sur les points voisins de la chute où le poisson se tient de préférence » (Philippe). En conséquence, le plan incliné sera, selon les cas, droit, oblique ou replié en escalier, de façon à venir déboucher à l'endroit convenable ; l'exemple est classique d'une des échelles de la rivière de Ballisodare (Irlande) : établie d'abord en ligne droite, elle débouchait à 80 mètres en aval de la cataracte, de sorte qu'aucun poisson n'y pénétrait ; repliée ensuite sur elle-même, afin de ramener son entrée à l'endroit où l'eau bouillonnait, elle fonctionna parfaitement. Quand le barrage coupe obliquement la rivière, l'orifice de l'échelle doit être placé à l'angle d'amont ; souvent, il y a intérêt à attirer le poisson à l'orifice en produisant, à l'aide d'une conduite, une cascade ou un remous artificiel. — Il est nécessaire également que le débit de l'échelle soit abondant pendant toute la période de remonte des poissons, car la nappe d'eau déversante doit être suffisamment épaisse et le courant assez violent à la sortie de l'échelle ; mais, dans l'échelle, le courant doit être égal, uniforme et sa vitesse ne doit pas être excessive.

En tenant compte de ces conditions primordiales, en modifiant les défauts constatés à l'usage et en surveillant constamment les échelles pour les maintenir en parfait état de fonctionnement, on obtiendra vraisemblablement de bons résultats avec tous les types dont nous avons donné la description. Il est facile de s'assurer de l'efficacité d'une échelle ; le poisson franchit rapidement l'appareil, mais pas assez vite pour qu'il ne soit possible de l'apercevoir, et l'on peut compter exactement le nombre de Saumons qui remontent une échelle ; on est ainsi fixé sur l'utilité plus ou moins grande d'un passage. Inutile d'ajouter que la pêche doit être interdite en tout temps aux abords des échelles.

*Prix de revient d'une Échelle.* — Les échelles en maçonnerie occasionnent parfois des dépenses considérables. L'échelle à cascades du barrage de la Guerche, sur la Creuse (Indre-et-Loire) a coûté près de 22000 francs ; c'est là un prix maximum qui s'élève beaucoup au-dessus de la moyenne ; la dépense peut au contraire être minime, tel est le cas d'une échelle à cloisons située sur l'Odet, à Quimper (Finistère), qui a coûté 187 francs. Le prix de revient dépend du mode de construction, de l'emplacement et de la hauteur de chute. Les plans inclinés en bois s'établissent à bon compte, mais leur durée est faible ; en maçonnerie, ils reviennent généralement de 1500 à 3000 francs ; cette dépense, pour élevée qu'elle puisse paraître, ne saurait entrer en ligne de compte avec le bénéfice que procure l'installation de l'appareil.

# LES LACS

Un lac est une nappe d'eau naturelle, ne pouvant être asséchée. Le lac se distingue presque toujours de l'étang par sa plus grande surface et sa profondeur plus considérable; il possède un niveau à peu près constant et son alimentation est en général largement assurée (1).

Les lacs sont surtout nombreux dans les régions montagneuses : Vosges, Alpes, Pyrénées, Plateau Central. Nos lacs français couvrent une superficie évaluée à 20 000 hectares environ ; ils se prêtent à l'exploitation piscicole, excepté ceux — très rares — qui sont situés à une altitude de plus de 2000 mètres ; mais bien peu d'entre eux sont soumis à une pisciculture rationnelle et leur rendement actuel est très loin de ce qu'il devrait être ; tandis que le lac Léven, en Écosse, donne un revenu de 53 fr. 80 par hectare, le lac du Bourget ne se loue que 1 fr. 20 l'hectare et le lac d'Annecy 0 fr. 18 ! Il suffirait d'une exploitation judicieuse pour faire de nos nombreux lacs une importante source de richesse.

L'attention des biologistes est heureusement attirée de plus en plus vers l'étude des lacs. Une science nouvelle, la *Limnologie*, compte déjà d'assez nombreux adeptes, dont les recherches ne peuvent que bénéficier à la culture piscicole des lacs et la rendre plus productive. Il ne suffit pas, en effet, de jeter des œufs et des alevins de poissons dans une nappe d'eau pour assurer sa mise en culture piscicole ; il faut d'abord connaître exactement le milieu à ensemencer et y déterminer les conditions d'existence des êtres aquatiques ; or, les lacs, même les plus voisins, diffèrent profondément et présentent des conditions biologiques très dissemblables ; l'étude scientifique doit précéder et préparer la route à la pratique piscicole. C'est

(1) On peut, avec MM. Bruyant et Eusebio, désigner sous le nom de *lacs-étangs* les nappes d'eau peu profondes, dont la profondeur est inférieure à la limite de végétation.

pourquoi nous croyons utile de donner ici quelques éléments
de Limnologie.

## LIMNOLOGIE

La Limnologie est la science des lacs; elle a pour objet
leur étude générale physique et biologique et représente la
synthèse des études géographiques, physiques, chimiques et
naturelles appliquées aux lacs. Son programme est des plus
vastes; il comporte des travaux topographiques, géologiques
et hydrographiques, des déterminations chimiques et physiques, des recherches statistiques et biologiques.

*Le Fond des Lacs*. — On envisage, dans un lac, trois sortes
de profondeurs : la profondeur maximum, la profondeur rela-

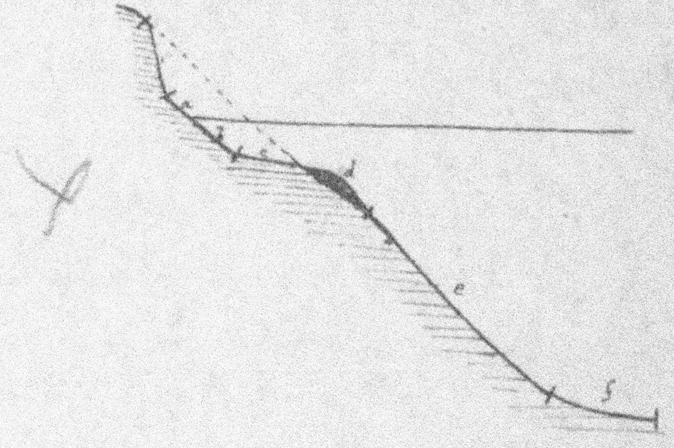


Fig. 68. — Profil d'un lac.

*a*, grève exondée ; *b*, grève inondée ; *c*, beine ; *d*, mont ; *e*, talus ;
*f*, plaine ou plafond.

tive et la profondeur moyenne. La plus importante est la *profondeur moyenne* : c'est le rapport du volume total des
eaux à leur superficie ; ainsi, pour le lac Léman, on a :

$$\frac{\text{volume des eaux}}{\text{surface}} = \frac{88\,920 \text{ kilomètres cubes}}{58\,236 \text{ kilomètres carrés}} = 153^m7 \text{ de pro-}$$

fondeur moyenne. Les petits lacs de montagne sont ceux qui
ont, en général, la profondeur moyenne la plus élevée. La

*profondeur relative* est donnée par le rapport de la profondeur relative maximum à la racine carrée de la superficie.

Le fond d'un lac, c'est-à-dire le sol immergé, présente un *profil*, qui est toujours le même dans ses grandes lignes. Il se divise en plusieurs régions distinctes :

la *grève inondée*, qui est la continuation directe sous l'eau de la grève non immergée; son inclinaison est assez forte et varie de 10 à 20 p. 100 ;

la *beine*, surface plane presque horizontale ;

le *mont*, talus d'éboulement de la beine ; son inclinaison, très accentuée, va jusqu'à 60 p. 100;

le *talus*, qui représente le profil primitif de la cuvette lacustre non altéré par les vagues ;

la *plaine* ou *plafond*, étendue plus ou moins vaste, remarquablement plate et uniforme.

**Les Eaux des Lacs.** — Les eaux des lacs sont à étudier sous le rapport de la température, de la transparence, de la couleur et de la composition chimique. La *température* est le plus important des facteurs bionomiques; elle exclut ou favorise dans un lac donné l'établissement de tels ou tels organismes; ses variations périodiques ou accidentelles exercent sur le plancton une action assez forte pour qu'une différence de quelques degrés change du tout au tout l'abondance et la composition de la faune en un même point (Pruvot). Il y a d'abord à considérer les variations annuelles de la température qui sont dues à l'alternance des saisons ; le maximum a lieu en août, le minimum en février. Il existe aussi des variations journalières, qui résultent de l'échauffement des eaux pendant le jour et de leur refroidissement pendant la nuit; seule, une couche superficielle, nettement séparée des eaux sous-jacentes est soumise à ces variations diurnes et nocturnes; au-dessous de cette couche, qui a ordinairement de 10 à 15 mètres d'épaisseur, la température des eaux devient brusquement plus basse et va en décroissant régulièrement vers la profondeur. Dans le sens horizontal, la température est sensiblement la même pour une même couche dans les lacs de peu d'étendue; mais elle est susceptible de varier, surtout sous l'action du vent, dans les bassins plus étendus. Les eaux profondes peuvent voir encore leur température varier avec l'apport des affluents.

La transparence des eaux est d'autant plus faible que les lacs sont moins profonds et qu'ils sont alimentés par des eaux plus troubles. Elle se mesure avec le *disque de Secchi*, simple disque blanc que l'on immerge peu à peu; le coefficient de transparence est donné par le double de la distance à laquelle le disque cesse d'être visible. La transparence varie beaucoup suivant les saisons; elle dépend aussi de la quantité de matières en suspension dans l'eau, par suite de la densité du plancton et de la quantité d'alluvions; en général, elle est d'autant plus grande que le lac est plus bleu; les lacs jaunes du Jura sont parmi les moins transparents.

La couleur des lacs va du bleu presque pur, que présentent les lacs des hautes montagnes, au vert (lac de Neuchâtel), au jaune (lacs du Jura) et même au brun noirâtre (lacs de l'Allemagne du Nord et lochs d'Écosse). Elle est liée, dans une certaine mesure, à la vie organique, mais dépend surtout de la nature des alluvions impalpables tenues en suspension. Les eaux vertes sont moins perméables à la lumière que les eaux bleues, les eaux jaunes le sont encore moins; on comprend donc que la coloration influe sur la répartition de la population des eaux. La couleur s'apprécie à l'aide de *xanthomètres*, gammes de tubes colorés qui servent de points de comparaison.

La composition de l'eau varie d'un lac à un autre, suivant la nature des roches encaissantes, la composition de l'eau des affluents, etc. Le degré de minéralisation, de même que la teneur en matières organiques, paraît être d'ordinaire en raison inverse de la profondeur. La quantité de matières dissoutes est plus considérable dans les couches inférieures qu'à la surface. Les gaz dissous sont, dans les lacs assez vastes et assez profonds, exclusivement les gaz de l'atmosphère; la respiration des êtres aquatiques et les fermentations donnent naissance à une quantité considérable d'acide carbonique, qui s'accumule surtout dans les couches profondes.

***Régions Bionomiques***. — La répartition de la faune et de la flore permet de distinguer, dans la masse d'eau des lacs, trois régions, qui subissent différemment les influences extérieures :

la région *littorale*, dont la zone superficielle possède une flore et une faune extrêmement riches ;

la région *pélagique* ou *limniale*, qui est à la fois éloignée de la rive et du fond, et qui renferme la presque totalité des poissons et du plancton ;

la région profonde ou *abyssale*, qui se trouve au-dessous de la limite de pénétration de la lumière.

***Classification des Lacs***. — Les lacs se répartissent en plusieurs catégories, selon leur altitude et leur situation. Les lacs de montagne sont généralement petits, à profondeur relative considérable, à talus en pente raide, sans plaine centrale ; leurs eaux sont froides, peu aérées ; la végétation et la faune y sont toujours peu développées, beaucoup même sont inhabités. Les lacs en bordure des massifs montagneux ont une étendue plus grande, en général, que les précédents, mais leur profondeur relative est moindre ; leur faune est plus variée et plus riche ; tels sont les lacs de Genève, de Neuchâtel, etc. Les lacs de plaine sont simplement interposés sur le cours moyen ou inférieur d'une rivière ou d'un fleuve. Viennent enfin les lacs littoraux qui ont été formés plus récemment, sur les côtes basses, par la formation d'un cordon littoral qui les a isolés de la mer.

## PRINCIPAUX LACS FRANÇAIS

La France compte plus d'un millier de lacs, qui se répartissent géographiquement en huit groupes : Alpes, Jura, Vosges, Plateau Central, Pyrénées, littoral de l'Atlantique, littoral méditerranéen, régions diverses.

### Lacs de la Savoie

**Lac du Bourget**. — Le lac du Bourget (fig. 69), situé près d'Aix-les-Bains, a une superficie de 4462 hectares ; il se trouve à une altitude de 231 mètres ; il a 18 kilomètres de longueur sur 1500 à 3500 mètres de largeur ; sa profondeur maxima est de

145m 10. Ce lac reçoit les eaux du Rhône, pendant environ soixante jours, par l'intermédiaire du canal de Savières, qui le reste du temps conduit ses eaux dans le Rhône ; ce canal joue donc alternativement les rôles d'affluent et d'émissaire. Le lac du Bourget renferme d'assez nombreuses espèces de poissons, dont les principales sont : le Lavaret, la Truite, l'Omble-Chevalier, la Perche. La pêche de ce lac n'est louée que 5 000 francs.

**Lac d'Aiguebelette**. — Ce lac, le quatrième de France, est situé à 20 kilomètres de Chambéry, à une altitude de 376 mètres ; il couvre une surface de 545 hectares ; sa profondeur maxima est de 71m 10. On y trouve en abondance le Lavaret, la Perche, le Gardon, la Brème et le Brochet. Le Lavaret, qui avait disparu de ce lac, y fut réintroduit il y a une trentaine d'années et s'y pêche régulièrement depuis. Le lac d'Aiguebelette est exploité par une société de pêcheurs qui délivre des permis de pêche annuels, trimestriels ou mensuels et même des tickets donnant le droit de pêche pendant une journée. Pour éviter la disparition du Lavaret, cette société a installé un petit laboratoire de pisciculture où se fait l'incubation des œufs de ce Corégone.

Le département de la Savoie possède un grand nombre d'autres lacs, mais peu étendus, parmi lesquels on peut citer le *lac de Tignes*, dans la vallée de l'Isère (32 hectares), et le pittoresque *lac de la Girotte*, près de Hauteluce (vallée de Beaufort) ; tous deux produisent d'excellentes Truites.

## Lacs de la Haute-Savoie.

**Lac de Genève**. — Le lac de Genève ou Léman appartient en partie à la Suisse (cantons de Genève et de Vaud), en partie (les deux cinquièmes) à la France ; sa rive sud est française. Il est situé à 375 mètres d'altitude ; sa longueur est de 70 kilomètres environ et sa largeur est comprise entre 2 181 mètres et 13 935 mètres ; sa superficie est de 58 236 hectares et sa profondeur atteint un maximum de 309 mètres.

Ce magnifique lac, très étudié par les limnologues et les ichtyologues, est habité par vingt-neuf espèces de poissons,

dont plusieurs très estimées, telles que la Féra, la Truite,
l'Omble-Chevalier, la Lotte, le Brochet, la Perche.

**Lac d'Annecy** (1). — Ce lac, un des plus pittoresques de
France, est situé à une altitude de 446 mètres; sa surface est
de 2704 hectares, sa longueur de 14 kilomètres et sa largeur
maxima de 3$^{km}$300. Il se compose de deux bassins à fond

Fig. 69. — Le Lac du Bourget (Savoie).

plat appelés « Grand Lac » et « Petit Lac »; le premier a environ 10 kilomètres de longueur sur 3$^{km}$300 de largeur
maxima, avec une profondeur de 64$^m$70 ; le second a
4 kilomètres de long sur une largeur maxima de 1$^{km}$5, avec
une profondeur de 55$^m$20 ; ils sont séparés par une barre
rocheuse au-dessus de laquelle la profondeur est de 49$^m$60.

(1) Nous avons emprunté une grande partie de ces renseignements à une notice manuscrite sur le lac d'Annecy, due à M. Car-
tier-Saint-René, ingénieur agronome.

La direction générale du bassin est N. W.-S. E. Le lac reçoit plusieurs tributaires, dont les principaux sont l'Eau-Morte et le Laudon ; il existe en outre un affluent sous-lacustre, le Boubioz ; la petite rivière du Thioux déverse les eaux du lac dans le Fier, à 4 kilomètres d'Annecy. La température des eaux ne dépasse pas en été + 22° à la surface et tombe rarement en hiver en dessous de + 1° ; la transparence de l'eau varie entre 6m 30 et 13 mètres. La faunule et la florule du lac sont assez bien pourvues ; mais le nombre des espèces de poissons est restreint ; on y trouve, par ordre décroissant d'importance : le Gardon pâle, la Perche, l'Omble-Chevalier (introduit dans le lac en 1890), la Tanche, la Lotte, la Truite, la Féra (introduite en 1888), la Carpe et le Chevaine. La pêche du lac d'Annecy se loue pour un prix dérisoire ; la dernière adjudication s'est élevée à 480 francs ! L'administration des Eaux et Forêts a pris, depuis quelques années, d'utiles mesures pour tirer de ce beau lac un meilleur parti : elle y a lancé notamment des alevins de Truite.

## Lacs de l'Isère.

Le **lac de Paladru**, dans l'arrondissement de la Tour-du-Pin, est à une altitude de 500 mètres ; sa superficie est de 390 hectares. Il a une longueur de 5 kilomètres, une largeur de 1 kilomètre et une profondeur de 25 à 30 mètres.

La petite rivière de la Fure lui sert de déversoir.

Ce lac est très poissonneux ; on y trouve : Carpe, Brochet, Omble-Chevalier, Perche, Vandoise, Gardon, etc.

Les trois **lacs de Laffrey** sont situés entre La Mure et Vizille ; le Grand Lac et le lac du Petit-Chat se déversent dans la Romanche, et le lac de Pierre-Châtel dans un affluent du Drac.

Le Grand Lac a une superficie de 126h90 ; sa profondeur maxima est de 39m30 ; il est à une altitude de 911 mètres.

Le Petit-Chat a 80 hectares ; profondeur maxima : 19m 20 ; altitude : 930 mètres ; il s'écoule dans le Grand-Lac.

La faune naturelle se compose de Perches, Tanches et Vérons. Le Grand-Lac a été peuplé en Truites.

Fig. 79. — Le lac d'Allos (Basses-Alpes).

**Les lacs des Sept-Laux**, au-dessus d'Allevart, sont à une altitude variant de 2400 mètres à 2800 mètres. Les principaux de ces lacs sont : le *lac Noir*, le *lac de la Motte*, le *lac Cotepen*, le *lac Blanc*, le *lac de Cos ou du Col*, le *lac de la Corne* et le *lac de la Sagne*. Ils sont peuplés de Truites, de Vérons et de Chabots.

Le lac Lovitel, dans l'Oisans, a 23 hectares. Vers 1770, le curé Garden y plaça des Truites qui, depuis, se sont très bien multipliées.

### Lacs des Basses-Alpes.

**Le lac d'Allos** (fig. 70) est à 28 kilomètres de Barcelonnette, dans la haute vallée du Verdon (bassin de la Durance). Il est situé à une altitude 2 239 mètres et a 68 hectares de superficie.

### Lacs du Jura.

Les principaux lacs du Jura sont :

Le lac de Saint-Point : 398 hectares ; longueur $6^{km}3$, largeur $0^{km}800$ ; — le lac de Nantua : 144 hectares ; longueur $2^{km}5$, largeur 650 mètres ; — le lac de Chalain, 231 hectares ; — et le lac de Sylans, longueur $2^{km}100$, largeur 300 mètres.

### Lacs des Vosges.

**Lac de Gérardmer**. — Ce beau lac a une superficie de 115 hectares. Il a 2 kilomètres de long sur 750 mètres de large ; sa profondeur maximale est de $36^m20$.

Les eaux du lac de Gérardmer se jettent dans la Vologne par la Jamagne.

**Le lac de Longemer** (fig. 71) couvre 75 hectares. Il a $1^{km}900$ de longueur sur 520 mètres de large. Profondeur maximale : $29^m50$. Il est rempli par la Vologne.

Citons encore : le petit lac de Retournemer, situé au milieu d'un charmant paysage ; profondeur, 51 mètres ; surface, $5^h500$, — et le petit lac des Corbeaux. La plupart des autres lacs des Vosges sont en voie de disparition ; la tourbe les envahit.

Fig. 17. — Lacs de Retournemer et de Longemer (Vosges).

### Lacs d'Auvergne.

L'Auvergne présente une région riche en lacs ; on en compte une vingtaine, groupés sur les pentes orientales et méridionales des Monts Dômes et du Mont-Dore. On y distingue : les *lacs-cratères*, comme le Pavin et le Chauvet, caractérisés par leur forme régulièrement circulaire et leur profondeur considérable ; les *lacs de barrage*, sortes d'étangs naturels dont la chaussée est due à des causes diverses (lac d'Aydat, lac de la Landry, lac de Guéry, etc.) ; les *lacs-tourbières* (les Esclauzes) ; les *lacs glaciaires* (la Crégut).

Tous ces lacs, aux caractères si variés, sont appelés à jouer un rôle piscicole important. Ils constituent, dit M. Bruyant, d'immenses viviers naturels, d'inépuisables réservoirs, capables d'assurer le repeuplement des deux importants bassins qui se partagent la région environnante : le bassin de l'Allier et celui de la Dordogne.

**Le lac Pavin**. — Le lac Pavin est situé à 4 kilomètres de Besse (Puy-de-Dôme).

Le Pavin, encaissé par de hautes murailles boisées, est le plus caractéristique et le plus étrange des lacs du Plateau Central (fig. 72). Il est à une altitude de 1197 mètres. Le lac est à peu près circulaire et son diamètre mesure environ 750 mètres ; la surface est de 44 hectares et le volume de 22 987 000 mètres cubes ; la profondeur maximale atteint 92$^m$10.

Ce lac gèle à la surface pendant quelques mois tous les ans, en général de janvier à fin mars. La couleur de ses eaux le fait classer parmi les lacs verts ; elles sont d'une grande transparence.

Les rives du Pavin sont excessivement abruptes. Aussi, les formations littorales sont-elles très réduites : la *beine* ne mesure que quelques mètres. La flore se compose de prêles, de myriophylles, de callitriches, de renouées, de renoncules, de potamots, de charas, de fontinalis, de diatomées ; la faune, de daphnies, cyclops, vorticelles, etc.

Faune ichtyologique : La faune naturelle du Pavin était réduite à l'Épinoche, au Vairon et au Goujon. Les premières tentatives d'empoissonnement eurent lieu en 1859 ; elles furent

Fig. 72. — Le lac Pavin (Auvergne).

dues à Rico et Lecocq, qui mirent dans le lac : 92 000 Truites, 20 000 Saumons communs, 18 Saumons beuchés, 8 000 Ombles-Chevaliers, 130 Cyprinides (Gardons et Tanches) et 200 Écrevisses adultes. D'autres alevins furent introduits à nouveau en 1860 et 1864.

Depuis, le Pavin a reçu : en 1884, 8 000 alevins de Truite provenant d'œufs fécondés au lac même et de reproducteurs pris dans ses eaux, et 200 alevins de Saumon commun ; — en 1885, 7 000 alevins, dont 2 000 de Truite Loch Leven provenant d'Écosse et 5 000 de Truite du lac Pavin ; — en 1886, 6 000, dont 2 000 de Saumon de Fontaine et 1 000 de Truite arc-en-ciel ; — en 1887, 5 000 alevins de Truite, dont 1 000 de Truite arc-en-ciel, plus 1 000 alevins de Corégone Marène ; et ainsi de suite, très régulièrement, les empoissonnements ont eu lieu tous les ans, jusqu'en 1898.

« Actuellement, écrivaient en 1904 MM. Bruyant et Eusebio, la population ichtyologique du Pavin paraît bien amoindrie. La Truite cependant s'y prend encore, elle y est de fort belle taille et pèse en moyenne de 2 à 3 kilogrammes ; les exemplaires de 8 à 10 livres ne sont pas exceptionnels. Mais l'Omble-Chevalier, que l'on prenait assez fréquemment il y a quelques années, a considérablement diminué. Toutes les autres espèces introduites ont disparu ; du moins, depuis trois ans, nous n'en avons pas vu prendre un seul exemplaire. L'Écrevisse s'y est maintenue ; les pêcheurs l'accusent de dévorer les appâts mis aux lignes de fond, même à une profondeur considérable. »

**Le lac Chauvet**. — Ce lac est au pied des puys des Bois-Noirs, à une altitude de 1 166 mètres. Il s'étend sur une surface de 53 hectares ; sa largeur est de 770 mètres et sa plus grande longueur 870 mètres ; sa profondeur maximale atteint 63$^m$20. Le volume d'eau est de 17 328 000 mètres cubes.

Ce lac gèle en hiver sur une épaisseur considérable et, dans certaines années, ne devient libre qu'au mois de mai ; la température de l'eau est de 5° en mai et 16° seulement à la fin d'août, à la surface. C'est un lac vert.

Les rives du Chauvet sont beaucoup moins abruptes que celles du Pavin. La beine y est assez large.

Flore : renoncules, myriophylle, trèfle d'eau, littorelle,

renouée amphibie, cératophylle, potamots, scirpe des étangs, carex, roseau commun, etc.

Faune : limnée, ancyle, crevette d'eau douce, daphnie, cyclops, aselle, etc.

FAUNE ICHTYOLOGIQUE : La faune naturelle était primitivement constituée par la Perche et le Vairon ; mais elle a été complétée par l'acclimatation de nombreuses espèces, grâce aux efforts du propriétaire du lac, M. Berthoule.

Le lac Chauvet, disent MM. Bruyant et Eusebio, peut être cité comme l'exemple le plus frappant des résultats que la culture rationnelle d'un lac est capable de donner. M. Berthoule possède à Besse un petit laboratoire de pisciculture, où il fait éclore des œufs de Salmonides ; les alevins éclos sont transportés au lac chaque année, vers le commencement de l'été seulement, car la basse température des eaux rend l'incubation des œufs extrêmement longue (elle dure trois mois au moins). Depuis l'hiver 1869-1870, le lac a été régulièrement ensemencé avec des alevins de Saumon, d'Omble-Chevalier, de Truite, de Corégones et autres espèces de Salmonides ; une soixantaine de Tanches adultes, de 200 à 300 grammes, ont été également jetées dans le lac. Les Saumons ont disparu sans laisser de traces. Les Ombles-Chevaliers et les Féras se prennent très rarement, faute sans doute de filets spéciaux, car ces poissons ne s'écartent guère des grands fonds. La Tanche s'est bien propagée. Les Truites se sont parfaitement multipliées ; elles s'accroissent rapidement jusqu'à un maximum de 3$^{kg}$500.

L'Université de Clermont a fondé à Besse, en 1899, une station limnologique. Cette station possède le lac Pavin et le lac Chambon ; elle est admirablement placée pour l'étude de la région lacustre d'Auvergne.

Parmi les autres lacs d'Auvergne citons : le lac D'ANGLARD ou de BOURDOUZE, le lac D'AYDAT, le lac CHAMBON, le lac de la CRÉGUT, le lac des ESCLAUZES, les lacs de la GODIVELLE, le lac de GUÉRY, le lac de la LANDY, le lac de MONTCINEYRE, le lac de SERVIÈRES et le lac de TAZANAT.

## Lacs des Pyrénées.

Les principaux lacs de la région pyrénéenne appartiennent au département des Hautes-Pyrénées. Citons :

le LAC BLEU ou de Lesponne; superficie, 47 hectares; profondeur 120$^m$ 70 ;

le LAC DE CAILLAOUAS, 39 hectares;

le LAC D'ORÉDON, 43 hectares;

le LAC DE LOURDES, 50 hectares;

le LAC DE MIGUELOU, 25 hectares.

Dans les Basses-Pyrénées, se trouve le LAC D'ARTOUSTE, 40 hectares ; dans les Pyrénées-Orientales, le LAC LANOUX, 84 hectares ; dans l'Ariège, le LAC DE NAGUILLE, 47 hectares; dans la Haute-Garonne, le LAC D'OO, 37 hectares.

# LES ÉTANGS

*Définition*. — Nous appellerons étang une étendue d'eau, d'importance variable, créée artificiellement — c'est-à-dire retenue par une digue dans une dépression de terrain — et que l'on peut assécher à volonté.

*Historique*. — L'établissement des étangs remonte à une haute antiquité. Les Chinois et les Égyptiens, peuples essentiellement agricoles, tiraient parti des eaux en constituant des bassins artificiels, afin de prévenir les inondations, d'assurer l'irrigation des terres et aussi d'y pratiquer l'élève du poisson, qu'ils considéraient comme une ressource alimentaire de premier ordre. Les Romains se livrèrent à la pisciculture naturelle d'une façon intensive et ils installèrent des viviers demeurés célèbres par leur richesse et leur multiplicité.

En France, la majeure partie des étangs fut créée au Moyen Age. Les couvents et communautés religieuses, en nombre considérable à cette époque, créèrent des étangs sur leurs vastes domaines, dans le but de fournir aux populations le poisson et les oiseaux aquatiques destinés à l'observance rigoureuse des prescriptions relatives aux jours maigres ; la facilité d'exploitation des étangs ne pouvait d'ailleurs que favoriser leur extension. C'est surtout à partir du xiii° siècle que les étangs prirent un grand développement dans notre pays. Mais, vers la seconde moitié du xviii° siècle, une réaction se produisit contre ce mode d'exploitation du sol ; on se mit à dessécher nombre de nappes d'eau, par mesure de salubrité publique, et la Convention alla même jusqu'à ordonner (an II) le desséchement général des étangs, mesure d'ailleurs inapplicable et inappliquée.

Le nombre des étangs a bien diminué depuis la Révolution ; mais leur superficie actuelle peut être encore estimée, très approximativement, à 140 000 hectares. Dans la Dombes et la Bresse (Ain), on compte environ 40 000 hectares d'étangs ; en Sologne (Cher, Loir-et-Cher, Loiret), il existe 1 370 étangs, avec une surface de 17000 hectares ; la Brenne (Indre) compte 950 étangs occupant 5600 hectares. Les départements possédant le plus grand nombre d'étangs sont ensuite : Jura, Saône-et-Loire, Allier, Nièvre, Lot, Haute-Vienne, Corrèze, Maine-et-Loire, Marne, Vosges, Meurthe-et-Moselle, Meuse, Aube, Haute-Marne, Doubs, Somme, Eure, Seine-Inférieure et Landes.

*Rôle des Étangs*. — Les étangs présentent un grand intérêt au point de vue agricole. En pisciculture, ils sont d'un appoint précieux aux ressources alimentaires, malheureusement en diminution constante, que produisent les fleuves et les canaux ; les étangs situés dans le voisinage des cours d'eau peuvent contribuer puissamment au repeuplement de ceux-ci en leur fournissant, dans d'excellentes conditions, de grandes quantités d'alevins suffisamment âgés (1). Les étangs constituent une annexe non négligeable de l'exploitation rurale ; ils permettent de tirer un bon parti de sols ingrats à cultiver et donnent, par les plantes diverses qui poussent sur leurs bords, des ressources utilisées par le bétail, soit comme fourrage, soit comme litière, ou employées par l'industrie (cannage de chaises, etc.). Au point de vue économique, les étangs, quand ils sont de grande étendue, jouent le rôle précieux de réservoirs pour l'alimentation des canaux de navigation ou de régulateurs pour les cours d'eau ; ils servent, dans certains cas, à l'irrigation des prairies, au flottage des bois ou au fonctionnement des usines.

Cette importance agricole et industrielle des étangs est compensée toutefois par leurs effets sur la santé publique. On leur a reproché d'être des foyers d'insalubrité et de propager autour d'eux les fièvres paludéennes ; il est certain que les étangs de la Dombes, de la Bresse, de la Brenne et de la Sologne ont influé jadis d'une façon déplorable sur l'état sanitaire des populations, et que leur assèchement partiel a entraîné l'assainissement de ces contrées. Mais il faut bien reconnaître que tous les étangs ne sont pas insalubres ; seuls des étangs peu profonds, établis sur un sol à pente insuf-

(1) Voy. le chapitre consacré au Repeuplement des cours d'eau.

tisante où, pendant la sécheresse, stagne une eau fangeuse,
seuls ces étangs, ou pour mieux dire ces espaces marécageux,
rendent un pays malsain. Il n'en est pas de même des étangs
profonds, abondamment alimentés et dont l'écoulement des
eaux se fait aisément et promptement.

***Création d'un Étang***. — La création d'un étang est une
opération toujours assez coûteuse ; il y a lieu d'y renoncer
quand il s'agit de creuser de toutes pièces un sol à peu près
plat. Il n'est avantageux d'y procéder que si l'on peut
profiter d'une dépression du sol et barrer, par exemple, un
vallon étroit, profond et bien arrosé ; c'est de cette façon
qu'ont été créés, dans les vallées montagneuses, les nombreux
petits étangs qui servent surtout à assurer le fonctionnement
des usines.

Il faut donc, avant tout, tenir compte de la *configuration
du terrain*. La pente présentée par celui-ci doit être d'au moins
4 centimètres par mètre, car la condition essentielle du bon
fonctionnement d'un étang est, comme nous le verrons par
la suite, l'écoulement prompt et facile de ses eaux. La
*nature du sol* est ensuite le point important dont il faut se
préoccuper ; le fond de l'étang doit être imperméable, parfaitement étanche, qualités que réalisent très bien les sous-
sols argileux ; la composition du sol influe aussi sur la végétation des plantes aquatiques, si nécessaires à l'existence des
poissons, et, à ce point de vue, les marnes riches en humus
constituent les meilleurs fonds d'étangs. La *nature des eaux*
qui alimenteront l'étang doit être examinée avec soin sous
le rapport de la température, de la pureté et de la composition
chimique, aussi bien que sous le rapport de leur provenance.
On peut avoir affaire à un cours d'eau, à des sources ou à des
eaux de pluie ; le mode d'alimentation par les eaux pluviales
est à écarter, en principe, à cause de son incertitude : il
ne permet pas de régler le niveau de l'eau, et expose un
étang aux sécheresses aussi bien qu'aux inondations ; l'eau
de rivière ou de ruisseau est préférable à celle de source,
moins aérée et moins riche en substances nutritives ; un
petit ruisseau convient à merveille, car d'ordinaire il donne
une eau très limpide, ne contenant pas de limon en suspen-

sion. La mise à sec d'un étang est indispensable pour réaliser une exploitation rationnelle ; aussi le cours d'eau destiné à alimenter l'étang doit-il, autant que possible, ne pas traverser celui-ci : l'eau doit être amenée par un canal de dérivation (en quantité suffisante, bien entendu, pour mettre l'étang à l'abri de la sécheresse pendant la période des grandes chaleurs).

Bief. — Les conditions que nous venons d'indiquer étant remplies, il reste, pour établir l'étang, à barrer la vallée au moyen d'une digue élevée au point le plus bas. Mais, auparavant, on a soin en général de creuser un *bief* suivant le thalweg ou ligne de plus grande pente de la vallée ; c'est une sorte de ruisseau large de 2 à 3 mètres, profond de 30 centimètres, dont la pente ne doit pas dépasser plus de 5 millimètres par mètre, et qui parcourt l'étang dans toute sa longueur ; à ce bief, aboutissent de petits fossés transversaux, des rigoles, qui partent des différents points de l'étang, en suivant aussi la direction de la plus grande pente des parties latérales de l'étang ; à quelques mètres de la digue, le bief est élargi et forme un réservoir, un peu plus profond que le bief, auquel on donne le nom de pêcherie (fig. 73). Tout ce système de fossés convergents est destiné à faciliter la pêche de l'étang, en faisant affluer les eaux vers le même point ; quand on fait baisser le niveau de l'eau, les poissons se retirent au fur et à mesure dans les fossés latéraux, qui les conduisent au bief, par lequel ils viennent se rassembler dans la pêcherie. Ces rigoles d'écoulement favorisent aussi l'assèchement du sol, lorsque l'étang doit être mis en culture.

Pêcherie. — La *pêcherie*, encore appelée *poêle*, est, comme nous venons de le voir, le réservoir formé par l'élargissement du bief devant la digue ; c'est la partie la plus profonde de l'étang : elle a de 30 à 60 centimètres de profondeur de plus que les parties les plus profondes de l'étang ; sa largeur est comprise entre 5 et 10 mètres ; quant à sa superficie, elle varie avec les dimensions de l'étang : elle est de 8 à 12 mètres carrés par hectare pour un étang de 1 à 10 hectares, de 15 à 20 mètres carrés par hectare pour un étang de 10 à 15 hectares, et de 20 à 25 mètres carrés par hectare pour un étang de 15 à 20 hectares ; quand l'étang dépasse 20 hectares, on donne

à la pêcherie autant de fois 40 mètres carrés que l'étang
compte d'hectares. Les parois de la pêcherie sont garnies de
planches ou de pierres ; le fond est pavé en pierres sèches ou

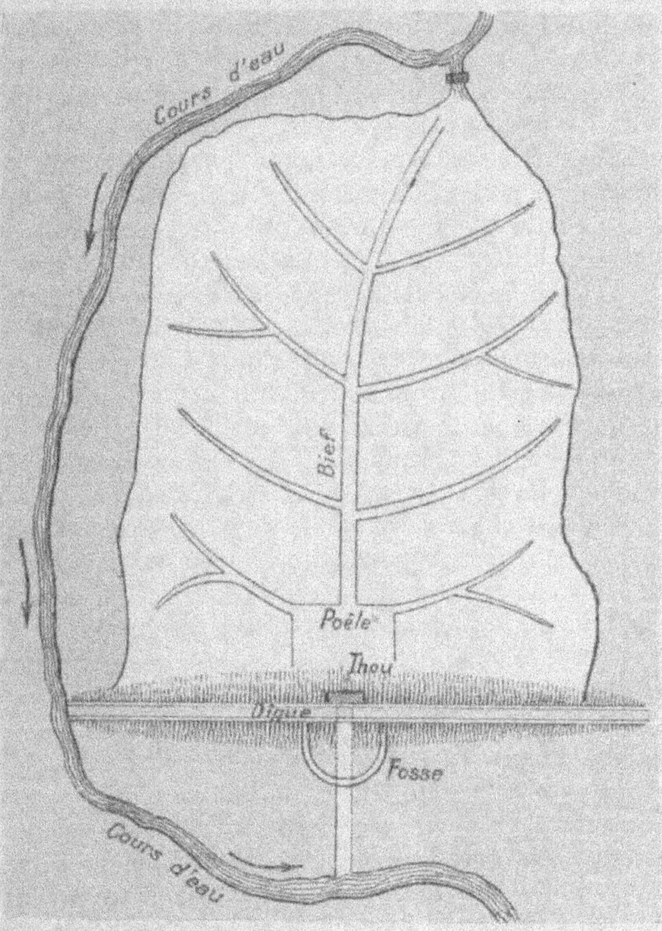


Fig. 75. — Plan schématique d'un étang (d'après Raveret-Wattel).

garni de planches, ou encore recouvert d'une couche de sable
et de gravier de 20 à 30 centimètres d'épaisseur. Un étang peut,
exceptionnellement, ne pas être muni de pêcherie, malgré
l'utilité indiscutable de celle-ci. De même que l'étang, la

pêcherie doit pouvoir être mise complètement à sec ; après chaque pêche, elle doit être nettoyée à fond. Au lieu d'être constituée par un réservoir unique où l'encombrement des poissons est à craindre, la pêcherie est parfois divisée en deux ou trois bassins successifs, situés alors de l'autre côté de la digue, en dehors de l'étang ; des grilles, de grosseurs différentes, séparent ces bassins, de façon à isoler au moment de la pêche les poissons de grande, de moyenne et de petite taille. La pêcherie sert non seulement à rassembler les poissons quand on pêche l'étang, elle offre encore aux poissons un refuge contre les grands froids et les fortes chaleurs.

Digue. — La *digue* ou *chaussée* a pour but de retenir les eaux de l'étang. De ce fait, elle supporte de grandes pressions et doit être construite très solidement. Elle doit reposer sur un terrain ferme et imperméable ; quand on a des doutes sur la résistance du terrain aux infiltrations, on a soin, avant d'élever la digue, de creuser à l'endroit qu'elle doit occuper sur toute sa longueur, un fossé de $0^m 50$ de profondeur, dans lequel on empile de la terre argileuse bien pétrie ; puis on continue, au fur et à mesure que la digue s'élève, à pilonner de la glaise pétrie, de façon à faire un mur central jusqu'au niveau futur de l'eau. On utilise ordinairement à la construction de la digue, les terres qui proviennent du creusement des fossés d'écoulement et de la pêcherie, bien que la maçonnerie soit préférable ; quand l'étang est de grande étendue, il y a intérêt à revêtir la digue d'un perré, c'est-à-dire d'un revêtement en pierres sèches ; on peut se contenter, il est vrai, de la protéger contre les vagues à l'aide d'un gazon très serré ou avec des clayonnages en roseaux. Il n'est pas à conseiller de planter des arbres du côté de la digue qui regarde l'étang, à cause des racines, qui finissent par pourrir et occasionnent des fuites. — Le profil à adopter pour une digue d'étang n'est pas arbitraire ; on lui donne toujours la forme d'un trapèze (fig. 74), dont les dimensions présentent en général les rapports suivants : la pente du talus aval — celui qui ne sera pas baigné par l'eau — est de 1 à 2 de base pour 1 de hauteur, et le talus amont — celui dirigé du côté de l'étang — a 3 de base pour 1 de hauteur ; la crête de la digue doit

avoir une largeur de 1 à 2 mètres, et s'élever, selon l'étendue
de l'étang, de 0m50 à 1 mètre au-dessus du niveau maximum
de l'eau.

Sur l'un des côtés de la digue, il est utile d'établir un *déver-*

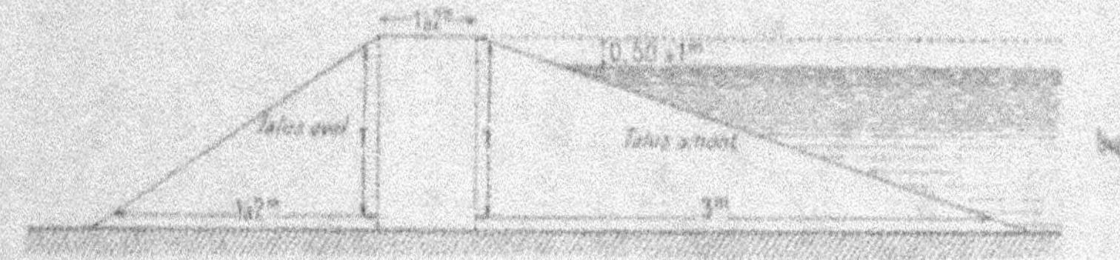

Fig. 74. — Profil d'une digue d'étang.

soir aussi large que possible, pour rejeter le trop-plein de
l'étang dans le cas de crues exceptionnelles ; dans le cas de
fortes pluies, par exemple, le niveau des étangs peut augmenter très rapidement et les pressions à la base de la chaussée

Fig. 75. — Déversoir ou Èbie d'un étang de la Dombes.

deviendraient trop fortes sans la présence d'ouvertures destinées à évacuer le trop-plein ; le seuil du déversoir pourra
être à 1 mètre au-dessous du niveau de la digue, de façon que
l'eau puisse s'écouler sans se déverser par-dessus le talus

aval ; on le surmonte d'une grille pour empêcher le passage des poissons (fig. 75). Dans la Dombes, les digues sont percées d'ouvertures appelées *ébies*, dont la forme et les dimensions varient avec les étangs, leur configuration et leur profondeur. Elles sont fermées par des *daraises* qui sont constituées par des *fagoltées* (fagots de menu bois) ou par des grilles en fer. Les grands étangs ont jusqu'à 7 et 8 daraises.

CANAL DE DÉCHARGE. — En construisant la digue, on établit, à l'endroit le plus profond de la pêcherie, une conduite ou

Fig. 76. — Thou en maçonnerie.

une galerie en maçonnerie en forme de voûte, destinée à vider l'étang (fig. 76). Ce *canal de décharge, d'évacuation* ou *de fuite* traverse la digue ; du côté de la pêcherie, il est fermé par une vanne ou un clapet ; une bonde placée sur le milieu de son parcours permet de l'ouvrir et de le fermer à volonté ; à cet effet, il est composé de deux galeries : une galerie aval, qui débouche au fond d'un puits pratiqué au milieu de la digue, et une galerie amont qui débouche dans ce puits au-dessus d'une dalle en pierre qui recouvre la galerie aval ; cette dalle est percée d'un orifice conique, qui permet de laisser écouler dans le sens vertical l'eau amenée par la galerie amont ; cet orifice ou *œil* est fermé hermétiquement par une *bonde* :

tampon de bois en forme de tronc de cône, manœuvré au moyen d'une tige en bois ou en fer, qu'on peut soulever ou abaisser de la crête de la digue à l'aide d'un levier ou d'une crémaillère ; au lieu d'un tampon en bois, on peut se servir d'un boulet de fonte qui vient s'appliquer sur un siége pratiqué dans une plaque de fonte. L'ensemble de la bonde de décharge et de l'appareil qui sert à la manœuvrer porte le nom de *thou* ; les thous en maçonnerie sont préférables aux thous en bois ; on emploie même, à présent, des appareils métalliques, très simples, peu coûteux et d'un fonctionnement facile. La bonde doit avoir des dimensions assez grandes pour que l'écoulement puisse se faire facilement, mais son diamètre ne doit pas excéder 50 centimètres, à cause de la difficulté de la manœuvre ; plusieurs bondes sont parfois nécessaires pour vider l'étang.

Pour empêcher à la fois l'obstruction du canal de décharge et la fuite des poissons quand on ouvre la bonde, on place, en avant des bondes, un grillage en fil de fer galvanisé. M. F. Collet, agent-voyer, a proposé d'employer, dans les étangs *d'empoissonnage*, des grillages en barreaux demi-ronds, car la forme ronde des barreaux permet aux petits poissons de s'échapper plus facilement ; ces barreaux demi-ronds sont en acier doux, ils ont un diamètre de 12 à 15 millimètres et peuvent n'être espacés que de 6 millimètres seulement. Ces précautions ne sont pas toujours suffisantes et il est indispensable de pouvoir recueillir les poissons qui auraient pu s'échapper pour une raison quelconque par le canal de décharge ; aussi, au delà de l'orifice de sortie de l'eau, on creuse ordinairement un petit bassin appelé *fosse*, dont l'issue est grillagée ; cette fosse doit toujours être alimentée d'eau. Quand l'étang ne possède pas de pêcherie, généralement par suite de sa nature marécageuse, c'est la fosse qui en tient lieu ; on donne alors à celle-ci de plus grandes dimensions, on en pave ou plancheye le fond et on la ferme à l'aide d'une vanne : la fosse est devenue *tombereau* ; elle rend possible la pêche de l'étang par une série d'éclusées successives.

Dans le cas où l'étang est alimenté directement par un

cours d'eau, les poissons remonteraient celui-ci, si on ne prenait la précaution d'en barrer le lit avec des fagots superposés ou, ce qui est préférable, avec une grille en fer. Lorsque l'étang est alimenté par un ruisseau, il est très avantageux de dévier ce ruisseau en lui faisant faire le tour de l'étang ; cette opération rend l'étang *indépendant* des nappes d'eau qui existent en amont ou en aval et dont il n'est pas obligé de recevoir les eaux de vidange ou de reflux ; le canal de dérivation qui amène l'eau du ruisseau doit être muni d'un grillage à son entrée dans l'étang.

***Entretien de l'Étang.*** — Nous verrons plus loin (p. 240) qu'il peut être utile de laisser l'étang à sec — qu'on le cultive ou non — pendant l'hiver, après la pêche d'automne ; il faut, pour cela, que l'étang ne soit pas alimenté uniquement par les eaux de pluie. La mise à sec de l'étang permet notamment d'effectuer les réparations nécessaires.

Après la pêche, au commencement de novembre, quand l'étang est mis à sec, il faut le nettoyer et avoir soin de retirer au râteau les feuilles et les végétaux morts. Il est bon aussi de faire une chasse vigoureuse d'eau courante ; on ouvre la vanne du canal de décharge et l'eau entraine une forte partie des dépôts de vase. Cette petite opération dispense d'avoir recours trop fréquemment à des curages complets. Les chasses d'eau ne suffisent pas à empêcher la vase d'envahir l'étang ; tous les quatre ou cinq ans en moyenne, il est nécessaire d'enlever la vase qui s'est accumulée surtout dans les fossés d'écoulement, dans le bief et dans la pêcherie ; ce *curage* est indispensable, car l'envasement rend la pêche pénible, diminue la profondeur d'eau et accroît ainsi les chances de mortalité du poisson. La vase enlevée peut être utilisée comme engrais.

Si le fond de l'étang laisse échapper l'eau par des *fissures*, on place sur l'endroit perméable un mélange de terre végétale et de lait de chaux, que l'on comprime fortement avec la « dame » et le rouleau ; puis on recouvre avec de la terre végétale.

A la longue, il se forme dans l'étang des sortes de petits lots de joncs et de roseaux, qu'on appelle des *jonchères*. Ces touffes servent à la ponte des Cyprinides et fournissent des insectes aux Salmonides, mais ont l'inconvénient de servir de retraites aux rats d'eau et aux musaraignes. De plus, les

Fig. 77. — Thou d'un étang (Dombes).

joncs et les roseaux deviennent souvent envahissants ; il importe de les supprimer presque entièrement par des *faucardements* répétés, en juin et en août ; les plantes doivent être coupées au-dessous du niveau de l'eau, à l'aide de la faux à main ou de faucheuses spéciales (Voy. p. 155). Le faucardement est contre-indiqué à l'époque du frai. Il faut aussi veiller, au moment du frai, à ne pas laisser baisser le niveau de l'eau et à éloigner de l'étang les oiseaux aquatiques (oies et canards). — Les *miternes* sont des amas d'herbes flottantes, qui vont sans cesse en augmentant et qu'il faut enlever à l'aide de crocs et d'un bateau. — Le déversoir de l'étang doit être visité et nettoyé pour empêcher qu'il s'obstrue et fasse déborder l'étang.

Parmi les plantes aquatiques à surveiller, se trouve l'*Elodea canadensis*, qui a une fâcheuse tendance à pulluler, surtout dans les étangs très chauds ; il faut la faucher fréquemment. Les plantes aquatiques *immergées* sont, au contraire, à propager ; elles jouent un rôle important dans l'alimentation et la reproduction des poissons, dans l'aération de l'eau et servent à protéger le fond contre l'élévation de la température ; elles sont utiles, à ce dernier point de vue, dans les étangs peu profonds. Les Myriophylles, les Potamots, les Callitriches, les Cératophylles sont à recommander, ainsi que la Fétuque flottante ; il est facile de les planter ou de les semer quand l'étang est à sec, immédiatement avant la remise en eau, mais on peut le faire aussi en jetant les graines à l'eau dans des boulettes de glaise ou en immergeant des bottes de plantes lestées de pierres. En été, on peut faucher les Potamots, de façon à exciter leur repousse et à multiplier le nombre des feuilles.

Dans les étangs peu riches en animaux aquatiques, il est à conseiller d'introduire des Crevettes d'eau douce et divers petits mollusques, tels que Limnées, Physes, etc. Il est très facile de les recueillir dans les ruisseaux des environs et de les transporter ; on ne doit pas y manquer lorsqu'il s'agit d'étangs à Truites.

En été, pendant les grandes chaleurs, le niveau de l'eau baisse dans l'étang ; en même temps les eaux s'échauffent beaucoup, se corrompent par suite de la fermentation des vases et de la décomposition des matières organiques ; des dégagements de gaz se produisent et l'infection ne tarde pas à amener la mort des poissons. Il faut, dans ce cas, fournir de l'eau en abondance ou procéder à une *pêche de sauvetage* ; une pêche anormale peut être d'ailleurs rendue nécessaire à la suite d'accidents divers, et c'est ce qui oblige le pisciculteur prévoyant à adjoindre un *réservoir* à son étang.

En hiver, les fortes gelées sont une des causes de mortalité les plus à craindre, surtout dans les étangs à Carpes. Le froid, en congelant la surface de l'étang, prive les poissons d'air ; il gèle, en outre, les plantes aquatiques, qui se décomposent comme en été et dégagent des gaz délétères éminemment nuisibles au poisson. Quand la glace n'est pas trop épaisse, on peut la briser en manœuvrant la bonde ou les vannes d'admission, de façon à élever, puis à abaisser le niveau de l'eau. S'il gèle plus fort et que la couche de glace devienne très résistante, il y a lieu de pratiquer des trous d'aération d'au moins 1 mètre de diamètre, au voisinage de la pêcherie, où les poissons sont venus se réfugier pour profiter de la plus grande profondeur d'eau ; il faut avoir soin de placer verticalement des bottes de paille dans ces trous pour empêcher les Carpes de se précipiter aux ouvertures : elles y viennent à fleur d'eau, l'air glacé gèle l'eau qui se trouve dans leurs branchies et elles meurent ; les bottes de paille, immergées à moitié, évitent cet accident, tout en assurant l'aération. On peut aussi retirer un peu d'eau, afin de former au-dessous de la glace un vide qui se remplit d'air. Lorsque l'étang est gelé et couvert de neige, et qu'il se produit successivement un dégel suivi de gel, l'eau troublée et souillée devient impropre à la respiration des poissons ; il faut alors multiplier les trous d'aération ou même se résoudre à pêcher l'étang.

L'étang demande à être protégé contre les ennemis naturels du poisson, loutres et martins-pêcheurs entre autres, qu'il faut chasser sans répit. Une surveillance active est également nécessaire pour le garantir des maraudeurs et des braconniers, qui excellent à voler le poisson ; cette surveillance est souvent difficile à réaliser. Quand il s'agit d'étangs de faibles dimensions, tels que les bassins creusés pour la production intensive de la Truite, on peut clôturer, mais la dépense exigée est assez considérable et l'efficacité obtenue est plus fictive que réelle ; un procédé aussi pratique qu'ingénieux est celui que nous a signalé M. Farcot et qui est mis en pratique par M. Linke, dans ses établissements de Tharandt, près de Dresde : pour garder 21 étangs situés les uns à la suite des autres, deux chiens de forte taille sont attachés à une longue chaîne qui, au moyen d'un anneau, glisse librement dans un fil de fer longeant la lisière des étangs; chaque chien a son réseau de garde, sur lequel il a toute liberté d'aller et de venir, de sorte que la surveillance est réalisée, d'une façon constante et économique, sans qu'il soit besoin de clôturer l'emplacement.

*Classification piscicole des étangs*. — En se plaçant au point de vue piscicole, on classe les étangs en deux catégories :

1° Les étangs dans lesquels l'eau a un renouvellement relativement faible, une température assez élevée et un fond plus ou moins vaseux; ce sont les Étangs à Cyprinides (Carpes et Tanches);

2° Les étangs à renouvellement d'eau plus considérable, à température plus froide, à fond dépourvu de vase; ce sont les étangs à Salmonides (Truites).

La ligne de démarcation n'est pas absolument tranchée entre ces deux catégories d'étangs. Il existe des étangs intermédiaires où la Carpe et la Truite, la Truite arc-en-ciel surtout, viennent également bien.

# ÉTANGS A CYPRINIDES

## ÉLEVAGE DE LA CARPE EN ÉTANG

La Carpe est par excellence le poisson des étangs ; elle s'y développe et s'y multiplie avec une facilité remarquable ; fort peu exigeante, très rustique, elle se contente à peu près de toutes les eaux, des plus limpides comme des plus vaseuses, et est à même de prospérer dans toutes les régions de notre pays. Son élevage est donc très facile ; il est de plus très rémunérateur, car le produit est abondant et la vente assurée, d'autant mieux que la Carpe supporte parfaitement les transports hors de l'eau à grande distance. Nul autre poisson ne réunit autant d'avantages ; aussi la Carpe est-elle très recherchée pour l'empoissonnement des étangs.

Conditions a rechercher pour les étangs a carpes. — Bien que la Carpe s'accommode à peu près de toutes les eaux et s'adapte aisément aux milieux les plus divers, elle réussit surtout dans les eaux tranquilles et chaudes ; ce sont les étangs de cette nature qu'il faut choisir de préférence pour l'élevage de la Carpe ; les eaux froides ne peuvent d'ailleurs être utilisées que pour l'élevage proprement dit, car une température de 18° au moins est indispensable pour le frai, la fécondation, l'éclosion et l'existence des alevins pendant les premières semaines ; dès que la température de l'eau descend au-dessous de 9°, la Carpe cesse de croître.

Les étangs doivent avoir une certaine profondeur, 2 mètres en moyenne, mais pas plus de 3 mètres, et présenter des endroits vaseux, où les Carpes aient la possibilité de venir s'enfoncer, pour y demeurer engourdies pendant l'hiver ; toutefois, si l'étang était trop vaseux, les Carpes y contracteraient un désagréable goût de limon ; il est vrai qu'il suffit,

pour faire perdre ce goût aux poissons, de les mettre à
« dégorger » quelques jours dans de l'eau courante et limpide ; c'est du reste dans les étangs où l'eau est vive et
abondamment renouvelée, ceux par exemple qui sont alimentés par des ruisseaux, que les Carpes acquièrent la chair la
meilleure. Malgré l'influence de l'eau vive sur la qualité des
Carpes, il n'est pas bon que les étangs servent de réceptacle à
un trop grand nombre de sources ; les Carpes s'éloignent des
endroits où les sources jaillissent du fond de l'étang, pour se
cantonner dans les parties où l'eau est tiède ; de là une perte
de nourriture et une moins-value dans le produit de l'étang.
— La Carpe croît d'autant plus rapidement qu'elle a davantage de nourriture à sa disposition ; les étangs doivent donc
être riches en herbes aquatiques : à ce point de vue, il y a
tout intérêt à ce que l'étang repose sur un sol de bonne
qualité, surtout si l'on adopte le système d'alternance entre
la mise en eau et la culture ; les rives doivent être en pente
très douce et peu garnies de roseaux, afin que les eaux de
pluie entraînent dans l'étang le plus possible de substances
animales et végétales ; il vaut mieux que les rives ne soient
pas plantées d'arbres ; si l'étang est entouré de terres cultivées et copieusement fumées, s'il est situé au-dessous d'un
village, les eaux qui s'y déversent n'en sont que plus riches
en matières nutritives ; par contre, le voisinage d'un bois est
à éviter, à cause du tanin dont les eaux seraient chargées.

RACES DE CARPES. — La Carpe se prête si bien à l'élevage et
est exploitée depuis si longtemps, qu'on peut la considérer
comme un véritable poisson domestique ; on est même arrivé
à créer, grâce à un régime alimentaire spécial et à une sélection rigoureuse, des variétés améliorées de Carpes, supérieures
à la Carpe commune par leur précocité et leur chair affinée.

Plusieurs de ces variétés perfectionnées sont d'origine
allemande, par exemple les variétés à écailles anomales
connues sous les noms de *Carpes à miroir* et *Carpes à cuir* ;
elles ont l'avantage d'être très précoces et d'avoir une chair
excellente ; quand elles sont dans des eaux chaudes et qu'elles
sont abondamment nourries, elles croissent deux fois plus
vite que la Carpe commune. La variété dite *à miroir* donne

notamment de merveilleux résultats ; M. Vander Snickt, pisciculteur belge, plaça en 1890 trois de ces Carpes dans l'étang de la Hulpe, où elles se reproduisirent ; à la fin du premier été les plus gros alevins pesaient 250 grammes ; à la fin du deuxième été, ils pesaient 2 kilogrammes, et, en décembre 1893, M. Vander Snickt en exposait, à l'Exposition de l'Alimentation à Bruxelles, des exemplaires de trois étés pesant 4 kilogrammes! D'autres types améliorés, créés en Galicie, en Bohême et en Franconie, sont remarquables par leur corps très élevé et leurs masses musculaires étonnamment développées ; ils atteignent, en moyenne, le poids de $1^{kgr}500$ à 2 kilogrammes, à l'âge de trois ans. La *Carpe de Galicie* est une Carpe à miroir, à corps court et ramassé, dont la plus grande hauteur est comprise deux fois et demie seulement dans la longueur totale ; la *Carpe de Bohême* est une Carpe à cuir, à dos très élargi ; la *Carpe de la Haute-Franconie* est aussi une Carpe à écailles anomales, intermédiaire entre les deux variétés précédentes, car elle n'a que quelques écailles à la naissance des nageoires et le long du dos. La *Carpe de Franconie ou de Thuringe* et la *Carpe de Lusace*, qui ont un corps plus allongé que les précédentes, très arrondi, et une tête fort petite, sont également à recommander dans les étangs de bonne qualité.

CHOIX DES REPRODUCTEURS. — A défaut de races perfectionnées, il faut avoir soin de choisir, comme reproducteurs, les plus précoces parmi les Carpes dont on dispose. A cet effet, il convient de prendre les Carpes dont la tête est la plus petite par rapport au corps, lequel doit être aussi haut et aussi épais que possible ; ce sont là les indices d'une croissance rapide ; la plus grande hauteur du poisson doit être égale à la moitié de la longueur comprise entre l'opercule et la naissance de la queue, et la longueur de la tête ne doit pas dépasser les huit dixièmes de la plus grande hauteur du poisson (Peupion). Outre ces conditions, les reproducteurs doivent être en parfait état et présenter des écailles brillantes ; ceux de trois à cinq ans, ou plutôt du poids de 1 kilogramme à $2^{kgr}500$, sont les plus recommandables, parce qu'ils sont jeunes et très féconds. Il est d'ailleurs préférable de prendre des sujets à peu près de même âge ou de même poids et de n'allier, en tout cas, que des reproducteurs n'ayant pas entre eux une différence de plus d'une année ou de 1 kilogramme.

CROISSANCE DE LA CARPE. — On est toujours assuré, avec la Carpe, d'obtenir autant d'œufs fécondés qu'on en désire; l'incubation et l'éclosion ne donnent lieu non plus à aucune inquiétude. Seul, l'élevage demande des soins particuliers pendant les premières semaines. Une nourriture abondante garantit une croissance rapide : vers leur cinquième semaine, les jeunes atteignent 3 centimètres environ de longueur; à deux mois et demi-trois mois, vers la fin de l'été, ils parviennent à 7-10 centimètres; c'est surtout pendant la seconde, la troisième et la quatrième année de leur existence que les Carpes se développent le plus vite, leur croissance étant d'ailleurs en corrélation avec la qualité des fonds et la rapidité d'échauffement de l'eau de l'étang. Elles sont généralement aptes à se reproduire à l'âge de trois ans. M. Peupion donne les chiffres suivants comme moyenne de la croissance des Carpes dans les étangs de première qualité :

| | | | | |
|---|---|---|---|---|
| 1<sup>re</sup> année | 25 grammes. | 5<sup>e</sup> année | 1 800 à 2 300 grammes. | |

1<sup>re</sup> année      25 grammes.    5<sup>e</sup> année    1 800 à 2 300 grammes.
2<sup>e</sup>   —    130 à 140   —     6<sup>e</sup>   —    3 700 à 4 200   —
3<sup>e</sup>   —    600 à 750   —     7<sup>e</sup>   —    6 100 à 7 kilogrammes.
4<sup>e</sup>   —    800 à 1 250   —

Une nourriture artificielle donnée en supplément permet d'activer encore cette croissance, surtout pendant la seconde année. En cinq à six ans, les Carpes parviennent facilement au poids de 3 à 4 kilogrammes. Après cet âge, leur croissance est moins rapide : il leur faut près d'une quinzaine d'années pour arriver à doubler de poids. Mais il n'est nullement nécessaire de produire des Carpes de 12 kilogrammes; les Carpes vraiment marchandes sont celles qui pèsent de 600 grammes à 2 kilogrammes; au delà, le placement est beaucoup moins aisé : le pisciculteur n'a qu'à s'en féliciter, car le prix de revient du kilogramme de Carpe s'élève à mesure que la croissance du poisson se ralentit.

La rapidité de croissance de la Carpe pendant ses premières années est d'autant plus remarquable que ce poisson passe la mauvaise saison engourdi dans la vase et qu'il se nourrit seulement de mai à septembre. D'après Horack, l'accroissement des Carpes au cours d'une année se fait dans la proportion suivante :

| | |
|---|---|
| Mai.................................................. | 10 p. 100 |
| Juin................................................. | 30 — |
| Juillet.............................................. | 35 — |
| Août................................................. | 20 — |
| Septembre........................................... | 5 — |
| | 100 p. 100 |

La Carpe s'élève et se multiplie très bien dans de simples pièces d'eau. Mais pour que l'élevage se fasse dans les meilleures conditions, il faut y consacrer plusieurs étangs, de façon que les Carpes occupent, selon leur âge, des étangs distincts. Déjà, au moyen âge, on nourrissait la Carpe dans divers étangs, dont les uns avaient pour rôle de contenir le frai, les autres celui de favoriser le développement de la taille et l'amélioration de la qualité. Il n'est pas toujours possible de spécialiser plusieurs étangs en vue de la production industrielle de la Carpe; aussi examinerons-nous d'abord les cas les plus simples.

### I. — Petit élevage en bassins.

Un excellent procédé, quand on ne dispose que de pièces d'eau peu étendues, est celui de Lamy. Deux bassins distincts sont nécessaires, mais il suffit qu'ils aient 2 à 3 mètres de diamètre et une profondeur de 0$^m$50. L'un de ces bassins doit présenter, dans sa partie inférieure, deux excavations de 0$^m$40 de profondeur sur autant de largeur, afin de permettre aux poissons de s'y retirer en été pour trouver de la fraîcheur; on y doit placer en outre des herbes aquatiques; c'est dans ce bassin ainsi préparé, que l'on introduit au printemps les reproducteurs, c'est-à-dire deux Carpes mâles et deux femelles. Après le frai, les herbes du bassin sont chargées d'œufs; on les retire pour les porter dans le second bassin, lequel présente sur tout son pourtour une partie surélevée, de façon à offrir aux alevins une retraite superficielle de 0$^m$20 de largeur, baignée seulement par un ou deux centimètres d'eau; les jeunes ont en effet besoin de se tenir, aussitôt leur naissance, dans une eau chaude et peu profonde. Ce bassin, comme le précédent, doit être garni d'herbes aquatiques, qui assainissent l'eau et l'empêchent de se troubler ; sinon on est obligé d'assurer le renouvellement de l'eau. Deux ou trois jours après l'éclosion des œufs, on nourrit les alevins avec des pommes de terre cuites et bien broyées, un peu de farine d'orge, du maïs, des vers de terre, etc. On conserve seulement une centaine de Carpillons, en diminuant le nombre des alevins au fur et à mesure de leur croissance ; abondamment nourris, ils peuvent arriver rapidement au poids de 250 à 300 grammes. — Il y a là un mode de production intéressant, qui méritait d'être signalé.

## II. — Élevage dans un seul Étang.

L'élevage industriel de la Carpe peut, à la rigueur, se faire dans un seul étang, bien qu'il soit assez difficile de réussir simultanément la production de l'alevin et celle de la Carpe marchande. S'il n'est pas possible de disposer d'un étang d'alevinage, il vaut encore mieux renoncer à produire l'alevin et se résigner à acheter de jeunes poissons de un à deux ans pour empoissonner l'étang ; cette méthode est d'ailleurs rarement avantageuse, mais parfois on peut se procurer facilement des alevins dans les mares ou les pièces d'eau des environs. En tout cas, avec un seul étang, il est utile de disposer au moins d'un réservoir afin de loger tous les poissons, si l'on était contraint de faire une pêche immédiate.

## III. — Élevage dans plusieurs Étangs.

Un élevage intensif et lucratif de la Carpe impose la spécialisation des étangs. *Trois étangs au minimum* sont nécessaires :

1° L'étang d'alevinage ou à *feuilles*, dans lequel a lieu la reproduction et l'élevage des alevins jusqu'à huit mois ou un an ;

2° L'étang à jeunes poissons ou à *nourrains*, pour l'élevage pendant la deuxième année ;

3° L'étang d'accroissement ou étang à *carpes*, pour l'élevage jusqu'à la vente.

1° **Étang d'alevinage.** — Cet étang, destiné à recueillir le frai et les alevins, n'a pas besoin d'occuper une grande surface ; mais il doit être en rapport avec l'étendue totale des autres étangs (Voy. page 239). L'étang d'alevinage est encore appelé *étang à pose* parce qu'il est consacré à la fraie, et *étang à feuilles* parce que les alevins ont, lorsqu'on les retire de cet étang, au bout de six à huit mois environ, à peu près la longueur et la forme d'une feuille de saule.

La condition essentielle pour un étang d'alevinage, c'est d'avoir une eau dont la température ne soit jamais inférieure à 18° depuis le début jusqu'à la fin de la belle saison. A cet effet, l'étang doit être exposé au midi, abrité des vents du nord et de l'ouest, et être peu profond ; la profondeur peut atteindre 1ᵐ50 en certains endroits, ceux exposés à l'Est, pour offrir des retraites aux reproducteurs ; mais sur le côté Ouest, elle ne doit pas dépasser 0ᵐ50 à 0ᵐ60. Les berges de l'étang doivent être en pente très inclinée et bien garnies d'herbes aquatiques de moyenne hauteur. Le niveau de l'eau doit pouvoir y être réglé aisément, afin d'éviter toute variation pendant la période du frai ; un abaissement du niveau mettrait les œufs à sec et les ferait périr, tandis qu'une admission d'eau trop brusque pourrait les détacher des herbes et les lancer sur les rives où ils se dessécheraient également. Cet étang, ainsi que tous ceux dont nous avons fait l'énumération, doit être muni d'une pêcherie et être facile à assécher. Tous les ennemis des œufs et des alevins, tels que canards, oiseaux aquatiques, etc., sont à écarter soigneusement ainsi que les grenouilles et les crapauds ; quant aux poissons carnivores, il ne faut à aucun prix tolérer leur présence dans l'étang d'alevinage : Anguilles, Brochets, Perches, Lottes, sont à proscrire absolument, quelle que soit leur taille.

C'est au début du printemps, en avril, peu de temps avant le frai, que l'on place les reproducteurs dans l'étang d'alevinage. Nous avons indiqué plus haut de quels principes on doit s'inspirer pour les choisir. En ce qui concerne la proportion de mâles et de femelles à adopter, les avis sont partagés; certains pisciculteurs donnent aux femelles la supériorité numérique, d'autres préconisent un nombre de mâles plus élevé. Dans les étangs de la Dombes, on met toujours deux fois plus de mâles que de femelles. M. Moncoq, qui a pratiqué la fécondation artificielle des œufs de Carpes, estime qu'il est nécessaire d'employer la laitance de deux mâles pour féconder tous les œufs d'une femelle de 2 kilogrammes; il recommande, par exemple, douze mâles pour six femelles. Les pisciculteurs allemands conseillent un tiers de mâles en plus et mettent, pour 1 hectare d'étang, neuf mâles et six femelles; c'est cette proportion que nous considérons comme la meilleure. Au contraire, la « bigamie » est de règle dans les étangs d'alevinage de la Lorraine, et depuis longtemps l'usage est d'y mettre une Carpe mâle pour deux Carpes femelles; il est certain qu'à la rigueur un seul mâle peut suffire pour féconder deux femelles, mais cette proportion a l'inconvénient de donner un excédent de Carpes femelles, moins recherchées que les mâles pour la consommation (Gauckler); aussi pensons-nous qu'il est bon de ne jamais mettre moins de deux mâles pour trois femelles. Un excès de mâles doit de même être évité car des mâles en trop grand nombre se rendraient nuisibles en gênant les femelles et en les empêchant de frayer. Rappelons, à ce sujet, qu'il est toujours facile de distinguer les sexes chez la Carpe; la papille génitale des mâles est déprimée, concave et presque confondue avec l'anus, celle des femelles est gonflée, convexe et pourvue de lèvres épaisses.

Il est bon, malgré les herbes dont les rives sont couvertes, d'établir, quelque temps avant la ponte, des frayères artificielles, branches de bouleau ou bourrées de bruyères, que l'on immerge par groupes le long des rives; la ponte n'en sera que plus abondante. Quelques grosses pierres placées au fond de l'étang servent aux femelles à se frotter le ventre quelque temps avant la fraie, pour faciliter leur ponte. Le frai dure ordinairement plusieurs jours; il faut à cette époque, facile à constater par l'agitation des Carpes, éviter tout ce qui pourrait troubler celles-ci, écarter notamment des

bords de l'étang les bestiaux et tous les oiseaux aquatiques.
— On peut estimer qu'en moyenne, une Carpe femelle de
1 kilogramme pond environ 100.000 œufs, bien qu'elle puisse
en donner jusqu'à 250.000 et même 300.000 ; six femelles et
neuf mâles de 1 kilogramme fournissent donc 600.000 œufs,
sur lesquels un sixième environ échappe à la fécondation ; en
estimant à quatre-cinquièmes le nombre des alevins qui

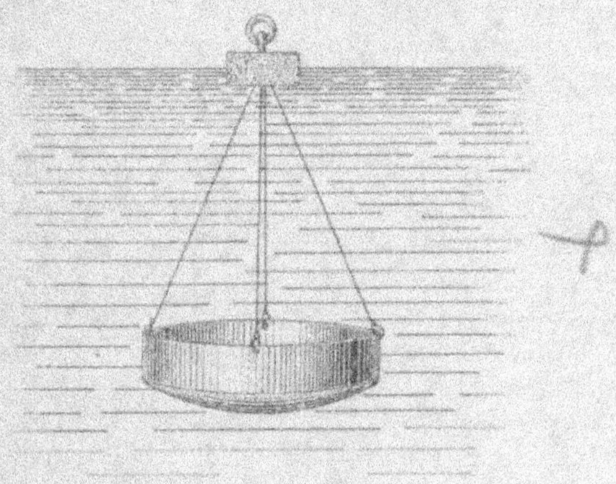

Fig. 78. — Plateau servant à distribuer la nourriture.

périssent pendant le premier été, il reste encore 100.000 alevins de six mois, beaucoup plus qu'il n'en faut pour peupler,
un an après, 50 hectares d'étang ; le rendement moyen est
d'environ 150 alevins par millier d'œufs. On obtient donc
généralement plus d'alevins qu'on n'en a besoin. Il est nécessaire de réduire leur nombre à de justes proportions : si on
conserve tous les jeunes poissons produits, il faut leur
adjoindre dans l'étang à Carpes, des Brochets qui feront
disparaître l'excédent de Carpillons et permettront ainsi aux
autres de s'accroître plus rapidement (1) : mais on peut
trouver à vendre les alevins en surplus à des pisciculteurs
qui en ont besoin pour empoissonner des étangs, ou bien les
donner en nourriture à des brochetons dont on fait l'élevage
dans un étang spécial.

(1) Voy. Rôle du Brochet dans les étangs à Carpes, p. 263.

L'éclosion des œufs a lieu cinq à dix jours après la ponte. La résorption de la vésicule vitelline est achevée au bout de trois à cinq jours. Peu après leur naissance, les jeunes alevins se mettent en quête de nourriture ; ils vivent aux dépens des animalcules de toutes sortes qu'ils trouvent parmi les herbages des rives et, si l'étang présente des conditions favorables à la multiplication de ce *plancton*, ils se suffisent fort bien sans autre nourriture. Mais pour obtenir une croissance rapide, il est préférable de leur fournir de la nourriture artificielle, à partir de la cinquième semaine qui suit l'éclosion, par conséquent vers la fin du mois de mai. M. Harz, de Münich, préconise le mélange suivant :

> Poudre de viande............ 60 parties (en poids).
> Tourteau de sésame......... 20      —
> Tourteau de lin............ 4      —
> Avoine..................... 16      —

Plus tard, on donne aux alevins des graines bouillies, des farineux, des pommes de terre râpées, des boulettes de sang frais ou desséché mélangé de son, de la chair finement hachée (viande de cheval), des vers, du fumier de porc ou de mouton, etc. Une excellente manière de distribuer la nourriture consiste à la déposer dans des balances (fig. 78) analogues à celles dont on se sert pour la pêche aux écrevisses ; le fond est constitué par un tamis en zinc perforé très fin ; le pourtour est garni d'une bordure en toile d'emballage de 0<sup>m</sup>10 de hauteur, dressée sur un fil de fer rigide ; la balance est portée par trois fils de fer se reliant à l'extrémité d'une petite perche qu'on fiche dans le talus de la rive. Il suffit de descendre cette balance dans l'eau à la profondeur où se tient le jeune poisson, d'abord à 10 et 15 centimètres, puis de plus en plus bas. On règle ainsi très commodément la quantité de nourriture à fournir, on empêche celle qui n'est pas consommée de corrompre l'eau et on apprécie exactement celle qui est la plus recherchée.

A la fin de l'été, les alevins atteignent en moyenne la longueur du doigt, 0<sup>m</sup>10 environ et le poids de 15 grammes ; s'ils ont été bien nourris, ils peuvent mesurer de 0<sup>m</sup>12 à 0<sup>m</sup>15 et il n'en faut alors qu'une quarantaine pour faire 1 kilogramme.

L'étang d'alevinage devient insuffisant pour ces jeunes poissons qu'on appelle des *nourrains* ; il convient de les transporter dans un étang plus étendu et plus profond. Fin octobre-novembre, on vide l'étang, très lentement de façon à rassembler tous les alevins dans la poêle ; celle-ci doit être complétement dégarnie d'herbes, afin que les alevins ne puissent pas s'y dissimuler. Pour effectuer la pêche des alevins, on peut employer le *procédé de Dubisch* : on fait écouler très lentement l'eau de l'étang à travers une toile métallique faite de fils de laiton (6 fils par centimètre) ; quand l'eau est suffisamment basse, on recueille les alevins avec un filet en gaze, de 0$^m$50 de diamètre ; on dépose provisoirement les jeunes poissons dans un tamis dont les bords en bois sont très élevés et dont le fond est formé de fils de laiton ; ce tamis flotte sur l'eau ; puis on transfère les alevins à l'aide d'un filet en gaze dans un vase en fer-blanc pouvant contenir environ 1000 feuilles ; c'est ce vase qui sert à transporter les alevins dans l'étang à nourrains. De février à avril, l'étang d'alevinage est mis entièrement à sec, afin de détruire à coup sûr les alevins de poissons carnivores qui auraient pu s'y introduire, d'anéantir les nombreux ennemis des œufs et des alevins, notamment les insectes, et de favoriser l'éclosion des œufs des petits crustacés aquatiques qui servent à l'alimentation des alevins. On peut ne retirer les alevins qu'au printemps, dans le courant de mars, mais alors l'assèchement de l'étang devient impossible.

2° **Étang à jeunes poissons, à nourrains ou à empoissonnage**. — Cet étang est destiné à l'élevage des carpillons pendant la seconde année de leur existence ; ils y sont placés à huit mois ou un an d'âge, selon que l'étang d'alevinage est vidé en novembre ou en avril ; ils ont à ce moment une dizaine de centimètres. L'étang à nourrains doit avoir de 1$^m$50 à 2 mètres de profondeur, 2$^m$50 au maximum ; comme l'étang d'alevinage, il doit être bien exposé au soleil et riche en herbes aquatiques, mais ses berges peuvent être abruptes. Le nombre d'alevins qu'on y met par hectare dépend de la qualité de l'étang ; il est fort variable : compris ordinairement entre 500 et 1000 alevins par hectare, il peut s'élever à 2000 et plus si on procure aux poissons une alimentation copieuse.

Avant d'introduire les alevins dans l'étang à nourrains, on doit donc les compter, les peser et, en outre, choisir avec soin ceux qui sont en meilleur état ; les alevins écaillés, ceux à grosse tête ou de couleur foncée doivent être rejetés à la rivière ou dans les étangs à Truites ; il faut au contraire conserver ceux qui ont la tête petite, le corps large et l'écaille blanche, indices de précocité et de vigueur. Dans le cas où l'on associe des alevins de Tanche, on en ajoute 15 ou 20 livres pour 1 000 alevins de Carpe.

Nous conseillons d'écarter les Brochetons de l'étang à nourrains ; leur croissance serait rapide dans un milieu aussi riche en proies animales (en un an ils atteignent 1 kilogramme) et les rendrait excessivement dangereux ; il est même prudent de filtrer à travers du gravier les eaux d'alimentation de l'étang quand elles sont susceptibles d'y amener des brochetons. Tout au plus peut-on ajouter quelques petites Perches (de 50 grammes environ), pour le cas où certains Carpillons, plus développés que les autres, commenceraient à frayer et dont elles détruiront les alevins.

Aussi bien que dans l'étang d'alevinage, on a intérêt à fournir, aux hôtes de l'étang à nourrains, une *nourriture artificielle* abondante, qui vient s'ajouter à la nourriture naturelle offerte par l'étang. Les mêmes substances conviennent aux Carpillons : farineux, graines cuites, tourteaux, pommes de terre en bouillie, pain de seigle, débris de viande, sang frais, etc. ; il est bon aussi de suspendre au-dessus de l'eau des déchets de viande placés dans des paniers à fond à claire-voie, sur lesquels les mouches viendront pondre et d'où tomberont de nombreux asticots. La nourriture peut être simplement jetée à l'eau, en des endroits peu profonds et dépourvus de vase, et toujours aux mêmes heures ; il est préférable toutefois d'avoir recours aux balances, pour les raisons précédemment exposées ; elles doivent avoir de plus grandes dimensions que celles usitées pour les alevins, être par exemple en forme de carrelet de 1 mètre de côté, dont la toile porte en son milieu un zinc perforé de trous de 2 à 3 millimètres.

A la fin de cette deuxième année, en octobre-novembre, les

jeunes poissons ou nourrains doivent mesurer 0$^m$16 à 0$^m$20 de longueur et peser 150 à 200 grammes ; ils ont décuplé de poids en l'espace d'un été. Parvenus à ce poids et à ces dimensions, il faut les transférer dans l'étang à Carpes ; la pêche de l'étang à nourrains a lieu de novembre à mars ; il faut toujours y procéder dès le mois de novembre quand les Carpes ne doivent séjourner qu'une année dans l'étang d'accroissement. — Pendant la deuxième année, la moyenne des pertes est de 12 p. 100.

3° **Étang à Carpes marchandes**. — Le jeune poisson de deux ans, ou plus exactement de dix-huit mois, séjourne dans cet étang jusqu'à ce qu'il ait atteint le poids marchand. L'étang à Carpes doit être relativement profond, de 1$^m$50 à 3 mètres, 2 mètres en moyenne, et ombragé en partie. Le nombre des jeunes poissons qu'on y met à l'hectare peut varier de 200 à 300, suivant la qualité de l'étang ; quand la pêche de l'étang doit avoir lieu au bout d'un an au lieu de deux ans, on met un tiers de jeunes poissons en moins, mais on les choisit le plus gros possible. Le choix des jeunes poissons doit être fait aussi soigneusement que celui des alevins ; on les prend d'une taille aussi uniforme que possible, afin que les grands n'enlèvent pas la nourriture aux petits.

Souvent, on ajoute à l'empoissonnage de Carpes une certaine proportion de Tanches ; les mœurs et la nourriture de ce poisson se rapprochent en effet de celles de la Carpe, et son prix de vente est un peu supérieur. On retranche alors environ 12 p. 100 de l'empoissonnage en Carpes, que l'on remplace par 10 p. 100 de Tanches âgées de deux ans ; on met un nombre moindre de Tanches parce que celles-ci fatiguent davantage le fond des étangs.

Le Brochet, dont nous avons signalé le danger dans les étangs d'alevinage et d'empoissonnage, se rend utile au contraire dans l'étang à Carpes (Voy. page 263). On l'y introduit soit au mois de décembre qui suit l'empoissonnement, soit au commencement du mois de mars suivant ; en cas de pêche à un an, il est préférable de n'introduire les Brochetons qu'au mois de mai ; le nombre moyen de Brochetons qu'il convient

d'introduire doit être de 6 p. 100 de celui des Carpes; on
choisit des Brochetons de 100 à 150 grammes qui ne peuvent
s'attaquer aux jeunes Carpes et s'en prennent seulement aux
alevins de celles-ci. Le Brochet peut se remplacer par la
Perche, qui offre l'avantage de ne jamais nuire à la jeune
Carpe ; il en faut mettre un poids triple de celui des Brochetons et prendre des Perchettes de 150 à 200 grammes. Les
proportions que nous indiquons sont des moyennes, que l'on
varie selon les circonstances ; ainsi, il faut les accroître pour
les étangs où les herbages très abondants offrent des abris
faciles aux alevins et rendent leur poursuite gênante. Il est
encore possible d'introduire dans l'étang à Carpes une certaine
quantité d'Anguilles (200 alevins par hectare), qui ne nuisent
en rien aux jeunes poissons.

*Alimentation*. — La Carpe possède une aptitude remarquable à utiliser les substances les plus variées, tant animales
que végétales. Elle accepte fort bien le sang d'abattoir cuit ou
coagulé, les déchets de boucherie, la viande découpée en
lanières, les farines ou poudres de viande, les farines de
poisson, les têtes de morue broyées, etc. Mais une alimentation exclusivement animale détermine, à la longue, diverses
maladies ; les produits que nous venons d'énumérer ne
doivent être donnés qu'en mélange avec des aliments végétaux. La poudre de viande, qui convient particulièrement aux
jeunes alevins, dont elle active la croissance, se donne,
comme le préconise M. Harz, avec des tourteaux de graines
oléagineuses (Voy. p. 232), ou bien avec des farineux, tels que
les graines de lupin ou de fève. A Wittingau (Bohême), on
donne un mélange par parties égales de poudre de viande et
de farineux, à raison de 750 grammes à 1 kilogramme pour
les trois mois de juillet, août et septembre; pendant la
seconde année d'élevage, on distribue, pour 100 Carpes, un
mélange de 60 kilos de poudre de viande et de 100 kilos de
farineux ; la troisième année, on diminue encore la proportion d'aliments azotés et on donne, pour 100 Carpes, 150 kilos
de fèves, 30 kilos de poudre de viande et 10 kilos de sang ; les
résultats de cette nourriture intensive sont d'ailleurs remarquables (Voy. p. 243). — La Carpe fait une grande consommation

de ses propres œufs, surtout quand elle n'a pas d'autre nourriture ; elle recherche même les tout jeunes alevins ; il est facile et avantageux de lui fournir du frai en abondance en consacrant quelques reproducteurs à cette production.

La Carpe, quoique omnivore, se contente d'une alimentation entièrement végétale, qui offre d'ailleurs au cypriniculteur un vaste choix : feuilles de laitue, de choux et de légumes de toutes sortes, crues ou cuites ; pain ; pommes de terre cuites et écrasées ; graines diverses : céréales, légumineuses, graines de soleil réduites en pâte ; drêches de brasserie ; pulpes de betteraves, marcs de raisins, tourteaux, mélasse, son, fruits gâtés ; déchets de la ferme ; résidus de cuisine, etc. La Carpe s'assimile parfaitement les matières nutritives du fumier frais : le fumier de six porcs à l'engrais suffit pour nourrir 300 kilogrammes de Carpe pendant les quatre premiers mois de leur existence (Gauckler) ; cette substance organique sert à double fin, car on immerge souvent une couche de fumier au bord des étangs en vue de faciliter la multiplication des animalcules, crustacés ou autres, dont la Carpe est très friande. Les graines de maïs et de lupin constituent une excellente nourriture artificielle pour la Carpe ; on les humecte, puis on les broie ; en Allemagne, en Autriche, les éleveurs s'en servent fréquemment pour « forcer » leurs Carpes ; mais nos pisciculteurs reprochent à ces graines leur prix élevé : le lupin jaune coûte 15 centimes le kilogr. et il en faut 5 à 6 kilos pour produire un accroissement de 1 kilogr. chez des Carpes de deux ans ; le maïs revient, y compris le prix d'achat, la cuisson et la distribution, à 23 centimes environ le kilogr. ; or, 4 kilogr. en sont nécessaires pour produire 1 kilogr. de chair ; le kilogramme de Carpe produit par ces aliments revient donc de 75 à 92 centimes. Les pisciculteurs allemands rentrent dans leurs débours, parce que la Carpe est très recherchée dans leur pays et qu'elle y atteint un prix double, pour le moins, de celui obtenu en France. Nous devons nous efforcer de rechercher des substances moins coûteuses, compatibles avec nos prix de vente, car il y aurait grand intérêt à compenser l'insuffisance des étangs de qualité médiocre par une alimentation artificielle.

On alimente artificiellement de mai au commencement d'octobre. Il est inutile de faire des distributions de nourriture quand la température descend au-dessous de 8°, puisqu'aux premiers froids les Carpes s'envasent et cessent de se nourrir. Pendant la belle saison, il ne faut donner que la quantité de nourriture pouvant être immédiatement consommée, afin d'éviter de corrompre l'eau ; une ration journalière représentant 5 à 7 p. 100 du poids du poisson permet d'obtenir un développement rapide, tout en évitant un engraissement excessif, qui serait une cause de mortalité.

La castration favorise l'engraissement de la Carpe et améliore la qualité de sa chair. Cette opération, qui ne présente pas de difficultés (1) est, paraît-il, pratiquée quelquefois.

***Pêches à un an et à deux ans***. — Le poids marchand que l'on cherche à atteindre dans la production des Carpes est, en moyenne, celui de 1 kilogramme : cela exige, dans l'étang d'accroissement, un séjour dont la durée dépend du poids de jeune poisson introduit, de la quantité de nourriture qu'il trouve et du poids de Carpe qu'on veut obtenir. Théoriquement, la pêche après un an de séjour est plus avantageuse que la pêche à deux ans : la Carpe, en effet, quintuple de poids pendant sa troisième année, alors qu'elle augmente seulement de 50 p. 100 pendant la quatrième ; de plus, la vente a toujours lieu au poids, et les marchands écoulent plus facilement les Carpes de poids moyen. On arrive rarement dès la troisième année au poids de 1 kilogramme et il faut généralement un séjour de près de deux étés dans l'étang d'accroissement pour réaliser ce poids; il semble donc plus avantageux de produire la Carpe de poids moyen, c'est-à-dire inférieur à 2 livres, et de faire par conséquent des pêches à un an plutôt que de chercher à obtenir de fortes Carpes de quatre ans et de pêcher l'étang d'accroissement tous les deux ans ; le bénéfice total sera toujours supérieur dans le premier cas.

Mais les pêches à un an, répétées sans interruption, finissent par fatiguer, par épuiser l'étang ; elles occasionnent

---

(1) Voy. *La Pisciculture en eaux douces* de Gobin et Guénaux, p. 130 et suivantes.

chaque année les frais d'une pêche et d'un empoissonnage, et donnent en Brochets et Perches un produit bien inférieur à celui des pêches de deux ans : aussi conseillons-nous de faire alterner, quand la chose est possible, les pêches à un an avec les pêches à deux ans. Cette question dépend d'ailleurs à peu près uniquement des exigences de la vente ; *ordinairement*, le poids de 1 kilogramme est le plus facile à écouler et c'est pourquoi les pêches à deux ans sont la règle générale.

Les étangs à Carpes sont pêchés vers la fin du mois d'octobre. Les poissons peuvent être vendus immédiatement ou conservés dans des réservoirs. (Voy. le paragraphe consacré à la *Vente*.)

Pendant la troisième année, les pertes sont de 6 à 7 p. 100, et seulement de 3 à 4 p. 100 pendant la quatrième année.

**Calcul des superficies.** — M. Niklas admet que les différents étangs doivent occuper, par rapport à la superficie totale, les surfaces proportionnelles suivantes :

Étang d'alevinage............................  4 p. 100.
 —      à nourrains.........................  30   —
 —      à carpes............................  60   —

Il reste 6 p. 100 pour les viviers et réservoirs. Il faut noter que, dans cette évaluation, l'étang à nourrains est dédoublé et destiné à conserver le jeune poisson pendant deux ans ; l'étang d'accroissement ne reçoit donc les Carpes qu'à leur troisième année. — Il est facile de déterminer, d'après le nombre d'alevins produit par le premier étang, quelle doit être la superficie proportionnelle des autres étangs. Soit un étang d'alevinage d'une superficie de 10 ares, dont la production est de 10.000 alevins ; si l'étang à nourrains reçoit par exemple 1.000 alevins à l'hectare, son étendue devra être de $\frac{10.000}{1.000}$ 10 hectares ; en évaluant à 20 p. 100 le déficit produit à la fin de l'année, pour causes diverses (maladies, animaux nuisibles, etc.), il restera environ 800 jeunes poissons de deux étés par hectare d'étang à nourrains ; si l'on place 300 de ces jeunes poissons par hectare dans l'étang à

Carpes, celui-ci devra avoir $\frac{8000}{300} = 26$ hect. 1/2 (en chiffres ronds).

***Méthode mixte.*** — Il arrive assez souvent que le pisciculteur n'a pas ces trois étangs à sa disposition : il lui manque soit l'étang d'alevinage, soit l'étang à nourrains. Dans le premier cas, il lui faut se résigner à produire l'alevin et le jeune poisson dans le même étang ; cette façon de faire présente des inconvénients, que l'on peut cependant éviter en adoptant une *méthode mixte* conseillée par M. Peupion : dans un étang d'environ 6 à 8 hectares, on met au début, suivant les proportions voulues, les Carpes nécessaires à la production de l'alevin ; un an après, on pêche l'alevin obtenu ; puis on en remet dans l'étang une partie à laquelle on ajoute des Carpes adultes. L'année suivante, on pêche l'étang ; les alevins ont donné de jeunes poissons et les Carpes adultes ont produit de nouveaux alevins. De cette façon, on trouve tous les ans les jeunes poissons nécessaires à l'étang à Carpes et des alevins pour produire un an après du jeune poisson. — Si l'on ne possède pas d'étang à nourrains, on est contraint d'empoissonner l'étang à Carpes avec de l'alevin d'un an, ce qui donne toujours un produit inférieur à l'empoissonnement effectué avec du jeune poisson de deux ans ; la pêche à deux ans ou à trois ans est ici de rigueur ; en outre, on ne doit mettre les Brochetons qu'au bout de la première année du séjour des Carpillons dans l'étang, en novembre ou décembre.

## IV. — Exploitation par l'Assec.

L'élevage de la Carpe est très rémunérateur quand on peut le combiner avec l'exploitation culturale des étangs. La mise en *assec* ou *terrage*, jointe à la mise en culture, présente les avantages suivants :

Elle assure la destruction de tous les ennemis du poisson ; — elle fournit de belles récoltes (avoine, blé, orge, sarrasin, luzerne, trèfle, betterave), car l'étang a été fertilisé par les déjections des poissons ; la culture rapporte au moins autant que la production du poisson ; — elle permet d'utiliser les herbes aquatiques ; — elle aère le sol, le laisse reposer, et favorise la reproduction d'animalcules et d'insectes qui serviront à la nourriture des poissons, si bien que le fond d'un étang épuisé reçoit de nouveaux éléments de fertilité et se reconstitue parfaitement en une année ; aussi, la pêche qui succède à l'assec donne-t-elle un produit bien supérieur aux autres pêches (jusqu'à 20 p. 100 en plus) ; on dit qu'une année d'assec et une année d'empoissonnement valent généralement deux étés.

Il peut y avoir, par contre, des inconvénients à faire précéder chaque empoissonnement d'une période d'assec. Les assecs alternatifs exigent des travaux assez considérables de curage des fossés ; or, on sait que pour résoudre l'importante question de la main-d'œuvre agricole, il faut s'efforcer d'assurer aux populations des campagnes un labeur continu ; c'est une condition que ne permet pas de réaliser l'alternance des assecs et des mises en eau. On reproche aussi aux étangs asséchés d'être des foyers d'insalubrité. Certains pisciculteurs estiment que les étangs situés sur de bons fonds et alimentés par des eaux riches en substances nutritives, ne s'appauvrissent pas en restant constamment en eau ; de plus, comme cela a lieu en Dombes, le produit d'un hectare cultivé est inférieur à celui d'un hectare en eau.

D'ordinaire, l'assèchement des étangs est annuel ; dans la Dombes, l'exploitation par l'assec est surtout triennale, les étangs restant deux ans en eau et étant cultivés la troisième année ; dans le Schleswig-Holstein (Allemagne), les étangs sont alternativement en eau et en assec pendant deux ans. En général, une mise en culture d'une année est suffisante ; il y a même intérêt à ne pas la prolonger davantage pour ne pas appauvrir le terrain, à moins que des circonstances spéciales ne favorisent l'enrichissement de celui-ci.

**Système Dubisch.** — Le procédé d'élevage de la Carpe pratiqué par Dubisch, sur le domaine de Perselz (Silésie autrichienne), est basé sur la possibilité de mettre les étangs en eau et de les assécher au moment jugé le plus favorable par le pisciculteur. Il exige un grand nombre d'étangs. Deux séries d'étangs sont nécessaires ; des *étangs d'été* peu profonds, faciles à vider et à cultiver, qui reçoivent les Carpes de mars à octobre ; des *étangs d'hiver*, profonds et abondamment alimentés, où l'on accumule, d'octobre à mars, de 100 000 à 140 000 Carpes par hectare. On les utilise de la façon suivante :

1° Un étang de 1 are seulement, sorte de bassin à fond mou et d'une profondeur de 0ᵐ 30 à 1 mètre, est destiné à la fraie ; ce petit étang, d'un assèchement facile, est laissé à sec pendant tout l'hiver; on ne le met en eau qu'au printemps quand la température est suffisamment élevée, au moment d'y placer les reproducteurs ; ceux-ci ont été conservés jusque-là dans une eau froide et on les a privés de nourriture, afin de les empêcher de pondre prématurément; ils sont au nombre de 2 mâles et 2 femelles, dont une jeune femelle et une de 12 à 14 livres; ils fournissent environ 200 000 feuilles, ce qui est plus que suffisant pour peupler 300 hectares.

2° Trois semaines après l'éclosion, la nourriture naturelle offerte par l'étang à fraie étant épuisée, on pêche les alevins (1) et on les transporte dans l'*étang d'accroissement* nº *1*. C'est ici que commence en réalité l'exploitation. Cet étang, peu profond, couvre 3 hectares et reçoit 100 000 alevins; il a été asséché et cultivé pendant l'année précédente. On ne donne pas de nourriture artificielle; aussi, un mois après, la nourriture naturelle commençant à diminuer, faut-il retirer les alevins, qui ont alors quelques centimètres de longueur; la perte en nombre est évaluée à 25 p. 100.

3° On les transporte dans l'*étang d'accroissement* nº *2*, qui mesure 71 hectares environ ; on y met 75 000 jeunes poissons, soit 1 050 par hectare. Cet étang a été également asséché et cultivé.

4° En octobre, les Carpillons pèsent en moyenne 125 grammes; leur nombre est réduit à 71 000 ; on les pêche et on les met dans un *vivier d'hivernage*. Pendant l'hiver, les étangs précédents sont remis à sec, pour être cultivés jusqu'à l'année suivante.

5° Au printemps, les jeunes Carpes sont placées dans un

(1) Voy. p. 233 le procédé employé pour la pêche des alevins.

*étang d'accroissement n° 3*, jusqu'alors laissé à sec; il mesure 137 hectares, et reçoit 520 poissons par hectare; on a, à l'automne de la seconde année, en tenant compte des pertes, 500 poissons pesant de 500 grammes à 1 kilogramme, soit au total 68 500 poissons.

6° Les Carpes pêchées à l'automne passent de nouveau l'hiver en vivier.

7° Au printemps de la troisième année, on met les poissons dans l'*étang à Carpes*, lequel a une surface de 333 hectares; on obtient, à la fin du troisième été, des Carpes atteignant jusqu'à 2 kilogrammes.

La surface *totale* des étangs atteignant 544 hectares, le produit par hectare, à la fin du troisième été, est donc de 269 kilogrammes. Il ne faut pas oublier, d'autre part, que les étangs mis à sec fournissent d'excellentes récoltes.

Le principe de la méthode Dubisch présente des avantages et des inconvénients. Il permet d'alimenter largement les poissons et de leur assurer une nourriture naturelle copieuse. Mais il exige un grand nombre d'étangs et impose des pêches répétées qui entraînent des frais de main-d'œuvre assez élevés. Aussi ce système ne peut-il être appliqué que rarement.

Le système Dubisch peut être encore perfectionné par une distribution d'aliments artificiels aux Carpes. Après que les alevins ont été transportés dans l'étang d'accroissement n° 2, c'est-à-dire à partir de la fin de juillet, on distribue chaque jour de la poudre de viande; la quantité de cet aliment est en moyenne de 750 grammes à 1 kilogramme par alevin jusque vers le milieu d'octobre, où l'on cesse toute distribution. L'année suivante, dans l'étang d'accroissement n° 3, on donne aux Carpes un mélange de fèves, de poudre de viande et de sang : 450 kilogrammes de fèves, 30 kilogrammes de viande et 10 kilogrammes de sang, pour 100 Carpes, du printemps à l'automne. A partir du début de la deuxième année, les Carpes reçoivent moins d'aliments artificiels, car elles sont placées dans de vastes étangs où elles trouvent une proportion considérable d'aliments naturels. Grâce à cette méthode intensive, on obtient à un an des Carpes de 200 grammes, à deux ans des Carpes de 1250 grammes et à trois ans des Carpes de 2500 grammes!

**Système Moncoq.** — Ce système est préconisé par M. Moncoq, ancien directeur de l'Établissement de pisciculture de l'Ame (Mayenne) (1). Il comporte :

1° *Un réservoir pour les fécondations* : Ce réservoir mesure 5 à 6 ares, il est profond de 1 m 50 à 2 mètres sur le côté Est et de 0 m 50 à 0 m 60 sur le côté Ouest. Il reste à sec de février à avril, ce dont on profite pour le faucarder et le bécher. En avril, on introduit 18 Carpes de 1 kilogramme, 6 femelles et 12 mâles, qui fourniront environ 500 000 œufs fécondés. Un îlot flottant est installé sur la partie profonde du réservoir pour servir de retraite aux reproducteurs, et des frayères artificielles sont disposées sur les rives. Les reproducteurs reçoivent une nourriture artificielle : 1 à 2 litres, par semaine, de pommes de terre cuites, écrasées et agglutinées avec du son.

2° *Un réservoir d'incubation et d'alevinage*: Les œufs fécondés sont recueillis avec les frayères artificielles et transportés dans un réservoir destiné à l'incubation et à l'alevinage pendant la première année. Ce réservoir mesure 1 hectare, sa profondeur est au maximum de 1 m 50 à 2 mètres et, sur les rives, de 0 m 15 à 0 m 20 seulement ; il est divisé en trois ou quatre parcs par des digues étanches, pour permettre de séparer les œufs provenant de fécondations distinctes; la communication entre ces parcs est d'ailleurs établie quand les alevins sont assez avancés en âge. L'eau doit toujours être à 18° et le débit du courant d'alimentation doit pouvoir être varié à volonté. Ce réservoir est, comme le précédent, mis à sec vers mi-février, puis labouré et gazonné, afin de favoriser l'éclosion et la reproduction du plancton. Dans ce but, M. Moncoq transforme en une surface ondulée le sol du réservoir dans ses parties les plus profondes; les ondulations, très accentuées, sont formées par des sillons dont le point haut se trouve à 0 m 15 ou 0 m 20 en contre-bas du niveau de l'eau et dont les talus sont inclinés à 1 m 50 pour 1 mètre ; au point bas, sur une largeur quelconque, est le fond du réservoir;

(1) Moncoq, *Pisciculture*.

les talus très allongés s'élèvent en gradins espacés de 0$^m$30 en 0$^m$30 suivant la verticale et de 0$^m$45 à 0$^m$50 suivant l'horizontale, la partie supérieure des sillons ayant 0$^m$50 de largeur horizontale. La partie supérieure des sillons et les intervalles entre chacun des gradins sont gazonnés ou plantés d'herbes aquatiques, dont les tiges en s'allongeant sur les eaux recouvrent les gradins et forment des retraites recherchées par les jeunes poissons. Ainsi labouré et gazonné, le réservoir est mis en eau avant la fraie, puis on y immerge de 0$^m$45 à 0$^m$20 les frayères garnies d'œufs. A partir de la cinquième semaine, on commence à nourrir les alevins, et on pêche en octobre; on doit avoir 100000 jeunes poissons de 0$^m$12 à 0$^m$15, d'un poids de 40 au kilogramme.

3° *Un petit étang d'élevage pour la deuxième année* : Les 100000 jeunes poissons sont transportés dans un petit étang de 4 à 5 hectares, d'une profondeur de 4$^m$50 à 3 mètres, dont le sol présente des ondulations et est engazonné avec des herbes aquatiques; de nombreux îlots flottants y sont installés pour servir de refuges et d'abris aux jeunes poissons. D'avril à septembre, on donne une nourriture artificielle abondante. La pêche d'octobre doit fournir 70 à 80000 poissons de 0$^m$20 à 0$^m$25 et du poids de 4 à 5 au kilogramme.

4° *En grand étang d'élevage pour les troisième et quatrième années* : Ces poissons, qui ont alors deux étés d'existence, sont mis dans un grand étang de 50 hectares, à raison de 1000 à l'hectare, l'excédent étant vendu pour l'empoissonnement; cet étang a une profondeur de 1$^m$50 à 3 mètres; il contient une trentaine d'îlots flottants, de 15 mètres de large sur 30 à 40 mètres de long; on y installe aussi des frayères artificielles et on y introduit 40000 alevins d'Anguilles. Une nourriture artificielle abondante est fournie aux Carpes, comme dans les autres étangs. En estimant les pertes à 20 p. 100, on obtiendrait, au maximum, après deux années de séjour dans le grand étang, 40000 Carpes de 1 kilogramme.

Le réservoir d'alevinage et le petit étang sont asséchés et laissés inoccupés pendant une année, de façon à reposer complètement le sol et à permettre le renouvellement du plancton. Aussi est-il nécessaire de disposer d'une autre série de réservoirs et d'étangs, pour alterner d'une année à l'autre; bien que le grand étang ne soit pas mis à sec, comme les jeunes poissons y restent deux ans, il est nécessaire de disposer d'un second grand étang pour recevoir l'une des récoltes annuelles du petit étang. Il faut donc huit étangs:

2 réservoirs pour les fécondations;

2 réservoirs pour l'incubation et l'alevinage pendant la première année;

2 petits étangs pour l'élevage pendant la deuxième année;

2 grands étangs ou 2 groupes de grands étangs pour l'élevage pendant les troisième et quatrième années.

La surface totale occupée par ces huit réservoirs et étangs est de 110 hectares, d'où, à la fin du quatrième été, un produit de 400 kilogrammes par hectare.

## PÊCHE DES ÉTANGS A CARPES

La Pêche des étangs à Carpes a lieu soit à l'automne, soit au printemps; on évite les grands froids, qui en décembre et janvier ne manqueraient pas d'interrompre la pêche. La seconde moitié d'octobre est ordinairement l'époque préférée; elle a l'avantage de permettre de placer l'empoissonnement de bonne heure, ce qui donne toujours de meilleurs résultats; on peut d'ailleurs, et nous le conseillons, conserver les Carpes dans des réservoirs tout le temps voulu et attendre les époques où la vente est le plus favorable.

*Vidange des Étangs*. — On supprime toute arrivée de l'eau dans l'étang et on fait écouler *très lentement*, afin de donner le temps aux poissons de se rassembler dans les rigoles d'écoulement, puis dans le bief et enfin dans la pêcherie. Quelques jours avant la pêche, on rabat le poisson le plus possible vers la pêcherie; à cet effet, on le chasse des rigoles où l'eau séjourne encore en y promenant des filets traînants; en même temps, on alimente la pêcherie avec de l'eau vive et on y maintient le niveau constant.

*Pêche*. — Quand tout le poisson est rassemblé dans la pêcherie, on le capture avec une *seine* (fig. 79); chaque fois qu'on retire ce filet, on nettoie les poissons saisis en les aspergeant aussitôt d'eau fraîche dans le filet même ; on retire, avec l'épuisette, d'abord les brochets et les perches, on les trie et on les dépose dans des tonneaux remplis d'eau fraîche, préparés à l'avance ; puis on recueille les Carpes, on les trie,

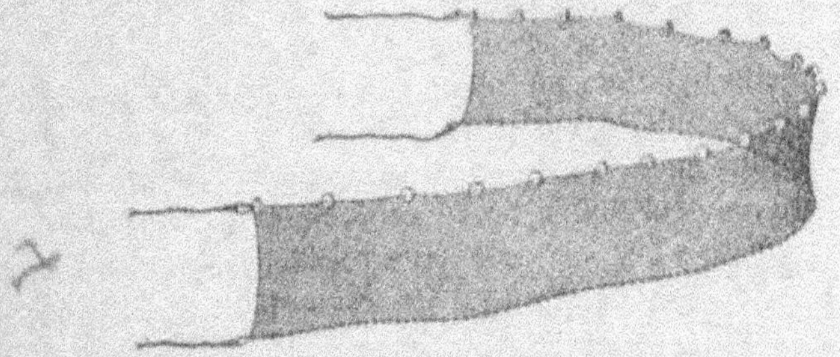

Fig. 79. — Seine.

on les pèse et on les place dans des cuveaux remplis d'eau pure. On suspend l'arrivée de l'eau dans la pêcherie à chaque capture avec la seine ; on la rétablit dans les intervalles, mais en ayant soin d'accroître le débit de la bonde de vidange, afin

Fig. 80. — Trouble.

de diminuer progressivement la quantité d'eau à pêcher. Quand la plus grande partie des poissons a été retirée, les pêcheurs, chaussés de grandes bottes, descendent dans la pêcherie, entrent dans la vase et prennent le poisson avec des *troubles* (fig. 80).

Les pêcheurs doivent manier le poisson avec précaution, le saisir par le milieu du corps et le déposer dans les cuves sans le jeter, afin de ne pas le blesser. Généralement, on laisse aux ouvriers qui viennent aider à la pêche, les petites tanches et les poissons blancs.

*Transport.* — Nous venons de voir que les poissons aussitôt sortis de l'étang étaient placés dans des tonneaux remplis d'eau fraîche ; c'est là une précaution essentielle qu'il ne faut jamais manquer de prendre quand les poissons doivent être transportés après la pêche : un séjour de quelques heures dans une eau claire suffit à les débarrasser de la vase entrée dans leurs branchies et qui gêne leur respiration. Ce « dégorgement » effectué, on expédie les Carpes et les Tanches dans des tonneaux remplis d'eau aux trois quarts, à raison de 25 à 40 kilogrammes de poisson par hectolitre d'eau ; on met d'autant plus de poissons que la température extérieure est moins élevée et que le trajet à effectuer est moins long. Si le transport a lieu pendant la saison froide et si le trajet est de courte durée (six à huit heures), on peut même faire les expéditions à sec, car la Carpe et la Tanche sont très résistantes hors de l'eau : on les place alors simplement sur un lit de paille ou de mousse humide, en les recouvrant d'une toile pour empêcher l'évaporation. On voit souvent conseiller, dans les ouvrages de pisciculture, de maintenir au poisson les ouïes ouvertes en y introduisant une petite rondelle de pomme, afin de laisser un libre passage à l'air et éviter que les opercules en se collant entraînent l'asphyxie ; il faut s'élever contre cette pratique qui, nous l'avons constaté, hâte au contraire le dessèchement des branchies et amène plus rapidement la mort du poisson.

Réservoirs d'hiver. — Il est très utile d'annexer un ou plusieurs réservoirs aux étangs. Si la vente n'est pas assurée de suite après la pêche de l'étang, on y place les poissons, en mettant ensemble ceux de même espèce et de même taille, afin d'attendre le début du printemps et de vendre à une époque favorable. Un réservoir est facile à construire ; il faut le creuser, autant que possible, en sol argileux, imperméable ; sinon on doit garnir le fond et les parois d'une épaisse couche de glaise bien battue ; on peut aussi doubler le réservoir en bois ; les réservoirs en maçonnerie ont l'inconvénient de présenter des aspérités qui blessent les poissons. Un réservoir doit toujours pouvoir être asséché. — Un réservoir d'une contenance de 200 mètres cubes peut renfermer 2000 à 3000 kilogrammes de Carpes et de Tanches, pendant l'hiver, de fin novembre à commencement de mars ; ces poissons mangeant peu ou pas durant la mauvaise saison, il n'est nullement besoin de les alimenter ; ils perdent d'ailleurs peu de poids ; quant à la mortalité, elle varie de 1 à 5 p. 100. — Quand on veut conserver les poissons en réservoir pendant toute l'année, il faut en mettre cinq fois moins et leur fournir de la nourriture ; la quantité de têtes à introduire dépend en grande partie du renouvellement de l'eau : on peut mettre 7 livres de poisson par mètre cube d'eau, quand l'eau du réservoir se renouvelle toutes les soixante heures, et 11 livres quand le renouvellement a lieu toutes les quarante heures (Peupion). Lorsque l'eau se renouvelle d'une façon presque instantanée, il n'y a guère qu'à tenir compte de la place dont on dispose ; c'est ainsi qu'on accumule, dans les *bateaux-viviers*, un nombre considérable de poissons.

BATEAUX-VIVIERS. — Les grands étangs du Centre, de l'Est et du Nord qui alimentent le marché de Paris, expédient leur poisson vivant sur la capitale au moyen de grands bateaux-viviers, qui méritent une description détaillée : « Généralement, dit M. Raveret-Wattel, depuis la fin d'octobre jusque dans les premiers jours de mai, on peut voir stationnant dans la Seine, au nord-est de l'île Saint-Louis, le long du quai d'Anjou, plusieurs grands bateaux qu'on confondrait facilement, au premier abord, avec les péniches qui servent journellement sur le fleuve au transport de marchandises de toute sorte. Mais, en s'en approchant, on remarque bientôt que les flancs en sont percés, en certains endroits, d'une multitude de trous de plusieurs centimètres de diamètre. A l'avant, à l'arrière, au milieu, sont trois compartiments, trois vastes caisses, aux parois pleines, étanches, qui servent à remiser le matériel et à loger le personnel. Entre ces compartiments et soutenus par eux, sont deux grands réservoirs, qui occupent tout le reste de la longueur du bateau ; les fonds et les parois en sont criblés de trous, par lesquels l'eau de la rivière pénètre librement. L'ensemble des diverses parties qui composent ces vastes « boutiques à poissons » ne mesure pas moins de 30 mètres de longueur sur 5 mètres de largeur. Dans le pont du bateau, qui forme le toit des viviers, sont ménagées d'assez larges ouvertures, que ferment des portes à deux battants; c'est par ces ouvertures qu'on introduit les poissons dans les viviers, qu'on les y surveille, qu'on leur distribue de la nourriture ou qu'on les puise avec un filet au moment de la vente. Carpes et Brochets vivent en rangs serrés dans ces réservoirs, d'où, chaque jour, des expéditions sont faites sur les Halles, sous la surveillance des agents préposés à la perception des droits d'octroi pour la ville. Le poisson est ainsi livré à la consommation dans un grand état de fraîcheur. » Ajoutons que ces bateaux-viviers peuvent recevoir chacun de 15 à 20 000 kilogrammes de poisson et qu'ils sont dirigés sur Paris en suivant les canaux et les rivières; le voyage, qui dure de cinq à douze jours, entraîne une mortalité assez élevée, parfois de près d'un tiers. Aussi est-il souvent plus avantageux d'effectuer des transports rapides par chemin de fer.

*Vente.* — C'est surtout d'octobre à avril que la vente de la Carpe est le plus active; c'est aussi l'époque où la chair de ce poisson est la meilleure. Les Carpes de rivière et celles provenant d'étangs alimentés par des sources sont les plus estimées; il suffit d'ailleurs de placer les Carpes d'étangs vaseux dans des viviers alimentés par de l'eau vive, pendant plusieurs jours, pour leur faire perdre le goût de vase et leur faire acquérir une chair délicate et savoureuse. Le prix du kilogramme de Carpe varie, suivant les régions, de 0 fr. 60 à 1 franc; mais, le plus souvent, les pisciculteurs ne trouvent à écouler leurs Carpes qu'à raison de 60 à 80 francs les 100 kilogrammes. Nous avons vu qu'il n'y avait pas intérêt à produire des Carpes âgées de plus de quatre ans; la Carpe du poids de 800 grammes à 1 kilogramme est généralement celle dont le prix de vente est le plus avantageux.

*Rendement des Étangs.* — Le *produit brut* d'un hectare d'étang est très variable. En admettant qu'un hectare d'étang à Carpes (de première qualité) fournisse, dans une pêche à deux ans, 325 kilogrammes de Carpe (soit 162 kilogrammes par an) et, dans une pêche à un an, 228 kilogrammes, on obtient, — en estimant à 40 p. 100 la surface occupée par les autres étangs (d'alevinage et à nourrains), — un rendement en poids de 97 à 137 kilogrammes par hectare et par an, c'est-à-dire, à raison de 0 fr. 70 le kilogramme, un produit *brut* de 68 à 96 francs. De ce chiffre, il faut déduire les dépenses de pêche, d'entretien des étangs, etc., pour avoir le bénéfice net.

Dans la Dombes, où bien des améliorations sont encore à réaliser, le produit moyen de l'hectare d'étang varie de 70 à 90 francs ; le rendement net en poisson à l'hectare atteint 135 kilogrammes et se décompose ainsi :

| | | |
|---|---|---|
| Carpe........................... | 74 | kilogrammes. |
| Tanche......................... | 28 | — |
| Poissons blancs................. | 28 | — |
| Brochet........................ | 5 | — |

Le prix moyen des 100 kilogrammes de poisson y est de 60 francs pour la Carpe, 100 francs pour la Tanche, 45 francs pour les poissons blancs et 140 francs pour le Brochet, ce qui donne, d'après le rendement en poids, un produit de 88 francs à l'hectare. Les bons étangs, bien exploités, produisent, dans la Dombes, 140 francs à l'hectare et même davantage ; M. de Monicault obtient un rendement annuel de 100 et parfois 150 francs net, par hectare.

Avec l'assec, on arrive à des chiffres très élevés. En Lorraine, où l'aménagement des étangs ne laisse rien à désirer, un étang de moyenne qualité nourrit aisément, sans aucune alimentation artificielle, 225 kilogrammes de poisson à l'hectare; le produit en est supérieur à celui des terres voisines. Dubisch obtient une moyenne de 269 kilogrammes à l'hectare; un pisciculteur belge, Vander Snickt, va jusqu'à affirmer qu'un étang convenablement aménagé peut donner, par hectare, 500 kilogrammes de Carpe ou 125 kilogrammes de Truite; en défalquant 250 francs de frais des 625 francs produits par la vente du poisson, il resterait un bénéfice net de 375 francs par hectare, résultat qui nous semble bien difficile à réaliser. M. Moncoq arrive (théoriquement ?) à un produit brut de 400 francs à l'hectare, dont il faut défalquer le prix de la nourriture artificielle, les frais d'entretien, de surveillance, de pêche, etc., ce qui ramène le bénéfice net à environ 200 francs par hectare.

Comme on le voit, le produit d'un hectare d'étang peut être très rémunérateur. Dans les contrées peu fertiles, où le sol a une faible valeur, le produit est toujours supérieur à celui de l'hectare mis en culture ; ainsi, en Dombes, l'hectare de terre donne rarement, en moyenne, un produit supérieur à 40 francs, tandis qu'en eau il rapporte 80 francs environ et atteint parfois 130 francs net.

Le seul fait d'élever du poisson dans de simples mares peut relever notablement la valeur d'un fermage.

## ÉLEVAGE DE LA TANCHE

La Tanche se plaît dans les eaux qui conviennent à la Carpe ; elle constitue avec celle-ci le fond de la population des étangs.

La Tanche a l'avantage d'être plus rustique encore que la Carpe ; elle vit à merveille dans les eaux chaudes, stagnantes et peu oxygénées, supporte en hiver un séjour prolongé sous la glace et résiste plus longtemps que la Carpe hors de l'eau ; elle est aussi moins sujette aux diverses maladies. Mais la Tanche est essentiellement un poisson de fond ; plus que la Carpe, elle séjourne sur le fond des étangs ; elle se plaît dans la vase, l'affouille continuellement, soit pour y chercher sa nourriture, soit comme passe-temps, soit pour s'y creuser une retraite et s'y cantonner, et comme elle est très vorace, elle *fatigue* beaucoup le fond des étangs : il faut donc limiter avec soin le nombre des Tanches dans un étang à Carpes, pour ne pas nuire à l'accroissement de ces dernières. De plus, la Tanche est sensiblement inférieure à la Carpe sous le rapport de la croissance, bien qu'elle consomme davantage ; il est vrai que son prix de vente est supérieur (40 francs environ de plus les 100 kilogrammes). Voici, d'après M. Peupion, le tableau de l'accroissement de la Tanche dans des étangs de différentes qualités :

|  | Étang de 1re qualité. | Étang de 2e ordre. | Étang de 3e ordre. |
|---|---|---|---|
| 1re année | 17 grs. | 10 à 14 grs. | 10 grs. |
| 2e — | 80 — | 60 — | 50 — |
| 3e — | 320 à 350 — | 285 — | 205 — |
| 4e — | 500 à 600 — | 410 — | 335 — |

Aussi se livre-t-on rarement à l'élevage unique de la Tanche; on l'adjoint plutôt à la Carpe dans les empoissonnements, suivant les proportions que nous avons déjà indiquées. On a soin toutefois de produire les alevins de Carpe et de Tanche dans des étangs distincts, à cause de la difficulté de séparer les alevins de ces deux espèces au moment de la pêche.

L'élevage en grand de la Tanche ne doit être tenté que dans les étangs trop vaseux pour bien convenir à la Carpe; ce sont les étangs peu profonds, dont les eaux ont une température élevée, où la Tanche réussit le mieux; elle y croît beaucoup plus vite que dans ceux à grands fonds et alimentés par une eau froide. L'élevage de la Tanche se fait suivant les mêmes principes que celui de la Carpe. La Tanche fraie à peu près dans les mêmes conditions que la Carpe; l'étang d'alevinage ne diffère donc pas; notons seulement que la fraie a lieu surtout en juin et au commencement de juillet, quand la température de l'eau atteint 20 à 25°. La proportion de reproducteurs à mettre par hectare dans l'étang d'alevinage est de 25 mâles et 50 femelles de 750 grammes. Pour le peuplement de l'étang à jeunes poissons, on mettra 1/5 d'alevins en moins et, dans l'étang à adultes, moitié moins de jeunes poissons que s'il s'agissait de Carpes; dans ce dernier étang, on ajoutera quelques Anguilles pour empêcher l'excès de peuplement; le Brochet montre un peu moins d'activité à pourchasser les Tanches que les Carpes, peut-être à cause de leur facilité à s'enfouir dans la vase.

Un étang à Tanches maintenu constamment en eau s'épuise vite; son fond, continuellement affouillé, a besoin d'être *refait* au bout de quelques années; une mise en culture pendant au moins une année s'impose donc de temps à autre.

Par suite de son genre d'existence, la Tanche contracte ordinairement dans les étangs un goût de vase prononcé; les étangs peu vaseux produisent, il est vrai, d'excellentes

Tanches, qui l'emportent sur celles de rivière, mais restent inférieures toutefois à celles de lac. En tout cas, il est facile de faire perdre à la Tanche tout goût désagréable, en la mettant séjourner dans l'eau pure pendant une dizaine de jours. La Tanche n'a pas une grande renommée culinaire, sans doute à cause de ce goût de limon qu'elle possède souvent ; les Romains ne connaissaient que la Tanche des marais de leur péninsule, où elle contractait invariablement une odeur de bourbe prononcée ; aussi avaient-ils pour ce poisson le mépris le plus profond ; Ausone considérait la Tanche comme la ressource du bas peuple et des esclaves ; il la désignait sous les noms de *piscis ignobilis*, *vilis pauperiorum cibus*. Encore aujourd'hui, bien des personnes sont convaincues que la chair de la Tanche est malsaine en été et que ses œufs sont un manger détestable. Il n'en est rien : la bonne Tanche est un poisson délicieux, à chair blanche, délicate et très savoureuse, bien supérieur à la Carpe ; pour notre part, nous n'hésitons pas à la considérer comme l'un des meilleurs parmi nos poissons d'eau douce. On sait que certains hôteliers ne se font pas scrupule de servir pour de la Truite des Tanches coupées par tronçons, dont ils ont au préalable retiré la peau et les arêtes, ce qui rend la confusion facile. Dans les Vosges, dit M. Peupion, la Tanche de belle taille est prisée à l'égal de la Truite et paraît sur les meilleures tables. En Allemagne, la Tanche se vend plus facilement et plus cher que la Carpe et souvent, quand elle est petite (250 grammes par exemple), on la fait également passer pour de la Truite. Les Tanches du lac Trasimène ont, en Italie, une grande réputation.

La Tanche supporte facilement les expéditions à grande distance ; tout ce que nous avons dit pour la Carpe au sujet du transport s'applique à la Tanche.

La rusticité de la Tanche en fait un poisson admirablement apte à vivre dans les mares, les marais et les espaces les plus limités. On peut garder longtemps des Tanches dans un simple tonneau ou dans une cuve assez grande, à raison de 3 kilogrammes de Tanche par hectolitre d'eau, en ayant soin de renouveler l'eau tous les jours. En réservoir ou en vivier, rien n'est plus facile que de conserver des Tanches ; il est bon que le fond soit terreux pour permettre aux poissons de l'affouiller ; on conseille aussi d'occuper les Tanches en leur donnant des boules de terre glaise pétries avec de grosses fèves de marais et des graines d'orge ou de blé à moitié cuites ; en nourrissant abondamment pendant la belle saison, on obtient assez rapidement des Tanches marchandes.

La Tanche dorée est un très beau poisson de luxe, susceptible d'être l'objet d'un élevage intensif ; c'est une variété de la Tanche commune, obtenue par une sélection attentive. La Tanche verte, originaire des lacs transcaucasiens, constitue aussi, grâce à sa belle coloration, une variété ornementale, que produisent certains pisciculteurs.

## ÉLEVAGE DU CYPRIN DORÉ

L'élevage du Cyprin doré ou Poisson rouge se rapproche de celui de la Carpe. Il est à essayer quand on se trouve placé dans de bonnes conditions pour la vente. On ne peut songer à élever ce Cyprin en vue de la consommation, car sa croissance est très lente, plus de trois fois inférieure à celle de la Carpe commune ; mais c'est un poisson de luxe, uniquement employé pour orner les aquariums et les étangs des parcs ou des jardins publics, que son prix élevé (dix francs le cent en moyenne) recommande à l'attention. Le Poisson rouge vient parfaitement dans les eaux tièdes ; il craint les eaux froides et ne doit pas être élevé dans les étangs trop exposés à geler en hiver. Sa nourriture est celle de la Carpe.

Aux États-Unis, en Allemagne, en Italie, le Poisson rouge est l'objet d'un commerce sérieux ; ce commerce représente, aux États-Unis, une valeur annuelle de 1 500 000 francs. M. Farcot, ingénieur-agronome, a eu l'occasion de visiter l'établissement de pisciculture de Dachau (près Munich), dirigé par M. Grassel, dont la principale production est celle du Poisson rouge ; c'est d'après ses indications que nous fournissons les renseignements suivants. L'établissement de Dachau, le plus important en ce genre de toute l'Allemagne,

comporte 72 étangs couvrant une surface de 140 hectares.
Des bassins spéciaux sont consacrés à la reproduction ; on
y place, pour une étendue de 1 hectare 1/3, 20 reproducteurs, dont un tiers de femelles et deux tiers de mâles, qu'on
laisse multiplier librement. Les jeunes alevins sont transportés dans les étangs à l'âge de cinq semaines ; l'empoissonnement est fait de façon à obtenir environ 10000 poissons de 5 centimètres de longueur pour une surface d'eau
de 13600 mètres carrés ; ces étangs ne doivent pas avoir plus
de 0$^m$30 à 0$^m$40 de profondeur, 0$^m$50 au maximum ; mais à
l'approche de l'hiver, on met les poissons dans des étangs de
1 mètre de profondeur et plus, pour les soustraire autant que
possible à l'action de la gelée ; si une couche de glace vient à
se former, il faut avoir soin de la briser aux extrémités des
étangs. La température moyenne qui convient le mieux aux
Poissons rouges est celle de 22° R. Chaque année, les bassins
sont nettoyés et chaulés.

Pour nourrir ses Poissons rouges, M. Grassel a adopté le
système qui consiste à épandre au bord de l'étang une
couche de fumier de vache, immergée aux trois quarts ; ce
fumier est disposé après le nettoyage-chaulage annuel et
avant la mise à eau de l'étang ; il fournit le plancton nécessaire et suffit largement à la nourriture des poissons de tout
âge. La seule nourriture artificielle donnée aux jeunes alevins
est de la poudre de viande.

Les Poissons rouges sont vendus en général à l'âge de
un an. Ils sont expédiés par mille ; en 1904, l'établissement
de Dachau en a livré au commerce 904588 pièces. Le prix
est variable d'une année à l'autre ; ainsi en 1904 le mille de
Poissons rouges de un an se vendait en gros 60 à 65 marks,
alors qu'en 1905 il ne valait plus que 25 marks ; l'aléa est
donc assez grand et ménage parfois des surprises désagréables.

Un autre établissement, également situé en Allemagne,
près d'Oldenbourg, se livre aussi à l'élevage du Poisson
rouge. Il comprend 120 bassins, séparés par des digues ayant
3 mètres de largeur à la base et 1$^m$20 au sommet ; ces étangs
sont divisés en quatre catégories : 1° pour le frai ; 2° pour
l'élevage ; 3° pour le « durcissement » de la peau du poisson ;

4° pour les diverses colorations à obtenir. Dans cette dernière série de bassins, où l'eau présente très peu de profondeur, la température pendant le mois le plus chaud de l'été est portée à 50° C. à l'aide d'un générateur à vapeur. *Le peu d'étendue des bassins est une condition essentielle du succès.* Les poissons se colorent dès la fin de la première année et atteignent la taille marchande à l'automne de la seconde année. Leur « mise en couleur » s'obtient avec du tan, de la noix de galle et du fer, introduits dans l'eau des bassins ; on parvient ainsi à leur faire subir des transformations singulières, à leur faire porter notamment les couleurs de la Prusse ou celles de l'Empire allemand.

En France, on procède à l'élevage du Cyprin doré également dans de petits étangs, d'un are environ de superficie et d'une profondeur aussi faible que possible. Les reproducteurs sont choisis parmi les sujets de deux à quatre ans qui ont acquis le plus tôt possible la belle livrée rouge de l'adulte.

## ÉLEVAGE DE DIVERS CYPRINIDES

**Carassin**. — Le Carassin peut faire l'objet d'un élevage en étang bien qu'il soit moins productif que la Carpe et la Tanche ; sa croissance est lente, de plus, il détruit beaucoup de frai et de jeunes alevins. Mais il est très rustique, réussit dans les plus petites mares et tolère l'existence en espace restreint ; il supporte assez longtemps le séjour dans les eaux couvertes de glace, même peu profondes, et ne contracte pas, ou à peine, le goût de vase quelle que soit l'abondance de celle-ci ; sa chair est d'assez bonne qualité.

Le Carassin fatigue moins le fond des étangs que la Tanche. On évite cependant de le placer dans les étangs à Carpe parce qu'il donne avec ce poisson des métis (Carpe de Kollar) de croissance assez lente et de prix inférieur à la Carpe. Il est surtout à recommander dans les eaux trop froides pour permettre la multiplication de la Carpe ; il convient particulièrement pour l'empoissonnement des grandes tourbières de la région du Nord. La nourriture de ce poisson est la même que celle de la Carpe ; une alimentation artificielle abondante active beaucoup sa croissance.

La Gibèle, qui est une variété de Carassin, prospère davantage encore dans les marais et les tourbières ; elle ne se plaît, du reste, que dans les eaux dormantes, car jamais on ne la trouve dans les eaux vives. Très rustique, elle se multiplie rapidement dans les viviers et les réservoirs et s'y engraisse facilement.

**Brême**. — La Brême n'est pas produite par les pisciculteurs. Elle n'est mise dans les étangs que comme *blanchaille* ; elle n'est d'ailleurs pas à recommander dans les étangs à Carpes, car elle a le même genre d'alimentation que celles-ci et se nourrirait à leurs dépens. Son élevage spécial pourrait être tenté ; sa chair a bon goût, surtout quand elle est de grosse taille et provient d'étangs profonds à eau claire ; sa croissance est suffisamment rapide et sa vente est facile. Mais sa multiplication est très aléatoire : le moindre bruit, le froid, empêchent les Brêmes de venir déposer leurs œufs sur les herbes des rives ; les femelles sont, à cause de cela, sujettes à l'inflammation du frai, maladie qui entraîne leur mort. La Brême a une résistance beaucoup moins grande que la Carpe et la Tanche ; elle supporte mal les transports et, en réservoir, passe difficilement les hivers rigoureux ; elle s'y conserve toutefois pendant la bonne saison et s'y engraisse facilement avec des débris de végétaux de toute sorte.

**Gardon** — Le Gardon existe généralement dans les étangs ; il s'y trouve du reste fort à l'aise, car il aime les eaux calmes et peu profondes. Sa chair est médiocre ; mais il a le grand avantage d'être très prolifique et d'être recherché par tous les poissons carnivores ; aussi favorise-t-on sa multiplication (1) dans les étangs à Truite ainsi que dans ceux où on élève des Lottes, des Brochets et des Perches. Il y a intérêt à placer les frayères chargées d'œufs de Gardon dans des bassins isolés pour assurer l'éclosion.

Le commerce livre des Gardons pour l'empoissonnement à raison de 100 francs le 1 000. Il suffit de nourrir les jeunes alevins pendant quelques semaines en leur jetant des poi-

(1) Voy. *Frayères artificielles*, p. 166.

gnées de petit son ou des boulettes faites aux deux tiers de son et un tiers de petit blé bouilli.

**Rotengle.** — Ce que nous venons de dire du Gardon s'applique au Rotengle. C'est un poisson très fécond, qui aime surtout les eaux calmes, claires et fraîches ; il se multiplie facilement dans les eaux trop froides pour la reproduction de la Carpe. Aussi est-il particulièrement indiqué dans les étangs à Truites. Dans les étangs à Carpes continuellement en eau, le Rotengle a l'inconvénient d'être envahissant et difficile à détruire ; il peut s'y rendre utile ou nuisible selon les circonstances : « De ce que les poissons carnassiers en sont friands, il résulte que ce poisson peut, dans certains cas, être avantageux ou préjudiciable : ainsi, si l'étang est à court de fretin de Carpe et de Tanche, il compensera ce manque de nourriture, et les Brochets et les Perches profiteront quand même ; mais si, par contre, les Carpillons et les Tanchettes sont en grand nombre, les poissons carnassiers en épargneront en quantité, à cause des Rosses qu'ils préfèrent, et alors la Carpe sera moins belle ; il y aura par suite perte sur sa production et sur sa qualité. » (Peupion).

**Chevaine.** — Le Chevaine ne se produit pas dans les étangs ; il se nourrit en effet, non seulement de substances végétales, mais aussi de proies vivantes, notamment de frai et de jeunes alevins ; c'est un poisson très vorace, qui se multiplie beaucoup, dont la chair est de qualité inférieure et qu'il faut proscrire absolument des étangs.

**Vandoise.** — La Vandoise est très féconde et se plaît dans les eaux claires et limpides. On peut donc l'utiliser, à l'état d'alevin, pour la nourriture des Truites. Comme elle fraie de très bonne heure, — vers la fin de mars, — on l'a préconisée dans les étangs à Carpes, pour assurer la nourriture des Brochets et des Perches, en attendant l'éclosion du frai de Carpe.

**Ablette.** — Parmi les petites espèces qui forment la *blanchaille*, l'Ablette est la plus répandue. Elle a une chair peu estimée, mais elle est très recherchée des poissons carnivores ; malgré cela, l'Ablette se multiplie rapidement, car sa fécondité est prodigieuse. Aussi est-elle souvent gênante dans les étangs : elle diminue la part de nourriture réservée aux Carpes ; de plus, Brochets et Perches en sont très friands et la pourchassent avec acharnement, de préférence aux Carpillons ; quand les bandes d'Ablettes sont nombreuses dans un étang à Carpes, il faut donc les pêcher, ce qui est assez facile : on les attire avec du son mélangé de farine de seigle et on les pêche au carrelet ; on est sûr ainsi que les Perches et les Brochets ne seront pas détournés de leur fonction, qui est de faire disparaître une bonne partie des petites Carpes.

**Vairon**. — Le Vairon vit dans les mêmes eaux que le Goujon. Il vient bien dans les étangs : les Truites, les Lottes, les Perches et les Brochets le recherchent avec ardeur. Il est lui-même très vorace et détruit le frai des autres poissons, notamment de la Truite, qui vit dans les mêmes eaux que lui. Excellent à propager dans les étangs à Truites, sauf bien entendu ceux réservés à la reproduction.

**Goujon**. — Le Goujon vient très bien en étang et s'y multiplie avec une facilité étonnante. Il aime les eaux limpides et peut servir de proie vivante pour le Brochet, la Perche, la Truite et la Lotte, qui le recherchent fort, ce qui ne l'empêche pas de demeurer toujours en abondance ; il offre du reste une chair excellente et se vend aisément.

**Barbeau**. — Le Barbeau ne fraie que dans les eaux vives et courantes. Mais on pourrait très bien l'acclimater en étang, en ayant recours à la pisciculture artificielle.

**Loche**. — Bien que la *Loche franche* ait une chair délicate, on ne la produit pas en France dans les *étangs*. Elle y réussirait cependant bien.

En Allemagne, on favorise la reproduction de la Loche dans les *cours d'eau*, à l'aide du procédé suivant : au milieu d'un ruisseau d'eau vive à fond caillouteux, on creuse une fosse de 3 à 6 mètres de longueur et de 1ᵐ50 à 3 mètres de largeur, sur 1 mètre environ de profondeur ; on y place une caisse sans fond, percée d'un grand nombre de trous, en laissant entre la caisse et la fosse un intervalle de 0ᵐ20 à 0ᵐ40, que l'on remplit de fumier de porc et de mouton ; les Loches sont placées à l'intérieur de la caisse et maintenues enfermées à l'aide d'une claie posée par-dessus. Le fumier produit des vers en quantité et assure aux Loches une nourriture abondante.

**Lotte**. — La Lotte est un poisson des cours d'eau et des lacs à eaux claires, à fond graveleux. Les étangs à Truites lui conviennent très bien ; il y aurait avantage à l'élever spécialement, car sa chair est considérée à juste titre comme excellente, si ce poisson très vorace ne devait être conservé pendant quatre ans avant de devenir marchand. La Lotte est très résistante hors de l'eau et supporte facilement le transport.

# ÉLEVAGE DU BROCHET EN ÉTANG

Le Brochet est un de nos meilleurs poissons d'eau douce. Il fut toujours estimé dans notre pays : jadis, il existait sur les bords de la Somme des étangs destinés uniquement à l'engraissement de ce poisson : c'étaient les « fosses aux bequiez » ; on y nourrissait les Brochets avec des petits poissons qu'il était permis de pêcher dans la Somme, sans encourir les peines édictées par la loi contre ceux qui détruisaient le fretin, pourvu qu'on ne leur donnât pas une autre destination que celle de servir de pâture aux Brochets. Sous Charles IX, des Brochets étaient soumis au régime de la stabulation dans un bassin du palais du Louvre ; ils y étaient en quelque sorte domestiqués et venaient, quand on les appelait, pour recevoir leur nourriture.

## Élevage spécial du Brochet.

On peut se livrer, avec succès, à l'élevage spécial du Brochet en étang, — car ce poisson supporte aussi bien les eaux calmes que les eaux courantes, — à condition de lui fournir des proies vivantes en quantité suffisante pour qu'il ne détruise pas ses œufs et ses alevins. Les étangs et les mares où abondent les grenouilles conviennent parfaitement à ce genre de production, le Brochet étant particulièrement friand de ces Batraciens et de leur frai ; si les grenouilles font défaut, il faut favoriser la multiplication de la blanchaille (Ablettes, Vérons, etc.) dans l'étang.

Le nombre des Brochets doit être en rapport avec la nourriture mise à leur disposition; les Brochetons de 350 à 400 grammes conviennent très bien pour l'empoissonnement; on les met en octobre ou novembre et on les pêche au mois d'avril suivant. Quand on désire faire de l'alevinage, on met en moyenne, par hectare d'étang, une trentaine de reproducteurs de 500 grammes à 1 kilogramme, à raison de un tiers de mâles pour deux tiers de femelles; on les place en novembre ou décembre, puis, après la fraie qui a lieu en mars, on les pêche à la ligne ou au *trimmer* (Voy. p. 265). On peut également se procurer des alevins en suivant la méthode recommandée par Ch. Cock : on installe un bassin long de 25 mètres environ, large de 6 mètres et profond de 2 mètres, qu'on divise en trois compartiments inégaux; chaque compartiment communique avec deux rigoles-frayères, bien garnies d'herbes aquatiques. On se procure les reproducteurs peu de temps avant le frai, en les pêchant au filet dans un cours d'eau, et on les répartit, suivant leur taille, dans les compartiments du bassin. Les Brochets vont frayer dans les rigoles attenant au bassin où on les repêche pour les remettre en rivière. Les Brochetons sont conservés dix mois dans le bassin, puis introduits en étang.

Quand le Brochet trouve à se nourrir abondamment, sa croissance s'effectue avec une très grande rapidité; parfois, il peut atteindre le poids de 1 kilogramme au bout d'une année (Voy. l'échelle de croissance, p. 39). On assure un accroissement rapide en séparant les sexes, de façon à empêcher la reproduction. On peut citer à ce sujet l'expérience suivante qui fut faite en Bresse par M. Vaulpré : il plaça au mois de mai, dans un étang, 100 Brochetons tous laités; en même temps, il mettait dans un étang plus petit, mais où les poissons pouvaient trouver une abondante nourriture, 50 Brochets de même taille, moitié œuvés, moitié laités; il reprit ces poissons au mois de février et constata que les poissons laités du premier étang avaient acquis un poids incomparablement plus élevé que ceux placés dans le deuxième étang. Il est vrai que, de cette façon, on perd la production des Brochetons. Les mâles doivent être préférés si on n'élève qu'un seul sexe, car ils sont plus longs et plus élancés que les femelles de même poids.

On ne saurait trop insister sur la nécessité de fournir aux Brochets une abondante nourriture ; très voraces, ils en sont réduits, quand la nourriture devient rare, à se dévorer les uns les autres ou à périr de faim, et dans ce cas la chair de ceux qui subsistent est sèche et filandreuse. Si leur alimentation est largement assurée, ils croissent fort vite tout en fournissant une chair tendre et grasse.

## Élevage annexe du Brochet.

Le Brochet est l'objet d'une production intéressante dans les étangs à Carpes ; sa voracité en fait, dans ce cas, un auxiliaire pour le pisciculteur. Dans les étangs consacrés à la production de la Carpe et de la Tanche adultes, il y a, par suite de la fécondité de ces deux poissons, un nombre considérable d'alevins qui viennent à bien ; la surproduction est à craindre : lorsqu'ils sont en trop grande quantité, les Carpillons ne croissent pas normalement, faute d'une subsistance suffisante ; ils ne tardent pas à épuiser les ressources alimentaires de l'étang, puis ils maigrissent, périclitent et deviennent une proie facile pour les maladies. Le Brochet fait disparaître cette surabondance d'alevins d'une façon fort avantageuse ; il consomme une notable partie du fretin, ce qui a pour résultat de mettre le nombre des Carpes en rapport avec la capacité biogénique de l'étang et par suite de faciliter leur croissance. Son rôle ne se borne pas là : sa présence inquiète les Carpes, les agite, les empêche de paresser, de « poser », les oblige à se déplacer, à voyager par tout l'étang au lieu de se cantonner, et à chercher plus activement leur nourriture ; au moment du frai, il les empêche, pour la même raison, de s'affaiblir à la ponte ; enfin, il se rend utile, en dévorant les petits poissons, la blanchaille, notamment les Ablettes (1), ainsi que les Grenouilles, lesquelles ont l'inconvénient d'enlever aux Carpes une partie

_______________

(1) Voy. p. 259 ce qu'il y a lieu de faire quand les Ablettes sont trop nombreuses.

de leur nourriture et de les empêcher de prospérer comme il convient. Le rôle essentiel du Brochet est donc d'empêcher la production d'un grand nombre de petites Carpes, dont la vente serait peu facile et peu avantageuse ; mais, en même temps, il transforme les non-valeurs en une chair recherchée, assurée de se vendre à un prix élevé et facilement transportable, car le Brochet vivant s'expédie très bien à grande distance.

Comme on le voit, la présence du Brochet dans les étangs à Carpes est loin d'être préjudiciable. Il y a lieu, toutefois, de prendre certaines précautions. En premier lieu, le Brochet, quelles que soient ses dimensions, doit être banni des étangs où l'on ne produit que des alevins et des jeunes poissons ; sinon, ce serait introduire le loup dans la bergerie et compromettre, de propos délibéré, l'avenir de l'empoissonnement. Quant aux étangs où l'on élève des Carpes ou des Tanches adultes avec production d'alevins, il ne faut y utiliser que de jeunes Brochets, d'une taille en rapport avec celle de l'empoissonnement ; des Brochetons trop forts entraîneraient un déficit sérieux, car leur croissance, nous l'avons vu, s'effectue très rapidement quand ils sont abondamment nourris. On ne doit pas mettre de Brochetons pesant plus de 125 grammes avec des Carpes d'une livre, ni des Brochets de plus de 275 grammes avec des Carpes de 1 kilogramme. Le nombre des Brochetons doit être également calculé avec beaucoup de soin ; s'il est trop élevé, on aura une moins-value sensible dans le produit de l'étang : les Brochets détruiront une grande quantité de Carpes et celles qui resteront, devenues trop grosses par suite d'un excès de nourriture, seront de ce fait plus difficiles à vendre ; s'il y a, au contraire, un nombre insuffisant de Brochets, l'alevin de Carpe, n'étant pas assez éclairci, ne profitera pas et s'accroîtra peu ou pas. Il y a, en Bresse, un dicton : *Beaucoup de Brochets, pas de Brochet ; peu de Brochets, beaucoup de Brochet*, qui indique de façon significative qu'il vaut mieux mettre peu de Brochets dans un étang que d'en introduire trop, afin de bien assurer leur alimentation (1).

(1) Voy. *Élevage de la Carpe en étang*, pour l'époque de la mise en Brochets, le poids des Brochets, l'époque de la pêche.

### Destruction du Brochet.

Le Brochet, que sa voracité permet d'utiliser avec profit dans les étangs à Carpes, devient, pour le même motif, extrêmement nuisible en tout autre cas. Dans les lacs et les cours d'eau, on a intérêt à restreindre sa multiplication. Il est relativement facile de le faire disparaître des canaux et des étangs susceptibles d'être complètement asséchés; encore faut-il ne laisser aucune mare, aucune flaque d'eau sans les visiter attentivement, car les petits alevins de Brochet, minuscules, effilés et transparents, sont à peine visibles et subsistent fort bien dans les moindres filets d'eau. « Il y a quelques années, raconte Lenz, on n'avait pas trouvé un Brochet dans un étang dont on retirait les poissons; on crut qu'il n'y en avait plus et on mit du nouvel alevin de Carpe dans l'eau. Lorsque deux ans après on cura l'étang, il n'y restait que très peu de Carpes; par contre, on trouva un Brochet gros et bien nourri et ayant une gueule énorme. Il avait avalé les Carpes l'une après l'autre, et comme elles étaient trop épaisses pour sa taille, sa gueule s'était élargie d'une façon tout à fait démesurée pendant ce travail. »

Les étangs que l'on ne peut vider et mettre à sec, les étangs à Truites par exemple, sont parfois fort difficiles à expurger, les Brochets sachant parfaitement se dissimuler et éviter le filet; il suffit, il est vrai, de réduire leur nombre; et pour cela on les recherche au moment du frai, au printemps, époque à laquelle ils remontent les petits ruisseaux pour pondre et se laissent aisément capturer. On a aussi recours à différents engins, tels que les *trimmers*, dont les résultats sont excellents. Un trimmer est une longue flotte de bois ou de liège, au milieu de laquelle on attache une corde de 4 à 5 mètres de longueur et que l'on enroule comme sur une bobine, en laissant un bout libre qui pend verticalement dans l'eau et qu'on fixe légèrement dans une petite encoche faite dans le bois ou le liège de la flotte; la longueur du bout libre peut varier de 0$^m$60 à 0$^m$90, le Brochet nageant plus ou moins profondément selon la température de la saison ; à l'extrémité se trouve fixé un hameçon amorcé de préférence avec un petit poisson vivant ; dès que le Brochet a saisi l'appât, il « file » en entraînant la corde qui se déroule en faisant tourner la flotte ; celle-ci, peinte ordinairement en couleur voyante, se retrouve facilement et permet de s'emparer du Brochet. On fait aussi des flottes avec des bottes de joncs, qui éveillent moins la défiance du poisson.

# ÉLEVAGE DE LA PERCHE

Bien que la Perche soit un poisson d'une extrême voracité, la chair en est trop appréciée pour qu'on la bannisse complètement des étangs. Elle est appelée à y jouer le même rôle que le Brochet. Elle a l'avantage, sur le Brochet, de se nourrir de proies autres que les petits poissons, de tirer ainsi un meilleur parti des ressources nutritives d'un étang et d'avoir un prix de revient moins onéreux ; souvent on l'adjoint au Brochet, surtout dans les étangs riches en herbages, où ce grand carnassier éprouve quelque difficulté à poursuivre les alevins de Carpe. Par contre, elle a l'inconvénient de détruire beaucoup le frai des autres poissons, et sa multiplication demande à être surveillée de près, afin de l'enrayer s'il y a lieu.

Comme le Brochet, la Perche peut faire l'objet d'un élevage spécial, que justifie la qualité de sa chair. Mais elle a l'inconvénient de mal supporter le transport et d'être de vente moins rémunératrice que le Brochet ; ces raisons commerciales nous engagent à ne pas trop conseiller cet élevage ; tout dépend des conditions locales. La Perche réussit parfaitement dans les mares à grenouilles ; on peut retirer de celles-ci un certain profit, en y introduisant des Perches de 500 grammes ; la croissance de la Perche s'effectuant lentement, l'emploi de sujets d'un poids inférieur ne serait pas avantageux.

Dans les étangs à Truites, la Perche doit être proscrite, car elle dévore les alevins et consomme la nourriture des Truites. Il faut aussi se garder soigneusement de l'introduire dans les étangs à Carpes d'alevinage et d'empoissonnage ; elle est réservée aux étangs où il n'y a que des Carpes (ou des Tanches) marchandes, on l'y met à raison de cent à deux cents Perches par hectare.

Il est facile de se procurer des Perchettes en recueillant une seule fraie, qui contient au moins 100 000 œufs, et en la faisant incuber en réservoir dans une caisse flottante. Pour recueillir les rubans d'œufs, le mieux est de fournir aux reproducteurs des frayères artificielles, consistant en fascines ou en branches de saule, que l'on plonge dans l'eau en les piquant sur les rives à 40 ou 50 centimètres de profondeur. Les alevins se nourrissent comme ceux du Brochet ; on dépose, dans leur réservoir, en les plaçant dans des caisses flottantes, des œufs de petits poissons blancs, de Vandoise surtout, pris en rivière sur des frayères ; les Perchettes ont ainsi de la nourriture vivante en abondance ; à six mois, elles mesurent 12 à 15 centimètres de longueur. C'est dans les eaux à température moyenne que les Perches viennent le mieux.

# ÉTANGS A SALMONIDES

## ÉLEVAGE DE LA TRUITE EN ÉTANG

De même que la Carpe, la Truite commune se prête parfaitement à l'élevage en étang, mais elle est plus difficile sur la nature des eaux et ne peut être introduite avec chances de réussite que dans les étangs recevant en abondance une eau fraîche, aérée et fréquemment renouvelée. La température de l'eau doit rester en été au voisinage de 12° et ne pas dépasser 16° ; la Truite supporte mal une température plus élevée, surtout quand l'aération de l'eau laisse à désirer ; l'eau de source convient donc très bien, ainsi d'ailleurs que l'eau de ruisseau ou de rivière qui remplit les conditions ci-dessus ; par contre, l'eau de pluie doit être rejetée. Les étangs de montagne sont particulièrement favorables à l'élevage de la Truite.

Pour empoissonner un étang en Truites, on a le choix entre deux méthodes : produire les alevins, soit dans un étang d'alevinage, soit par la pisciculture artificielle, ce qui conduit à l'achat de reproducteurs ou d'œufs fécondés ; ou bien acheter des Truitelles de un an ou de dix-huit mois. Il va de soi qu'une installation complète doit comprendre, comme pour l'élevage de la Carpe, la production de l'alevin. Cette production peut, à la rigueur, se faire dans l'étang à Truites : il suffit d'y installer des frayères artificielles ; cette manière de faire n'est d'ailleurs pas à recommander, car les Truites se dévorent entre elles et les jeunes alevins sont en majeure partie détruits par leurs congénères plus âgés ; d'où la nécessité d'avoir un étang d'alevinage.

**Étang d'Alevinage**. — L'étang, ou plus exactement le bassin d'alevinage, doit avoir de 0<sup>m</sup>50 à 1 mètre de

profondeur ; sa mise en eau et son assèchement doivent
pouvoir s'effectuer aisément. Le fond est de sable et de
gravier ; on y prépare des frayères artificielles avec de gros
cailloux (1) près du point d'arrivée de l'eau dans l'étang, à côté
de l'endroit où débouche le ruisseau qui l'alimente. Les herbages aquatiques ont pour rôle de favoriser la multiplication
des insectes et d'offrir des retraites aux alevins comme aux
reproducteurs ; la fétuque flottante et surtout le cresson de
fontaine sont à propager dans ce but ; mais il ne faut pas que
ces plantes deviennent trop encombrantes, surtout si l'on
nourrit artificiellement les alevins, car ceux-ci resteraient
constamment cachés au milieu des herbes. Il est préférable
qu'il n'y ait pas d'arbres sur les rives : les excavations
situées entre leurs racines offriraient des refuges aux ennemis
des alevins.

Le courant dans cet étang doit être modéré ; la quantité
d'eau nécessaire à un millier d'alevins doit varier, selon l'âge
de ceux-ci, de 5 litres à 20 litres par minute. Quelle que soit
l'intensité du débit, il est nécessaire de prendre des précautions
pour empêcher la fuite des minuscules alevins, qui ont
toujours tendance à remonter le ruisseau d'alimentation ; on
y pourvoit à l'aide d'un grillage en toile métallique à mailles
extrêmement fines ($2^{mm}5$).

Les reproducteurs sont placés dans le bassin d'alevinage
à la fin de septembre ou au commencement d'octobre ; on
prend ordinairement mâles et femelles en nombre égal, bien
qu'il suffise d'un seul mâle pour féconder les œufs de
plusieurs femelles : par hectare, cinq mâles et cinq femelles,
d'un poids de 800 à 1500 grammes, c'est-à-dire âgés de
quatre à sept ans, ce qui assure une production de 8 à 10000
œufs. Les œufs, pondus en novembre sur les frayères,
éclosent vers la fin de janvier ; pendant toute cette période
d'incubation, la température de l'eau doit, autant que possible, se maintenir à 10°. Les jeunes alevins conservent leur
vésicule ombilicale pendant un mois environ ; au bout de ce

(1) Voy. Préparation des frayères artificielles pour Salmonides,
p. 170.

temps, ils ont à peu près 3 centimètres de longueur et cherchent à s'alimenter. La nourriture naturelle convient le mieux de beaucoup à la Truite jeune ou adulte ; il faut s'efforcer d'en favoriser la production par tous les moyens possibles (1) : la Truite est exclusivement carnivore : insectes, mollusques, crustacés, sont ses proies favorites ; à leur défaut, on donne aux jeunes alevins de la rate ou du foie de bœuf, finement haché et tamisé. La distribution de cette nourriture artificielle exige certaines précautions : elle doit être faite en plusieurs fois et par petites quantités, au fur et à mesure de son absorption, sans quoi elle tomberait au fond de l'étang, y resterait inutilisée et deviendrait une cause d'infection; les Truites ne consomment en effet que les matières en suspension dans l'eau et jamais celles qui sont tombées sur le fond ; ce fait tient à la disposition de leurs yeux : situés à la partie supérieure de la tête, ils ne permettent pas aux Truites de voir au-dessous d'elles. On facilite cette distribution de nourriture aux jeunes alevins, en utilisant des distributeurs automatiques à courant d'eau intermittent ou, plus simplement, des corbeilles en fil de fer que l'on immerge à la surface de l'eau et qui forment des sortes de râteliers où les poissons viennent chercher leur nourriture ; sur le fond, au-dessous de cette corbeille, on place un plateau suffisamment large pour recueillir les débris tombés. Nous insistons sur la façon de donner la nourriture aux alevins, car le bassin d'alevinage doit être entretenu dans le plus grand état de propreté.

Quand la chose est réalisable, il vaut mieux dédoubler le bassin d'alevinage en un bassin pour les fécondations et en un bassin d'alevinage proprement dit, où sont transportés les œufs fécondés. Dans ce cas, on donne au bassin d'alevinage la forme d'un petit ruisseau plutôt que celle d'un bassin : c'est un canal en maçonnerie de 1 mètre de largeur en moyenne, dans lequel on peut faire varier la profondeur de l'eau depuis 0$^m$15 jusqu'à 0$^m$80, et dont la longueur dépend du nombre d'alevins ; un canal semblable de vingt mètres de longueur contient 10 000 Truitelles jusqu'à la fin de leur première

_____

(1) Voy. le chapitre sur l'*Alimentation des Salmonides*.

année. Le débit à la minute doit être en moyenne de 60 litres, pour une température de 10° à 12° ; il doit être augmenté au fur et à mesure de la croissance des poissons. Quand la longueur du canal est assez considérable, il est bon de couper le courant par de petits barrages qui divisent la chute totale ; mais il faut pour cela que le terrain soit en pente. L'avantage d'une telle installation est de pouvoir surveiller facilement les alevins, de les cantonner à volonté en tel ou tel endroit au moyen de grilles métalliques placées transversalement, de les protéger contre une lumière trop vive en recouvrant le canal de planches ou de les mettre à l'abri de leurs ennemis à l'aide d'un grillage, enfin de pouvoir mettre à sec très facilement.

Bien nourris, les alevins atteignent, au mois d'octobre de leur première année, une longueur de 8 à 12 centimètres en moyenne.

**Étang à Truitelles**. — Arrivés à cet âge et à cette dimension, les alevins sont transportés dans un étang ou un bassin plus grand, après un triage destiné à séparer les sujets en retard dans leur développement aussi bien que les plus avancés, de façon à ne conserver que les alevins de taille moyenne. Cet étang doit avoir 1m 50 de profondeur, présenter des parties de gravier ou de cailloux, être planté par endroits d'herbes aquatiques, et offrir des abris pour les poissons ; on y met environ 1200 à 1500 alevins par hectare, mais si on nourrit artificiellement, on peut élever ce nombre à 20 000 ou 30 000, à la condition que le renouvellement de l'eau s'effectue abondamment. La nourriture naturelle consiste en œufs et alevins de petits Cyprinides, en daphnies, cyclops, insectes divers, asticots ; nous verrons, dans un chapitre spécial, comment on peut tenter de favoriser la multiplication des petits crustacés, qui constituent une proie très recherchée des Truites ; il est facile, en tout cas, d'introduire dans l'étang des poissons blancs, Ablettes, Goujons, surtout Gardons, qui sont très prolifiques et viennent bien dans les eaux froides ; en mettant des frayères artificielles (Voy. page 166) à leur disposition, on obtient de grandes quantités de ces poissons. La nourriture artificielle se compose de viande de cheval, de déchets de boucherie ou de viande boucanée mélangée à du sang coagulé, passés à la machine à hacher ; les vers de terre conviennent aussi très bien.

On donne deux repas chaque jour, matin et soir. La nourriture n'a pas besoin d'être distribuée avec les mêmes précautions qu'aux alevins ; il suffit de la jeter à la volée à l'aide d'une spatule, en la répartissant de façon égale dans tout l'étang ; l'emploi des balances, dont nous avons parlé à propos de l'élevage de la Carpe, peut cependant être utile pour déterminer la quantité de nourriture qu'il convient de fournir aux jeunes poissons ; on évalue généralement celle-ci à 700 ou 800 kilogrammes par an pour 1 000 Truitelles ; mais la quantité d'aliments doit varier : suivant la saison (les Truites mangent davantage en été qu'en hiver), suivant le développement des poissons, suivant la température de l'eau (les froids excessifs et les grandes chaleurs diminuent l'appétit des Truites). Voici, d'après M. Raveret-Wattel (1), les chiffres approximatifs qui représentent la consommation journalière moyenne, à divers âges, d'un millier de sujets, vivant dans une eau à 10° ou à 15° :

|  | Quantité de nourriture nécessaire par jour. |
|---|---|
| Pour 1 000 alevins de Truite mangeant depuis une huitaine de jours............ | 10 grs. de pulpe de rate. |
| Pour 1 000 alevins de Truite mangeant depuis six semaines.................... | 75 — — |
| Pour 1 000 alevins de Truite de 4 mois, pesant, en totalité, 800 grammes.... | 110 — — |
| Pour 1 000 alevins de Truite de 9 mois, de 7 à 12 centimètres de longueur, pesant de 25 à 40 grammes............. | 1 kilogr. de viande. |
| Pour 1 000 sujets de 18 à 24 mois, de 18 à 22 centimètres de longueur, pesant en totalité 80 kilogrammes............ | 2kg,800 — |
| Pour 1 000 sujets adultes, de 30 à 35 centimètres de longueur, pesant, en totalité, 170 kilogrammes............ | 11kg,500 — |

Des Anguilles ou des Écrevisses se rendent utiles dans l'étang en débarrassant le fond des débris de nourriture. Une

(1) Raveret-Wattel, *La Pisciculture*, Traité pratique de l'élevage industriel du poisson (Salmonides).

pratique excellente, pour assurer l'assainissement d'un bassin ou d'un étang, consiste à en troubler l'eau chaque jour, à l'aide d'un râteau : l'eau trouble désinfecte le fond de l'étang en recouvrant, par le limon qu'elle dépose, les résidus de nourriture ; nous avons vu cette façon de procéder, qui peut paraître singulière au premier abord, appliquée avec succès par M. Jaques, à l'établissement de pisciculture du Pervou, près Neuchâtel (Suisse) ; elle est analogue à celle qui est employée dans différents établissements de pisciculture d'Allemagne et des États-Unis pour désinfecter les bacs d'élevage ; M. Raveret-Wattel, qui a, de son côté, constaté le rôle utile d'une eau légèrement et passagèrement salie dans les bassins à fond cimenté des laboratoires, estime, en outre, qu'une eau ainsi troublée fournit à la Truite les particules terreuses qui paraissent être nécessaires au travail mécanique de la digestion chez ce poisson.

Au mois d'octobre de leur seconde année, les Truitelles atteignent en moyenne 0ᵐ 22 de longueur et un poids de 125 grammes ; avec une nourriture abondante on arrive à doubler presque ce poids. Les sujets de 125 grammes sont déjà marchands et il est souvent inutile de pousser plus loin leur élevage ; il est même beaucoup plus facile, en général, de vendre des Truites de 125 à 160 grammes, plus recherchées par les hôtels et les restaurants, que des poissons de 500 grammes. Toutefois, quand on dispose de débouchés assurés pour des Truites de grosse taille, il est avantageux de poursuivre quelque temps l'élevage ; les soins à donner sont bien moins minutieux, la nourriture est moins délicate, et le prix de revient est moins élevé que celui des Truitelles.

**Étang à Truites**. — Dans ce dernier cas, les jeunes Truites sont transportées dans un troisième étang, après un nouveau triage ; elles sont alors en état de se suffire entièrement à elles-mêmes et leur vigueur est assez grande pour leur permettre de fuir leurs ennemis. Cependant, pas plus dans le grand étang à Truites que dans les bassins à alevins et à jeunes poissons, il ne doit se trouver de poissons carnassiers : les Épinoches (dans le bassin d'alevinage), les Perches et les Brochets doivent être absolument écartés des étangs à Truites.

Seules, les Anguilles peuvent trouver place dans les étangs à jeunes poissons et à Truites marchandes, car elles ne nuisent en rien à ces poissons et se rendent utiles en nettoyant le fond des étangs.

Dans le grand étang à Truites, on met, à l'hectare, selon le poids des jeunes poissons, de 800 à 1200 Truitelles de 125 grammes ou de 400 à 600 Truites de 250 grammes, que l'on pêchera un an, deux ans ou même trois ans après. Cet étang doit avoir une profondeur de 1$^m$50 à 2 mètres, avec un fond en partie ou en totalité rocailleux et caillouteux ; les rives en doivent être ombragées, car les arbres, — les aulnes notamment conviennent très bien, — donnent de la fraîcheur et attirent les insectes. Des retraites doivent être ménagées le long des rives ; au besoin, on utilise des abris artificiels, tels que des tuyaux de drainage fendus en deux dans leur longueur et placés sur le fond, la concavité en dessous. Des îlots flottants sont aussi à conseiller pour protéger le poisson contre l'ardeur du soleil : il est facile de les organiser avec des madriers ou des fagots, fixés au fond à l'aide de cordes chargées de pierres. Le cresson se prête très bien à la formation d'abris ; M. Raveret-Wattel conseille de procéder ainsi : « Avec de minces perches, telles que des rames à haricots, par exemple, que l'on entrecroise en forme de treillage grossier, on commence par confectionner des panneaux rectangulaires de 1$^m$50 environ de côté, que l'on consolide, au besoin, avec du grillage à très larges mailles, et que l'on met flotter à la surface de l'eau, en travers des bassins. Puis, de place en place, dans les mailles du grillage ou les espaces vides du treillage, on fixe de petites touffes de cresson, qui croissent rapidement, s'étendent, se rejoignent mutuellement, et ne tardent pas à garnir toute la surface du panneau, formant ainsi une sorte de pont flottant, de radeau de verdure, sous lequel les Truites aiment d'autant plus à se tenir qu'elles ont presque toujours quelque menue proie à trouver au milieu des racines et des rameaux submergés du cresson. » Il est facile d'enlever ces radeaux-abris quand il y a lieu de pêcher ou de nettoyer l'étang.

La multiplication de la nourriture naturelle (Gardons, Vérons et Goujons, Daphnies, etc.) doit être favorisée, comme dans l'étang précédent, par les moyens que nous avons indiqués. Cette nourriture naturelle est encore plus nécessaire aux Truites adultes qu'aux Truitelles, mais il est rarement possible de la produire en grande quantité. Or, on estime qu'il faut à une Truite une quantité de nourriture égale à 12 livres pour la faire augmenter d'une livre ; une nourriture artificielle abondante peut donc être distribuée, en surplus, avec avantage, sous réserve toutefois des inconvénients qui pourraient en résulter pour la santé des poissons (Voy. page 277). En nourrissant artificiellement, on a la faculté d'élever un nombre beaucoup plus considérable de poissons à l'hectare, car la Truite se prête admirablement à la production intensive et l'on peut en mettre jusqu'à deux ou trois par mètre cube d'eau, à la condition que l'eau de l'étang soit renouvelée par un courant énergique. Le mieux est de ne pas conserver les Truites au delà de leur troisième année d'existence ; elles atteignent à ce moment de $0^m 30$ à $0^m 35$ de longueur et un poids de 250 à 500 grammes, selon la quantité de nourriture qui leur a été fournie ; leur croissance, très rapide pendant cette troisième année, se ralentit ensuite sensiblement ; tout en continuant à montrer un appétit vorace, les Truites de plus de trois ans s'accroissent assez lentement, de sorte que leur augmentation de poids ne suffit pas à compenser le prix de leur nourriture ; le prix de revient des Truites de 500 grammes à 1 kilogramme est trop élevé pour que leur production soit à conseiller.

*Nombre des Étangs dans un élevage complet.* — Le nombre des étangs peut avantageusement dépasser celui de trois. Nous avons vu qu'il était bon de réserver un premier bassin pour les fécondations et de transporter les œufs à incuber dans le bassin d'alevinage ; il est utile aussi d'annexer aux étangs deux petits bassins, l'un pour recevoir les sujets en retard dans leur développement, qui seront vendus plus tard que les autres, et l'autre pour les sujets les plus vigoureux, qui sont réservés à la reproduction. Enfin, il convient d'établir de petits bassins destinés à la multiplication des petits crustacés et des petits poissons blancs propres à servir de nourriture aux Truites

M. Dill, d'Heidelberg, conseille d'avoir cinq bassins ou étangs disposés à la suite les uns des autres, de façon à pouvoir les faire communiquer entre eux au besoin, mais pouvant aussi rester complètement indépendants ou ayant chacun une prise d'eau distincte; la différence de niveau d'un étang avec le suivant doit être d'*au moins* 0<sup>m</sup>30, pour fournir un écoulement satisfaisant. Un bassin de 30 mètres carrés suffit amplement aux jeunes alevins; pour les poissons d'un an, on dispose deux bassins de 50 mètres carrés; pour les sujets de deux ans et au-dessus, deux autres bassins plus grands, de 200 mètres carrés par exemple, sont nécessaires.

Quand on dispose d'un assez grand nombre d'étangs, il est à conseiller de pratiquer l'assec, en faisant alterner annuellement la mise en eau et la mise à sec. Les avantages que procure cette façon de procéder ont été exposés à propos de l'élevage de la Carpe : assainissement des étangs, destruction des ennemis des poissons, et régénération des petits animaux qui constituent la nourriture naturelle des poissons. Quel que soit le système d'élevage adopté, l'assèchement momentané suppose un nombre d'étangs double de celui qui serait nécessaire avec la mise en eau continue.

**Bassins à reproducteurs**. — Dans un élevage complet, il est nécessaire de posséder un ou deux bassins pour les reproducteurs. Les sujets dont la croissance s'effectue le plus rapidement sont mis à part dès la première année; parmi eux on choisit les mieux conformés, que l'on place dans un bassin spécial afin de les conserver en vue de la reproduction; ce bassin doit avoir au moins 2 mètres de profondeur et être aussi vaste que possible; l'alimentation en eau doit être très abondante, les rives doivent être en pente douce et gazonnées. Vers l'âge de dix-huit mois, la distinction des sexes devient facile, car les mâles commencent à frayer; on en profite pour les séparer des femelles et établir la proportion que l'on désire entre les poissons des deux sexes : beaucoup de pisciculteurs ne conservent qu'un nombre de mâles moitié moindre de celui des femelles; d'autres ne gardent même qu'un tiers de mâles, car ils emploient ceux-ci à la fécondation dès l'âge de trois ans.

Les reproducteurs doivent être nourris copieusement, surtout les femelles, mais en évitant la suralimentation. Les proies vivantes sont tout indiquées : poissons blancs, petits crustacés, asticots, vers de terre, etc. ; la viande fraîche hachée convient aussi ; à Howietown (Écosse), on donne surtout aux femelles des mollusques marins: moules et coquilles Saint-Jacques, cuites au préalable, qui font produire des œufs très gros, d'une belle couleur rouge, et accroissent la vigueur des Truites. La nourriture donnée aux reproducteurs doit être particulièrement abondante pendant le printemps.

**Étang pour les amateurs de pêche**. — Une excellente idée, que nous empruntons à M. le D<sup>r</sup> Delachaux, est celle qui consiste à créer, dans les exploitations piscicoles qui ne sont pas trop éloignées d'un grand centre, un ou plusieurs étangs destinés au sport de la pêche; la pêche à la ligne peut s'y louer facilement, à un prix variable avec la quantité de poissons pêchés.

L'étang creusé à cet usage, dit le D<sup>r</sup> Delachaux, doit avoir au moins 200 mètres de long sur 15 de large ; il sera planté d'herbes aquatiques, présentera en son milieu au moins trois petites pyramides de tuf pour rompre la monotonie du fond ; les bords peuvent être laissés sans revêtement ; toutefois ils doivent dépasser de 1 mètre ou 2 le niveau de l'eau sous un angle de 45 degrés. Il y a là certainement pour le pisciculteur une façon élégante d'écouler ses produits, sans avoir les ennuis de l'expédition.

## Élevage de la Truite en Vivier.

La Truite commune supporte parfaitement la stabulation, et donne, en vivier, un produit rémunérateur. Nous avons déjà vu, que le bassin d'alevinage pouvait être avantageusement remplacé par une sorte de ruisseau en maçonnerie (p. 270). Une simple pièce d'eau de jardin est susceptible de nourrir des Truites, si l'eau qui l'alimente est à la température voulue; un réservoir étroit, un petit bassin en maçonnerie conviennent également bien ; il suffit de fournir de la

nourriture en abondance pour y obtenir de belles Truites
adultes. L'espace importe relativement peu *quand le renouvellement de l'eau est largement assuré*; on peut très bien mettre,
comme nous l'avons déjà indiqué, deux à trois Truites par
mètre cube d'eau.

Les viviers artificiels sont d'une installation facile et peu dis-
pendieuse. Leurs dimensions doivent être subordonnées à la
quantité d'eau dont on dispose et à l'importance de l'élevage
qu'on désire entreprendre ; les viviers destinés à l'alevinage
peuvent être construits d'après le type de canal que nous avons
décrit ; quant aux viviers pour Truites adultes, on leur donne
ordinairement une forme rectangulaire, la longueur étant égale
à environ six fois la largeur et la profondeur étant d'au
moins 1ᵐ30 ; on les oriente soit du nord au sud, soit de
l'est à l'ouest ; ils peuvent être creusés à même le sol quand
celui-ci est suffisamment imperméable, sinon il faut les
enduire de ciment ou même les garnir d'un revêtement en
briques. L'élevage dans ces viviers se fait suivant les mêmes
règles que l'élevage en étang ; une nourriture artificielle y
doit être distribuée largement ; de plus, il faut avoir grand
soin, en pratiquant un élevage aussi intensif, d'effectuer des
*triages fréquents* pour séparer les poissons de taille inégale,
sans quoi les plus forts dévoreraient les plus faibles et il en
résulterait des pertes énormes ; les triages doivent commencer
le plus tôt possible, dès l'âge de six mois ou au moins de huit
mois ; tous les sujets dont la taille dépasse d'un tiers la longueur
moyenne doivent être mis dans un bassin spécial ; pour ne
pas blesser les alevins en les pêchant, le mieux est de se servir
d'un *trouble* en mousseline ; on les place dans un baquet plein
d'eau et on les répartit suivant leurs dimensions.

### Empoissonnement des Étangs à Truites.

Quand on dispose seulement d'un étang ou d'une pièce
d'eau et qu'on ne désire pas créer l'installation nécessaire à
un élevage complet, on peut se contenter d'effectuer un
simple empoissonnement. Il est essentiel d'être exactement
renseigné sur la température de l'eau pendant les grandes

chaleurs de l'été ; si elle ne s'élève pas au point d'empêcher l'introduction de la Truite commune, on achètera soit des alevins, soit des Truitelles dont on peuplera l'étang. Les très jeunes alevins, ceux âgés d'un mois, ne sont pas à conseiller ; les alevins de trois à quatre mois ne conviennent eux-mêmes que dans des eaux qui restent très fraîches tout l'été : ils doivent y être mis à raison de 2000 à 2500 par hectare (leur prix est d'environ 30 à 40 francs le mille). Les poissons qui conviennent le mieux pour l'empoissonnement sont incontestablement ceux qui savent chercher leur nourriture et sont suffisamment vigoureux pour échapper à leurs ennemis : les Truitelles de dix-huit mois sont donc, sous ce rapport, les plus recommandables ; mais leur transport est assez difficile et leur prix d'achat élevé (1 franc pièce) ; aussi n'y a-t-il lieu de les utiliser que pour peupler des eaux dont la température s'élève en été à 16° et où il existe déjà des poissons carnassiers. Dans la plupart des cas, c'est aux Truitelles de huit mois à un an qu'il faut avoir recours ; elles ont de 6 à 12 centimètres et coûtent de 25 à 35 francs le cent ; on en met de 1 000 à 1 200 par hectare.

Les versements peuvent s'effectuer soit au printemps (alevins de trois à quatre mois ou Truitelles de un an), soit à l'automne (Truitelles de huit à neuf mois) ; ces époques ont chacune leurs avantages et leurs inconvénients, qui, à notre avis, se balancent et nous estimons qu'on peut adopter l'une ou l'autre à peu près indifféremment. Avec une alimentation artificielle et un débit d'eau suffisant, on peut mettre facilement un poisson par mètre carré superficiel.

La Pêche des étangs à Truites s'effectue comme celle des étangs à Carpes. Elle a lieu d'octobre à avril, suivant les nécessités.

*Rendement*. — Empoissonné comme il est dit ci-dessus, un étang donne en moyenne, par hectare, sans nourriture artificielle, de 100 à 150 kilogrammes de Truites de deux ans, ce qui, au prix de 4 fr. 50 à 5 francs le kilogramme, représente un produit brut moyen de 500 à 700 francs par hectare.

## ÉLEVAGE DE LA TRUITE ARC-EN-CIEL

La Truite commune exige, pour réussir en étang, des conditions très strictes de température : au delà de 15°, la réussite est aléatoire ; assez rares sont les étangs de plaine où elle peut s'acclimater. Il n'en est pas de même d'une espèce voisine et presque identique, la Truite arc-en-ciel (1), qui a le précieux avantage de supporter aisément des températures de 18 et 20°, voire de 25-26° ; elle fraye plus tard que la Truite commune (de janvier à avril), se montre plus rustique et croît plus rapidement. Aussi réussit-elle à peu près partout ; la majeure partie des étangs à Carpes peuvent être empoissonnés avec cette excellente Truite. La conduite de l'élevage est d'ailleurs la même que pour la Truite commune, et tout ce que nous avons dit au sujet de la culture de cette dernière s'applique à la Truite arc-en-ciel.

## ÉLEVAGE DES CORÉGONES

La Féra, le Lavaret et les autres espèces de Corégones supportent très bien l'élevage en étang et en vivier, à la condition que ceux-ci soient alimentés par une eau fraîche et limpide. Pour la reproduction et l'alevinage, on doit disposer d'un bassin à fond de gravier ou de gros sable, d'une profondeur de 0m 50 au plus. La nourriture naturelle est la même que pour les Truites ; les mollusques d'eau douce (planorbes, limnées, etc.) conviennent très bien ; leur naissain sert de nourriture aux jeunes alevins ; les daphnies, les crevettes d'eau douce et les larves de Corethra constituent aussi une excellente nourriture pour les Corégones.

A Huningue, en 1868, on était arrivé à obtenir des Féras adultes d'environ 500 grammes, en élevant ces poissons dans un bassin d'une profondeur un peu supérieure à 1 mètre, où ils se trouvaient à raison de trois sujets par mètre cube d'eau. Ce résultat indique combien facilement les Corégones peuvent

(1) Voy. Étude de la Truite arc-en-ciel, p. 63.

faire l'objet d'une culture intensive. A l'établissement du Perron, près Neuchâtel (Suisse), nous avons pu constater la réussite parfaite d'un élevage de Féras (Palées) en étang ; ces poissons y croissent avec une extrême rapidité, beaucoup plus vite que la Truite commune et même que la Truite arc-en-ciel ; les mensurations effectuées par M. le Dr O. Fuhrmann lui ont donné en effet les chiffres suivants :

Après résorption de la vésicule....   12 millimètres.
A 3 mois.............................   28     —
A 4 mois.............................   83     —

L'accroissement en volume est encore plus remarquable : 100 jeunes alevins, qui ont juste au moment de leur naissance un volume de 1 centimètre cube, atteignent quatre mois après celui de 500 centimètres cubes !

Les Féras se transportent assez facilement. On ne peut qu'encourager les pisciculteurs à élever ces excellents poissons.

## ÉLEVAGE DU SAUMON DE FONTAINE

Le Saumon de fontaine s'élève dans les mêmes conditions que la Truite commune. Il faut le préférer à celle-ci dans les eaux très fraîches ; il a sur la Truite indigène l'avantage d'être plus rustique, plus vorace, de mieux utiliser la nourriture artificielle et de croître par suite plus rapidement. Il s'accommode très bien de l'élevage en petits bassins. La viande hachée lui convient parfaitement.

Avec une nourriture abondante, les alevins atteignent une longueur de 10 à 15 centimètres à la fin de la première année ; beaucoup deviennent marchands à partir de deux ans et ils mesurent, entre deux et trois ans, 40 centimètres de longueur. La voracité des alevins exige des *triages fréquents* au cours de l'élevage. La chair ne le cède en rien pour la délicatesse à celle de la Truite.

M. E. Juillerat fit, en 1901, 1902 et 1903, une intéressante tentative d'élevage du Saumon de fontaine, à l'Aquarium du Trocadéro. Il éleva 120 poissons dans un bassin mesurant 6 mètres de long sur 2m 30 de large et 2 mètres de profondeur. La quantité d'eau qui alimentait ce bassin était de 300 litres à la minute, dont 150 litres passaient auparavant par trois bassins contenant d'autres poissons et 150 litres venaient directement de la prise d'eau qui alimente l'Aquarium ; en deux ans, il réussit à amener 116 poissons au poids de 500 grammes. La nourriture de ces élèves pendant les deux années avait coûté 64 fr. 96, soit 0 fr. 55 environ pour chaque sujet ; or ils valaient de 3 à 4 francs pièce ; en outre, ils avaient pondu, à l'âge de vingt-deux mois, 39 254 œufs bien embryonnés, représentant une valeur de 312 francs. Cette expérience donne un aperçu de ce que peut produire la pisciculture en bassins restreints.

## ÉLEVAGE DE L'OMBLE-CHEVALIER

Un autre Salmonide, l'Omble-Chevalier, que la qualité de sa chair fait souvent placer au-dessus de la Truite elle-même, peut se prêter aussi très bien à une culture intensive en étang et en vivier, comme le prouvent les expériences faites par M. le professeur Léger, au Laboratoire de Pisciculture de l'Université de Grenoble.

M. Léger a constaté que l'incubation et l'éclosion des œufs d'Omble-Chevalier se font sans plus de pertes que chez la Truite ; la période difficile est celle de la résorption de la vésicule, qui entraîne la mort d'un assez grand nombre d'alevins ; mais ensuite, la résistance des jeunes devient très grande et l'on peut dire que leur perte est nulle lorsqu'ils atteignent deux à trois mois. A partir de ce moment, on peut réunir un grand nombre d'alevins dans un petit volume d'eau, sans qu'une aération excessive soit nécessaire ; en les nourrissant convenablement, on leur fait prendre un accroissement rapide, si bien qu'à dix-sept mois ils acquièrent la taille marchande.

Voici le détail de l'expérience de M. Léger : 100 alevins de cinq mois furent mis dans un bac de 0$^m$50 de profondeur, contenant 400 litres d'eau à la température de 12°, dont le renouvellement s'effectuait par un faible courant de 2 litres à la minute ; les alevins furent constamment nourris avec de la rate de bœuf, à raison de 100 grammes par jour en moyenne.

Parvenus à l'âge de dix-sept mois, les jeunes Ombles attei-
gnaient un poids moyen de 100 grammes avec une taille de
18 centimètres ; certains pesaient 150 à 160 grammes et mesu-
raient 23 à 24 centimètres de longueur.

Le rendement donné par l'Omble-Chevalier en espace
limité est donc comparable à celui fourni par la Truite arc-en-
ciel ; il n'est pas douteux qu'il lui serait supérieur avec une
nourriture plus abondante. Les pisciculteurs ont là une
culture avantageuse à tenter, s'ils disposent toutefois d'une
eau suffisamment froide. La fécondation artificielle et l'élevage
se font de la même façon que pour la Truite. L'Omble-Chevalier s'élève bien dans des étangs de peu de profondeur, pourvu
qu'il y trouve des abris contre la vive lumière. A trois ans, il
y atteint le poids de 1 kilogramme ; c'est le résultat que l'on
obtient dans le Tyrol et la Haute-Autriche.

# ÉLEVAGE DE L'ANGUILLE EN ÉTANG

Les procédés de fécondation et d'incubation artificielles
précédemment décrits ne s'appliquent pas à l'Anguille, puisqu'elle va se reproduire au fond de la mer. Néanmoins
il est extrêmement facile de multiplier ce poisson en se pro-
curant des Anguillettes au moment de la montée ; il suffit
de puiser dans leurs masses compactes avec des seaux, des
nasses, des poches de toile ou des tamis fixés au bout d'un
bâton ; on peut en récolter ainsi des quantités énormes. Redi
vit prendre, à Pise, en l'espace de cinq heures, environ
trois millions de livres d'Anguilles longues de 3 à 4 centimètres.

Il ne serait nullement nécessaire d'ensemencer les eaux
éloignées de la mer à l'aide de la montée, si celle-ci n'était,
dans les parties basses des fleuves, l'objet d'une pêche intensive de la part des populations riveraines, qui la consomment,
la donnent en nourriture aux porcs et à la volaille ou même
l'utilisent comme engrais, et si les barrages à chute verticale
ne constituaient souvent de sérieux obstacles à sa marche en
amont. La pêche de la montée d'Anguilles, c'est-à-dire des
alevins ayant moins de 7 centimètres de longueur, a d'ailleurs

été réglementée récemment ; le décret du 1er septembre 1904 autorise cette pêche, mais elle doit être permise par des arrêtés préfectoraux annuels, pris après avis conforme des Conseils généraux et dans les conditions prévues à l'article 21 de ce décret ; ces arrêtés déterminent la nature et la dimension des engins qui peuvent être employés, les saisons et heures, ainsi que les parties des fleuves, rivières et canaux où cette pêche sera autorisée, et toutes autres mesures que les autorisations accordées pourraient rendre nécessaires en vue d'empêcher le dépeuplement des cours d'eau.

Le service des Ponts et Chaussées a organisé, à l'embouchure de la Somme, de l'Orne et de la Loire, la pêche et l'expédition des alevins d'Anguilles ; Abbeville est le centre principal de ces expéditions, qui se font pour n'importe quelle région de la France ; les personnes désirant faire des peuplements doivent adresser leurs demandes à l'ingénieur en chef des Ponts et Chaussées, à Abbeville. — Voici comment s'effectue la pêche de la montée : aux grandes marées de l'équinoxe du printemps, époque à laquelle la montée est signalée sur nos côtes de l'ouest, les pêcheurs se portent le soir sur les rives des cours d'eau ; ils sont munis de fortes lanternes ou bien allument un petit feu de paille au bord de l'eau, de façon à attirer sur les bords les Anguillettes, qu'ils prennent facilement à l'aide d'un tamis emmanché au bout d'une longue perche. Le contenu du tamis est déversé dans un baquet et, quand celui-ci est plein, on le vide dans un réservoir flottant ; aussitôt remplis, les réservoirs sont remorqués au dépôt où se font les expéditions.

La montée est aisément transportable. Emballée dans de la mousse humide ou des herbes aquatiques, elle se conserve pendant plusieurs jours ; on peut ainsi l'expédier par chemin de fer à de grandes distances et l'utiliser pour peupler les eaux où les Anguilles ne viennent pas naturellement. On se sert de corbeilles d'osier, larges et plates, que l'on garnit intérieurement de grosse toile et que l'on remplit d'herbes aquatiques bien fraîches ; on empêche ces herbes de se tasser en les maintenant écartées à l'aide de branchages, puis on verse les Anguillettes. Millet a indiqué un autre procédé : les

Anguillettes sont placées dans des sacs ou sachets de grosse toile, dans lesquels on a préalablement introduit des herbes aquatiques dont on empêche le tassement à l'aide de copeaux bien imbibés d'eau ; on range ces sacs dans un panier ou une caisse de bois en planches mal jointes, au milieu de paille mouillée ou de plantes humides ; il faut avoir soin de plonger les sacs dans l'eau avant l'expédition et aussitôt après l'arrivée à destination. Il est bon de laver la montée avant de l'expédier, pour la débarrasser du mucus gluant qui recouvre les Anguillettes et pourrait, en durcissant au contact de l'air, déterminer leur asphyxie. — A Abbeville, le service des Ponts et Chaussées fait les expéditions dans de légers paniers ronds, formés de lattes de chêne, de 0$^m$40 de hauteur et de 0$^m$30 de diamètre, pourvus d'un couvercle ; chaque panier est muni intérieurement d'une toile formant sac, que l'on mouille fortement et que l'on remplit comme nous l'indiquons ci-dessus ; on verse deux milliers d'alevins sur chaque couche de mousse ou d'herbes, de sorte que chaque panier renferme quatre à cinq milliers d'Anguillettes ; on recouvre, le couvercle étant garni aussi d'une toile mouillée, et on livre aux messageries ; après plusieurs jours de transport, la perte n'excède pas un vingtième.

Il y a tout intérêt à profiter de cette facilité à se procurer, presque sans frais, de l'alevin d'Anguille, pour peupler les étangs, les viviers, les mares et même les fosses vaseuses, car l'Anguille présente le grand avantage de prospérer dans toutes les eaux. On obtiendrait ainsi des quantités considérables d'un poisson excellent : en quatre ou cinq ans, l'Anguille peut atteindre le poids de 1 kilogramme, davantage quand elle est abondamment nourrie, si bien qu'une livre de montée peut fournir au moins 2 000 kilogrammes de chair. Ce mode de peuplement n'est à conseiller dans les rivières qu'à la condition de pouvoir pratiquer, lors du retour des Anguilles adultes à la mer, des pêches abondantes, à l'aide d'engins spéciaux, tels que des pêcheries en barreaux de fer installées en aval des chutes. On peut aussi faciliter le repeuplement naturel par l'établissement d'échelles à poissons ; mais il n'y a pas intérêt, en général, à chercher à augmenter dans nos cours d'eau le nombre des Anguilles, ces voraces déstructrices d'œufs et d'alevins des autres espèces de poissons.

L'Anguille, d'ailleurs, ne doit être introduite dans des eaux où sont élevées d'autres espèces de poissons que si l'on a la possibilité de l'y pêcher totalement. C'est un poisson carnassier, excessivement vorace, et, à ce titre, on l'introduit souvent dans les étangs à Carpes et à Tanches pour y jouer le rôle dévolu au Brochet ou à la Perche ; l'Anguille dévore beaucoup de fretin, sans jamais se montrer dangereuse envers le gros poisson, vis-à-vis duquel le Brochet constitue toujours une menace à cause de sa croissance rapide. Mais il est rare de pouvoir repêcher dans un étang la totalité des Anguilles qu'on y a mises ; la vase est leur séjour favori et permet aux neuf-dixièmes d'entre elles d'échapper aisément au filet traînant ; on peut, il est vrai, en prendre ensuite une partie dans la fosse de sortie de l'étang, mais on n'en éprouve pas moins une perte sensible, sans compter que les Anguilles restées dans l'étang dévoreront le nouvel empoissonnement ; M. Peupion estime que les préjudices causés par l'Anguille dans les étangs sont supérieurs aux bénéfices qu'elle procure et ne conseille l'adjonction d'Anguilles dans un empoissonnement qu'autant que la pêche sera suivie d'une mise en culture. Sous cette réserve, l'introduction d'Anguilles dans les étangs à Carpes est avantageuse, si elle est faite, comme celle du Brochet et de la Perche, avec circonspection. Dans des étangs peuplés de Carpes, de Tanches et de quelques Brochets et Perches, j'ai fait jeter à diverses reprises, rapporte M. Millet, quelques kilogrammes de montée provenant de Nantes, de Rouen ou d'Abbeville ; ces nappes d'eau qui, avant ces essais, ne donnaient que peu ou point d'Anguilles, produisent aujourd'hui, outre la quantité ordinaire d'autres poissons, un poids au moins égal en Anguilles, de sorte que le produit en poids a été doublé.

Les étangs faciles à assécher complètement peuvent être consacrés avec profit à l'élevage spécial de l'Anguille. Les étangs à fond sableux ne doivent pas être choisis, à cause du genre de vie de l'Anguille, qui aime à creuser des galeries dans la vase, surtout pour y passer l'hiver. Au contraire, les étangs marécageux ou à fond très argileux, qui ne sauraient être utilisés pour la Carpe et la Truite, conviennent parfaitement. Il est facile de les peupler avec de la montée ; quand on reçoit celle-ci, on la conserve d'abord pendant quelques semaines dans des bacs ou des bassins *étanches*, en prenant des précautions pour éviter la fuite des alevins : il faut veiller à ce que le niveau de l'eau ne s'élève pas, défendre les issues avec de la gaze ou une toile métallique et garnir le bord supérieur avec une planche surplombant le réservoir de plusieurs centimètres, car les Anguillettes pourraient sortir en montant le long des parois verticales. Quand les alevins ont grandi, on les met dans l'étang ; celui-ci doit être également protégé, aux endroits d'admission et de sortie de l'eau, par des treillages métalliques ; ses talus seront aussi élevés et aussi verticaux que possible : il est bon en outre de l'entourer d'une palissade pour empêcher les Anguilles d'en sortir pendant la nuit et d'aller gagner les cours d'eau des environs. Les Anguilles s'élèvent également bien dans des réservoirs, mais ceux-ci doivent être maçonnés. On met environ 2000 Anguilles d'une année par hectare. Les petites Anguillettes trouvent facilement à se nourrir en étang, avec les animalcules divers qu'elles y trouvent ; en réservoir, il convient de les alimenter avec des substances animales très divisées : vers blancs, vers de terre, réduits en pâte ; le sang caillé leur plaît beaucoup, on peut le leur donner sous forme de boulettes, en mélange avec du crottin de cheval et de la terre glaise. Quand les Anguilles ont atteint un certain développement, il est nécessaire de mettre à leur disposition les proies vivantes que réclament leurs instincts carnassiers ; aussi y a-t-il intérêt à favoriser, dans les étangs et marais où on les élève, la propagation des petites espèces de poissons, de la blanchaille : Ablettes, Vairons, Gardons, Chevaines, etc., ainsi que celle des grenouilles dont elles recherchent surtout le frai et les têtards ; on peut mettre aussi quelques Carpes et Tanches, dont le frai et les alevins serviront à la nourriture des Anguilles ; tous les déchets de cuisine et de boucherie sont utilisés par les Anguilles : viscères de volailles, débris de viande, graines à demi cuites ; le foie de bœuf leur convient aussi très bien.

Abondamment nourrie, l'Anguille croît très rapidement; voici le tableau de sa croissance moyenne :

|                        | Taille.              | Poids.                    |
| ---------------------- | -------------------- | ------------------------- |
| 1re année              | 0m,15 à 0m,18        | 15 à 25 gr.               |
| 2e     —               | 0m,30 à 0m,35        | 80 à 110 —                |
| 3e     —               | 0m,40 à 0m,45        | 380 à 400 —               |
| 4e     —               | 0m,50 à 0m,55        | 550 à 600 —               |
| 5e     —               | 0m,60 à 0m,70        | 1kg,250 à 1kg,500         |
| 6e     —               | 0m,70 à 0m,80        | 1kg,500 à 2 kilos.        |
| 7e     —               | 0m,80 à 0m,90        | 2 kilos à 2kg,250.        |
| 8e     — et au delà    | 1 mètre et plus.     | 3 à 5 kilos.              |

A quatre et cinq ans, l'Anguille est dans les meilleures conditions pour être vendue. Son prix est élevé, il atteint parfois 5 fr. 50 le kilogramme ; en prenant le prix de 3 francs le kilogramme et en admettant un rendement à l'hectare de 1500 Anguilles de 1 kilogramme, on obtient un produit brut de 4500 francs. Il ne faut donc pas négliger de tirer parti des eaux fermées peu propices à l'élevage de la Carpe ou de la Truite ; ainsi, 1 kilogramme de montée (environ 3500 Anguillettes) jeté dans des canaux creusés pour l'extraction de la tourbe dans le département de l'Aisne, a donné au bout de cinq années plus de 2500 kilogrammes de belles Anguilles (Millet). Même les puits et les citernes sont utilisables ; de petites Anguilles y trouvent fort bien à vivre, grâce aux infusoires et autres animalcules qui pullulent dans ces eaux et elles s'y développent normalement sans aucune alimentation artificielle. Les viviers se prêtent parfaitement aussi à l'élevage des Anguilles.

Au voisinage de la mer, l'empoissonnement, nous l'avons vu, se fait de lui-même. Aussi peut-on s'y livrer, plus facilement que partout ailleurs, à la production de l'Anguille, en tirant parti des migrations alternatives de ce poisson de la mer en eau douce. C'est ce qui se trouve merveilleusement réalisé dans les lagunes de Comacchio, en Italie ; on y a mis à profit les lagunes du delta du Pô pour établir de vastes étangs (39270 hectares de superficie), qu'on peut remplir alternativement d'eau douce et d'eau de mer, à l'aide d'un système de canaux à écluses. Au printemps, alors que le niveau de l'eau s'est élevé dans les étangs à la suite des pluies de l'hiver, on établit la communication avec la mer; un courant se produit, et des milliards d'Anguillettes remontent de l'Adriatique vers les lagunes; jusqu'en avril, la montée s'effectue sans discontinuer : c'est l'ensemencement des lagunes. Puis on ferme les écluses, pour ne les rouvrir qu'à la fin de l'été ; à cette époque, le niveau de l'eau dans les étangs est inférieur à celui de la mer; l'eau salée pénètre donc dans la lagune ; les Anguilles adultes, au contact de l'eau de mer, cherchent à partir pour frayer ; les jeunes Anguilles au contraire restent en eau douce. Il suffit de placer des filets aux endroits en communication avec la mer pour recueillir les Anguilles adultes ; il existe tout un système de pêcheries, fort ingénieux, qui détermine un véritable triage, un classement automatique des poissons, car on pêche aussi des Muges et d'autres poissons. Mais ce sont les Anguilles qui dominent de beaucoup ; il y a quelques années, les étangs de Commachio en péchaient un million de kilogrammes ; celles qui ne sont pas vendues à l'état frais, sont marinées, fumées, salées, etc. Un semblable système n'exige que des constructions peu coûteuses ; il serait à désirer qu'il en existât d'analogues dans le delta du Rhône et en divers endroits de nos côtes : l'embouchure de la Seine, entre autres, se prêterait bien à une semblable organisation.

## EXPLOITATION DES PLANTES AQUATIQUES DES ÉTANGS

Un certain nombre de plantes aquatiques utiles peuvent être cultivées et constituer un sérieux appoint aux revenus que l'étang procure à l'exploitation rurale.

En première ligne, vient le Roseau à balais (*Phragmites communis*), qui est propre à de nombreux usages ; ses jeunes pousses constituent un fourrage vert très nutritif; séchés, les roseaux servent comme litière ou pour couvrir les meules, les huttes et les hangars. Cette plante devient parfois nuisible dans les étangs peu profonds, qu'elle tend à envahir; il faut alors limiter son extension (Voy. p. 451).

Les diverses espèces de Carex à feuilles longues et étroites, telles que le *Carex stricta*, sont utilisées pour l'empaillage des chaises. On les coupe à la faux en juillet-août, on les fait sécher et on les trie. Dans l'arrondissement de Villefranche de Rouergue (Aveyron), les marais sont exploités de la sorte et fournissent un bénéfice net, qui varie de 350 francs à 700 francs par hectare.

Dans les étangs de la Somme, les roseaux sont l'objet d'une exploitation spéciale, signalée par M. Demorlaine. Ces roseaux, très abondants sur les bancs de sable qui parsèment les rives des étangs, sont de deux sortes ; les plus beaux, dits « roseaux », servent à faire des cloisons plâtrées, des haies pour les jardins, des claies pour les fromageries du Nord ; ils se vendent, après un triage soigneux, de 90 à 110 francs les cent bottes d'une grosseur de 1m50 de tour et d'une longueur de 1 mètre en moyenne ; les plus fins, dits « fusailles », sont mélangés en silos avec la pulpe de betterave, pour nourrir les animaux pendant l'hiver ; on s'en sert également comme litière dans les étables et pour couvrir les meules ou les tas de betteraves au moment de la campagne sucrière. On fait, le long des étangs de la Somme, plus de 300 000 bottes de roseaux, qui représentent une valeur annuelle de près de 35 000 francs.

Les étangs peuvent encore fournir toute une série de *plantes alimentaires*, dont la culture est parfaitement conciliable avec celle du poisson. La Macre ou châtaigne d'eau (*Trapa natans*), a des fruits de la grosseur d'une noix et qui sont comestibles ; ils se récoltent en été, on les mange frais, ou bien on les sèche au four et on les pulvérise pour en faire une bouillie excellente. Les feuilles sont consommées par les chevaux. Cette plante se sème à l'automne. — L'Acore odorant (*Acorus calamus*) est recherché pour ses racines, qui sont utilisées en confiserie, en distillerie et en pharmacie ; on le plante au printemps. L'*Aponogéton* à deux épis est une plante flottante dont la souche est formée de tubercules riches en amidon et comestibles au même titre que les pommes de terre ; les tiges fleuries sont également utilisables à la façon des épinards. Cette plante, originaire du cap de Bonne-Espérance, se naturalise bien dans notre pays. M. Coupin conseille de cultiver aussi le Lotus du Nil (*Nelumbium speciosum*), qui vient très bien dans les étangs du Midi et du Centre ; ses rhizomes se mangent crus, cuits

sous la cendre, bouillis, ou séchés et réduits en farine ; ses
graines ont le goût de la noisette et de l'amande.

Dans la Dombes, les étangs fournissent une pâture aquatique plus ou moins abondante (fig. 81), selon qu'il s'agit d'étangs

Fig. 81. — Étangs de la Dombes ; chevaux au pâturage.

« brouilleux » ou d'étangs « blancs » ; la plus importante des
plantes qui y pousse est la Fétuque ou « brouille » (*Festuca
fluitans*) ; les bêtes à cornes et les chevaux en sont friands, surtout avant la floraison. L'hectare d'étang fournit environ
30 000 kilogrammes de brouille humide, ce qui donnerait, à la
dessiccation, 6 200 kilogrammes de fourrage. On peut évaluer
approximativement le revenu du pâturage de ces étangs à une
centaine de francs par hectare.

# PRINCIPALES RÉGIONS A ÉTANGS

## ÉTANGS DE LA DOMBES

Dans le département de l'Ain (arrondissement de Trévoux), se trouve l'ancienne principauté de la Dombes, enclavée entre le Rhône, l'Ain, la Saône et la Veyle. Le sol mamelonné et peu perméable de cette région a favorisé au Moyen-Age la création de nombreux étangs. Le plateau de la Dombes est incliné vers l'ouest ; la pente y atteint 1 p. 100, ce qui permet d'avoir assez facilement des profondeurs d'eau de 2 à 3 mètres et rend l'écoulement rapide à l'époque de la mise en culture des étangs. La surface mise en eau dépassait autrefois 20 000 hectares ; en 1845, il y avait encore 17 964 hectares d'étangs. Des desséchements volontaires réduisirent un peu cette étendue, mais le pays n'en restait pas moins très malsain, à cause de la stagnation des eaux ; des brouillards épais sévissaient fréquemment ; les fièvres paludéennes décimaient la population. Il fallait remédier à cet état sanitaire déplorable. Ce fut seulement en 1863 que l'on se mit à l'œuvre ; à cette date, l'État concéda à une Compagnie particulière une ligne de chemin de fer allant de Sathonay à Bourg, à la condition d'assurer l'assainissement du pays ; moyennant des subventions, dont le total s'éleva à 4 900 000 francs, cette Compagnie dessécha en neuf ans près de 6 000 hectares d'étangs, établit des routes et creusa des puits ; le pays en fut enrichi et la santé publique fort améliorée.

Mais un desséchement aussi considérable effectué si rapidement laissa des regrets, car les étangs sont manifestement très avantageux dans les terrains peu fertiles. Une loi nouvelle, votée en 1901, a rendu possible la remise en eau des étangs desséchés ; l'autorisation en est donnée par arrêté du préfet de l'Ain, chaque arrêté devant être précédé d'un avis du conseil d'hygiène du département, d'une enquête spéciale, de l'avis favorable du ou des conseils municipaux du lieu de l'étang et d'une délibération favorable du Conseil général. L'arrêté d'autorisation prescrit l'exécution, aux frais des propriétaires demandeurs, des travaux à faire et des mesures d'exploitation à observer pour éviter l'insalubrité de l'étang remis en eau et soumis au régime de l'assec périodique avec culture. 840 hectares ont déjà été remis en eau à l'heure actuelle. Il est à désirer que cette remise en eau des anciens étangs desséchés soit faite avec circonspection et à bon escient. Actuellement, la Dombes possède environ 40 000 hectares d'étangs.

La Dombes est prolongée vers le nord par la vaste plaine de la Bresse, également mamelonnée et semée de marécages et d'étangs, qui s'étend sur les départements de l'Ain, de Saône-et-Loire et du Jura.

**Exploitation des Étangs**. — La mise à sec des étangs et leur culture temporaire sont pratiquées depuis longtemps dans la région de la Dombes. Un grand nombre d'étangs sont mis alternativement en eau et en culture : l'eau et son produit constituent l'*évolage*, le sol et la culture forment l'*assec*. Beaucoup d'étangs sont asservis, c'est-à-dire qu'ils ont deux propriétaires, l'un pour l'évolage, l'autre pour l'assec. Les étangs ont une étendue fort variable, qui va depuis 4 hectares jusqu'à 130 ; en moyenne, ils ont de 20 à 30 hectares. La plupart ont une faune et une flore très riches. On distingue : les étangs *grenouillards*, très peu profonds et marécageux ; les étangs *brouilleux*, peu profonds, où croît en abondance la fétuque ou *brouille* ; les étangs *blancs*, plus profonds, dépourvus en général de végétation aquatique, et de médiocre qualité. Ils sont alimentés en grande partie par les eaux pluviales ; la Dombes reçoit 1 mètre d'eau de pluie par an, en moyenne ; le remplissage des étangs dits inférieurs se fait aussi au moyen de prises d'eau sur des rivières ou sur des étangs situés à un niveau plus élevé (étangs supérieurs).

Nombre de fermiers pratiquent l'assolement biennal, c'est-à-dire laissent leurs étangs deux ans en eau et les cultivent la troisième année ; mais d'autres maintiennent leurs étangs en eau pendant cinq ou six ans, tandis que certains font jusqu'à quatre et cinq ans d'assec. Il n'y a donc pas de règle fixe ; pratiquement, on cesse l'évolage dès que les plantes aquatiques deviennent trop envahissantes. Un excellent assolement est celui qui comporte trois années d'évolage et deux années d'assec, dont une année d'avoine sans engrais et une année de blé avec engrais.

Assec. — L'étang est pêché du 1er novembre à la fin de mars ; il est préférable de le pêcher au début de l'hiver pour que les herbes aquatiques soient détruites par les gelées, fournissent ainsi de l'engrais, et ne gênent pas la culture. On ensemence d'ordinaire en blé ou en avoine.

Évolage. — Les étangs sont mis en eau en octobre ; on les empoissonne avec du jeune poisson de dix-huit mois. Celui-ci est produit dans de petits étangs, bien abrités du vent, où l'on a mis des reproducteurs (les mâles étant en nombre double de celui des femelles), après en avoir soigneusement retiré les Brochets et les Perches qui pouvaient s'y trouver ; les alevins sont laissés dans ces étangs pendant deux étés, jusqu'à dix-huit mois, à raison de 1400 et 1500 têtes à l'hectare. Cette production laisse fort à désirer : « Le hasard fait tout, dit M. P. de Monicault, et les documents manquent absolument sur les causes qui influent sur la réussite ou la non-réussite de la pose. » Ces étangs d'alevinage ou à pose sont pêchés avant l'hiver et les jeunes poissons, qui pèsent alors 125 grammes, sont distribués dans les étangs à carpes marchandes ou étangs de pêche réglée, à raison de 160 têtes environ par hectare (1) ; on leur adjoint, par hectare, de 5 à 10 kilogrammes de Tanches d'un an (elles pèsent 100 grammes et ont de 5 à 6 centimètres de longueur), élevées dans les mêmes étangs que les Carpes ; puis au bout d'un an, on introduit de 6 à 10 brochetons de 50 à 100 grammes. Tel est l'empoissonnement ordinaire dans les

(1) Le « cent » d'empoissonnage est le nombre de poissons que peut nourrir un hectare d'eau ; il est de 80 paires ou 160 têtes en Dombes, de 64 paires dans la Bresse et de 70 paires dans la Brenne ; son maximum est de 100 paires.

bons étangs. Il faut y joindre une certaine quantité de poissons blancs, Gardons, Rotengles, Chevaines, Goujons et Vairons.

On fait de plus en plus des pêches à un an ; les pêches à deux ans, encore assez fréquentes, tendent à disparaître. — Les Carpes atteignent, au bout de deux ans de séjour dans ces étangs, un poids de 500 à 750 grammes, ce qui représente, avec les Tanches et les Brochets, une production totale d'environ 100 kilogrammes à l'hectare.

C'est là un rendement médiocre, qui s'explique surtout par la façon peu rationnelle dont le jeune poisson est produit. Il serait nécessaire de consacrer, comme nous l'avons indiqué, deux étangs à la production de l'empoissonnage : un pour l'alevin et un autre pour le jeune poisson. Les bons pisciculteurs ont soin de pêcher les alevins au mois de novembre qui suit leur naissance et de leur faire passer la seconde année dans un étang spécial, l'étang à nourrains ou à panneaux ; ils mettent de 120 à 250 « feuilles » par hectare, dans les étangs à nourrains. M. P. de Monicault est d'avis que les cantons de la Dombes où les étangs sont médiocres et ne produisent que difficilement du poisson marchand, devraient se spécialiser dans l'alevinage ; il serait d'autant plus avantageux de procéder de la sorte que l'empoissonnage provenant d'un fond médiocre profite toujours plus rapidement, lorsqu'il est mis dans un bon fonds, que le jeune poisson élevé sur un sol d'excellente qualité. M. de Monicault estime qu'il y aurait, assez souvent, avantage à laisser les étangs constamment en eau et à renoncer à l'assec. Il serait désirable, en outre, d'apporter plus de précision dans l'empoissonnement des étangs de la Dombes et d'exploiter ceux-ci avec plus de rigueur scientifique. Déjà de bons résultats ont été obtenus en ce sens et l'on est arrivé à élever sensiblement le produit à l'hectare, ainsi qu'en témoignent les chiffres ci-dessous, établis pour 7 étangs, avec les moyennes des années 1850 à 1886 d'une part, et des années 1897 à 1903 d'autre part :

|  | Chiffres anciens. | Résultats actuels. |
|---|---|---|
| Produit à l'hectare (valeur des empoissonnages déduite) | 78 têtes. | 88 têtes. |

|                                                                 | Chiffres anciens. | Résultats actuels. |
|-----------------------------------------------------------------|-------------------|--------------------|
| Production en kilogr. p. 100 de Carpes (100 têtes)              | 79 kilogrs.       | 94 kilogrs.        |
| Production en kilogr. p. 100 de Carpes (empoissonnage)          | 395 —             | 470 —              |
| Production en kilogr. p. 100 de Tanches                         | 264 —             | 383 —              |
| Production en kilogr. p. 100 de poissons blancs                | » —               | 547 —              |

Il faut ajouter au produit en poisson celui du pâturage des étangs ; chevaux et bœufs sont très friands de la *brouille*. On peut évaluer à 30 000 kilogrammes environ la brouille qui couvre 1 hectare d'étang.

Le rendement annuel de l'hectare d'étang est, en moyenne, de 80 francs ; M. de Monicault atteint 100 francs et parfois 150 francs net. Voici le prix moyen de vente en gros, de propriétaire à acheteur :

| | | |
|---|---|---|
| Carpes | 35 francs les 50 kilogr. | |
| Poissons blancs | 30 — | — |
| Tanches | 60 à 65 fr. | — |
| Brochets | 60 à 65 fr. | — |

Le poisson est vendu à des poissonniers des bords de la Saône ; Lyon est un des principaux débouchés. D'importantes quantités de Carpes et de Tanches sont aussi vendues à destination de l'Allemagne et de la Hollande ; les marchands allemands transportent vivantes à Berlin les Carpes de la Dombes, au moyen de wagons-réservoirs dont l'eau est constamment oxygénée par des benzo-moteurs installés sur le wagon même.

## ÉTANGS DE LA SOLOGNE

La Sologne est située dans l'angle formé par la Loire et son affluent le Cher. Ce vaste plateau, à sous-sol argileux imperméable, couvert d'étangs et sillonné de cours d'eau, appartient à trois départements : le Cher, le Loir-et-Cher et le Loiret. Toute cette région, autrefois marécageuse, extrêmement malsaine et habitée par une population misérable, a subi depuis une cinquantaine d'années une transformation profonde ; des fossés d'assèchement ont fait disparaître l'excès d'humidité, des marnages et des chaulages abondants, en amendant le sol, l'ont rendu propre à la culture, des plantations de pins ont reboisé le pays et donné lieu à une active exploitation forestière, des voies de communication ont été établies.

La Sologne, assainie et enrichie, possède encore un grand nombre d'étangs, dont la pisciculture tire un produit important, mais qui pourrait facilement être accru par l'application de méthodes rationnelles. C'est ainsi qu'il y aurait lieu d'adopter la spécialisation des étangs, telle que nous l'avons décrite, afin de ne plus conserver les alevins de Carpe pendant deux ans dans les étangs où ils sont nés. Le produit moyen des étangs à Carpes est actuellement d'environ 80 kilogrammes de poisson par hectare, ce qui, à raison de 0 fr. 60 le kilogramme, prix du poisson sur le lieu de pêche, représente un rendement annuel de 25 francs par hectare ; c'est là un chiffre beaucoup trop faible, qu'il serait aisé de doubler, pour le moins.

## ÉTANGS DE LA BRENNE

La Brenne faisait partie autrefois du Bas-Berry ; elle appartient à présent au département de l'Indre. C'est un vaste plateau, long de 50 kilomètres et large de 20, à sol imperméable, couvert d'innombrables étangs peu profonds. Ces étangs ont diminué notablement, à la suite des travaux d'assainissement que l'insalubrité du pays avait rendus nécessaires ; on en compte encore 660, s'étendant sur une surface totale de 5.600 hectares.

La culture de l'eau est restée soumise aux vieilles routines ; c'est dans les mêmes étangs que, presque toujours, se font la production de la feuille et l'élevage du nourrain. Tous les onze ou douze ans, les étangs sont asséchés, mais ils sont couverts d'une telle quantité de joncs et de roseaux qu'on en cultive rarement le fond pendant l'année d'assec.

## ÉTANGS DU LIMOUSIN

Le Limousin comprend les départements de la Haute-Vienne, de la Corrèze et de la Creuse. Il est formé par un massif montagneux à sous-sol granitique. Le relief du sol est caractérisé par une suite de plateaux mamelonnés. Le sol est assez perméable.

La surface des étangs est d'environ 6 000 hectares. On y élève la Carpe, la Tanche, le Brochet et la Perche.

Tous les étangs sont constitués par des chaussées barrant une vallée et sont alimentés soit par des sources, soit par des ruisseaux ou des cours d'eau. Ils ont 5 à 6 mètres de profondeur moyenne. On ne peut les pêcher qu'en les vidant ; ils ne sont jamais cultivés. On vide les étangs tous les deux à trois ans, vers le mois de mars. On en retire la vase pour l'utiliser comme engrais.

## ÉTANGS DE LA HAUTE-SOMME

Péronne est le centre d'une région essentiellement aquicole, dite des étangs de la Haute-Somme. Dans son cours supérieur, entre Bray et Béthencourt, la Somme disparaît en quelque sorte dans une succession de vastes étangs, sur un parcours de 40 kilomètres ; ces étangs, tous propriétés privées, sont au nombre de 23, parmi lesquels ceux de Fontaine, Eterpigny, Péronne, Sainte-Radegonde, Bazincourt, Cléry : ils couvrent une superficie de 1 612 hectares. Ils remontent au moins à l'an 1200 ; on les créa en sectionnant la vallée par des chaussées et des digues. Ils sont entourés de levées en terre, qu'on appelle les *hardines* de Péronne et qui constituent, comme les « hortillonnages » de la banlieue d'Amiens, des terrains maraîchers de premier ordre, se louant environ 400 francs l'hectare ; les engrais sont fournis par les plantes aquatiques provenant des faucardements et par les vases de curage des étangs. Tous les étangs sont séparés les uns des autres par des *barrages à clayettes* ; un barrage à clayettes est un véritable grillage formé par une série de baguettes en fer plat de 2 mètres de hauteur, placées verticalement à 15 millimètres les unes des autres, et fixées à leur partie inférieure dans un massif de

Fig. 82. — Pêcherie de Sainte-Radegonde (Somme).

maçonnerie. Ce barrage, qui peut atteindre une longueur de

Fig. 83. — Hortillonnages aux environs d'Amiens.

plus de 200 mètres, cesse par endroits d'être rectiligne pour
former un V, dont l'ouverture regarde l'étang d'amont (fig. 82)

les espaces triangulaires ainsi réservés ont une base de 13 mètres et une hauteur de 10 mètres ; ils servent à la pêche de l'étang : la vanne en bois qui, en temps ordinaire, ferme l'extrémité du V, est remplacée alors par un *borgnon*, grand filet en forme de nasse muni d'une ou deux poches latérales ; en outre, on place dans le V des nasses en osier et de grands filets analogues aux verveux, les *harnas*. On pêche également hors des barrages, soit en eau libre, soit dans les roseaux, avec différents filets mobiles.

Les principaux poissons des étangs de la Haute-Somme sont l'Anguille, la Tanche, la Carpe, la Brême, le Gardon et le Brochet. Les « poissonniers », comme on appelle les pêcheurs de la Somme, se sont imposés de ne jamais prendre que des Carpes de 1 kilogramme au moins, des Tanches, des Anguilles, des Brochets et des Perches d'au moins 400 grammes, et des Gardons d'au moins 150 grammes ; ils maintiennent ainsi leurs vastes étangs dans de bonnes conditions d'empoissonnement. Ils ont besoin d'empoissonner seulement en alevins de Carpe et d'Anguille ; la Carpe, en effet, ne se reproduit pas naturellement dans les étangs de la Haute-Somme, sans doute à cause de leur trop grande profondeur (parfois 5 à 6 mètres), et l'Anguille se reproduit à la mer. On jette environ 40 alevins de Carpe à l'hectare ; une Carpe de 300 grammes pèse, au bout de deux ans de séjour dans les étangs, de 1 kilogramme à 1 kilogramme et demi.

Le rendement annuel des étangs est d'environ 200 kilogrammes de poisson à l'hectare. Les poissons sont vendus vivants aux Halles Centrales de Paris. Le prix de vente *net*, c'est-à-dire frais de transport et droits déduits, ne dépasse guère en moyenne 1 franc le kilogramme. — Les étangs fournissent en outre des quantités considérables d'oiseaux aquatiques (canards, sarcelles, poules d'eau, foulques) et des plantes aquatiques (roseaux, joncs) ; en tenant compte de ces revenus accessoires, le rendement total par hectare d'étang atteint 250 francs. De ces 250 francs, il faut déduire : le prix du fermage (80 francs l'hectare), les frais de pêche et de faucardement, les impôts (100 francs à l'hectare), ce qui laisse un *bénéfice net* à l'hectare de 70 à 80 francs.

Après avoir confondu ses eaux avec celles de ces étangs, la Somme reprend son individualité. Avant d'arriver à Amiens, elle laisse de côté les vastes étangs de Longueau, puis féconde les jardins maraîchers ou *hortillonnages* (fig. 83) de la banlieue d'Amiens et se transforme en canal jusqu'à son embouchure ; la rivière canalisée communique avec toute une série d'étangs très poissonneux, dont les plus importants sont ceux de Long et de Longpré.

## ÉTANGS DE LORRAINE

La Lorraine annexée présente sur les bords de la Moselle, au sud-est de Metz, entre Sarrebourg et Dieuze, une région de vastes étangs dont la culture est très méthodique, très perfectionnée. La plupart de ces étangs sont soumis aux périodes alternatives d'eau et d'assec ; leur exploitation est triennale et comporte un an d'assec ou terrage, et deux ans d'eau ; ils sont spécialisés en étangs d'alevinage et étangs de production. Le plus vaste est l'*étang de Lindre*, il a 671 hectares et une profondeur moyenne de 3 mètres ; cet étang, situé près de Dieuze, constitue le réservoir de la Seille ; il est alimenté par des sources abondantes, des ruisseaux et d'autres étangs. Seules, la Carpe et la Tanche y sont produites ; le Brochet et la Perche n'y sont introduits que pour restreindre la propagation du menu fretin ; on y nourrit 225 kilogrammes de poisson à l'hectare, sans donner d'alimentation artificielle en supplément. Les pêches ont lieu de novembre à fin mars. Pendant l'année d'assec, on cultive les céréales et les pommes de terre ; elles ont remplacé le lin et le chanvre d'autrefois.

Citons encore : l'*étang de Stock*, qui a 357 hectares et 2 mètres de profondeur moyenne ; il est maintenu constamment en eau et pêché tous les deux ans ; et l'*étang de Gondrexange*, qui a 144 hectares et 1 mètre de profondeur moyenne, également toujours en eau.

# PISCICULTURE ARTIFICIELLE

Malgré les moyens dont elle dispose pour favoriser la multiplication et le développement des poissons, la Pisciculture naturelle ne suffit pas à empêcher le dépeuplement de nos eaux libres. La prodigieuse fécondité des poissons semble cependant destinée à équilibrer les causes de destruction dont la nature est si prodigue envers les œufs et les jeunes alevins. Fécondation incomplète des œufs, voracité des poissons avides de leur propre frai, crues, sécheresses, variations subites de température, ennemis de toutes sortes, voilà qui suffit à détruire les neuf dixièmes des pontes ; un dixième à peine arrive à éclosion ; quant aux alevins, exposés aux mêmes dangers que les œufs, ils périssent par moitié dans la première année de leur existence. Tout cela est dans l'ordre des choses et il n'y a pas lieu de s'en montrer trop surpris ; les espèces les plus fragiles, les plus exposées à une mortalité intensive sont, partout et toujours, les plus fécondes.

Mais, à ces causes naturelles de destruction, en sont venues s'ajouter de nouvelles, non moins graves, dont l'homme seul est responsable. Impuissant à les supprimer et à remédier de la sorte à l'anéantissement des poissons, il a cherché à faire la part du mal en créant plus de vie, en lançant plus d'êtres dans la circulation fluviale ; il y est heureusement parvenu : l'observation de la nature, les études zoologiques l'ont conduit à intervenir directement dans certains actes physiologiques des poissons ; elles lui ont appris à obtenir les œufs, à les féconder, à les incuber et à élever les alevins ; il a pu ainsi soustraire le frai à tout danger et accroître, en proportion considérable, à son gré, la production des espèces les plus précieuses. De là, est née une branche nouvelle de la Pisciculture, un art « artificiel » d'ensemencer les eaux et d'en améliorer les produits, dont les progrès rapides et l'extension incessante manifestent bien l'utilité.

*Historique.* — Les premiers essais de fécondation artificielle sur lesquels nous avons des renseignements précis remontent à 1758; ils furent réalisés par le lieutenant autrichien Jacoby et portèrent sur la Truite et le Saumon. Buffon, Lacépède, Fourcroy, Adanson connurent les expériences de Jacoby, et Duhamel publia un mémoire de celui-ci dans son *Traité général des Pêches.* La découverte de Jacoby fut utilisée dans les laboratoires scientifiques pour les études embryologiques; on fit des fécondations artificielles en Allemagne, en Suisse, en Italie, en France, en Angleterre et en Écosse; mais aucune conséquence pratique ne résulta de ces recherches. En 1837, cependant, un grand établissement de pisciculture artificielle fut installé en Allemagne, à Detmold, sans qu'il en ait toutefois été tiré grand profit pour le repeuplement des cours d'eau.

En 1848, alors que personne en France ne songeait à la fécondation artificielle des œufs de poissons, l'attention de l'Académie des Sciences fut appelée sur les travaux de deux pêcheurs des Vosges, Remy et Géhin. Dès 1842, Remy, pauvre pêcheur illettré de la vallée de la Bresse, avait fécondé des œufs de Truite et réussi à élever les alevins obtenus; avec l'aide de Géhin il parvint, de cette façon, à obtenir en étang des milliers de Truites, âgées de un à trois ans, qui lui servirent à repeupler la Moselotte; il avait réinventé en quelque sorte le procédé de Jacoby et su en tirer un parti utilitaire. M. Coste, professeur d'embryogénie au Collège de France, s'intéressa particulièrement à la découverte de Remy; il vit le grand intérêt pratique qu'elle présentait et s'en fit l'ardent propagateur, dans le but de l'appliquer à l'empoissonnement de nos cours d'eau. Coste installa un laboratoire de fécondation au Collège de France, puis obtint des pouvoirs publics la création, à Huningue, d'un vaste établissement de pisciculture chargé de distribuer gratuitement des œufs fécondés et des alevins. Grâce à l'impulsion donnée, un certain nombre d'établissements particuliers s'installèrent un peu partout, en France et à l'étranger; une industrie nouvelle, la *Pisciculture artificielle*, était créée.

La France, qui avait pris l'initiative de ce mouvement, s'en désintéressa par la suite; à l'enthousiasme du début, succéda un abandon presque complet. Au contraire, à l'étranger, en Angleterre, en Hollande et surtout aux États-Unis, la pisciculture artificielle fit de remarquables progrès. Ce fut seulement après 1870 qu'elle subit, dans notre pays, une sorte de renaissance; on l'enseigna dans les écoles d'agriculture, une Société centrale d'Aquiculture se fonda à Paris et l'intérêt se porta, d'une façon définitive cette fois, sur les nouveaux procédés de production du poisson.

# LA FÉCONDATION ARTIFICIELLE

## I

## FÉCONDATION DES ŒUFS DE SALMONIDES

La fécondation artificielle est une opération d'une grande simplicité. Elle consiste, en principe, à faire pondre les œufs dans un récipient où ils s'étalent en une seule couche, à verser dessus la laitance, et à mêler, dans de l'eau, œufs et laitance.

Capture des Reproducteurs. — Il faut, d'abord, se procurer les reproducteurs, en les pêchant dans une rivière voisine ou dans un étang. On procède à ces captures à l'époque de la fraie, quelques jours seulement avant la ponte, pour éviter de tenir longtemps les reproducteurs en captivité et atténuer les souffrances dues à la privation de liberté. Des nasses, disposées sur les frayères ou à leur voisinage, permettent de prendre mâles et femelles sans les blesser. D'autres procédés de capture sont applicables dans les étangs : on dispose notamment le ruisseau d'alimentation en frayère, ou l'on creuse dans le sol des *rigoles-frayères*, longues de plusieurs mètres, larges de 60 centimètres, profondes de 10, en pente de 2 à 3 pour 100, que l'on garnit de cailloux et qu'on alimente d'eau vive; les truites viennent y frayer et s'y faire prendre; à cet effet le ruisseau ou la rigole est muni de vannes ou de grillages mobiles qui retiennent les poissons et rendent facile la capture de ceux-ci à l'aide d'une épuisette ou d'un truble. Les établissements de pisciculture qui ont besoin d'un grand nombre de reproducteurs, ont intérêt à les élever et à les entretenir dans des étangs spéciaux (Voy. p. 276), suffisamment vastes et bien aménagés, où on les pêche en temps voulu, soit à la senne, soit au truble.

PARCAGE DES REPRODUCTEURS. — Mâles et femelles sont faciles à distinguer au moment du frai; les mâles ont des couleurs bien plus vives, leurs mâchoires sont plus allongées et un peu en forme de bec de perroquet; les femelles ont le ventre gonflé, ballonné, l'orifice génital tuméfié et de couleur rougeâtre, le museau moins allongé et arrondi. Les poissons de chaque sexe sont parqués *séparément* dans des bassins en ciment, à fond et à parois lisses, où coule une eau fraîche et limpide, ou dans des bassins en planches; ces bassins ont en général l'inconvénient d'être étroits, il faut leur préférer un étang d'assez grandes dimensions, où les reproducteurs ne souffrent pas de la stabulation; quand la chose est possible, on peut installer avantageusement un enclos en fil de fer galvanisé sur le lit même d'une rivière. Il est inutile de se préoccuper de nourrir les reproducteurs pendant les quelques jours où on les conserve en bassins; ils supportent aisément le jeûne à l'époque du frai et il vaut mieux, en tout cas, les priver de tout aliment que de leur offrir une nourriture trop copieuse (1).

CHOIX DES REPRODUCTEURS. — Le choix des reproducteurs n'est pas sans importance; de lui dépend, en grande partie, la réussite des opérations futures. Une sélection minutieuse fera choisir les poissons les plus vigoureux, ceux d'aspect robuste et de belle conformation : on ne prendra ni les sujets trop

_______________

(1) Pour la nourriture des Reproducteurs, voy. p. 277 et p. 334.

gras, ni les sujets trop maigres; les mâles attireront particulièrement l'attention, car ils paraissent transmettre les tares
plus fréquemment que les femelles. Les reproducteurs doivent
être âgés d'au moins quatre ans, mais ne pas en avoir plus
de huit; trop jeunes, ils donnent des œufs petits et des alevins
délicats qui périssent presque tous : d'autre part, les Truites
âgées fraient plus tôt que les jeunes et leurs œufs éclosent au
début de l'année, laissant ainsi aux alevins un laps de temps
plus considérable pour se développer. Ils doivent peser de une
livre à deux livres; les sujets de ce poids se manient aisément
et se prêtent bien à la fécondation artificielle. Il est essentiel,
pour procéder à cette fécondation, que les œufs et la laitance
soient parfaitement mûrs; on se rend compte de leur degré
de maturité en examinant les poissons tous les deux jours
environ, le matin de préférence, sans trop les déranger;
quand le moment de la ponte est venu, les Truites femelles ont
le ventre distendu et mou, ce qui est facile à constater au
simple toucher; leur orifice génital est proéminent, gonflé,
rougeâtre, les œufs sortent à la moindre pression du doigt
sur les flancs ou même quand on donne au poisson une
position verticale; les œufs bien mûrs sont clairs, transparents et ressemblent à de petites groseilles blanches; ceux
qui sont ternes, opaques et qui troublent l'eau sont à rejeter.
Les mâles ont toujours le ventre moins distendu que les
femelles; la plus légère pression sur le ventre en fait écouler
la laitance, qui présente l'aspect de la crème quand elle est
mûre.

*Méthodes de Fécondation.* — Deux méthodes peuvent être
employées pour la fécondation artificielle des œufs de Salmonides. La *méthode humide,* la plus ancienne, consiste à faire
tomber les œufs d'une femelle dans un vase plat contenant
quatre à cinq centimètres d'eau pure (fig. 84) ; on prend ensuite
un mâle et, en pressant sur son ventre, on projette de la laitance sur les œufs; quand l'eau est devenue laiteuse, on
agite légèrement œufs et laitance avec la queue du poisson ; cinq
minutes après, la fécondation est terminée; on lave les œufs
avec de l'eau pure et on les met à incuber. La *méthode sèche* a
été appliquée en 1857 par le pisciculteur russe Wrasski, d'après

les conseils du Dr Knoch; les œufs sont recueillis à sec dans un vase, on les asperge ensuite avec la laitance et l'eau n'est ajoutée qu'une ou deux minutes après. Ce procédé est bien supérieur au précédent; avec la méthode humide, les œufs ont leur capsule d'enveloppe gonflée d'eau, leur micropyle est par suite fermé ou rétréci et les spermatozoïdes ont beaucoup de difficulté à opérer la fécondation; si, d'autre part, l'eau n'est pas absolument pure, la fécondation peut être empêchée; avec la méthode russe, cet inconvénient n'existe pas, il y

Fig. 84. — Opération de la ponte artificielle.

a fécondation à coup sûr : la perte n'est que de 1 p. 100 au lieu de 12 p. 100.

**Technique de la méthode sèche**. — Lorsque le moment est venu de procéder à la fécondation artificielle, on enlève les Truites des bassins et on les place dans des baquets à demi remplis d'eau fraîche, en ayant toujours soin de séparer les sexes; on prépare un autre baquet, destiné à recevoir les poissons après l'opération. On opère généralement debout audessus d'une table placée à l'abri d'une lumière vive, sur laquelle sont disposées des cuvettes plates, peu profondes et larges, en verre ou en tôle émaillée; la table doit être placée tout à côté des baquets, afin de pouvoir y laisser tomber les poissons au cas où ceux-ci se débattent et échappent aux

mains de l'opérateur. Il est bon de mettre un tablier, caout-
chouté de préférence.

On saisit d'abord une femelle soit à pleines mains, soit
avec un linge mouillé; mais le linge n'est nullement indispensable, il faudrait d'ailleurs le renouveler à chaque poisson. On prend la femelle de la main gauche en arrière
des nageoires pectorales et on la tient suspendue verticalement au-dessus et le plus près possible de la cuvette où
devront tomber les œufs; de la main droite, on maintient la
queue; si les œufs ne tombent pas par leur propre poids, on
presse *doucement* le ventre de la femelle entre le pouce et
l'index de la main droite (que l'on a mouillée afin de ne pas
enlever de mucus), en allant de la tête vers la queue, jusqu'à
ce qu'il ne reste plus d'œufs. On peut aussi placer le poisson
presque horizontalement, en le tenant par la queue avec la
main gauche et en le maintenant contre soi à l'aide de la
main droite; on recourbe le poisson en faisant saillir le ventre,
de façon à faire couler les œufs, et on favorise leur sortie en
pressant légèrement sur le ventre avec la main droite. —
Le poisson se contracte souvent au sortir de l'eau; il suffit
d'attendre qu'il se soit calmé, ce qui a lieu d'ordinaire au bout
d'une minute au plus. Si la femelle persiste à se contracter et
à retenir ses œufs, il est inutile d'insister : la douceur convient
mieux que la violence pour vaincre les états spasmodiques;
on remet le poisson dans l'eau, sans le lâcher; au besoin, on
fait sous l'eau quelques légères frictions sur le ventre; cela
suffit généralement pour faire évacuer les œufs à la seconde
tentative. Les poissons de plus de 4 kilogramme et de grande
taille sont difficiles à manier; ils rendent nécessaire l'emploi
d'un aide, qui maintient la Truite par la queue; on peut toutefois éviter d'y avoir recours en opérant un genou en terre,
la cuvette étant placée sur le sol, et en appuyant le poisson
contre soi à l'aide de la main et de l'avant-bras droits; si le
poisson échappe à l'opérateur, il ne se blesse pas en tombant,
surtout si le sol ne présente pas de cailloux ou d'aspérités.
On peut encore accrocher le poisson avec un hameçon dont
la barbe a été élimée; l'hameçon est fixé à une corde ayant
1ᵐ20 de longueur et cette corde est attachée à son tour à

un scion flexible et élastique ; la Truite, maintenue dans le baquet, est vite fatiguée des efforts qu'elle fait pour se dégager et se laisse facilement manier. Quelle que soit la méthode adoptée, il faut toujours opérer avec douceur, sans violence ni précipitation.

Chaque femelle donne en moyenne de 1 200 à 1 500 œufs. Quand la cuvette est garnie d'une couche d'œufs provenant successivement de deux ou trois femelles, on saisit aussitôt un mâle et on fait couler la laitance, en procédant de la même façon que précédemment ; quelques gouttes de laitance suffisent pour féconder un millier d'œufs ; un mâle sert donc à féconder les pontes de plusieurs femelles. — Deux à trois minutes après, on recouvre œufs et laitance d'une couche d'eau d'environ 2 centimètres ; on mélange en agitant légèrement la cuvette ou en remuant le tout avec les barbes d'une plume. On laisse ensuite reposer pendant une demi-heure, en immergeant la cuvette dans de l'eau courante, à l'obscurité ; au bout de ce temps, les œufs sont complètement gonflés d'eau et cessent d'adhérer au récipient ; on les lave alors à plusieurs reprises avec de l'eau pure et on les dispose dans un appareil d'incubation.

Les œufs conservés à sec restent assez longtemps capables d'être fécondés. La laitance conserve également son pouvoir fécondant. Aussi utilise-t-on parfois, pour la fécondation artificielle, les œufs pris sur des femelles mortes depuis quelque temps et livrées déjà au commerce ; les hôteliers de certaines localités de Suisse et d'Allemagne cèdent aux pisciculteurs les œufs et la laitance des Truites qu'ils ont achetées pour la consommation. — Aux États-Unis, pour parer à l'inconvénient qui résulte des captures presque exclusives tantôt de femelles, tantôt de mâles de Corégones, on a réussi, nous dit le Dr O. Fuhrmann, à récolter et à conserver les œufs et la laitance pour les utiliser en cas de pénurie de l'un ou l'autre de ces produits sexuels. La conservation de la laitance est particulièrement difficile et ne peut se faire que pendant quarante-huit heures. L'expérience a montré que des œufs de Corégones fécondés par de la laitance recueillie quarante-huit heures auparavant donnaient encore 95 p. 100 d'œufs embryonnés. Pour obtenir des produits sexuels propres à être conservés, il faut éviter soigneusement qu'il s'y mêle de l'eau ou des excréments de poisson, car de minimes quantités suffiraient pour anéantir le sperme surtout ; après deux minutes seulement de séjour dans l'eau, la laitance perd sa propriété fécondante. Les œufs sont conservés dans des bocaux et la laitance dans des bouteilles à bouchons de liège ; tous ces récipients sont placés dans de l'eau courante et froide.

M. Nussbaum, de Bonn, a indiqué un moyen permettant de s'assurer si les œufs sont bien fécondés ; lorsqu'on plonge dans du vinaigre de table, allongé de 50 p. 100 d'eau, un œuf fécondé, l'embryon devient nettement visible et se détache en blanc sur le fond transparent du vitellus, même s'il n'en est qu'aux premiers stades de son évolution. On peut aussi constater la fécondation en pesant les œufs ; pendant les soixante-dix premières heures, les œufs fécondés augmentent de 5 p. 100 en poids ; lorsqu'on connaît l'heure à laquelle les œufs ont été fécondés, on peut, par des pesées faites à différentes reprises dans les premiers jours, reconnaître si la fécondation a été faite ; après le troisième jour, au contraire, l'augmentation s'arrête ; dès que l'embryon est apparu, le poids de l'œuf diminue.

## II

### FÉCONDATION DES ŒUFS ADHÉRENTS

La fécondation artificielle des œufs adhérents (Cyprinides, Perche, etc.), est rarement employée, car il est très facile de se procurer, à l'aide de frayères artificielles, de grandes quantités de ces œufs fécondés naturellement. Elle s'effectue d'ailleurs de la même façon que celle des œufs libres ; il faut seulement avoir soin de garnir le vase destiné à recevoir les œufs avec des plantes aquatiques bien lavées et d'y verser de l'eau à la température de 20 à 25°. M. Moncoq, ancien directeur de l'établissement de pisciculture de l'Ame (Mayenne), qui a pratiqué spécialement l'élevage des Cyprinides, décrit ainsi la fécondation artificielle des œufs de Carpe. Le piscicul-

teur a deux aides avec lui ; l'un des aides prend une Carpe
mâle et, par une légère pression, fait tomber quelques gouttes
de laitance dans une terrine où se trouve déposé un plateau
de bruyères, baignant dans une mince couche d'eau ; il agite
doucement l'eau avec la nageoire caudale du poisson. Le
pisciculteur prend une Carpe femelle et fait couler la quantité
d'œufs qui lui paraît suffisante pour couvrir le plateau de
bruyères. Le premier aide laisse à nouveau tomber quelques
gouttes de laitance. Le deuxième aide soulève légèrement le
plateau de bruyères dans la terrine afin de mieux imprégner
les œufs, il laisse reposer quelques secondes ; puis il enlève
le plateau de bruyères contenant les œufs fécondés adhérents
aux brindilles et le dépose sur la rive du bassin en l'enfonçant
de 10 à 15 centimètres sous l'eau. On renouvelle la même
opération une dizaine de fois, en employant, pour la fécondation de tous les œufs d'une Carpe de 2 kilogrammes, la laitance de deux mâles.

Huit à dix jours après, l'éclosion a lieu dans les bassins,
sans qu'il y ait lieu de s'occuper des œufs ; il suffit que l'eau
reste à la température de 20°. On peut aussi mettre à incuber
en eau courante dans des boîtes flottantes à claire-voie.

## L'INCUBATION ARTIFICIELLE

### I

### APPAREILS D'INCUBATION

#### POUR LES ŒUFS LIBRES PLUS LOURDS QUE L'EAU

Nous nous occuperons, en premier lieu, de l'incubation
artificielle des œufs de Truite, de Saumon, d'Omble-Chevalier
et d'autres Salmonides, œufs dont la densité est nettement
supérieure à celle de l'eau. Ces œufs ont besoin d'être constamment baignés dans de l'eau bien aérée et bien renouvelée,
sans toutefois qu'il se produise un courant capable de leur
imprimer des mouvements. A défaut d'une installation spéciale, on peut les mettre incuber en pleine eau, dans une
rivière ou un ruisseau ; mais, dans tous les cas, il faut avoir

recours à des *appareils d'incubation*, dont le rôle est de mettre les œufs à l'abri des agents destructeurs, tout en offrant les conditions de température et d'aération de l'eau favorables à leur éclosion.

**Incubation en pleine eau**. — Jacoby mettait à incuber les œufs de Truite dans de longues caisses à claire-voie qu'il plaçait sur le lit d'une rivière ; ces caisses avaient 2 à 3 mètres de longueur, 0<sup>m</sup>50 de largeur et 20 à 25 centimètres de profondeur ; les deux petits côtés étaient fermés à l'aide d'une toile métallique à mailles de 2 millimètres ; le fond de la caisse était garni d'un lit de gravier et de petits cailloux, sur lequel on disposait les œufs à raison de 5000 par mètre carré. Remy et Géhin se servaient de boîtes circulaires en fer étamé, criblées de trous. Koltz préférait des vases en terre cuite percés de trous, qu'il plaçait dans une caisse à claire-voie fixe et maintenue à un niveau constant.

Coste perfectionna la caisse de Jacoby. A 15 centimètres du fond, il y installa, aux deux extrémités et au centre, des traverses destinées à soutenir des claies ; ces claies consistent en un cadre en bois dans lequel sont enchâssées des baguettes de verre ; on peut en superposer plusieurs ; elles servent à recevoir les œufs, qui ne sont plus ici déposés sur le fond de la caisse ; celui-ci est garni de sable fin et de cailloux, et les jeunes alevins s'y rassemblent au fur et à mesure de leur éclosion. Cette caisse (fig. 85) est immergée en pleine eau ; elle est attachée à des piquets enfoncés dans le sol et maintenue à un niveau constant à l'aide de deux flotteurs fixés sur les côtés ; elle est placée dans le sens du courant. Il ne faut utiliser ces boîtes flottantes que dans le cas où les eaux sont parfaitement pures, sans quoi la vase s'amoncelle à l'intérieur et nuit au développement des œufs ; elles sont du reste peu agréables à manier, à cause de la basse température de l'eau à l'époque où incubent les œufs ; on ne peut pas non plus toujours régler à son gré l'écoulement de l'eau et la surveillance des œufs est difficile.

L'invention des appareils à ruisseaux factices et à courant continu a permis de remédier à ces inconvénients.

**Incubation en bacs**. — La condition la plus essentielle

que doivent présenter les bacs ou auges employés pour l'incubation des œufs de Truite est d'être parcourus par un courant d'eau continu et rapide.

**Incubateurs à courant descendant.** — Le premier appareil d'éclosion fut celui imaginé par Caron, dont Coste se servit dans son laboratoire du Collège de France, et qu'il contribua à faire adopter. Il est composé d'une série de petites

Fig. 85. — Caisse à incubation simple de Coste.

auges rectangulaires (fig. 86), en terre cuite vernissée, ayant comme dimensions 0m30 de longueur, 0m25 de largeur et 0m10 de profondeur ; chaque augette est munie sur le bord supérieur, à 6 centimètres environ de l'un de ses angles, d'un bec d'écoulement. A l'intérieur, quatre saillies, situées à mi-hauteur, supportent la claie qui reçoit les œufs ; cette claie est formée par un cadre rectangulaire en bois qui enchâsse des baguettes de verre ; les baguettes ont 5 millimètres de diamètre, elles sont placées parallèlement dans le sens transversal ou longitudinal, et sont écartées les unes des autres de 2mm5 ; c'est entre ces baguettes de verre que l'on range les

œufs à incuber ; on en peut mettre de 1 000 à 1 200 par claie.
Cette claie peut s'enlever ou se mettre en place très facilement ; cela permet de surveiller les œufs et de les examiner
fréquemment pour retirer ceux d'entre eux qui sont morts ou
altérés. — Plusieurs augettes semblables sont étagées les
unes au-dessus des autres, sur des gradins disposés en marches
d'escalier, soit par séries parallèles, soit en double rang
(fig. 87) ; l'auge supérieure déverse son trop-plein dans l'auge
située au-dessous d'elle et ainsi de suite ; la hauteur de chute
entre deux auges est de 5 centimètres ; l'écoulement a tou-

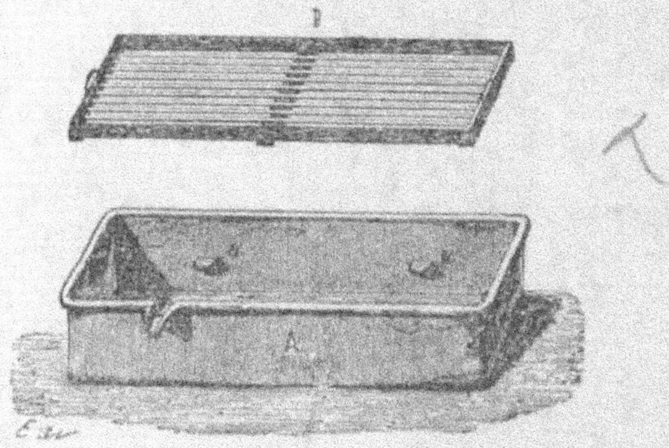

Fig. 86. — Auge et claie de l'appareil Coste.

jours lieu par le côté opposé à celui de l'entrée de l'eau, de
sorte que l'auge est parcourue par le courant dans toute son
étendue et que son contenu se trouve sans cesse renouvelé.

Cet appareil fonctionne bien, mais à la condition d'être alimenté par une eau très limpide et parfaitement aérée, car le
courant y est faible et le renouvellement de l'eau ne se fait
pas très activement. — L'appareil de Coste a été modifié de bien
des manières, le principe restant le même ; ainsi les auges
ont reçu de plus grandes dimensions, on les a faites en bois
ou en ciment et elles ont cessé d'être mobiles ; les claies en
verre ont été remplacées par des toiles métalliques galvani-
sées, dont les mailles ont 5 millimètres de large sur 15 à
18 millimètres de long.

L'inconvénient de ces appareils à courant d'eau descendant,
ou mieux horizontal, est de rendre possible le dépôt des sédiments sur les œufs. On y avait remédié en augmentant la
hauteur de chute : l'eau, en tombant d'une hauteur suffisante,
produit dans les auges un courant descendant qui balaye la
surface du fond et s'élève, en suivant les parois, jusqu'au

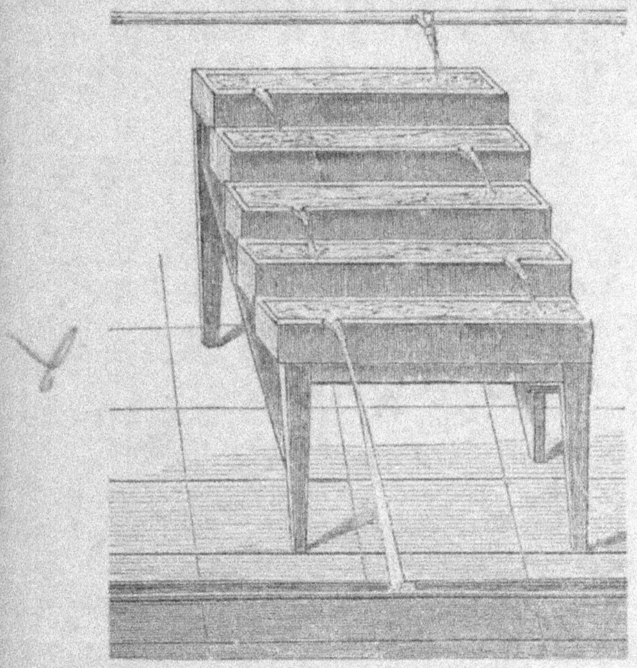

Fig. 87. — Appareil à incubation à courant continu, de Coste.

déversoir. On préfère aujourd'hui faire arriver le courant par
la partie inférieure des appareils.

**Incubateurs à courant ascendant.** — Le premier appareil à courant ascendant fut celui employé en 1872, au Canada,
par G. Holton ; il consistait en une caisse en bois contenant
des claies superposées, au fond de laquelle débouchait le
tuyau d'amenée de l'eau ; celle-ci traversait les claies de bas
en haut et s'échappait au dehors par une gouttière établie sur
le bord supérieur de la caisse. L'Américain L. Hove supprima

les claies et les remplaça par un récipient en toile métallique
(fig. 88) ; le courant ascendant nettoie de la sorte constamment les œufs en rejetant à la surface ceux qui sont avariés ;

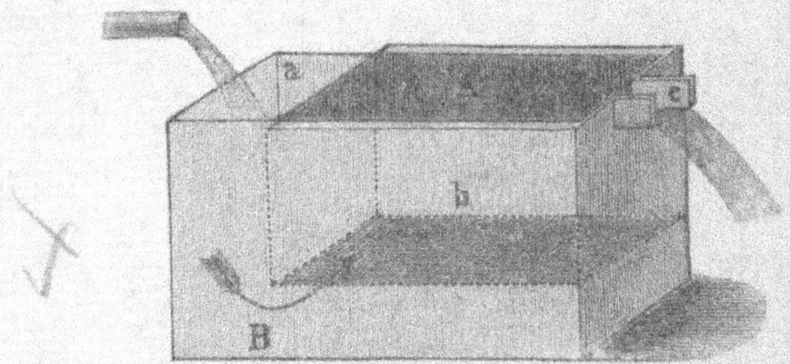


Fig. 88. — Appareil à incubation avec renouvellement
d'eau par le fond (auge californienne).

B, appareil à incubation ; a, caisse extérieure ; b, caisse intérieure ; c, goulot.

les œufs peuvent être superposés et former plusieurs couches ;
ce fut l'appareil dit californien.

Fig. 89. — Appareil à incubation Von dem Borne
(Auge californienne perfectionnée).

Von dem Borne perfectionna cet appareil ; comme l'indique
la figure 89, l'*auge californienne* se compose d'une grande caisse
extérieure A, en zinc ou en tôle émaillée, ayant 0ᵐ40 de lon-

gueur sur 0$^m$30 de largeur et 0$^m$25 de profondeur. A l'intérieur, se place une seconde caisse c de 0$^m$30 de longueur sur 0$^m$25 de largeur et 0$^m$15 de hauteur; elle est munie d'un rebord horizontal qui sert à la placer sur la caisse A ; son fond, en toile métallique, est destiné à recevoir les œufs. Une troisième augette d, ayant 0$^m$10 de long sur 0$^m$20 de large et 0$^m$10 de haut, dont le fond est aussi en toile métallique, joue le rôle de tamis ; on peut la remplacer par une caisse B, qui a l'avantage de retenir les alevins tout en laissant échapper les coques d'œufs de l'appareil d'incubation. Un couvercle en bois recouvre le tout. L'eau qui s'écoule par le robinet a, tombe dans la caisse A, monte de bas en haut dans l'auge c, à travers le fond treillagé, passe de même dans l'auge d et s'échappe par le bec de déversement e. Plusieurs auges californiennes peuvent être superposées en gradins, comme les auges de Coste. Ce système exige un courant plus abondant que l'appareil Coste; mais chaque auge reçoit jusqu'à 10000 œufs ; plus l'eau est froide, plus le nombre des œufs peut être élevé.

Fig. 90. — Appareil d'incubation Williamson.

Aux États-Unis, on emploie actuellement l'*appareil Williamson*, dans lequel la boîte d'éclosion (auge de 5 mètres de long, 0$^m$50 de large et 0$^m$22 de profondeur) est divisée en compartiments rectangulaires contenant superposées quatre à cinq claies métalliques portant les œufs; l'eau circule de bas en haut dans chacun des compartiments, comme le montre la figure 90. On se sert également de l'*appareil Clark*, analogue au précédent, mais dans lequel l'eau circule de haut en bas ; ou bien encore d'une combinaison de ces deux appareils. Le système mixte Clark-Williamson consiste à faire passer l'eau de bas en haut, puis de haut en bas, et ainsi de suite alternativement dans les divers compartiments successifs (fig. 91); pour obtenir une bonne circulation de l'eau, l'auge, longue d'environ 3 mètres, est inclinée de façon à présenter entre ses deux extrémités une différence de niveau de 20 à 30 centimètres; dans chaque compartiment sont placés l'un sur l'autre onze cadres en bois

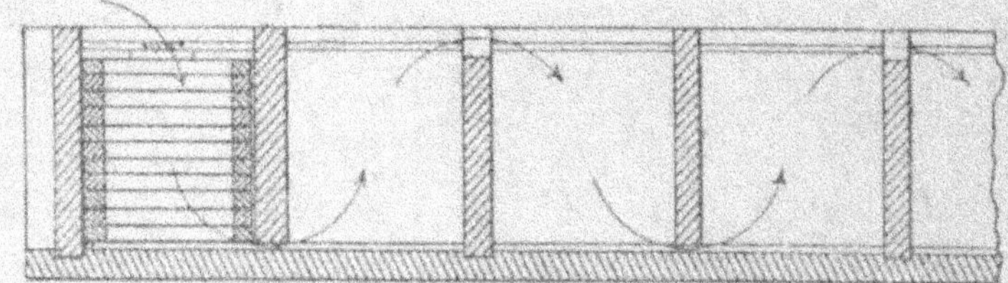

Fig. 91. — Appareil à incubation Clark-Williamson.

ou en métal, sur lesquels est tendu un treillis fin et galvanisé pour recevoir les œufs; chaque compartiment est fermé par un couvercle muni d'une poignée. Ces divers appareils ont l'avantage de permettre l'incubation d'une grande quantité d'œufs dans un espace restreint.

On emploie beaucoup, en France, un autre appareil, très simple, très pratique et peu coûteux. Il consiste en une auge

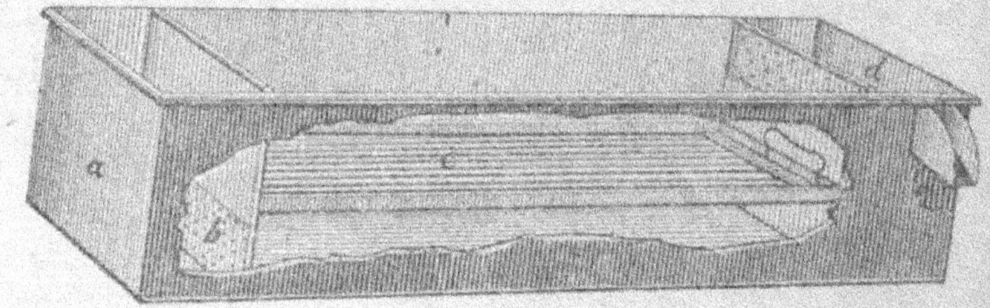

Fig. 92. — Appareil à incubation Jeunet.

c, claie ; a, compartiment d'arrivée ; b, plaque trouée ; d, plaque trouée.

à claie (fig. 92), qui présente à chaque extrémité un petit compartiment réservé à l'entrée et à la sortie de l'eau; l'eau arrive dans le compartiment a, passe à travers la cloison b percée de trous à sa partie inférieure seulement, arrose de bas en haut les œufs disposés sur la claie c, sort par la plaque d tronée seulement à sa partie supérieure, et s'échappe au dehors par un bec d'écoulement.

Les incubateurs à courant ascendant présentent des dispositifs très variés, tous également bons quand ils assurent un courant convenable et un renouvellement rapide de l'eau dans toutes les parties de l'appareil ; le débit d'eau doit y être de 1 litre par minute pour 1 000 à 2 000 œufs de Truite, selon la température de l'eau. Ils doivent, d'autre part, se prêter aisément au nettoyage, et pouvoir servir, après l'éclosion des œufs, comme bacs d'alevinage pour l'élevage des alevins pendant quelques mois.

## II

## APPAREILS D'INCUBATION

### POUR LES ŒUFS LIBRES FLOTTANTS

Les appareils d'incubation employés pour la Truite, le Saumon et l'Omble ne conviennent pas à tous les Salmonides. Les œufs de Corégones placés dans ces incubateurs sont entraînés par le courant, à cause de leur faible densité : ils s'accumulent les uns sur les autres à l'extrémité de l'auge et finissent par périr asphyxiés ou attaqués par des parasites microscopiques. Ces œufs, pour venir à éclosion, ont besoin d'être soumis à une agitation constante et nécessitent l'emploi d'incubateurs spéciaux.

**Incubateur Mac-Donald**. — L'appareil inventé aux États-Unis, par Mac-Donald, convient très bien à l'incubation des œufs légers, tels que ceux des diverses espèces de Corégones et d'Aloses. Il consiste en un vase cylindrique A, en verre épais, à fond hémisphérique, de 45 centimètres de hauteur et 20 centimètres de diamètre ; cette jarre, selon le nom que lui a donné son inventeur, est en verre moulé et non soufflé, pour que la surface interne en soit parfaitement régulière ; elle repose sur trois petits pieds, suivant un axe rigoureusement vertical. Le col de la jarre est de moitié plus petit que le corps ; il porte un pas de vis D, qui reçoit un couvercle métallique percé de deux trous de 15 millimètres de diamètre, l'un au centre, l'autre à égale distance du centre et du pourtour ;

par le trou central, pénètre le tube de verre G E qui amène
l'eau ; par l'autre orifice, passe le tube de déversement F. Le
tube d'amenée descend presque jusqu'au fond du vase ; l'eau,
qui arrive sous forte pression, jaillit contre les parois, elle
brasse les œufs qui restent en suspension dans l'eau et continuellement en mouvement ; on accroît ou on diminue à volonté la
force du courant en rapprochant ou en éloignant du fond le
tube d'arrivée. Le tube qui assure la sortie de l'eau sert aussi
au triage des œufs ; ceux qui viennent à mourir se rassemblent
en effet à la surface et il suffit d'amener le tube à leur voisinage
pour les entraîner avec le courant d'évacuation. Quand la pé-

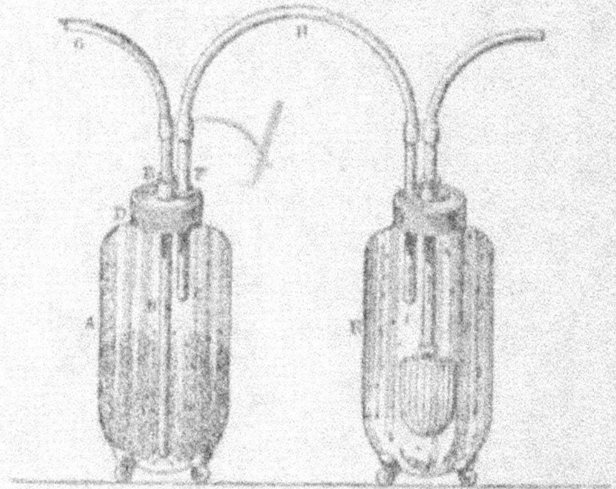

Fig. 93. — Jarres Mac-Donald.

riode d'éclosion approche, le tube d'écoulement est raccordé à
une autre jarre, R, dans laquelle se déverseront les alevins nouvellement éclos ; l'eau de cette seconde jarre s'écoule par un
tube central dont l'extrémité inférieure porte une coiffe en
coton qui tamise l'eau et retient les alevins. Plusieurs jarres
d'éclosion peuvent être réunies en batterie ; dans ce cas elles
viennent toutes se déverser dans un récepteur unique, sorte
de grand cristallisoir qui reçoit tous les alevins. Une seule
jarre peut contenir 70 000 à 100 000 œufs d'Alose.

**Jarres de Chase**. — Un autre appareil, celui de Chase, est
également très employé aux États-Unis, pour l'incubation des
œufs de Corégones. Il consiste essentiellement en une jarre
de verre de 0ᵐ50 de hauteur sur 0ᵐ15 de diamètre ; l'eau est

amenée par un tuyau en caoutchouc ; elle entre dans le vase par un tube en verre placé au centre et ressort sur le côté par un ajutage placé vers le bord supérieur de la jarre. (fig. 94).

**Verres de Zug.** — En Suisse, les établissements de pisciculture se servent, pour incuber les œufs de Corégones, d'un

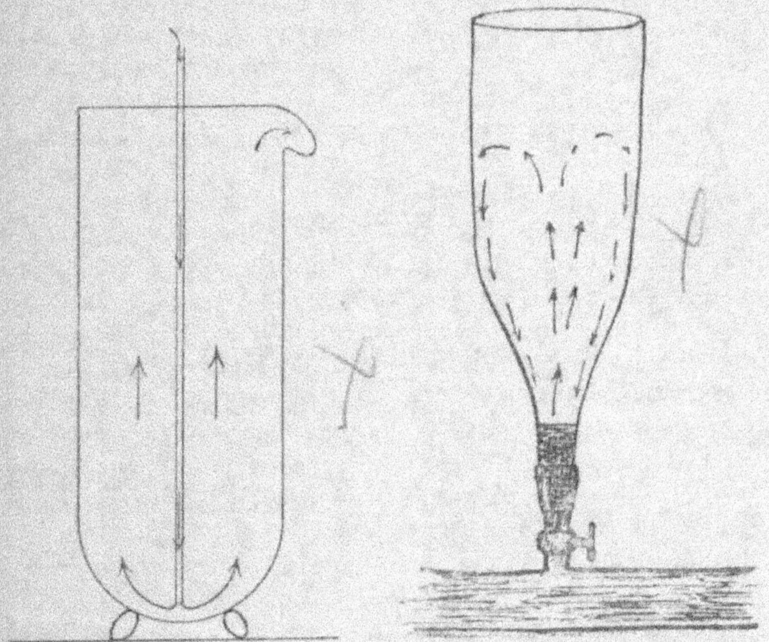

Fig. 94. — Jarre de Chase.    Fig. 95. — Incubateur de Zug.

appareil inventé par Christian Weisz, de Zug. Cet appareil, qui ressemble à une bouteille renversée (fig. 95), se compose d'un cylindre de verre de 40 centimètres de hauteur et de 12 à 16 centimètres de diamètre intérieur ; ouvert à la partie supérieure, il se termine en bas par un col étroit, qui s'adapte sur une conduite d'eau par l'intermédiaire d'une garniture métallique garnie d'étoupe. L'eau pénètre par la partie inférieure de cette sorte d'entonnoir et s'écoule par-dessus le bord supérieur ; elle produit dans la masse des œufs un mouvement de va-et-vient continuel ; les œufs, lancés d'abord vers le haut par le courant, tendent à redescendre à cause de leur densité un peu supérieure à celle de l'eau ; en réglant la force du courant, ce qui se fait aisément à l'aide d'un robinet placé sur la tubulure métallique, on arrive à faire retomber les œufs au fond du vase quand ils sont parvenus aux deux tiers de la hauteur totale ; ils sont repris aussitôt par le courant ascendant, et ainsi de suite ; les œufs sont ainsi soumis à un brassage lent et continu. Les œufs morts, plus légers, se rassemblent à la surface et sont évacués automatiquement par-dessus le bord supérieur ; au besoin, il suffit, pour les chasser, d'activer légèrement le courant pendant un instant.

Le verre de Zug emploie 8 litres d'eau par minute ; il peut contenir jusqu'à 200 000 œufs de Corégones (Lavarets Gravenches, Féras). — Nous avons vu fonctionner ces appareils très simples à l'établissement de pisciculture de Zug et à celui du Pervou, près Neuchâtel (Suisse) ; ils donnent d'excellents résultats ; en 1906, ils ont produit au Pervou 13 500 000 alevins de Palée (la Palée est une variété de Féra spéciale au lac de Neuchâtel). L'établissement du Pervou possède aussi des verres cylindriques, rappelant le principe du système américain des verres de Chase : un tuyau en caoutchouc plonge jusqu'au fond du vase et amène l'eau, qui déborde par le haut. — Les verres de Zug sont employés en France à l'établissement de Thonon et au laboratoire du lac d'Aiguebelette.

## PISCICULTURE ARTIFICIELLE DE LA TRUITE

Sous ce titre de Pisciculture artificielle, nous réunissons la *piscifacture* ou fabrication du poisson, qui comprend la fécondation artificielle et l'incubation des œufs, et la pisciculture artificielle proprement dite, qui comprend l'alevinage et l'élevage du poisson.

### Installation d'un Laboratoire.

*Le Local.* — Les appareils à incubation peuvent, à la rigueur, être placés en plein air. Les inconvénients d'une installation si rudimentaire sont évidents ; on n'obtient de résultats

appréciables qu'en mettant les œufs à l'abri des intempéries et
des variations de température. Un local convenable est facile
à trouver ; il suffit d'une pièce quelconque dans une habi-
tation, à la condition que la température s'y maintienne
constante. Généralement, on construit, près des cours d'eau
qu'il s'agit de repeupler, une sorte de hangar clos appelé
*laboratoire*, où l'on dispose les bacs d'incubation. Il existe aussi
de véritables établissements de pisciculture, où l'on se livre à
une exploitation industrielle importante et qui comprennent :
une pièce pour les réservoirs d'eau, un laboratoire d'incubation, parfois un laboratoire d'alevinage, une chambre pour
le pisciculteur et quelques bassins ou étangs.

Le choix de l'emplacement pour un établissement à Truites
est subordonné à l'eau, qui est le principal élément du succès ;
le pisciculteur doit avoir à sa disposition, d'une façon continue
et en abondance, une eau présentant toutes les qualités
requises pour l'incubation des œufs de Truite ; nous examinerons, un peu plus loin, les conditions à remplir par l'eau,
sous le double rapport de la quantité et de la qualité. — Il y a
intérêt à donner à la salle d'éclosion des dimensions spacieuses ;
pour la mise en incubation de 100000 œufs de Truite, un
espace de 30 mètres carrés suffit largement ; la hauteur doit
être d'environ 3 mètres. — Les murs du laboratoire doivent avoir
une assez forte épaisseur, 45 centimètres par exemple, afin
d'isoler le plus possible la pièce d'incubation des influences
extérieures ; des levées en terre appliquées extérieurement
contre les murs jouent un rôle isolant assez efficace ; les change-
ments de température sont en effet à redouter pour les œufs,
et le thermomètre doit peu varier pendant toute la durée de
l'incubation. Les laboratoires installés dans des sous-sols ou dans
des caves se trouvent, à ce point de vue, comme à d'autres,
dans d'excellentes conditions Jamais la température ne doit
s'abaisser au-dessous de zéro ; si le fait se présentait pendant
un hiver très rigoureux, il faudrait se résoudre à chauffer la
pièce, de préférence avec un termo-siphon, afin d'empêcher
l'eau de geler dans les bacs. La toiture se fait également
épaisse, en tuile ou en chaume, pour la même raison.

La lumière solaire nuit au développement des œufs ; elle

est à bannir complètement du laboratoire. Les fenêtres doivent donc être peu nombreuses et munies de volets ou de stores ; on ne fera cesser l'obscurité que pour la surveillance et les soins à donner. La plus grande propreté doit régner dans le laboratoire ; les parois intérieures en seront blanchies à la chaux une fois par an ; le sol sera en béton ou en ciment et présentera une légère pente, ainsi que des rigoles pour l'écoulement de l'eau.

Le long des parois du laboratoire sont disposés les appareils d'incubation et les bacs d'alevinage. Parfois, au lieu des auges que nous avons décrites, on se sert, dans les grands établissements, de grands bacs en bois ou en maçonnerie, dans lesquels on peut mettre des quantités plus considérables d'œufs, et qui sont fixés aux murs ; il est préférable d'employer des auges mobiles à volonté, qui se prêtent mieux à la surveillance et au nettoyage. Les auges peuvent être en bois, mais il faut les garnir intérieurement de zinc ripoliné ou, encore, de plaques de verre ; leurs dimensions normales sont de 1 à 2 mètres de longueur sur 40 à 50 centimètres de largeur et 15 à 20 centimètres de hauteur.

*L'Eau.* — L'eau utilisée à l'incubation des œufs doit être aussi limpide, aussi pure que possible, et bien aérée ; le débit en doit être abondant, constant, régulier, et la température comprise entre 6 et 12°. L'eau de source est la meilleure ; il faut toujours la préférer, bien qu'elle ne soit pas absolument nécessaire, comme on le croit souvent ; elle mérite assez fréquemment le reproche d'être peu oxygénée ; mais il est facile de l'aérer. L'eau de rivière convient mieux à l'élevage des alevins qu'à l'incubation ; elle suffit très bien cependant pour amener les œufs à éclosion ; la prise d'eau doit toujours se faire directement au cours d'eau et jamais sur les conduites d'une ville ; on obtient l'eau de rivière à une température à peu près constante en ayant soin de placer l'entrée du conduit tout près du fond du cours d'eau. L'eau de rivière a l'inconvénient de geler pendant les grands froids : les conduits devront donc être enfouis dans le sol. Souvent, elle est chargée de limon très fin en suspension ; on ne peut l'employer ainsi : on lui fait d'abord traverser lentement un ou deux grands bassins, où elle se débarrasse de ses principales impuretés. Au sortir du *bassin de décantation*, l'eau a besoin encore d'être filtrée ; c'est là une précaution qu'il est bon de prendre même avec des eaux bien limpides. Les eaux très calcaires ne conviennent pas pour l'incubation, car elles laissent déposer leur calcaire, qui recouvre les œufs et entraîne leur asphyxie ; mais elles ne nuisent en rien aux alevins. Quant à l'eau de rivière chargée de matières organiques, elle est toujours à rejeter. A sa sortie des *filtres*, l'eau va dans un *réservoir*, d'où elle est distribuée aux bacs d'incubation et d'alevinage par des conduites munies de robinets. Après avoir parcouru ces bacs, elle est évacuée au dehors.

FILTRATION DE L'EAU. — Pour débarrasser l'eau des impuretés et des particules terreuses extrêmement ténues qu'elle contient en suspension, on se sert de filtres à grand débit et faciles à régénérer. Il en existe de différents systèmes. Les *filtres à gravier*, fort peu coûteux et faciles à établir, se composent en principe d'une caisse remplie d'une épaisse couche de gros gravier ; la caisse peut présenter plusieurs compartiments superposés, à graviers de moins en moins gros, où l'eau passe successivement (fig. 96) ; on constitue très simplement un filtre à gravier avec un tonneau défoncé à un bout, auquel on ajoute, à peu de distance du fond conservé, un faux-fond percé de trous ; sur ce dernier repose le gravier, dont l'épaisseur atteint 60 centimètres.

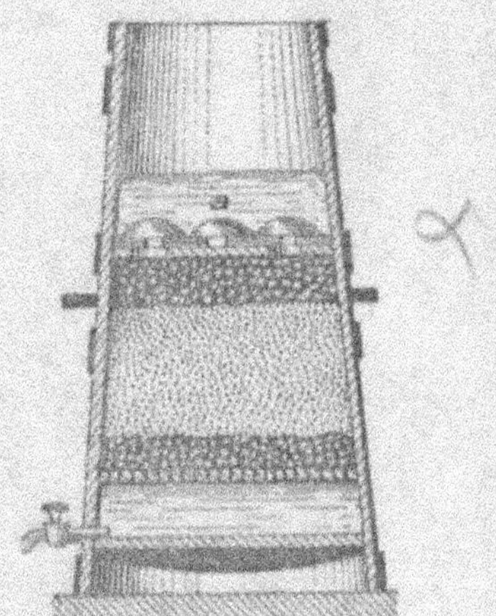

Fig. 96. — Filtre à gravier.

Ces filtres s'encrassent assez vite quand l'eau est très impure ; il suffit, pour les remettre en état de service, de laver le gravier dans de l'eau courante. Les *filtres à flanelle*, usités surtout aux États-Unis, sont formés de cadres sur lesquels sont tendus des morceaux de flanelle ou de molleton ; ces écrans sont placés les uns à la suite des autres dans une caisse horizontale, où l'eau circule constamment comme dans les bacs à incubation ; on régénère un certain nombre de fois les pièces de flanelle ou de molleton en les séchant puis en les brossant. Les *filtres à éponges* sont beaucoup plus économiques ; on les confectionne en comprimant, dans une caisse cylindrique en zinc ou en tôle émaillée et à fond en toile métallique, des éponges de qualité inférieure ; on en tasse un certain nombre, à l'aide d'un châssis de toile métallique ou de pierres, de façon à avoir une couche de 10 à 15 centimètres de hauteur ; les éponges doivent être lavées fréquemment, tous les jours si possible ; leur nettoyage sefait d'ailleurs rapidement. Enfin, il y a des *filtres à toiles métalliques* où l'eau traverse simplement une succession de cadres

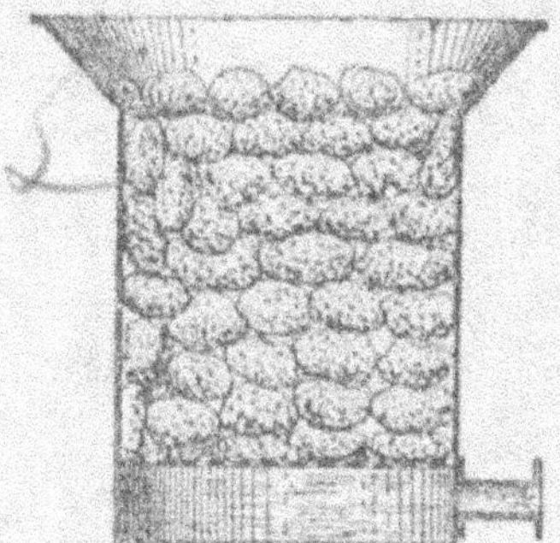

Fig. 97. — Filtre à éponges
non comprimées.

à toile métallique très serrée. Ces différents systèmes de filtres peuvent être combinés les uns avec les autres.

AÉRATION DE L'EAU. — Après la filtration, l'aération de l'eau s'impose, surtout s'il s'agit d'eau de source. On la fait tomber, en nappe mince, d'une certaine hauteur, afin de la mettre en contact avec l'air par une grande surface ; l'eau dissout ainsi facilement l'oxygène de l'air et ne devient vite saturée. Quelques chutes artificielles de 10 à 20 centimètres de hauteur rendent l'eau la moins aérée très propre à l'incubation. On réalise une oxygénation suffisante en faisant passer, à la sortie du filtre, l'eau dans un tamiseur constitué par exemple par une caisse en bois dont le fond est percé d'une multitude de trous ; elle tombe en pluie dans l'appareil d'éclosion situé au-dessous ; une pomme d'arrosoir remplit le même office.

## Incubation des Œufs.

*Transport des Œufs*. — Les œufs de Truite nouvellement fécondés peuvent être emballés et transportés à de grandes distances, mais seulement pendant les six jours qui suivent la fécondation ; à partir du sixième jour, ils traversent une phase de leur développement qui les expose à souffrir des moindres attouchements. Ils ne redeviennent transportables que lorsqu'on distingue, à travers la coque transparente de l'œuf, deux points noirs, qui sont les yeux de l'embryon : le jeune poisson est alors formé, et l'œuf, dit *embryonné*, peut être manipulé sans trop de danger. C'est généralement trois semaines après la fécondation que les œufs sont embryonnés et qu'on peut les expédier sans inconvénient.

Deux points essentiels sont à observer pour transporter les œufs sans compromettre leur existence : assurer leur respiration par un renouvellement d'air suffisant, et retarder leur éclosion en les maintenant à une basse température. Il n'est pas nécessaire de les maintenir dans l'eau, car ils se conservent assez longtemps dans l'*air humide*.

Pour de petits envois d'œufs à faible distance, il suffit d'une boîte plate ; on la garnit de mousseline humide et on y place une couche d'œufs, entourée de mousse d'eau humide. — Quand on expédie de grandes quantités d'œufs et que le voyage dure deux à trois jours, on se sert de cadres ou de châssis en bois léger, de 20 centimètres de côté et de 7 millimètres d'épaisseur, dont l'une des faces est tendue d'une pièce de flanelle, de molleton, de futaine (fil et coton) ou de mousseline

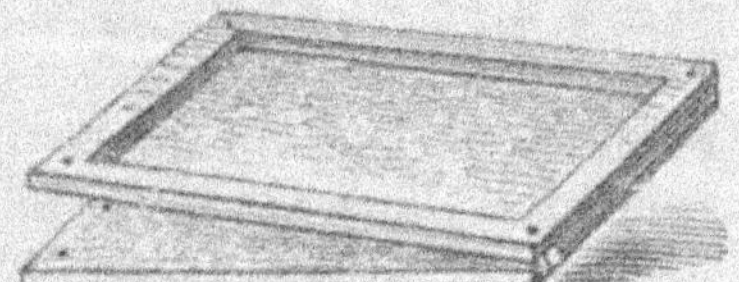

Fig. 98. — Cadres pour le transport des œufs.

(fig. 98) ; sur chaque cadre, on dispose une couche d'œufs, bien lavés au préalable, et l'on superpose autant de cadres qu'il est nécessaire, en plaçant ainsi chaque couche d'œufs entre deux morceaux de flanelle ; chaque cadre reçoit un millier d'œufs environ ; le tout est abondamment mouillé ; on ficelle la pile de cadres et on l'introduit dans une caisse destinée à isoler les

œufs des influences extérieures ; on rend cet isolement plus
complet et, en même temps, on empêche le ballottement en
remplissant l'espace réservé entre la caisse et les châssis avec
de la sciure de bois ou de la mousse sèche. A la rigueur, et
pour plus de précaution, on peut placer la caisse dans une
autre boîte plus grande. Une étiquette indique la nature de
l'envoi et l'expédition se fait par grande vitesse. — Si les œufs
ont à effectuer des voyages de longue durée, comme ceux d'A-
mérique en Europe, on a recours aux *armoires glacières* (fig. 99),

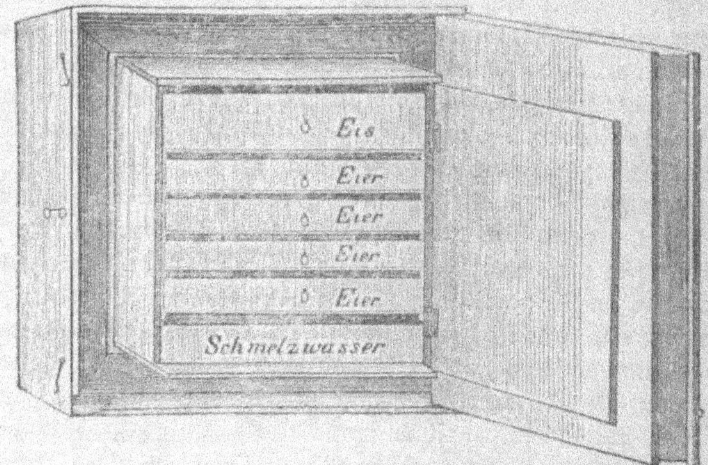


Fig. 99. — Appareil à glace pour retarder l'éclosion des œufs.

*Eis*, glace ; *Eier*, œufs ; *Schmelzwasser*, eau de fusion.

du type Malther ou Hoack ; l'appareil à glace de Malther est
une sorte de petite armoire en bois, à double paroi, ayant
60 centimètres de hauteur, 45 de largeur et 40 de profondeur ; elle présente une vingtaine de tiroirs, à fond en zinc
perforé recouvert de flanelle ; à la partie supérieure est un
récipient à fond également perforé destiné à recevoir des morceaux de glace ; à la partie inférieure un autre récipient à
fond plein reçoit l'eau de fusion de la glace, qui a filtré de
tiroir en tiroir après être tombée goutte à goutte sur les œufs.
Les œufs sont ainsi constamment maintenus à la température
de la glace fondante ; chaque jour, on change l'ordre de super-

position des tiroirs et on retire les œufs qui ont pu périr.

RÉCEPTION DES ŒUFS. — La boîte contenant les œufs est transportée, aussitôt son arrivée, dans la salle d'incubation, où sa température n'est exposée à aucune variation brusque. Les œufs doivent être amenés lentement à la température de l'eau des bacs où ils vont être immergés ; pour cela on peut arroser tout l'emballage avec cette eau jusqu'à égalisation de température, et on déballe ensuite en évitant soigneusement les chocs ; on peut aussi laisser les œufs déballés séjourner quelques heures dans la salle d'incubation. Avant de les immerger dans les bacs d'éclosion, il est prudent de les laver dans une cuvette. Puis, on les fait couler *doucement* des cadres sur les claies des bacs, où le courant est momentanément arrêté, et on les y range en une couche unique, à l'aide des barbes d'une plume ; si l'on désire compter les œufs reçus, on les verse d'abord dans une mesure en fer-blanc, ou sur un plateau en métal présentant des alvéoles pour recevoir les œufs.

*Installation des Œufs*. — Les œufs fécondés, obtenus par le pisciculteur lui-même à l'aide de reproducteurs, ou achetés à un établissement de pisciculture, sont installés dans les incubateurs. On les prend délicatement avec une cuiller et, à l'aide des barbes d'une plume, on les répartit uniformément, en une seule couche, sur les claies ou les toiles métalliques, en les espaçant le plus possible. Puis on règle le débit du courant d'eau ; il ne doit pas y avoir plus de 5 à 6 centimètres d'eau au-dessous de la claie et pas plus de 3 à 4 centimètres d'eau au-dessus des œufs, afin de rendre plus faciles les échanges gazeux de la respiration ; cette couche liquide sera d'autant plus faible que le renouvellement de l'eau sera moins rapide. On donne généralement, par 1000 œufs, un litre d'eau par minute ; selon la température et l'oxygénation de l'eau, on peut varier ce chiffre moyen et aller de un demi-litre au minimum à deux litres au maximum par minute. On recouvre les appareils d'incubation avec une planche ou, mieux, un couvercle ajusté ; les bacs doivent rester en effet dans une *obscurité complète* pendant tout le temps que dure l'incubation des œufs ; la vive lumière amène la mort des embryons et favorise le développement de champignons parasites ;

le laboratoire lui-même est maintenu dans une demi-obscurité.

La durée de l'incubation varie avec la température de l'eau. Les œufs évoluent d'autant plus vite que l'eau est plus chaude ; au contraire, les eaux très froides retardent considérablement le moment de l'éclosion. En prolongeant la durée de l'incubation par l'emploi d'eau à basse température, on obtient des produits plus vigoureux et dont l'éclosion a lieu à une époque où il est possible de se procurer une nourriture naturelle. Il y a donc avantage à se servir d'eau fraîche, sans toutefois rechercher une trop basse température ; il n'y a pas intérêt, selon nous, à prolonger l'incubation au delà de quatre-vingts à quatre-vingt-dix jours, résultat qui est réalisé avec une eau à 7 degrés environ ; quand en effet la température s'éloigne de cet optimum et descend jusqu'à 3 degrés, l'incubation dure environ cent trente jours, ce qui a l'inconvénient de ne pas laisser aux alevins un laps de temps suffisant pour acquérir un développement convenable avant l'arrivée des grandes chaleurs. La température de l'eau doit rester à peu près constante et subir le moins possible de variations ; les alevins obtenus n'en sont que plus robustes.

*Soins à donner aux Œufs*. — Les œufs mis en incubation ne peuvent rester abandonnés à eux-mêmes, ils doivent être l'objet de soins constants à cause de la mortalité qui sévit parmi eux et des maladies parasitaires auxquelles ils sont exposés. Deux fois par jour, le pisciculteur doit visiter les bacs, très minutieusement, tout *en allant aussi vite que possible* ; l'exposition, même momentanée à la lumière, trouble l'évolution de l'embryon et rend le triage des œufs morts une opération dangereuse ; il y aurait intérêt à laisser les œufs se développer dans un repos et une obscurité absolus, ainsi que l'a montré le Dr Hein, de Munich, car on obtiendrait ainsi des alevins beaucoup plus robustes, si l'on n'avait à craindre la contamination des œufs sains par les moisissures. Pour s'éclairer, le pisciculteur peut se servir, si nécessaire, d'une bougie ou d'une lampe Pigeon, mais il ne doit jamais avoir recours au gaz, qui dégage trop d'acide carbonique. Il examine l'état des œufs : les œufs sains sont d'un jaune ambré, les gâtés ou les morts se reconnaissent à leur couleur blanche et à leur opacité, qui succède à la transparence des œufs vivants ; en quelques heures, les œufs morts sont recouverts par un duvet blanchâtre, dû à de petits champignons parasites, sortes de moisissures, que les pisciculteurs désignent sous le nom de *mousse* ou de *byssus* ; les plus com-

muns et les plus redoutables de ces champignons microscopiques sont les Saprolégniées, qui s'attaquent aux œufs et aux alevins, vivants ou morts. Il importe de retirer immédiatement les œufs morts ou ma-

Fig. 100. — Pipette courbe.

lades pour éviter que les champignons ne se propagent aux œufs voisins et ne les fassent périr à leur tour ; on procède à cet enlèvement à l'aide d'une *pipette* en verre (fig. 100) ; la pipette employée en Écosse, à Howietown, est très simple et très

pratique (fig. 101) : elle est formée par un tube en verre du diamètre d'un œuf de Truite, légèrement évasé à l'une de ses extrémités et présentant à l'autre extrémité un élargissement en forme

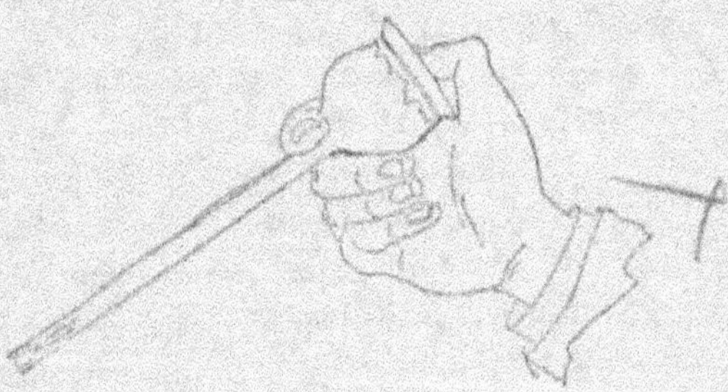

Fig. 101. — Pipette écossaise.

de demi-sphère, fermé par une membrane de caoutchouc ; on comprime avec le pouce la membrane de caoutchouc, on introduit le tube dans l'eau et on dirige l'extrémité évasée au-dessus de l'œuf à retirer ; en cessant d'appuyer sur le caoutchouc, on produit un certain vide dans le tube et l'œuf est aspiré. On retire ainsi très rapidement les œufs gâtés et sans toucher aux autres œufs.

Une personne est nécessaire pour surveiller l'incubation de 200000 œufs de Truite.

*Éclosion*. — On connaît l'époque de l'éclosion soit par expérience, soit par l'examen des œufs ; les embryons s'aperçoivent de mieux en mieux au travers des capsules, puis on les voit faire des efforts pour crever leur enveloppe. A cette période, il faut accroître le volume de l'eau dans les bacs et augmenter l'intensité du courant ; plus que jamais les embryons ont besoin de respirer activement.

Le poisson finit par crever la capsule de l'œuf, dont il sort presque toujours la queue la première ; parfois l'éclosion se fait de façon irrégulière : l'alevin ne peut arriver à percer l'enveloppe ou bien il sort la tête la première et ne parvient pas à se dégager. En élevant de deux à trois degrés la température de l'eau, on facilite et on active les éclosions, qui se font alors en quelques heures, au lieu de s'échelonner sur plusieurs jours.

Les alevins nouvellement éclos passent entre les baguettes ou les mailles des claies et tombent au fond des bacs. Les capsules des œufs, qui restent sur les claies, doivent être enlevées *immédiatement* à l'aide de la pipette ; en l'espace de vingt-quatre heures, quelle que soit l'intensité du courant, elles se décomposeraient en fines paillettes qui seraient attaquées par les saprolégniées et communiqueraient la maladie aux alevins ; c'est là la cause de la mortalité considérable qu'on constate souvent dès le premier jour.

Une incubation bien conduite donne une proportion d'éclosions de 90 p. 100. Quand les éclosions sont terminées et que les capsules sont enlevées, on retire les claies et on continue à augmenter progressivement le débit de l'eau jusqu'à la fin de l'alevinage ; le débit peut être porté finalement à trois litres par minute et par millier d'alevins. Les alevins deviendront d'autant plus vigoureux qu'ils se trouveront dans un courant plus fréquemment renouvelé et auront plus d'oxygène à leur disposition ; l'épaisseur de la couche liquide dans les bacs sera donc accrue et on dédoublera la population de chaque bac d'éclosion. — Les jeunes alevins, alourdis par leur vésicule vitelline, se traînent d'abord sur le fond des bacs ; ils cherchent à se cacher et fuient la lumière ; pendant toute la période de résorption de la vésicule, on continuera à tenir les bacs dans une obscurité complète.

## Alevinage.

*Résorption de la vésicule vitelline*. — Les alevins nouvellement éclos ne mangent pas encore ; ils vivent aux dépens
du contenu de leur *vésicule ombilicale*, sorte de gros sac qu'ils
portent sous le ventre et qu'ils résorbent peu à peu. Presque
immobiles, ils restent au fond des bacs, fuyant la lumière et
cherchant à se cacher. Cette période de résorption de la vésicule ne diffère pas, comme surveillance, de la période d'incubation ; les alevins n'ont pas besoin de soins spéciaux ; on les
laisse dans les bacs d'incubation, qu'on a transformés en bacs
d'alevinage par la suppression de la claie ou de la plaque de
tôle perforée qui supportait les œufs. Ces bacs, quand ils sont
assez spacieux, peuvent conserver les alevins jusqu'à leur
deuxième mois ; mais il y a intérêt, au moment où la vésicule
des alevins est résorbée, à dédoubler la population de chaque
bac, ou à la transporter entièrement dans des bacs de plus
grandes dimensions.

Les alevins de Truite gardent d'ordinaire leur vésicule pendant un mois environ, mais ils peuvent la conserver pendant
six semaines : ils la résorbent d'autant plus vite qu'ils vivent
dans une eau moins fraîche. La durée de cette première période
de l'alevinage dépend donc de la température de l'eau. Une
fois la vésicule résorbée, commence l'alevinage proprement
dit ; c'est la partie la plus délicate, la plus difficile de la
Pisciculture artificielle.

*Alimentation des Alevins*. — Tout d'abord, se pose la question de l'alimentation. A quel moment faut-il commencer à
nourrir les alevins ? Certains pisciculteurs attendent la résorption complète de la vésicule vitelline. *C'est une faute grave* ;
les alevins nourris seulement après la résorption restent ché-
tifs, se développent mal et succombent souvent ; au contraire,
ceux qui ont commencé à manger avant, sont vigoureux et s'accroissent rapidement. Quinze jours à trois semaines environ
après l'éclosion, les alevins quittent le fond des bacs et se
mettent à nager ; c'est le moment de leur donner un peu de
nourriture, sans attendre que la vésicule ait tout à fait disparu ;
il y a lieu de les nourrir à une époque d'autant plus rappro-

chée de la naissance qu'ils sont élevés dans une eau plus fraîche.

Ordinairement, on alimente les alevins vingt-cinq jours après leur naissance. La nourriture qui leur convient le mieux est la rate de bœuf ou de veau crue ou très cuite; on la racle puis on la pile de façon à en faire une bouillie qu'on passe à travers un petit tamis de toile métallique de dix fils au centimètre; la rate ainsi finement pulvérisée est versée dans les bacs, en petite quantité; il en faut, au début, à peine 50 grammes par jour pour 10 000 alevins : 150 000 alevins se contentent alors de deux rates de bœuf; on augmente insensiblement la proportion de nourriture; 10 000 alevins de cinq mois reçoivent une livre de nourriture par jour.

*Soins à donner aux Alevins*. — Les soins à donner aux alevins sont à peu près identiques à ceux que nous avons indiqués pour les œufs. Mais ils doivent être plus minutieux encore, car les maladies sont très à craindre pendant les trois ou quatre premiers mois de l'élevage. Le *débit de l'eau* doit être accru peu à peu et porté de 2 litres à 3 litres par minute pour un millier d'alevins; la même eau ne doit pas servir à plus de deux bacs. Les alevins ont besoin aussi de plus en plus d'espace; pour 3 000 alevins de un mois et demi, il faut un bac de 2 mètres de longueur sur 0$^m$50 de largeur et de hauteur; à l'âge de trois mois, un espace double leur est nécessaire. L'obscurité complète n'est plus de rigueur; une *demi-lumière* convient mieux aux jeunes alevins; on la leur procure en supprimant les couvercles sur la moitié seulement de la longueur des bacs; les refuges sont plus nuisibles qu'utiles. L'*alimentation* des alevins est chose capitale; nous renvoyons le lecteur, pour ce qui concerne cette importante et difficile question, au chapitre spécial sur l'alimentation des Salmonides; mais il importe de noter ici que la nourriture doit être distribuée *très régulièrement* aux alevins, au moins quatre fois par jour, et bien répartie dans toute l'étendue des bacs; l'alimentation défectueuse des alevins est la cause principale de leur mortalité.

Un mois environ après le début du nourrissement, les alevins sont particulièrement sujets aux épidémies. Pour prévenir la mortalité à laquelle ils sont exposés, par le fait surtout des saprolégniées, le pisciculteur doit entretenir les bacs dans un état de *propreté rigoureuse*. Une fois par jour au moins, il enlèvera soigneusement tous les débris de nourriture tombés au fond des bacs ; pour cela, la grande pipette que nous avons décrite plus haut, convient bien, mais on procède plus rapidement en se servant d'un simple tube de caoutchouc formant siphon ; il faut avoir soin d'éloigner les alevins de l'endroit où l'on retire les impuretés ; il suffit d'exposer cette partie à la lumière : les alevins se rassemblent toujours dans l'endroit du bac maintenu dans l'obscurité (à l'aide d'une planchette formant couvercle). Une fois par semaine au moins, les bacs seront soumis à un nettoyage total et à une *désinfection* complète ; à cet effet, on vide les bacs, après avoir autant que possible transporté les alevins dans un autre récipient ; on enlève à la brosse le dépôt gluant qui s'est formé sur les parois, puis on nettoie avec une éponge trempée dans une solution de permanganate de potasse à 1 p. 1000.

En cas d'épidémie, les nettoyages seront plus fréquents et les désinfections plus rigoureuses ; le *permanganate de potasse* est introduit alors, avec succès, dans les bacs remplis d'alevins : à doses faibles, il est inoffensif pour ceux-ci et détruit admirablement les germes de saprolégniées ; on l'emploie à raison de 5 milligrammes par litre d'eau. On obtient également de bons résultats avec le *sel* ; après avoir arrêté le courant, on verse dans le bac 25 grammes de sel de cuisine par litre d'eau et quelques instants après on rétablit le courant ; ce bain d'eau salée est très salutaire aux alevins et réalise une véritable désinfection. Il faut, en même temps, combattre la maladie en augmentant le débit de l'eau et en espaçant davantage les jeunes poissons ; tous les alevins malades, tous ceux qui sont suspects doivent être isolés immédiatement. Après l'épidémie, les bacs sont lavés avec une solution de permanganate à 10 milligrammes par litre d'eau, ainsi que les claies et tous les instruments du pisciculteur (pipettes, filtres, matières filtrantes, etc.). D'une façon générale, chaque fois qu'on emploie des bacs au début de la saison, il faut les désinfecter avec le permanganate en y laissant séjourner pendant plusieurs heures une solution à 10 milligrammes par litre.

***Triage des Alevins***. — Le développement des alevins provenant d'une même éclosion se fait de façon très inégale ; les alevins de même âge présentent souvent des différences de taille allant du simple au double. Il importe absolument de ne laisser ensemble que des alevins de dimensions semblables, sans quoi les plus gros, même s'ils sont bien nourris, dévoreraient infailliblement les plus petits. Le triage a également pour but d'éclaircir les rangs trop pressés des alevins et de donner à ceux-ci plus d'espace au fur et à mesure de leur croissance.

C'est vers le *cinquième mois* qu'il faut commencer à trier les alevins ; on procède à cette opération, assez délicate et assez longue, à l'aide d'un petit filet en tulle d'une faible profondeur. Pour aller rapidement, il est à conseiller de placer successivement les alevins recueillis avec ce filet dans une série de cages à mailles de plus en plus larges : les alevins de très petite taille s'échappent de la cage aux mailles les plus fines, les alevins de taille supérieure sont alors placés dans une cage à mailles plus larges, et ainsi de suite ; le triage se fait automatiquement, les alevins d'une taille déterminée pouvant seuls sortir d'une cage donnée. Les alevins demandent à être maniés avec précaution, car ils se blessent très facilement.

***Bacs flottants***. — Les soins à donner aux alevins sont bien simplifiés quand on se sert de bacs flottants, comme ceux utilisés par M. Raveret-Wattel à l'établissement du Nid-de-Verdier. Ce sont des caisses en bois de 0m70 de long sur 0m35 de large et 0m35 de haut ; les planches ont 23 millimètres d'épaisseur et sont vernies ou ripolinées ; le fond et les deux petits côtés sont en zinc perforé ou en toile métallique à maille d'un millimètre ; le couvercle, formé par un cadre en bois sur lequel est tendue une toile métallique, est fixé sur la caisse à l'aide de petits clous. Ces bacs sont placés dans un ruisseau où les alevins trouveront une abondante nourriture naturelle ; on les laisse flotter, en ayant soin de les fixer à un piquet. On y place les alevins quand ils mangent déjà depuis trois semaines ; on leur procure ainsi les avantages de la liberté sans leur en faire subir les inconvénients. Les bacs flottants offrent surtout la supériorité d'assurer, automatiquement, par la seule circulation des alevins, l'évacuation des débris de nourriture par les trous du fond; les chances de mortalité sont par suite très réduites, le pisciculteur s'évite des nettoyages longs et ennuyeux, et l'alevinage s'effectue dans les meilleures conditions.

## Élevage.

Vers l'âge de quatre mois, en juin, les jeunes alevins atteignent une longueur d'environ 5 centimètres. On les retire alors des bacs pour les placer dans des bassins plus spacieux; l'alevinage est terminé, l'élevage proprement dit commence. Nous avons déjà indiqué (Voy. p. 270 et 271) comment devaient être installés ces bassins spéciaux; ce sont, de préférence, des canaux en maçonnerie ou simplement creusés dans le sol, d'une profondeur de 0m80 à 1 mètre, larges de 2 à 3 mètres et longs de 12 à 15 mètres, pouvant recevoir 10000 alevins jusqu'à la fin de leur première année. Les jeunes alevins doivent être versés avec précaution dans ces bassins; des caisses flottantes, analogues aux bacs d'élevage flottants que nous avons décrits, sont précieuses pour ménager la transition entre les bacs d'éclosion et les bassins d'élevage: les alevins, recueillis dans les bacs, sont mis dans une caisse flottante, celle-ci est placée sur le bassin à peupler et, au bout de deux à trois jours, on l'incline de façon à la mettre librement en communication avec l'eau du bassin. Une fois dans le bassin les alevins continuent à recevoir une nourriture appropriée, que l'on distribue avec soin en procédant comme nous l'indiquons plus loin (p. 354); à l'âge de huit mois, on donne 500 grammes de nourriture par 1000 alevins. Les détritus de nourriture doivent être retirés des bassins, au début de l'élevage surtout, l'alevin étant encore très sensible aux maladies; de grandes pipettes en métal conviennent parfaitement pour ce nettoyage.

A la fin de leur première année, les truitelles (longueur : 10 à 15 centimètres, poids : 40 à 50 grammes) sont transférées dans des bassins ou des étangs de plus grandes dimensions, convenant à la production des Truites marchandes. Ces étangs, décrits précédemment (Voy. p. 271), ont 1m50 de profondeur et reçoivent de 2000 à 3000 alevins de 1 an par cent mètres carrés de surface; on y distribue, par millier de truitelles, 2 kilogrammes de nourriture par jour. Parvenues à cet âge, les Truites sont robustes, peu sujettes aux maladies et exigent moins de soins; leur mortalité est faible et l'élevage doit se terminer sans que les pertes dépassent 15 p. 100 des œufs mis en incubation.

Nous renvoyons à l'Élevage de la Truite en étang, traité dans la partie de cet ouvrage consacrée à la Pisciculture naturelle, pour tout ce qui concerne la production de la Truite marchande.

## PISCICULTURE ARTIFICIELLE DE DIVERS SALMONIDES

**Saumon.** — La pisciculture artificielle du Saumon est semblable à celle de la Truite. Les reproducteurs, pêchés à l'aide de filets fixes quatre ou cinq mois avant le frai, sont parqués dans des viviers ou dans des réservoirs flottants et nourris avec de petits poissons vivants. La fécondation, l'incubation et l'alevinage ne présentent rien de différent avec les opérations analogues décrites pour la Truite; la période de résorption de la vésicule dure en moyenne quarante jours. L'élevage exige des bassins de grandes dimensions et de préférence des étangs; pour 5000 saumoneaux, il faut un bassin de 30 mètres de long sur 5 mètres de large et 1 mètre de profondeur.

Les principaux établissements de France où l'on reproduit artificiellement le Saumon sont ceux du barrage de Bergerac (Dordogne) et de Peyrehorade (Basses-Pyrénées). L'établissement du barrage de Bergerac a été créé en 1886 par M. Geneste, fermier d'un canton de pêche de la Dordogne. Les Saumons, capturés au pied du barrage lors de leur montée annuelle, sont placés dans des bateaux-viviers amarrés en rivière, jusqu'à l'époque du frai. On commence les fécondations artificielles vers la fin de novembre; l'incubation dure en moyenne quatre-vingt-dix jours. Les alevins de Saumon sont d'abord nourris avec de la rate ou de la cervelle de veau, puis avec de la viande de cheval finement hachée et plus tard avec des alevins de Vandoise. On se procure ces alevins de la manière suivante : au moment où fraient les Vandoises, on capture quelques sujets adultes, on fait des fécondations artificielles et l'on place les œufs dans un petit bassin où ils incubent sans avoir besoin d'aucun soin ; deux à trois jours après, on a des milliers d'alevins qui forment une nourriture vivante très précieuse. Quand les jeunes Saumons sont ainsi habitués à chercher leur nourriture, ils sont mis en rivière.

L'établissement de Peyrehorade a été créé grâce à l'initiative de l'administration des Eaux et Forêts; en 1893, elle céda à M. Larran 73 kilomètres de pêche sur les Gaves de Pau et d'Oloron contre un fermage annuel de 10000 francs et l'engagement de construire à Peyrehorade un établissement de pisciculture d'une valeur de 100000 francs, avec obligation de déverser chaque année dans les Gaves 20000 alevins de Saumon et 30000 alevins d'Alose; ces déversements annuels ont enrayé la diminution du Saumon dans l'Adour et certainement empêché son anéantissement.

**Corégones** (FÉRA, LAVARET, etc.). — La fécondation des œufs de Corégones se fait comme celle des œufs de Truite; mais ces œufs sont délicats et il faut les manier avec de grandes précautions, éviter notamment de les laisser tomber de trop haut dans la cuve. On les met à incuber dans l'un des appareils que nous avons précédemment décrits : verres de Chase, de Donald ou de Zug. L'éclosion a lieu au bout de trente-cinq jours en moyenne. Les alevins sont recueillis dans des caisses en zinc où ils sont retenus par un fin treillis. Il est assez difficile de nourrir les alevins de Corégones; aussi les met-on généralement à l'eau avant qu'ils aient résorbé leur vésicule; cependant nous avons vu, à l'établissement de pisciculture du Pervou (Suisse), réussir l'élevage d'alevins de Palée (variété de Féra) grâce à une alimentation composée de petites proies vivantes : daphnies, larves de Corethra, puis crevettes d'eau douce. Le transport des alevins de Corégones demande plus de soins que celui des alevins de Truite; toute agitation leur doit être évitée en cours de route ; ceci impose l'obligation de remplir complètement le récipient ; le meilleur appareil à employer pour ce transport est celui imaginé par Muszinski : c'est une grande bonbonne en verre, protégée contre les variations de température par une chappe en bois doublée intérieurement de crin et de feutre, et dont le contenu est aéré par un tube de verre qui traverse le bouchon.

La pisciculture artificielle des Corégones se fait en France à l'établissement de Thonon et au laboratoire du lac d'Aiguebelette. Elle a permis d'introduire le Lavaret dans le lac d'Aiguebelette, le Lavaret et la Féra dans le réservoir de la Liez, et la Féra dans le réservoir des Settons.

**Omble-Chevalier**. — A l'établissement de pisciculture de Thonon, qui dépend de l'administration des Eaux et Forêts, M. l'inspecteur Crettiez a réussi la pisciculture artificielle de l'Omble-Chevalier. Les œufs sont récoltés sur les Ombles du lac Léman, au moment de la relève des filets ; on les féconde aussitôt par la méthode sèche, et on les porte à l'établissement de Thonon où on les met en incubation ; on obtient au plus 50 à 60 pour 100 d'œufs embryonnés. Pendant la période de résorption de la vésicule, les jeunes alevins sont très sujets à la maladie de l'hydropisie de la vésicule, qui en enlève parfois jusqu'à 60 p. 100 ; mais après la résorption, les alevins d'Omble-Chevalier sont aussi résistants que ceux de la Truite commune et leur élevage ne présente rien de particulier.

Grâce aux œufs embryonnés et aux alevins fournis depuis 1900 par l'établissement de Thonon, l'Omble-Chevalier a très notablement augmenté dans les lacs du Bourget et d'Annecy, où on le pêche couramment, ainsi que nous avons pu le constater. Il serait intéressant de propager ce poisson exquis dans ceux de nos lacs de montagne où il n'existe pas encore ; mais il serait inutile de chercher à l'acclimater en rivière, car il ne réussit bien que dans les parties profondes des lacs.


## PISCICULTURE ARTIFICIELLE DE L'ALOSE

Les pratiques de fécondation et d'incubation artificielles sont tout à fait indiquées pour l'Alose, car les œufs pondus dans les conditions naturelles n'arrivent à éclosion qu'en bien petit nombre (1 p. 1000 sans doute) : ils sont projetés, ainsi que la laitance, près de la surface de l'eau et tombent souvent dans un milieu défavorable ou bien deviennent la proie des poissons.

Les Aloses supportent mal la captivité, ce qui oblige à récolter les œufs et la laitance sur les poissons ramenés dans les filets des pêcheurs. La fécondation est effectuée immédiatement, suivant la méthode sèche usitée pour les œufs de Truite ; les œufs sont ensuite laissés dans un repos absolu pendant quelques heures, puis placés dans les appareils d'incubation qui sont des appareils de Mac Donald ou des verres analogues aux verres de Zug employés pour l'incubation des œufs de Corégones. Les œufs d'Alose sont très rustiques et arrivent à éclosion dans la proportion de 95 sur 100. Les alevins sont mis en liberté après l'éclosion ; ils sont déversés en plein courant, au milieu même des cours d'eau.

Aux États-Unis, où l'*Alosa sapatissima*, espèce voisine de la nôtre, était en voie de disparition, la fécondation et l'incubation artificielles ont donné des résultats remarquables : les déversements d'alevins, — dont le prix de revient annuel est de 100000 francs — ont augmenté, en sept années, le produit de la pêche de l'Alose d'une valeur de 2 millions de francs. On a même réussi à acclimater cette Alose dans les cours d'eau tributaires de l'Océan Pacifique, qu'elle n'avait jamais fréquenté et elle s'est multipliée en Californie à ce point qu'on la vend couramment aujourd'hui sur le marché de San-Francisco.

En France, des tentatives analogues ont été faites, à partir de 1888, par M. P. Vincent, à la station de pisciculture de Saint-Pierre-lès-Elbeuf (Seine-Inf⁽ʳᵉ⁾). M. Vincent a déversé, pendant plusieurs années, 4 à 5 millions d'alevins d'Alose dans la Seine, ce qui a eu pour effet d'accroître notablement le rendement de la pêche de ce poisson. M. Vincent estimait qu'avec une dépense de première mise de 6 000 francs environ, on pouvait parfaitement établir une station de production d'alevins d'Alose ; en dehors des frais de premier établissement, cette production est très économique, car, en opérant sur une quantité assez importante, le prix de revient d'un millier d'alevins versés en rivière peut arriver à ne pas dépasser 15 à

20 francs. Il y aurait donc lieu de reprendre les essais de M. Vincent et de s'efforcer de rendre à nos cours d'eau leur ancienne richesse en Aloses.

## PISCICULTURE ARTIFICIELLE DU BROCHET

Il est facile de se procurer des Brochetons en pratiquant la fécondation artificielle. Celle-ci se pratique comme pour la Truite, mais nécessite trois opérateurs à cause de la force considérable du Brochet; les morsures doivent être soigneusement évitées. La température de l'eau doit être de 8 à 9°. L'incubation des œufs — qui sont libres — peut se faire comme celle des œufs de Truite. Leur éclosion a lieu au bout d'une quinzaine de jours. On peut aussi mettre les œufs à incuber sur une caisse flottante dans un vivier ou un réservoir ; on dépose en outre dans ce réservoir des œufs de petits poissons blancs, de Vandoise notamment, pris en rivière sur des frayères, en ayant la précaution de les placer dans des caisses flottantes. Les alevins de Brochet auront ainsi de la nourriture en quantité suffisante; à huit mois ils atteindront 0<sup>m</sup>20 à 0<sup>m</sup>25. — La pisciculture artificielle du Brochet n'a en vue que l'élevage en étang et non le peuplement des cours d'eau qui n'ont nullement besoin de ce carnassier.

## PISCICULTURE ARTIFICIELLE DU BARBEAU

Pour repeupler la Moselle en Barbeaux, à la suite de l'épidémie dont nous avons parlé (p. 79 et 463), on a eu recours à la pisciculture artificielle. Les résultats obtenus par M. Doudoux, conducteur des Ponts et Chaussées, sont très satisfaisants.

Les Barbeaux conservés en captivité donnent rarement des œufs. Il faut capturer les reproducteurs sur les frayères et féconder les œufs sur place ; œufs et laitance doivent être projetés en même temps. L'incubation se fait comme celle des œufs de Truite. Les alevins sont élevés dans des bassins où l'eau ne dépasse pas 18° en été ; ils sont nourris avec de la rate ou des vers de vase et mis en rivière en novembre. Les jeunes Barbeaux obtenus peuvent aussi être élevés dans des étangs à fond de sable ou de gravier.

# ALIMENTATION DES SALMONIDES

## Nourriture naturelle.

Un peu avant la résorption de la vésicule ombilicale des alevins de Salmonides, le pisciculteur est dans l'obligation de leur fournir de la nourriture. Celle qui se rapproche le plus de la nourriture naturelle de ces poissons doit être préférée, surtout pour les jeunes ; elle consiste en proies vivantes diverses, notamment en petits crustacés tels que daphnies, cyclops, etc.

La grosse difficulté est de produire une quantité suffisante de ces êtres minuscules et de les obtenir en temps opportun ; on peut, il est vrai, leur substituer d'autres proies vivantes. Nous examinerons donc les différents procédés qui s'offrent au pisciculteur pour fabriquer à volonté la nourriture vivante qui convient le mieux aux jeunes Salmonides.

*Production des Daphnies*. — Procédé Rivoiron : M. Rivoiron, autrefois pisciculteur à Servagette (Isère), préconise pour l'obtention des Daphnies (1) la méthode suivante : il creuse dans un pré, sur le bord d'un ruisseau, plusieurs bassins ayant 10 à 12 mètres de longueur sur 2 mètres de largeur et 1<sup>m</sup>50 de profondeur ; ces réservoirs sont dirigés du nord au sud. Ils sont remplis d'eau de pluie ou de rivière et, dans leur partie nord, on place, dans les premiers jours de mars, un mètre cube de fumier frais ; il est bon d'y ajouter des débris végétaux (feuilles mortes, foin à demi desséché, etc.), qui favorisent la pullulation des infusoires dont se nourrissent les Daphnies. On agite l'eau chaque jour, jusqu'au moment où elle prend, sans se corrompre, une teinte légèrement bistrée. Au commencement d'avril, a lieu l'ensemencement : M. Rivoiron recueille de la vase dans les mares où les Daphnies étaient nombreuses à l'automne précédent et la dépose dans les bassins, ou bien il y introduit simplement quelques Daphnies. Si la température de l'eau est seulement de 13°, on voit « les puces d'eau » se multiplier

_______________

(1) Voir sur les Daphnies ou puces d'eau, p. 419 (Faune aquatique).

avec une extrême rapidité. Il suffit d'entretenir le niveau de l'eau dans les bassins, en compensant l'évaporation. On récolte de fin avril à fin septembre, en promenant à la surface de l'eau un tamis de crin, sans secouer ni agiter ; on lave sous un filet d'eau claire pour débarrasser les Daphnies de l'odeur désagréable qui les imprègne. Pendant l'hiver, les Daphnies se réfugient au fond du bassin ; il faut alors éviter d'agiter l'eau.

Procédé Lefebvre : On confectionne un véritable bouillon de culture avec de la bouse de vache, de la colombine (fiente de volailles et de pigeons) et de l'eau ; ce bouillon est tamisé dans des tonneaux placés dans une serre chauffée ; on ensemence et, dès le mois d'avril, on obtient une abondante quantité de Daphnies et de Cyclops.

Procédé Feldbacher : M. Feldbacher, pisciculteur à Payerbach (Basse-Autriche), produit les Daphnies dans des fossés de 4 à 6 mètres de long sur 1 à 3 mètres de large et 50 à 75 centimètres de profondeur ; si les parois de ces fossés ne sont pas suffisamment étanches, il faut les cimenter, puis en garnir le fond d'une couche de terre d'une vingtaine de centimètres d'épaisseur. Remplis au printemps avec de l'eau de pluie ou de rivière, ces fossés sont garnis de fumier d'étable additionné d'un peu de colombine, puis ensemencés en Daphnies. Six de ces fossés peuvent assurer l'alimentation de 40 000 alevins de Truite d'avril à septembre, d'une façon très économique.

M. Perdrizet, inspecteur des Eaux et Forêts, recommande d'alimenter les Daphnies, dans les bassins où on les produit, avec du sang cuit et râpé ; on a ainsi obtenu à l'établissement de Thonon une pullulation remarquable de ces petits crustacés, à un moment où leur reproduction s'arrêtait et où ils menaçaient de disparaître. Il suffit de faire une distribution par semaine, à raison de 3 à 4 litres de sang cuit et râpé pour six bassins d'une capacité de 36 mètres cubes environ.

La production des petits crustacés peut encore se faire dans les bassins mêmes où vivent les Truites ou dans des petits bassins qui communiquent directement avec les bassins d'élevage.

***Production des Crevettes d'eau douce***. — Procédé
Sauvadon : La Crevette d'eau douce (Voy. p. 417) constitue
une excellente nourriture pour les alevins de Salmonides. On
l'élève dans un fossé large de 1 mètre, profond de 1 mètre
et de longueur variable, dont les deux côtés sont garnis en
pierre sèche sur une hauteur de 70 centimètres ; on peut ne
monter en pierre que le côté exposé au midi ; il faut laisser,
autant que possible, des cavités entre les pierres. Cette sorte
de ruisseau est rempli d'eau de rivière, traversée par un léger
courant ; il est bordé de chaque côté par deux talus, que l'on
plante en cresson ; puis on ensemence avec des Crevettes,
auxquelles les racines du cresson servent d'abri et de frayères ;
ces petits crustacés ne tardent pas à pulluler. On peut également produire des Crevettes d'eau douce en immergeant, dans
une faible profondeur d'eau, des caisses plantées d'herbes
aquatiques ou de mousse.

***Larves et nymphes d'Insectes***. — Les Salmonides, ainsi
d'ailleurs que toutes les autres espèces de poissons, même
celles dites herbivores, sont avides de larves d'insectes. Les
larves de mouches conviennent notamment très bien aux
jeunes Truites ; aux États-Unis, à l'établissement de Craig-
Brook (Maine), on a reconnu par expérience qu'il était plus
avantageux de nourrir les truitelles avec les larves fournies
par un poids donné de viande qu'avec cette même quantité de
viande hachée. Il y a donc tout intérêt à employer une nourriture si favorable, que l'on peut d'ailleurs obtenir facilement
et économiquement. Tous les déchets de viande crue sont
utilisables : tripailles, mou, foie de bœuf ou de veau, têtes de
bœuf, de veau ou de mouton, etc. ; disposés dans certaines
conditions, ils ne tardent pas à attirer diverses espèces de
mouches qui viennent y pondre leurs œufs ; la Mouche bleue
de la viande (*Calliphora vomitoria*), la Mouche verte ou dorée
(*Lucilia Cæsar*) et la Mouche carnivore (*Sarcophaga carnaria*)
sont celles qui contribuent le plus à fournir ces larves, vulgairement appelées *asticots*, qui servent aussi comme appâts pour
la pêche et pour la nourriture de certains oiseaux (faisans).

La façon la plus élémentaire d'obtenir des asticots, consiste
à disposer dans une petite fosse une couche de débris de

viande de 20 à 25 centimètres d'épaisseur, que l'on recouvre d'un peu de paille, car les mouches recherchent l'ombre pour pondre et leurs larves ne se développent bien qu'à l'obscurité. Mais il est d'autres *verminières* mieux comprises et mieux appropriées à l'alimentation des poissons. Ainsi, dans les étangs, on peut installer une potence, solidement plantée dans le fond, qui supporte un tonneau défoncé par le bas et plongeant en partie dans l'eau ; ce tonneau recouvre à la façon d'une cloche une corbeille en treillis de fil de fer galvanisé où sont placés les déchets de viande ; il est percé de nombreux trous d'un centimètre de diamètre pour l'accès des mouches, et il est attaché par son fond à une corde qui passe sur une poulie fixée à la potence, ce qui permet de le soulever ou de l'abaisser pour renouveler le contenu de la corbeille. Dans les bassins des établissements de pisciculture, on peut simplement fixer après une des rives de chaque bassin, une caisse sans fond, en zinc ou en tôle, plongeant de 5 centimètres dans l'eau à sa partie inférieure et à l'intérieur de laquelle une claie en toile métallique, à mailles larges d'au moins 5 millimètres, supporte de la viande ; cette caisse est munie d'un couvercle et percée de plusieurs ouvertures. Dans ces deux types d'installation, les larves tombent d'elles-mêmes à l'eau, à travers les mailles de la toile métallique, quand elles ont achevé leur développement ; les truites les guettent et les dévorent au fur et à mesure de leur chute.

Fig. 102. — Verminière.

Les *verminières* (fig. 102) employées pour la production des asticots destinés aux faisans peuvent très bien convenir en pisciculture. Elles doivent produire une quantité de larves assez grande pour que l'on puisse en faire une distribution journalière. Elles consistent en un abri en bois, sorte de placard extérieur, qui contient trois ou quatre grands casiers superposés dont le fond est en toile métallique à larges mailles ; le tiroir supérieur reçoit la viande sur laquelle les mouches pondront ; les tiroirs situés au-dessous sont garnis de son ; quand les larves ont achevé leur accroissement, elles se laissent tomber successivement de tiroir en tiroir, s'y nettoient et sont arrêtées finalement par le tiroir inférieur dont le fond est une plaque de zinc. Pour les très jeunes alevins, les asticots ainsi obtenus sont trop gros. Mais il est possible de recueillir ceux-ci avant qu'ils soient arrivés à leur entier développement ; M. Raveret-Wattel conseille, pour se procurer de tout petits asticots, d'imbiber fortement de sang d'abattoir complètement caillé de grosses éponges à grands trous ; les mouches viennent déposer leurs œufs surtout dans ces grands trous et il suffit, pour recueillir les petits asticots qui viennent d'éclore, de laver les éponges dans un seau d'eau. On a de la sorte, depuis mai jusqu'à la fin d'octobre, des larves de mouches en quantité.

D'autres diptères, dont les larves sont aquatiques, peuvent également contribuer, bien que dans une assez faible mesure, à l'alimentation des alevins. De simples trous, bien exposés aux rayons solaires, permettent d'avoir des milliers de larves pendant la saison chaude ; leur profondeur ne doit pas dépasser 0ᵐ50 ; ils doivent être remplis de paille arrosée de purin et disposée de telle sorte qu'une partie émerge de l'eau. Les larves du Cousin piquant (*Culex pipiens*) conviennent admirablement aux jeunes Salmonides ; pour en obtenir, il suffit d'exposer au soleil des baquets pleins d'eau. Les larves du Chironome plumeux, bien connues des pêcheurs sous les noms de *vers rouges* ou *vers de vase*, sont de même utilisables. Citons aussi les *Corethra*, diptères voisins des précédents, dont nous avons vu employer les larves à l'établissement de pisciculture du Pervou près Neuchâtel (Suisse). Les larves de Fourmis sont également utilisables ; finement moulues, elles conviennent fort bien aux alevins.

*Frai et alevins de poissons et de grenouilles*. — Aux alevins de deuxième et troisième âges, on peut donner des œufs de divers poissons, particulièrement de petits Cyprinides (gardons, etc.), que l'on se procure aisément et à très bon compte. Il est également facile d'avoir des grenouilles au moment de leur reproduction ; on les conserve dans des bacs où elles fournissent des œufs en quantité ; on peut même faire éclore les œufs pour avoir des têtards, mais ceux-ci sont peu recherchés des Truites. Il n'en est pas de même des jeunes alevins de Cyprinides : feuilles de carpe, de tanche, de gardon, etc., ou jeunes vairons, goujons, ablettes, etc., qui constituent une nourriture excellente et très estimée des Salmonides adultes ; on les obtient sans aucune difficulté dans des bassins spéciaux ou dans de petits ruisseaux en y disposant des frayères. Le Goujon et le Vairon conviennent très bien à la Truite ; on les trouve dans le commerce à des prix abordables (10 à 15 francs le cent), ce qui permet de les multiplier aisément en un endroit donné ; on les nourrit artificiellement avec du sang caillé. La Vandoise peut être aussi utilisée dans le même but ; ses nombreux alevins fournissent une excellente nourriture aux jeunes Truites et Saumons.

**Avantages et inconvénients de la nourriture naturelle**. — La nourriture par le vif est celle qui convient le mieux à l'alevin ; daphnies, cyclops, crevettes d'eau douce, asticots, vers rouges, sont la nourriture préférée des jeunes Salmonides, celle qui leur profite le mieux et qui leur fait acquérir le développement le plus rapide. C'est à elle qu'il faudrait toujours avoir recours, s'il était possible de triompher de difficultés qui rendent souvent son emploi peu pratique. D'abord, on se heurte à l'impossibilité d'obtenir ces petites proies vivantes avant le début du printemps, dès février, au moment où il importe de commencer à alimenter les jeunes alevins de Truite. Ensuite, leur production est subordonnée aux circonstances climatériques et atmosphériques : un abaissement de température peut amener dans leur effectif une réduction importante, ce qui contraint à substituer brusquement, sans transition, à la nourriture naturelle une alimentation artificielle, alors mal acceptée des jeunes poissons. Enfin, s'il est relativement facile de produire de la nourriture vivante pour un petit nombre d'alevins, la question se complique quand il s'agit de pourvoir à la subsistance d'une grande quantité de poissons ; un élevage intensif, comme celui pratiqué dans les grands établissements de pisciculture, oblige à avoir recours à une alimentation artificielle.

## Nourriture artificielle.

La question de la nourriture artificielle est capitale pour les établissements producteurs de Salmonides. Il importe, en effet, de pouvoir se procurer à bas prix une nourriture de bonne qualité, ce qui dépend des ressources du pays ou des facilités de communications. Dans tous les cas, le prix de revient de la nourriture artificielle ne doit pas dépasser 0 fr. 15 la livre ; il y a là une difficulté souvent insurmontable.

Les jeunes alevins de Salmonides acceptent très facilement et s'accommodent fort bien d'une nourriture artificielle ; encore faut-il qu'elle soit parfaitement appropriée à leur jeune âge et à la délicatesse de leurs organes digestifs. Celle qui convient le mieux est la *rate* de bœuf, de veau ou de cheval, donnée crue et réduite en pulpe fine, car toujours la nourriture artificielle doit être très divisée ; au moment du repas, on coupe la rate en plusieurs tranches et on racle la surface de chaque tranche avec un couteau un peu émoussé, avec une lame non tranchante ou avec une truelle à plâtre ; on obtient facilement une pulpe rouge, sanguinolente, qui se divise dans l'eau en fines parcelles et que les plus petits alevins saisissent aisément ; le résidu du pulpage est distribué aux Truites adultes. On peut aussi, pour aller plus vite, défibrer grossièrement la rate avec un couteau, la broyer finement dans un hachoir américain, puis passer la pulpe au tamis.

Le *foie* de bœuf, de veau, de mouton ou de porc est de même un excellent aliment pour les jeunes alevins, dont il active la croissance ; mais son prix est plus élevé que celui de la rate. Dans plusieurs établissements piscicoles des États-Unis, on nourrit uniquement les alevins de Truite avec une pâtée composée de foie de bœuf ou de mouton, très frais, d'abord haché, puis pétri avec du remoulage; on emploie également le foie de porc en mélange avec de la rate; on passe le mélange au hache-viande et on le tamise à travers une passoire à trous très fins; on peut ensuite en extraire encore les particules les plus ténues en mettant cette pulpe à décanter avec de l'eau : les parcelles légères flottent et l'on donne aux alevins le liquide nutritif ainsi obtenu. La *cervelle* de mouton tamisée constitue une assez bonne nourriture pour les jeunes alevins, mais son prix doit la faire écarter.

Vient ensuite le *sang*, qu'on se procure à bon compte aux abattoirs. Le sang cru convient mieux aux jeunes alevins que le sang cuit; il suffit de le défibriner partiellement en le battant au moment où l'on vient de le recueillir; le caillot obtenu ensuite par la coagulation du sang est peu consistant et se tamise bien. On peut aussi préparer une pâtée avec 2 parties de sang et 1 partie de farine de seigle. Le sang cuit a l'avantage de pouvoir être conservé plusieurs jours; on l'obtient par une cuisson d'une demi-heure au bain-marie, en ajoutant environ 3 grammes de sel par litre de sang; on passe ce sang cuit au travers d'une passoire et l'on a un petit vermicelle très facile à absorber. M. le Dr Würtz a eu l'idée de préparer des *conserves de sang*, avec du sang de cheval, défibriné, stérilisé à 120° et mis dans des boîtes de conserves soudées, exactement comme des conserves alimentaires; on a ainsi à sa disposition une réserve de vivres; il suffit d'écraser le contenu d'une boîte sur une passoire fine; les alevins se jettent avidement sur les minces fils de sang coagulé ainsi obtenus. Le *lait caillé* est bien accepté par les alevins; mais il n'est pas sans inconvénients, à cause des fermentations qu'il détermine.

Quand les alevins ont un peu plus de deux mois, on s'adresse à la *viande* crue, que l'on réduit en pulpe. La viande de cheval doit être préférée, à cause de son prix peu élevé; elle s'achète chez les équarrisseurs, à raison de 0 fr. 15 le kilo; notons cependant qu'on l'a accusée de donner un mauvais goût à la chair du poisson. Cette viande doit être très fraîche; elle est finement pulpée si elle est destinée aux alevins proprement dits, passée seulement au hachoir américain (fig. 103) quand elle est distribuée aux truitelles. Dans le cas où la viande de cheval aurait été salée dans un but de conservation, il faudrait avoir soin de la dessaler avant de la donner aux Truites. Les *déchets de boucherie* peuvent remplacer la viande dans l'alimentation des alevins de six mois, à la condition qu'ils proviennent d'animaux sains ; on les fait cuire et on passe au hachoir.

Aux truitelles et aux Truites adultes, on donne aussi la *farine ou poudre de viande*, que l'on fabrique aux États-Unis avec les résidus de la fabrication de l'extrait de viande Liebig ; elle se vend 30 francs les 100 kilos. Ce produit est

Fig. 103. — Hachoir américain.

donc économique ; il se conserve bien, mais est peu nutritif et peut déterminer de l'entérite (1). Pour l'employer, il faut le mélanger avec de la mouture de blé (remoulage) ou de la farine de seigle et l'imbiber de sang d'abattoir, de façon à obtenir une sorte de pâtée ; on mélange intimement 2 parties de poudre de viande, 1 partie de farine, 1 partie de sang, on ajoute un peu d'eau et on fait cuire à petit feu, pendant une journée. M. Raveret-Wattel recommande de faire tremper la farine de viande pendant vingt-quatre heures dans du sang d'abattoir fortement salé, d'ajouter à la farine ainsi imbibée de sang deux fois son volume de remoulage et de pétrir le tout dans un grand récipient ; cette pâtée revient à 0 fr. 15 le kilo. On additionne donc ici, à l'alimentation animale, une notable proportion de farineux ; on peut également y ajouter des féculents (pommes de terre) ; ces mélanges, très économiques, n'ont pas toujours donné de bons résultats ; on a pu cependant

(1) La farine de viande est parfois falsifiée : elle est mélangée de sable.

introduire ces aliments végétaux dans la nourriture des alevins de Salmonides sans leur porter aucun préjudice ; ainsi, en Amérique, le mélange de féculents et de viande fraîche a bien réussi. Notons encore que les truitelles acceptent bien le *spratt* ou biscuit pour chiens.

A l'alimentation à la viande fraîche, il faut préférer, quand la chose est possible, celle à base de chair de poisson. Le *poisson de mer frais*, qu'il est souvent facile de se procurer, vient au premier rang et constitue une nourriture très saine pour les truitelles de plus de quatre mois et les Truites adultes ; le Colin du marché parisien convient parfaitement : on le cuit à l'eau, on le débarrasse des plus grosses arêtes et on l'additionne d'une proportion convenable de sang d'abattoir également cuit ; le mélange est passé dans un hachoir à filière d'où il sort sous forme d'un gros vermicelle rouge. A l'établissement de Marxzell (duché de Bade), on en donne 5 kilos par jour pour 100 kilos de poisson vif ; cette dose est diminuée pendant l'hiver. Les œufs de poissons de mer (*rogue*) sont aussi une excellente nourriture ; sur les marchés des grandes villes, on se procure à bon compte de grandes quantités d'œufs de Colin ; ces œufs minuscules sont très facilement happés par les petits alevins. Les déchets de poissons sont également utilisables.

Le poisson frais peut être remplacé par de la *farine de poisson*. Mais ce produit laisse souvent à désirer et mérite les mêmes reproches que la farine de viande ; une bonne farine se reconnaît à son aspect clair et à son odeur franche ; les farines inférieures ont une coloration noirâtre et une odeur aigre. M. Jaffé conseille de soumettre la farine de poisson à la cuisson, d'y ajouter de la farine végétale et 5 à 10 p. 100 de mélasse verte. A Huningue, les Truites adultes reçoivent une pâtée faite de 2 parties de farine de poisson et de 1 partie de farine ordinaire ; cette pâtée assez consistante est préparée à l'eau chaude. On peut utiliser le *tourteau de hareng*, que préparent plusieurs usines de nos côtes de l'Ouest, avec les résidus de la fabrication de l'huile de hareng ; ce tourteau se pulvérise assez facilement et la farine obtenue s'emploie, comme la poudre de viande, en mélange avec du sang et du remoulage; la pâte obtenue est triturée au hache-viande et donne une sorte de gros vermicelle rougeâtre, très bien accepté des Truites; il est utile de faire dessaler la farine de tourteau dans un peu d'eau pendant au moins vingt-quatre heures avant de préparer la pâte. Le *hareng salé* de Norvège, passé au hachoir, puis dessalé, convient bien aussi aux Truites.

La chair de *grenouille*, finement hachée, peut s'employer comme la poudre de viande. Les *escargots* ne doivent pas être dédaignés : on les échaude pour les retirer de leur coquille et on les passe au hache-viande. Il en est de même des *vers de terre*, qui constituent une ressource précieuse et une excellente nourriture pour les Truites; pour les obtenir en grand, M. Roule recommande le procédé suivant : on creuse un long fossé, de 0^m50 de profondeur sur autant de largeur, et on le divise par des cloisons transversales en planches, en un grand nombre de compartiments, qui doivent être alternativement pleins et vides; on remplit une sur deux de ces sections avec du terreau mélangé de bois pourri, qu'on accumule de façon à former un tas dépassant de 0^m50 en hauteur les bords du fossé; puis on ensemence le tas avec quelques vers de terre. Au bout de quelques semaines, on récolte les vers, qui se sont multipliés, en démolissant le tas de terreau dont on verse les matériaux dans le compartiment vide contigu; et ainsi de suite. Chaque tas doit être protégé contre le soleil; à cet effet, on le recouvre de paille pourrie et de feuilles mortes, chargées de grosses pierres. Il suffit d'arroser les tas de temps à autre, par temps sec.

Tels sont les principaux aliments artificiels qu'on utilise, dans les établissements de pisciculture, pour l'élevage en bassin des Salmonides. Ils ne sont pas toujours sans présenter d'inconvénients, surtout en ce qui concerne les Truites adultes, pour lesquelles la nourriture naturelle est en partie indispensable; les produits de conserve doivent être écartés, dans la mesure du possible, ou n'être donnés qu'en mélanges, par intervalles et non d'une façon continue, car à la longue ils déterminent fréquemment des mortalités considérables; la chair fraîche de poissons ou d'animaux de boucherie leur est bien préférable. C'est surtout pour les sujets reproducteurs que la nourriture doit être de premier choix ; les aliments conservés sont contraires à leur bon développement ; on a même constaté que la viande de cheval entraîne souvent l'altération des organes génitaux ; ce fait tient peut-être autant à la trop grande quantité de la nourriture qu'à sa nature même ; si les reproducteurs mâles et femelles demandent à être copieusement nourris, afin de donner naissance à des alevins vigoureux, leur alimentation ne doit jamais devenir excessive au point de les amener à l'état d'engraissement ; la suralimentation produit des troubles divers, dus au surmenage des organes digestifs, qui se traduisent entre autres, chez les reproducteurs, par une stérilité absolue ou par la production d'œufs dégénérés, incapables de se développer. Aussi, est-il bon, dans les trois mois qui précèdent la ponte, de restreindre la quantité de nourriture artificielle distribuée aux reproducteurs captifs, à seule fin de parer à un engraissement excessif et à l'atrophie des organes génitaux ; durant cette période, un seul repas par jour est amplement suffisant ; mais il y a, pensons-nous, quelque exagération à supprimer complètement toute nourriture, comme on le fait dans certains établissements.

### Distribution de la Nourriture.

Pour les jeunes alevins, âgés de moins de trois mois, on délaie la pulpe de rate dans un peu d'eau et on fait tomber dans les bacs cette bouillie liquide à travers une passoire à trous très fins. Quand l'alevin commence à chercher sa nourriture, et qu'il a été transporté des bacs d'éclosion dans les bassins d'élevage, on met la pulpe de rate dans de petites soucoupes que l'on place sur le fond des bacs d'élevage ; on se sert aussi de plateaux, analogues à des plateaux de balance, qu'une tige verticale terminée en crochet permet d'immerger à des hauteurs différentes. A l'établissement de Marxzell (Grand Duché de Bade), on emploie, dit M. Cligny, un dispositif très ingénieux, qui consiste à empâter de pulpe de rate les deux faces d'une toile métallique ; cette toile est suspendue verticalement dans l'eau à l'aide d'une baguette plantée dans la

berge et d'une ficelle ; la nourriture se trouve ainsi dans la
position la plus favorable pour être saisie commodement par
les alevins ; ils ne peuvent se gêner mutuellement et les
plus faibles peuvent manger à discrétion ; pas une parcelle
de nourriture n'est perdue ou contaminée : le fond du bassin
ne reçoit pas de déchets ; enfin, l'on peut suivre heure par
heure et régler en conséquence l'alimentation du poisson.

La nourriture artificielle se distribue aux adultes deux fois
par jour, le matin et le soir, moments où les Salmonides se
nourrissent de préférence.

## UN ÉTABLISSEMENT DE PISCICULTURE INDUSTRIELLE

Parmi les principaux établissements de pisciculture de
France, nous nous bornerons à en décrire un seul, pris comme
type d'établissement industriel, celui de Bessemont, près
Villers-Cotterets (Aisne), qui appartient à M. le marquis A. de
Marcillac.

Les premiers essais de pisciculture faits à Bessemont remontent à 1889. On commença par expérimenter dans les étangs
du domaine diverses espèces de Salmonides : la *Truite arc-en-
ciel* se montra supérieure à toutes les autres pour l'élevage
intensif en eaux fermées, qui lui convient à merveille ;
ses alevins, nourris avec de la rate de veau ou de bœuf
et de la viande de cheval, croissent avec une grande rapidité et supportent, en été, des chaleurs de 24° C. ; de plus,
la Truite arc-en-ciel supporte bien le transport. Aussi, l'établissement de Bessemont s'est-il consacré exclusivement à
l'élevage de ce Salmonide.

Cette exploitation piscicole s'est développée très rapidement.
Elle comprend aujourd'hui : la propriété de Bessemont ;
deux succursales aux environs de Reims pour l'alevinage,
l'une à Fismes, l'autre à Saint-Gilles ; et trois grands étangs
d'élevage à Courville, près Fismes (Marne). Cette division met
l'établissement piscicole de Bessemont à l'abri de tout accident
ou épidémie pouvant compromettre toute la production d'une
année.

A Bessemont, existent cinq étangs destinés à l'entretien

des reproducteurs; ils sont formés par des retenues d'eau établies sur le parcours de la petite rivière qui traverse la propriété dans toute sa longueur; les reproducteurs, âgés de deux à cinq ans, y sont parqués (fig. 106).

Les trois succursales installées aux environs de Fismes constituent aujourd'hui un établissement plus important que celui de Bessemont. A Fismette (faubourg de Fismes), dans une propriété d'un hectare, arrosée par le ruisseau de Blanzy et anciennement occupée par un moulin, M. de Marcillac a installé un vaste laboratoire d'incubation et d'alevinage, où se trouvent 30 bacs pouvant contenir chacun 5000 alevins jusqu'à l'âge de un à deux mois; lorsque ces jeunes alevins atteignent 3 centimètres de longueur, on les répartit dans des ruisseaux artificiels, sortes de fossés creusés à même le sol; quand ils arrivent à l'âge de trois mois, on les transfère dans trois pièces d'eau, d'une contenance totale de 10 ares, où ils restent jusqu'à l'âge de six mois au moins. Une pièce d'eau de 8 ares, constituée par l'ancien bief du moulin, reçoit ensuite 5000 de ces alevins de six mois et ceux-ci y sont élevés jusqu'à ce qu'ils pèsent au moins 100 grammes. Toutes ces pièces d'eau peuvent être asséchées ou mises en eau, indépendamment les unes des autres; elles sont mises à sec chaque année et désinfectées à la chaux. — A Saint-Gilles, à 4 kilom. de Fismes, dans un ancien moulin également, existe aussi une installation spéciale pour l'incubation et l'alevinage. Près d'une source, captée à son point d'émergence, on a placé un laboratoire très simple où sont disposés 12 bacs et trois grands bassins cimentés; l'eau, d'une limpidité parfaite, ne subit aucune filtration et sa température est constamment de 10°5. D'autre part, la petite rivière de l'Orillon, dont le débit est de 150 litres à la seconde, alimente toute une série de canaux-ruisseaux, à parois de briques enduites de ciment, et plusieurs pièces d'eau (fig. 104) où se font l'alevinage jusqu'à six mois au moins. — Les alevins de six à neuf mois produits à Fismette et à Saint-Gilles sont déversés chaque année dans les vastes étangs de Courville, à 5 kilomètres de Fismes, où se fait l'élevage; ces trois étangs sont superposés et se déversent l'un dans l'autre; un système spécial de vannes permet de faire

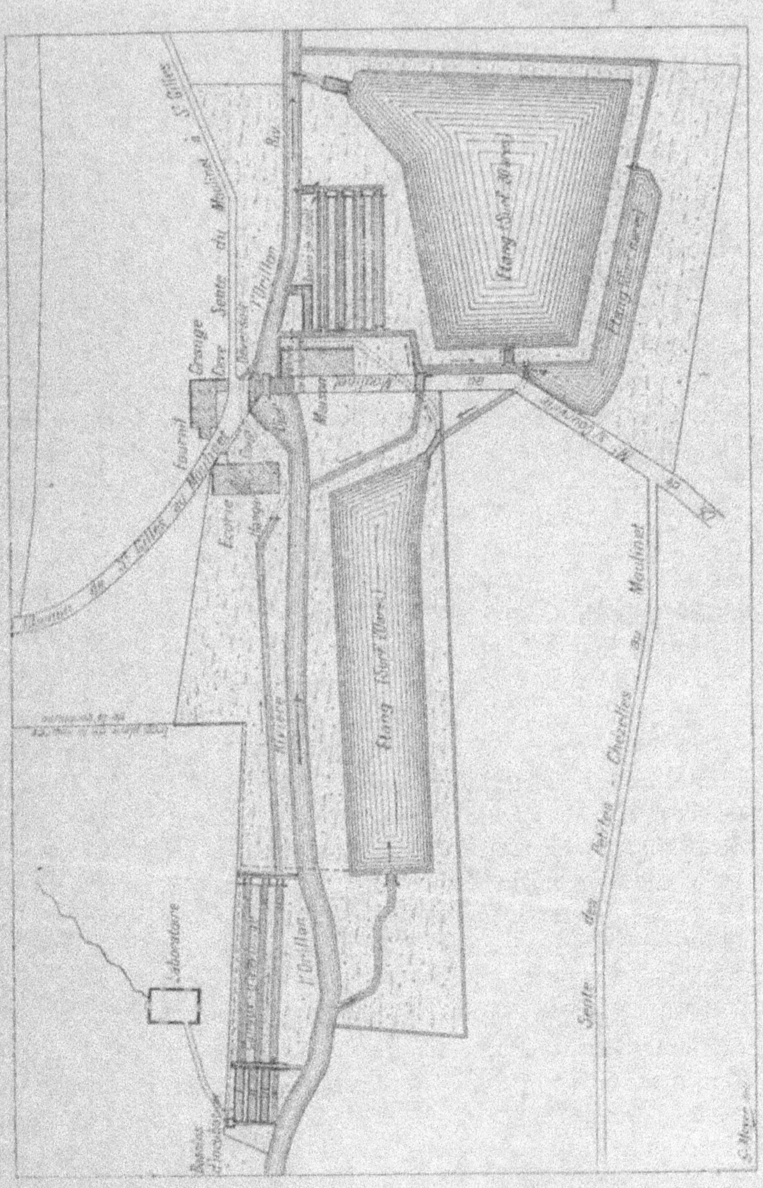

Fig. 104. — Plan de l'établissement de pisciculture
de Saint-Gilles, près Fismes (Marne).

passer successivement tous les alevins dans chacun d'eux. Les alevins sont placés dans les deux étangs supérieurs, qui ont chacun une superficie de 3 hectares, à raison de 25 000 à 30 000 alevins par étang ; pour la pêche, qui a lieu pendant les trois mois d'été, on vide successivement, au fur et à mesure des besoins, ces deux étangs dans l'étang inférieur, qui est réservé uniquement à la pêche (fig. 105) : c'est en aval de ce dernier étang qu'est installé le bassin dans lequel se fait la pêche des sujets arrivés à la taille marchande. Le ruisseau d'Arcis-le-Ponsart, qui alimente ces étangs, n'a qu'un débit de 10 litres à la seconde ; mais cette insuffisance d'alimentation est compensée par l'étendue et la profondeur des étangs. — Il existe, à Courville, un autre étang, de 7 ares de surface et de 3 mètres de profondeur, où sont conservés 500 reproducteurs. Ces reproducteurs sont tous âgés de trois à quatre ans ; on les pêche un mois avant la ponte (1) et on les envoie à Saint-Gilles, où se font toutes les pontes ; on obtient environ 300 000 œufs, qui ne donnent guère que 160 000 œufs embryonnés ; ce déchet, qui atteint presque 50 p. 100, s'explique en partie par la nourriture des reproducteurs, qui se fait exclusivement à la viande de cheval.

Les œufs embryonnés sont incubés à Saint-Gilles et à Fismette ; ces deux établissements produisent 120 000 alevins de six mois ; de l'éclosion à six mois, il y a donc une perte de 30 p. 100. La moitié environ de ces alevins est destinée à la vente ; le mille d'alevins de un mois se vend 25 à 30 francs, de deux mois 50 à 60 francs, de trois mois 100 à 120 francs, de six mois 200 francs. L'autre moitié est élevée dans les étangs de Courville ; de six mois à la vente, qui a lieu à la deuxième année, il y a un déchet de 25 à 30 p. 100 ; finalement, on pêche à Courville de 3500 à 4000 kilos de Truite marchande. Bessemont produit, de son côté, 1500 à 2000 kilos de Truite marchande. Les Truites sont expédiées vivantes à Paris, où M. de Marcillac possède une maison de vente.

(1) La Truite arc-en-ciel pond de fin février à fin avril.

Fig. 105. — Établissement de pisciculture de Bessemont. Étang de pêche à Courville (Marne) ; on aperçoit au fond, à gauche, un étang d'élevage ; et au premier plan, à droite, la pêcherie.

Fig. 106. — Établissement de pisciculture de Bessemont : Un étang à reproducteurs.

# LE TRANSPORT ET LA VENTE DU POISSON

## Transport à sec.

Le poisson cesse de recevoir aucune nourriture 48 heures avant l'expédition ; peu de temps avant de l'emballer, on le retire du vivier et on l'assomme en le frappant sur le crâne avec une petite barre de fer ; il est bon ensuite de le saigner en lui faisant une incision derrière la tête ; il n'est pas nécessaire de retirer les viscères. On laisse sécher les poissons, dans un endroit frais, pendant une demi-heure à une heure ; puis on les place par lits dans un panier, en les séparant avec de la paille, de la sciure ou de la tourbe ; on a soin de les mettre sur le dos. Le poisson expédié dans ces conditions ne subit aucune altération ; il supporte, malgré les chaleurs, des voyages de vingt-quatre heures ; il est ainsi inutile d'avoir recours à la glace, dont le contact fait perdre au poisson sa saveur.

Les lignes allemandes et belges sont munies de *wagons-glacières*, affectés spécialement au transport du poisson frais, admirablement aménagés pour son arrimage sur des claies, sans contact avec la glace, et pour sa conservation dans un courant d'air constant de — 5° C. Ce mode de transport a de plus l'avantage notable d'éviter les frais d'emballage.

Les wagons-glacières utilisés sur les chemins de fer de l'État Prussien ont leurs parois formées, chacune, de quatre cloisons parallèles séparées par un léger intervalle ; ces cloisons en bois de pin bien sec emprisonnent ainsi trois couches d'air formant un très bon isolant ; en outre, les deux cloisons intérieures de cette paroi reçoivent une garniture d'amiante qui augmente encore leur pouvoir calorifuge. Le toit et le plancher du wagon sont construits d'après le même principe d'isolement. Les fermetures des portes sont très soignées et les jointures sont à l'extérieur recouvertes d'une bande de caoutchouc. Des récipients à glace sont disposés soit aux extrémités avant et arrière, soit sur les longs côtés ; un tuyau est installé pour l'écoulement de l'eau et se termine extérieurement par un siphon afin d'empêcher toute rentrée de l'air extérieur. On arrive ainsi à maintenir dans les wagons une température de 10° pendant les chaleurs de juillet et d'août ; on obtient une température de 4 à 5° au maximum en remplaçant la glace par un mélange réfrigérant de glace et de sel marin, ce qui permet de conserver le poisson en bon état pendant une durée de cinq à six jours. Le prix d'un semblable wagon est de 7 500 francs environ.

## Transport du Poisson vivant.

Bien que le poisson d'eau douce transporté à sec, en prenant les précautions que nous avons indiquées, conserve sa qualité, il

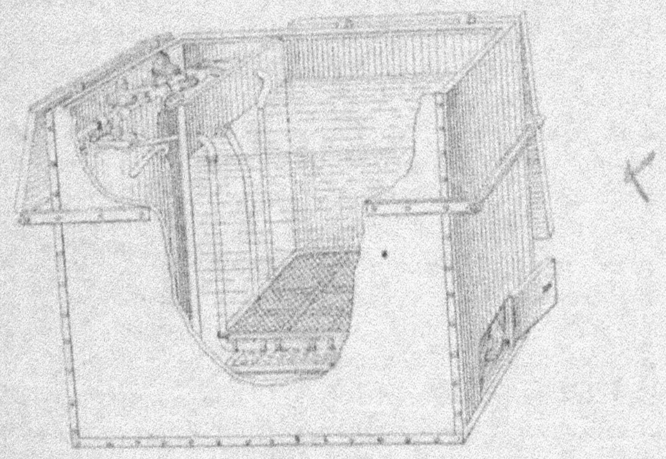

Fig. 107. — Caisse en bois, recouverte de tôle zinguée, pour transports à grandes distances, avec aération de l'eau (système Heuscher et Weber).

est préférable de le livrer vivant à la consommation ; mort, il perd jusqu'à 30 et 40 p. 100 de son prix.

Généralement, on l'expédie dans des récipients en bois ou en métal, contenant un volume d'eau assez considérable pour empêcher l'asphyxie du poisson pendant le trajet. On peut avoir recours aux appareils insufflateurs, du genre de l'appareil Bienner, que nous décrivons plus loin (Voy. p. 376) ; mais on leur préfère, aujourd'hui, des appareils qui présentent à côté du récipient où l'on met les poissons, un réservoir d'acier qui contient de l'oxygène sous forte pression et envoie celui-ci graduellement dans le récipient (fig. 107).

Il est encore préférable d'effectuer le transport des poissons dans un récipient clos contenant de l'oxygène sous pression. Nous avons vu à Bessemont, chez M. de Marcillac, un appareil basé sur ce principe, appareil très simple et très pratique ; il consiste en un cylindre autoclave en tôle d'acier, de 100 litres de capacité ; une des extrémités de ce cylindre est munie d'une ouverture à capot permettant l'introduction des poissons. Le récipient, placé verticalement, est rempli d'eau aux trois quarts, puis on y déverse les poissons et on achève de remplir avec de l'eau ; on ferme hermétiquement à l'aide d'un couvercle vissé et l'oxygène sous pression est introduit au moyen de robinets dont le dispositif permet l'écoulement d'une quantité d'eau en rapport avec le volume d'oxygène admis. Le poids des poissons immergés, la quantité du gaz et sa pression sont fonctions de la durée du trajet ; pour un voyage d'une durée de six à huit heures, on place dans l'appareil 15 à 20 kilos de poissons avec 25 litres d'oxygène, sous pression de 3 kilogrammes. L'appareil plein représente un poids total de 140 kilos ; il peut transporter plus de 10 p. 100 de son poids de Truites vivantes, alors que les bidons ordinaires et autres récipients à air libre ne peuvent guère transporter plus de 4 1/2 p. 100 de leur poids ; les frais de transport sont donc réduits de plus de 50 p. 100 : au lieu des 18 à 20 litres d'eau nécessaires pour transporter 1 kilogramme de Truites dans un appareil à air libre, il ne faut que 5 litres d'eau dans un récipient clos contenant de l'oxygène comprimé. Les alevins sont également transportables dans cet appareil ; 900 sujets de quatorze mois ont pu y rester enfermés pendant trois heures, sans qu'une seule perte ait été constatée.

Un appareil de transport sans eau. — En attendant la réalisation des modifications réclamées aux tarifs de transport en vigueur, nous croyons utile de signaler ici l'emploi d'un appareil de transport imaginé en Allemagne, où le poisson vivant n'est pas conservé dans l'eau. C'est une simple caisse en bois à fermeture hermétique, divisée en compartiments de dimensions appropriées à la taille des poissons ; sur le fond, on dispose un lit de chiffons mouillés, sur lequel on place le poisson, et on visse le couvercle ; l'eau des linges en s'évaporant entretient l'humidité de l'air, ce qui suffit à empêcher la dessiccation des ouïes des poissons. Pour fournir l'oxygène nécessaire à la respiration, on ajoute à la boîte un réservoir d'oxygène et on amène ce gaz par un petit tube qui passe dans le fond de la boîte au milieu des chiffons mouillés. Une série de trous pratiqués dans le couvercle empêchent la pression de s'élever à l'intérieur de la boîte. Les poissons peuvent, paraît-il, rester vivants dans cet appareil très simple pendant trois et même quatre jours.

## Vente du Poisson.

Dans l'état actuel du transport du poisson d'eau douce, le salmoniculteur a tout intérêt à vendre son poisson sur place ou dans les environs, en traitant directement avec des marchands au détail, des restaurateurs ou des hôteliers. Il pourrait être tenté de vendre ses produits aux Halles Centrales de Paris, par exemple ; il lui suffit en effet de se mettre en rapport avec un *mandataire* aux Halles ; celui-ci reçoit le poisson, le vend à la criée et, dans les vingt-quatre heures qui suivent, retourne à l'expéditeur les emballages vides et le montant de la vente, déduction faite des frais de transport et de commission, des droits d'octroi, etc. Mais le poisson vivant supporte des frais énormes de transport ; il paye à Paris un *droit d'entrée* élevé : 40 fr. 20 par 100 kilogrammes s'il s'agit de Saumons et de Truites, 21 fr. 60 quand ce sont des Anguilles, des Brochets, des Perches, des Carpes ou des Goujons (1) ; aux Halles Centrales,

(1) Au point de vue de l'octroi, le poisson de mer et d'eau douce vendu aux Halles Centrales de Paris est classé en poisson de luxe et poisson commun. Le premier seulement est soumis aux droits et se subdivise en deux catégories ayant chacune son tarif ; la première catégorie comprend : saumons, truites, ombles-chevaliers,

il supporte un *droit de marché* de 1 franc par 100 kilogrammes, sans compter les frais de manutention et autres. Il faut compter avec la mortalité, les retards pendant le trajet, la stagnation sur les marchés, qui entraînent parfois la perte de l'envoi. Il faut prélever la part des intermédiaires. Tout cela explique pourquoi, malgré les prix élevés souvent atteints par le poisson sur les marchés des grandes villes, les bénéfices du pisciculteur sont minimes, dérisoires en certains cas. La vente directe, quand elle est possible, est, dans les conditions actuelles, la seule réellement avantageuse, la seule qui permette au producteur de vendre ses Truites au prix *net* de 2 francs à 2 fr. 50 la livre.

**Valeur marchande du Poisson**. — Aux Halles Centrales de Paris, les prix de vente maximum et minimum des poissons d'eau douce furent les suivants, en 1906 :

| Désignation | Maximum | Minimum |
|---|---|---|
| Aloses | 2 fr. 25 | 1 fr. 22 la pièce. |
| Anguilles | 3 fr. 42 | 0 fr. 80 le kilo |
| Barbillons | 1 fr. 85 | 1 fr. 05 — |
| Brochets | 2 fr. 93 | 1 fr. 33 — |
| Carpes | 2 fr. 31 | 1 fr. 05 — |
| Éperlans | 1 fr. 13 | 0 fr. 47 — |
| Goujons | 3 fr. 54 | 1 fr. 64 — |
| Saumons | 7 fr. 11 | 3 fr. 55 — |
| Tanches | 1 fr. 85 | 1 fr. 13 — |
| Truites | 8 fr. 04 | 1 fr. 77 — |

## Avenir de la Pisciculture industrielle.

En ce qui concerne le repeuplement des cours d'eau, la Salmoniculture (pisciculture des Salmonides), après une période d'insuccès, commence à faire ses preuves, ainsi que nous le montrerons plus loin, et son avenir est assuré. Mais, *industriellement*, elle a parfois abouti à des échecs, elle a causé — il faut le reconnaître — bien des désillusions; cela

féras, bars, barbues, turbots et rougets; la deuxième catégorie comprend : anguilles, lamproies, esturgeons, brochets, perches, carpes, goujons, mulets et soles. Tout le reste est classé dans le poisson commun.

tient à des difficultés inhérentes à la nature même de l'élevage des poissons, difficultés qui ont été méconnues trop souvent des pisciculteurs et que nous avons cherché à mettre en relief dans les chapitres techniques de cet ouvrage. L'élevage des Salmonides ne peut réussir partout ; son succès est étroitement subordonné à des conditions aussi variées que difficiles à réaliser dans leur ensemble. Le salmoniculteur n'a pas seulement à se préoccuper de la qualité des eaux dont il dispose, il lui faut aussi apprécier à leur juste valeur les ressources que lui offre sa région pour l'alimentation artificielle des Truites, et il doit s'assurer qu'il aura toute facilité pour écouler régulièrement et à des prix rémunérateurs les produits de son élevage. Tout au début de son entreprise, il agira prudemment en se bornant à une production minime, afin d'apprendre à connaître, sans trop de risques, les mille ennuis de l'élevage et à en triompher par la suite : difficultés de l'alimentation artificielle, recrutement du personnel, maladies des œufs et des alevins, déprédations des animaux nuisibles, braconnage, etc. Quand il sera sorti à son avantage de cette première période, toute d'initiation, et qu'il aura, chiffres en mains, la certitude de pouvoir réaliser des bénéfices, il devra créer l'installation importante qui, seule, lui permettra d'atteindre un chiffre d'affaires suffisamment élevé ; il entrera dans la période commerciale proprement dite, où les aléas de de l'élevage sont accrus par la nécessité de conserver les sujets reproducteurs, par les frais relativement plus élevés que comporte un grand établissement, par le déchet inévitable et toujours sensible d'une production abondante, et où il importe par-dessus tout de trouver les débouchés qui assurent un commerce régulier.

Si certaines régions sont peu propices à la pisciculture industrielle, il en est d'autres, au contraire, qui réunissent les conditions indispensables pour en assurer le succès. Dans les pays de montagne, où le développement du tourisme garantit un débouché fructueux, ainsi qu'aux environs des grandes villes, la Salmoniculture a sa place tout indiquée et doit devenir une industrie prospère. Elle n'est encore qu'à ses débuts, mais nous la voyons évoluer, perfectionner peu à peu ses méthodes et tendre à jouer un rôle important dans l'alimentation publique. Elle cherche à élargir ses débouchés par les expéditions rapides à grande distance; mais le transport du poisson vivant laisse fort à désirer et l'améliorer serait certainement le moyen le plus efficace de développer notre production aquicole. Il y aurait lieu également de protéger nos pisciculteurs contre la concurrence victorieuse de la pisciculture étrangère.

*Les tarifs de transport.* — Non seulement le transport rapide par voie ferrée du poisson vivant n'est pas assuré en France, mais la tarification actuelle est beaucoup trop onéreuse. Aucune de nos compagnies de chemins de fer ne possède encore de wagons-aquariums, et il est presque impossible d'obtenir l'admission du poisson vivant dans les trains express. Quant aux tarifs, ils sont appliqués sur le poids fictif de l'expédition, non sur le poids réel; ils ne tiennent aucun compte du poids mort représenté par l'eau et le récipient, qui à eux seuls pèsent les trois quarts du poids total; le contenant ne bénéficie d'aucune réduction, il est taxé au même prix que le contenu utilisable. On conçoit dans quelle énorme proportion sont grevées les expéditions de poisson d'eau douce. La marée fraîche, qui s'accommode d'un emballage léger, voyage dans des conditions infiniment plus avantageuses quoique peu rapides (1).

Véritablement prohibé par les tarifs, le commerce du poisson d'eau douce en France est encore compliqué par la diversité des barèmes appliqués sur chaque réseau. Aussi les pisciculteurs sont-ils unanimes à réclamer un tarif commun, analogue au tarif G. V. 114 (dont l'application exige actuellement le parcours sur deux réseaux), ainsi qu'une taxation spéciale très réduite pour l'emballage (récipient et eau). La satisfaction de ces revendications si légitimes provoquerait, à coup sûr, le

(1) Ne voit-on pas la marée fraîche expédiée d'Arcachon à Genève mettre au minimum trois jours pour y parvenir et, le plus souvent, quatre ou cinq jours, alors que les envois d'Ostende arrivent toujours à Genève dans les trente-six heures! Et cependant les pêcheries françaises livrent annuellement au commerce suisse environ 700 000 francs de poisson frais.

développement d'un trafic à peu près nul et encouragerait très efficacement nos pisciculteurs à accroître leur production. On ne verrait plus, avec une réglementation adéquate aux nécessités présentes, des maisons hollandaises acheter nos Carpes de la Dombes et les expédier vivantes, grâces à la célérité des transports allemands, par Bâle, Strasbourg, Mayence, Cologne, Rotterdam, pour finalement les envoyer sur Paris, où elles sont consommées.

***Droits de douane compensateurs***. — L'étranger nous envoie de grandes quantités de poissons d'eau douce, Salmonides pour la plupart (voir pages 136 et 137).

La Hollande et la Belgique viennent au premier rang pour les importations de poisson d'eau douce ; Brochets, friture et Éperlans ; puis l'Angleterre pour les envois de Saumons, et l'Allemagne pour ceux de Truites.

Alors que, dans le pourcentage des introductions totales en 1906 (coquillages et escargots compris), la marée compte pour 70,2 p. 100, les moules et coquillages pour 22,3 p. 100 et les escargots pour 0,8 p. 100, les proportions des envois de poissons d'eau douce français et étrangers aux Halles de Paris ont été les suivantes :

```
France.........................................  2,3 p. 100
Étranger.......................................  4,4   —
                                   Total  6,7 p. 100
```

En 1906 et 1907, les chiffres des entrées en poisson d'eau douce à Paris furent les suivants :

| Années | France | Étranger | Total |
|---|---|---|---|
| 1906 | 1.055.862 kilog. | 2.024.022 kilog. | 3.079.884 kilos. |
| 1907 | 845.290 — | 1.981.860 — | 2.827.150 — |

La production française n'a donc fourni en 1906 que 34,2 p. 100 et en 1907 que 29,9 p. 100 de la vente totale du poisson d'eau douce, dont le Saumon et la Truite constituent à eux seuls plus de la moitié (900 000 kil. de Saumon et 600 000 kil. de Truite).

Les établissements de pisciculture allemands peuvent produire la Truite à très bas prix ; le kilogramme de Truite marchande ne leur revient jamais à plus de 3 francs le kilo. M. Vallois a montré qu'on pouvait établir comme suit le prix de revient d'un kilo de Truites allemandes, rendu aux Halles Centrales de Paris, en prenant comme exemple une expédition de 50 kilos venant de la région d'Heidelberg :

|  | fr. |
|---|---|
| Frais d'élevage | 3,00 |
| Frais de transport pour un colis brut de 55 kil. : | |
|    Réseau allemand (250 kilom.) | 0,036 |
|    Réseau français (350 kilom.) | 0,10 |
| Douane, à l'entrée en France (10 fr. les 100 kil. brut) | 0,11 |
| Octroi, à l'entrée à Paris (40 fr. 20 les 100 kil. net) | 0,402 |
| Frais de vente aux Halles (abri, décharge, commission) | 0,413 |
| Amortissement, emballage | 0,004 |
| Total | 4,065 |

Au prix de vente moyen de 5 francs à 5 fr. 50, les importateurs allemands bénéficient donc d'une plus-value nette de 1 franc à 1 fr. 50.

Pour un éleveur français résidant à 150 kilomètres de Paris, le prix de revient du kilo de Truite s'évalue ainsi :

|  | fr. |
|---|---|
| Frais d'élevage | 4,00 |
| Frais de transport (150 kilom. pour un colis brut de 55 kilos) | 0,046 |
| Octroi à l'entrée à Paris | 0,402 |
| Frais de vente aux Halles (abri, décharge, commission) | 0,413 |
| Amortissement, emballage | 0,004 |
| Total | 4,865 |

Si donc l'éleveur français escompte le bénéfice raisonnable de 1 franc par kilo, il faut que sa marchandise soit vendue, au minimum, 5 fr. 86. Or, fait remarquer M. Vallois, le cours *moyen* des Halles n'atteint jamais ce taux, parce que le marché est constamment soumis aux conséquences dépréciatrices des gros arrivages des producteurs allemands qui, grâce à leur prix de revient, peuvent supporter ces fléchissements de cours.

Il y a donc nécessité de protéger notre pisciculture contre

l'importation étrangère, surtout en ce qui concerne la production des Salmonides. Les arrivages importants de Salmonides étrangers ne font nullement diminuer le prix de vente au détail, bien qu'ils provoquent l'abaissement du prix de vente en gros ; pour permettre aux pisciculteurs français d'écouler leur poisson contre une juste rémunération, tout en laissant aux intermédiaires un bénéfice sérieux, il importerait que les droits d'entrée sur les Truites et autres Salmonides d'élevage, d'un poids inférieur à 250 grammes, soient portés de 15 francs à 80 francs par 100 kilogrammes au tarif général et de 10 francs à 50 francs au tarif minimum ; ces droits de douane frapperaient le poisson vivant comme le poisson mort.

# LE REPEUPLEMENT ARTIFICIEL
## DES COURS D'EAU

Ce mode de réempoissonnement consiste en des déversements d'alevins obtenus par la fécondation et l'incubation artificielles des œufs dans des établissements spéciaux. Il est presque uniquement usité pour les cours d'eau à Salmonides ; mais il est également réalisable avec toutes les espèces de poissons.

### Déversements d'alevins de Salmonides.

Les alevins de Truite que l'on met en liberté dans les petits cours d'eau peuvent avoir différentes origines : les uns sont fournis gratuitement par les sociétés de pêche ou de pisciculture, les autres sont obtenus dans les établissements de l'État (laboratoires de pisciculture des écoles d'agriculture et de l'administration des Eaux et Forêts), des départements ou des villes (aquarium du Trocadéro à Paris) ; enfin, une certaine quantité d'alevins est achetée à des pisciculteurs particuliers, soit en France, soit à l'étranger.

Des millions d'alevins sont lancés chaque année dans nos cours d'eau. Et cependant, les effets de ces tentatives répétées de repeuplement ne se font guère sentir, parce que la plupart des alevins, exposés à de multiples causes de mortalité, périssent prématurément. De là, à conclure à l'inutilité absolue de la pisciculture artificielle, il n'y a qu'un pas, et nombreux sont les aquiculteurs qui n'ont aucune confiance en elle. Il est certain qu'il ne faut pas exagérer les effets de ce mode de repeuplement et en faire la panacée contre la disparition des poissons ; mais il est non moins certain que les insuccès constatés jusqu'à ce jour sont dus à des fautes d'exécution et

à la méconnaissance de certaines conditions indispensables à
la vie des poissons. Un excès de confiance dans le procédé a
empêché, notamment, de tenir compte de la valeur nutritive
des cours d'eau à repeupler et des exigences des espèces de
poissons à propager ; on a également négligé presque toujours
d'immerger des alevins vraiment en état de supporter les
vicissitudes de l'existence en eau libre. Or, ce sont là des
précautions essentielles dont l'observance rend parfaitement
réalisable le repeuplement artificiel des cours d'eau.

CONDITIONS DE MILIEU. — Quand, pour remédier aux insuccès
des déversements d'alevins, on se contente de rendre ces
déversements plus nombreux et plus importants, on s'expose
inévitablement à un échec plus complet encore que les précédents. On méconnaît, en effet, un facteur capital dans
l'existence et la multiplication des poissons, à savoir la puissance nutritive des cours d'eau, ce que M. le professeur Léger
a parfaitement désigné par les termes de « *capacité biogénique* ».
La quantité de nourriture que les poissons trouvent à leur
disposition dans un cours d'eau n'est pas illimitée ; les travaux
récents de M. Léger ont très heureusement fixé nos idées à cet
égard. Frappé de ce fait que des déversements considérables
d'alevins de Truite dans les torrents des Alpes ne donnaient
aucun résultat appréciable, le savant professeur de la Faculté
des Sciences de Grenoble chercha à se rendre compte de la
richesse nutritive de ces torrents ; il constata, à la suite d'observations nombreuses et suivies, qu'elle était en général
très faible et que, dans la plupart des cas, un torrent de
un mètre de large ne pouvait nourrir, en moyenne, que
100 Truites au kilomètre ; le plancton manque complètement
dans ces torrents, qui sont dépourvus de toute végétation aquatique et ne possèdent qu'une faune très réduite ; heureusement,
les plantes qui bordent leurs rives contribuent à l'alimentation des Truites, car les insectes qui les recherchent tombent à
l'eau et sont entraînés par le courant.

Le travail que M. Léger a effectué pour les torrents des
Alpes, il est nécessaire de l'entreprendre pour tout cours
d'eau que l'on désire repeupler à l'aide de déversements
d'alevins. A cet effet, il faut rechercher les diverses ressources

en nourriture du cours d'eau : animaux qui nagent ou qui flottent entraînés par le courant ; animaux qui vivent au fond de l'eau, sous les pierres ou dans les anfractuosités des rives ; richesse en Insectes des plantes des berges ; flore aquatique et flore des rives. La nature du terrain influe énormément sur la richesse nutritive d'un cours d'eau, et règle aussi bien la répartition des animaux aquatiques proprement dits que celle des arbres ou arbustes des rives ; si le sol s'y prête, on devra modifier la végétation des bords du cours d'eau, afin d'accroître la quantité de nourriture destinée aux poissons et entretenir les conditions indispensables à la vie des insectes et larves aquatiques.

La nature des eaux, leur température suivant la saison, sont aussi des facteurs dont il importe de tenir compte ; les poissons ont, sous ce rapport, des exigences impérieuses, et telle espèce prospérera dans une eau froide et limpide qui périclitera rapidement en eau chaude et stagnante. On peut citer, avec M. Rouyer, l'exemple typique de la Meuse, dont les nombreux affluents, — ruisseaux à fond sablonneux, à eaux froides et limpides, — ont de tout temps renfermé quantité de très belles Truites, alors que le fleuve lui-même n'en contient que par exception, évidemment à cause de la nature de son lit et de ses eaux.

Il serait désirable qu'à cet égard, une enquête officielle établisse un classement précis de nos rivières ; une semblable étude permettrait de prendre des mesures protectrices spéciales pour les différentes espèces et servirait de guide dans les essais de repeuplement.

Donc, avant toute tentative de repeuplement artificiel, il est de la plus élémentaire logique de s'enquérir de la qualité et de la nature des eaux ; il est bon, lorsque la chose est possible, d'aménager les eaux selon les besoins des espèces à introduire : ainsi, on favorisera la multiplication de la Truite, espèce carnassière, en déversant des alevins de poissons blancs et en plantant des noisetiers, des saules, arbres particulièrement recherchés par les insectes. (Pour l'aménagement des eaux, voy. *Pisciculture naturelle*, p. 163.)

Le plus souvent, il suffit de connaître les espèces qui ont

toujours peuplé en plus grand nombre un cours d'eau, pour indiquer celles qu'il convient d'y propager. Il est à peu près inutile, par exemple, de chercher à accroître d'une façon notable la proportion des Truites dans un cours d'eau où cette espèce se rencontre exceptionnellement, car elle ne s'y plait vraisemblablement pas et a peu de chances d'y réussir. Selon que la richesse nutritive d'un cours d'eau aura été reconnue plus ou moins grande, les déversements d'alevins seront plus ou moins importants et plus ou moins espacés le long de ses rives.

AGE DES ALEVINS. — Si on laisse les alevins exposés aux attaques de leurs nombreux ennemis, notamment à celles des poissons carnassiers, le réempoissonnement artificiel est voué à l'insuccès, même quand les meilleures conditions de milieu se trouvent réalisées. Pour les alevins de Truite, l'ennemi le plus redoutable est la Truite elle-même ; il est bien difficile d'éviter l'écueil qui résulte de ce fait, car l'appétit des Truites est insatiable et malgré une eau riche en nourriture, les gros poissons détruiront toujours une grande quantité d'alevins (Léger) ; M. Lavauden a observé des Truites de 500 grammes, dont le tube digestif ne renfermait pas moins de 150 alevins de même espèce ; ces chiffres expliquent les dégâts irréparables que peut commettre une seule Truite adulte survenant au milieu d'un déversement. Les jeunes alevins, dépaysés par le changement de milieu, incapables de s'abriter de suite et de pourvoir à leur subsistance, sont dévorés par centaines dès les premiers jours ; le déchet qui résulte de cette cause initiale de destruction peut être, sans exagération, fixé à 80 p. 100. Il en résulte que jamais les alevins ne devraient être déversés *directement* dans un torrent. Un remède parfait consisterait à établir sur le bord des cours d'eau des bassins d'alevinage, où les alevins se développeraient jusqu'à ce qu'ils aient acquis la taille suffisante pour vivre en pleine eau sans rien avoir à redouter. Mais, en ce qui concerne les torrents de montagne, cette façon de procéder est presque toujours irréalisable ; il faut se résigner à ne pas mettre les alevins de Truite trop tôt en liberté et attendre, pour effectuer leur déversement, qu'ils aient appris à se nourrir de *proies vivantes* et acquis la vigueur et l'agilité nécessaires pour fuir leurs agresseurs; il est connu en effet que les alevins d'une certaine taille résistent très bien à leurs ennemis.

En conséquence, la plupart des établissements de pisciculture devraient être organisés de façon à conserver les alevins qui ont résorbé leur vésicule ombilicale et à les nourrir convenablement jusqu'à l'âge d'une année environ ; des alevins bien nourris et vigoureux réussiront toujours. Les très jeunes alevins, il est vrai, reviennent à un prix beaucoup moins élevé ; mais c'est une économie mal comprise que de les utiliser ; seuls les alevins de fin de saison, *et même d'une année*, doivent être employés, comme cela a lieu en Angleterre et en Écosse: les *yearlings*, jeunes poissons d'environ un an, y sont depuis longtemps adoptés pour le repeuplement des cours d'eau ; bien qu'on ait à les nourrir et à les élever, leur prix de revient (200 francs le mille) est compensé par le déchet insignifiant qu'ils présentent, ce qui permet de les déverser en quantité cinq à six fois moindre que les petits alevins. En prenant la précaution de faire simultanément plusieurs déversements restreints de gros alevins (c'est-à-dire de $0^m15$ à $0^m20$ de longueur) et de les disséminer le plus possible, on évitera dans une large mesure leur destruction par les grosses Truites. Pratiquement, les empoissonnements se font le plus souvent avec des alevins de fin de saison, des *sommerlings* (longs d'environ 7 centimètres), dont le prix est peu élevé (80 francs le mille), et qui conviennent très bien quand on les déverse dans de petits ruisseaux, en tête des bassins.

### Transport des Alevins.

Les alevins de Truite destinés au repeuplement des cours d'eau ont à subir le transport de l'établissement qui les a produits au lieu où doit se faire l'empoissonnement. Ce voyage n'excède pas, en général, une durée de vingt-quatre heures ; pour l'effectuer, point n'est besoin d'appareils compliqués : quand le trajet à parcourir est faible, il suffit de grands bocaux (fig. 108), qu'on installe dans des paniers à comparti-

ments (fig. 109). Pour un parcours plus long, on se sert de
simples bidons en métal, beaucoup
plus larges que hauts, à large orifice, dont la contenance peut varier
de 10 à 60 litres (fig. 110 et 111);
pour y mettre les alevins, on place le
bidon à demi rempli d'eau sous le
bac et on achève de le remplir avec
l'eau du bac qui entraîne les alevins. L'expérience a appris qu'il est
bon de mettre, quarante-huit ou
vingt-quatre heures à l'avance, les
alevins dans le bidon où ils doivent
voyager, sans leur donner de nourriture mais en ayant soin de renouveler l'eau d'une façon continue,
comme dans les bacs; en expédiant
les alevins à jeun, on évite les

Fig. 108. — Bocal pour
le transport des ale-
vins.

déjections qui souilleraient l'eau du bidon. Il faut choisir une
eau bien aérée,
parfaitement
limpide et en
quantité propor-
tionnée au nom-
bre et à la taille
des alevins; on
évite de remplir
entièrement le
bidon : on en
laisse vide la
partie conique,
afin que les se-
cousses de la
route agitent et
aèrent l'eau; on
n'a d'ailleurs pas

Fig. 109. — Panier à compartiments destiné à
recevoir les bocaux de transport.

à se préoccuper de l'aération de l'eau, si l'on a le soin de se
servir d'eau fraîche et de refroidir celle-ci avec de la glace, car

le poisson respire ainsi moins activement que dans une eau chaude. Même pour les voyages de longue durée, on a tendance à renoncer aux appareils de transport munis d'insufflateurs, tels que l'appareil Schuster ou l'appareil Bienner ; la réfrigération de l'eau donne de meilleurs résultats que les injecteurs d'air ; mais il va de soi que les alevins doivent être accompagnés quand leur voyage dépasse vingt-quatre heures. Pendant ce voyage, il y a lieu d'éviter l'exposition des bidons au soleil et les soins doivent se borner à l'aération et au

Fig. 110 et 111. — Bidons système Erckhardt pour le transport des alevins.

rafraîchissement de l'eau ; le renouvellement de l'eau en cours de route est à déconseiller, par suite de l'incertitude où l'on se trouve de la qualité de l'eau dont on dispose ; il est préférable, aux arrêts, d'aérer l'eau en la pompant et la projetant successivement dans le bidon à l'aide d'une seringue ; i importe aussi de la rafraîchir : on peut placer de la glace dans un gobelet percé de trous à sa partie inférieure (fig. 110 et 111), mais il est plus simple et plus efficace d'introduire de petits morceaux de glace dans le bidon lui-même.

L'appareil Bienner, que nous avons signalé ci-dessus, se compose d'un cylindre horizontal en tôle muni à sa partie supérieure d'un couvercle à charnière. Ce cylindre, long de $0^m60$ à $1^m30$ et d'un diamètre de $0^m35$ à $0^m60$, est rempli d'eau aux deux tiers ; il présente, à sa partie inférieure, un double-fond percé de trous, qui forme, avec la paroi inférieure du cylindre, un compartiment destiné à loger l'air qu'on injectera avec une pompe. La pompe se compose d'une boule creuse en caoutchouc, percée de deux ouvertures diamétralement opposées, dont l'ouverture inférieure communique avec le double-fond au moyen d'un tuyau en caoutchouc. En comprimant la boule, dont on a préalablement fermé l'orifice supérieur avec le doigt, on envoie de l'air dans le double-fond et on fait traverser la couche d'eau par de nombreuses bulles d'air. Le cylindre présente parfois un compartiment destiné à recevoir de la glace.

Il faut se garder d'employer, pour le repeuplement, des alevins n'ayant pas encore achevé la résorption de leur vésicule ombilicale; cependant, si l'on a à en effectuer le transport, il convient de les mettre dans une eau dont la température est comprise entre 5 et 10°, à raison d'une centaine par litre d'eau et moitié moins s'il s'agit d'un voyage de vingt-quatre heures. Les alevins de quatre mois sont utilisables pour l'empoissonnement des petits ruisseaux, car ils sont déjà vigoureux et commencent à chercher eux-mêmes leur nourriture; on n'en met que 50 par litre d'eau. Les alevins de huit mois à un an, dont la taille est en moyenne de 10 centimètres, doivent être placés dans les bidons à raison d'une centaine par cinquante litres d'eau à 5°. En cours de route, la température de l'eau doit être maintenue à peu près constante.

L'expédition des alevins de repeuplement se fait, cela va de soi, par grande vitesse. Pour leur remise, les compagnies de chemins de fer exigent, comme pour les autres marchandises, un délai de trois heures avant le départ du train; il y aurait intérêt à ce que ce délai fût notablement réduit, ou tout au moins à ce qu'il soit usé de la plus large tolérance et que les colis des expéditeurs de poissons de repeuplement soient acceptés aux gares avant le départ du train dans un délai aussi réduit que le permettent les nécessités du service. Il serait, de même, désirable que, dans les gares pourvues d'un service de nuit, les poissons de repeuplement soient mis à la disposition des destinataires la nuit comme le jour.

## Mise à l'eau des Alevins.

Le déversement des alevins dans le cours d'eau à peupler est une opération délicate, où le manque de précautions entraîne la perte d'un grand nombre de jeunes poissons. Il convient, tout d'abord, d'attendre la fin de la fonte des neiges et le réveil de la nature ; auparavant, la nourriture ferait défaut et les grosses eaux seraient à craindre. Quant à l'endroit où se fait la mise à l'eau, c'est — de préférence au voisinage d'une source — une place ombragée, pourvue de plantes aquatiques, peu profonde, à fond de cailloux ou de sable fin, où l'eau est claire et courante, mais où le courant n'est pas trop vif. Il faut éviter la grande lumière et opérer à la tombée de la nuit, par un temps couvert si possible.

Un changement brusque de température serait funeste à ces jeunes poissons ; il faut d'abord immerger lentement le bidon dans le cours d'eau ; puis dix minutes après, si la température de l'eau de la rivière n'est pas à peu de chose près la même que celle du bidon, vider une petite partie de l'eau du bidon et la remplacer avec de l'eau de la rivière ; dix minutes après, on recommence cette opération, et ainsi de suite jusqu'à égalisation de température ; au total, avant d'effectuer le déversement, il faut attendre entre une demi-heure et une heure. On incline alors le bidon avec délicatesse et on verse sans à-coup, sans brusquerie, en évitant toute secousse aux alevins.

La quantité d'alevins de Truite à déverser doit être de 1 000 par kilomètre avec des alevins de quatre mois et de 400 avec des alevins d'une année. Si la nourriture naturelle (insectes, crustacés, etc.) est peu abondante, ou s'il s'agit de torrents à cours rapide, ces chiffres doivent être réduits au moins de moitié.

**Incubation d'Œufs embryonnés**. — Quand on n'a pas la possibilité de déverser des alevins, on peut se contenter de faire éclore des œufs dans le lit même du cours d'eau ; on supprime ainsi l'emploi de tout appareil d'éclosion, on évite les ennuis de l'élevage en bacs, du transport et de la mise à l'eau des alevins. Voici comment procède Sir Maitland Gibson,

fondateur de l'établissement d'Howietown (Écosse) : « Tout
auprès de la rivière, sous une nappe d'eau de quelques centimètres d'épaisseur et présentant un courant aussi vif que
possible, sans être toutefois assez fort pour entraîner les
œufs, on établit une sorte de frayère artificielle avec des
cailloux, du gravier et du sable bien propre, et l'on y dépose
les œufs qui, par leur propre poids, vont se loger dans les
interstices que laissent entre eux les grains de gravier. Les
œufs doivent être isolés autant que possible. Il faut donc les
répandre avec précaution sur
la frayère en veillant à ce
qu'ils s'y dispersent au lieu
de s'accumuler sur quelques
points... Les œufs que l'on
répand sur ces frayères sont
toujours dans un état d'incubation avancé, c'est-à-dire en
situation d'éclore au bout de
deux ou trois jours, laps de
temps pendant lequel, à moins
de circonstances exceptionnelles, il est bien rare que des
sédiments puissent les recou-
vrir d'une façon nuisible. » —
A cette méthode très aléatoire

Fig. 112. — Boîte-filtre
Volmerange.

et qui donne un pourcentage de perte très élevé (au moins
75 p. 100), il est préférable de substituer l'incubation d'œufs
embryonnés dans des appareils à éclosion installés en pleine
eau. La boîte-filtre (fig. 112) expérimentée par M. Volmerange, inspecteur des Eaux et Forêts, convient très bien
pour cette incubation sur place; elle se compose de deux
compartiments inégaux : le plus petit, que l'on remplit
de cailloux, d'éponges ou de charbon de bois, sert à la
fois à filtrer l'eau et à rompre la vitesse du courant ; le
second compartiment, muni d'un couvercle, est destiné à
recevoir les œufs, et communique avec le premier au moyen
d'une ouverture de 3 centimètres de hauteur ménagée dans
le bas de la cloison commune; la paroi opposée présente à

la partie supérieure une ouverture garnie d'une toile métallique. Les œufs sont placés sur un lit de cailloux qu'on a stérilisés à l'eau bouillante. Quand l'appareil est immergé, l'eau pénètre d'abord dans le compartiment-filtre, passe sur les œufs et ressort par le grillage métallique. Une boîte-filtre, pour 1000 œufs de Truite, doit avoir les dimensions suivantes : filtre, longueur 0$^m$30, largeur 0$^m$07, profondeur 0$^m$10 ; caisse à incubation, longueur 0$^m$30, largeur 0$^m$15, profondeur 0$^m$15 ; la toile métallique a 3 centimètres de hauteur sur 30 de largeur. On retire les œufs gâtés à l'aide d'une pince en fer de 20 centimètres de longueur. Cet appareil, très rustique, donne un rendement de plus de 90 p. 100.

## Déversements d'alevins de Cyprinides et autres espéces.

Les cours d'eau qui conviennent aux Salmonides, à la Truite en particulier, sont en nombre relativement restreint ; quantité de rivières et de canaux ne possèdent pas ces poissons et il serait du reste bien inutile de chercher à les y introduire ; par contre, y prospèrent d'autres espèces, notamment des Cyprinides ; bien que la reproduction artificielle de ces espèces s'obtienne aussi aisément que celle des Salmonides, on a négligé jusqu'à présent ce mode de repeuplement qui, dans certains cas, peut donner d'excellents résultats.

Carpes, Tanches, Barbeaux, etc., se prêtent fort bien au repeuplement artificiel ; les tentatives faites avec ces poissons sont assurées du succès, mais à la condition d'observer les principes que nous avons indiqués pour les Salmonides. Comme pour la Truite, il importe de mettre à l'eau un nombre restreint d'alevins de grande taille plutôt qu'une grande quantité de petits alevins ; les alevins de Carpe ou de Tanche doivent peser de 110 à 120 grammes ; leur mise à l'eau doit avoir lieu en mars et avril ; on obtient ainsi, en six ans, des Carpes de 4 kilogrammes.

Le déversement *direct* des alevins en rivière donne généralement de mauvais résultats ; M. Rouyer a vu mettre

10 000 Carpes dans un cours d'eau où l'on n'en a pas pris
quatre pendant dix ans. Il est nécessaire de préparer la transition entre les bassins des établissements de pisciculture et
la vie en liberté; pour cela on peut verser les alevins dans
le bief d'un canal : ils s'y habituent à chercher leur nourriture et s'adaptent peu à peu à leur nouveau milieu, sans avoir
à redouter une crue un peu forte ou toute autre cause
destructive; au bout de quelque temps, on peut les laisser
partir en rivière dans de bonnes conditions. Les alevins
obtenus artificiellement peuvent aussi être placés dans des
étangs où on les repêche quelques mois plus tard. Il est facile
d'ailleurs de suppléer à la reproduction artificielle au moyen
d'étangs consacrés à la production des alevins (étangs d'alevinage); comme la Carpe ne se reproduit pas en eau courante,
il est à conseiller, en outre, d'intaller des *carpières* dans les
parties mortes des rivières.

Un excellent moyen de se procurer des alevins pour le
repeuplement des rivières consiste à recueillir et à conserver
ceux que l'on récolte au moment de la pêche des étangs, ou
bien, comme on le fait aux États-Unis, à ramasser après les
crues les alevins qui, faute de ce secours, périraient infailliblement; les frais de personnel que nécessite cette dernière
opération sont largement compensés par les excellents
résultats obtenus. Pour l'Alose notamment, il existe aux États-
Unis un service fort bien organisé, qui a pour fonction de
recueillir, féconder et incuber les œufs des poissons pêchés,
afin de restituer aux cours d'eau des quantités considérables
d'alevins; cette méthode assure, sans l'édiction d'aucune
mesure restrictive, la conservation d'une espèce qui sans
cela ne tarderait pas à être anéantie. Nous devrions imiter
l'exemple des Américains, non seulement pour l'Alose, mais
aussi pour l'Esturgeon.

L'Anguille est, certainement, de tous nos poissons, celui
qu'il est le plus facile de propager; il suffit de recueillir la
*montée* (Voy. *Élevage de l'Anguille*, p. 283 et suiv.); mais il
faut éviter les versements d'Anguilles dans les cours d'eau
qui se dépeuplent, à cause de la voracité de ce poisson.

## EFFORTS FAITS EN VUE DU REPEUPLEMENT ARTIFICIEL

De grands efforts sont faits actuellement en vue du repeuplement artificiel de nos cours d'eau en Salmonides ; ce mode de repeuplement est du reste le seul qui permette d'arriver à un résultat avec la Truite, peu prolifique par elle-même. Il y a, au contraire, avantage à multiplier les Cyprinides par la pisciculture naturelle dans des étangs d'alevinage.

L'administration des Eaux et Forêts, que le décret du 7 novembre 1896 a chargée du service de la pêche, possède un certain nombre de petits établissements, la plupart disposés simplement en vue de féconder les œufs et de les faire éclore ; on ne peut donc y conserver les alevins que peu de temps après leur naissance, ce qui diminue beaucoup les chances de réussite des essais de repeuplement. Il serait à désirer que tous ces établissements de pisciculture fussent organisés pour garder et nourrir les alevins au moins pendant un an : des bassins d'alevinage ou même des étangs leur seraient nécessaires ; malheureusement, le faible budget de ces établissements ne permet pas de semblables installations. Notre regretté maître, M. le D$^r$ Brocchi, avait proposé, pour tourner cette difficulté, de créer dans chaque département un ou plusieurs entrepôts d'alevins, suivant l'importance piscicole de la région : quelques bassins peu profonds, ou un petit étang, suffiraient pour conserver le temps nécessaire tous les alevins nés dans les petits établissements du département ; un agent serait chargé de la surveillance et de l'alimentation des jeunes poissons, moyennant une faible indemnité.

Les municipalités s'intéressent au repeuplement dans la mesure de leurs moyens ; la Ville de Paris notamment a créé l'Aquarium du Trocadéro, qui a rendu de grands services à la cause piscicole. Les sociétés de pêche contribuent au réempoissonnement et rendent des services signalés (Voy. p. 173).

Pour favoriser davantage encore le repeuplement, on a demandé que l'administration obligeât, dans les baux de pêche, les concessionnaires à déverser à leurs frais et en sus

du prix du bail, une certaine quantité d'alevins d'espèce et de
taille indiquées, en présence des agents forestiers, à un endroit
choisi par eux et à une époque convenue. Le Congrès national
d'aquiculture de 1904 a été de cet avis ; à l'unanimité, il a émis
le vœu : « Que l'administration supérieure exige que lors de
chaque adjudication d'un lot de pêche, une clause du cahier
des charges oblige l'adjudicataire à mettre chaque année une
quantité d'alevins dans ce lot ; l'espèce, la quantité, la qualité
et la provenance des alevins seront également indiquées, pour
chaque bief, par l'administration. » On préconise, de même,
un système qui consiste à faire payer aux usiniers installés
sur les rivières torrentueuses des montagnes, une redevance
globale annuelle destinée au repeuplement du torrent ; cette
redevance s'évalue facilement d'après la valeur nutritive du
cours d'eau. Le système en question a du reste été adopté
pour le torrent de la Valserine (Isère), les usiniers l'ont approuvé
et les résultats en ont été satisfaisants.

## ÉTABLISSEMENTS DE PISCICULTURE

Les établissements de pisciculture créés en France, en vue
du repeuplement des cours d'eau, sont aujourd'hui au nombre
de 111, dont 9 appartiennent au service des Ponts et Chaussées,
32 dépendent de l'administration des Eaux et Forêts, 16 sont
annexés à des écoles d'agriculture, et 54 ont été installés par
des sociétés privées ou de simples particuliers.

**Établissements de l'administration des Eaux et
Forêts**. — Le premier établissement de l'État fut celui de
Huningue (Alsace), que le professeur Coste fit créer en 1852. Il
fut confié au service des Ponts et Chaussées et distribua gratuitement des œufs de Truite et de Saumon. La guerre de 1870
nous fit perdre ce bel établissement, qui a d'ailleurs périclité
entre les mains des Allemands. Pour le remplacer, on créa
en 1884, près d'Épinal (Vosges), l'établissement de Bouzey,
dont le budget annuel atteignit 23 000 francs et qui distribuait
1 million d'œufs et 400 000 alevins ; une terrible catastrophe,
causée par la rupture de la digue du réservoir, l'anéantit
en 1895.

En 1897, le service des Eaux et Forêts fut reconstitué et l'administration des Forêts prit la direction de la pisciculture. Elle renonça à reconstituer un établissement aussi considérable que celui de Bouzey, dont les résultats n'avaient pas été en rapport avec les sacrifices consentis; aux grandes installations chargées de distribuer des œufs et des alevins de Salmonides à toute la France, elle préféra, avec raison, de petits laboratoires, simples et peu coûteux, susceptibles de produire beaucoup et à peu de frais; et elle créa, dans les régions montagneuses de préférence, une vingtaine de petits établissements à côté des cours d'eau à repeupler, tout à la partie supérieure des bassins. Les dépenses de construction et d'outillage de ces nouveaux établissements ont varié, suivant leur importance, de 200 francs, prix d'une petite station installée près d'une source dans la forêt domaniale de Castel (Pyrénées-Orientales) et pouvant fournir 10 000 alevins par an, à 6 000 francs pour l'établissement interdépartemental de pisciculture de Bourg-Saint-Andéol (Ardèche).

Comme exemple de ces installations modestes autant qu'utiles, nous citerons le *laboratoire de pisciculture de Retournemer* (Vosges), que nous avons visité en 1905. Ce petit établissement fut créé en 1900, avec le concours pécuniaire du département des Vosges, et placé à côté de la maison forestière qui se trouve sur le bord du petit lac de Retournemer, à une altitude de 780 mètres. La dépense nécessitée fut d'environ 1 800 francs. Ce laboratoire est un simple hangar fermé, long de 14 mètres et large de 4; ses murs ont $0^m45$ d'épaisseur et une hauteur de $3^m10$; la façade est percée de quatre fenêtres de $0^m75$ sur $1^m75$, munies de volets; le sol est bétonné sur $0^m20$ d'épaisseur, il est légèrement incliné et deux rigoles assurent l'écoulement de l'eau. Contre les deux murs longitudinaux sont disposés les bassins d'incubation et d'alevinage; d'autres bassins, munis de couvercles, servant à l'élevage des alevins, sont placés dans un petit enclos extérieur attenant au bâtiment. L'eau d'alimentation provient d'une source voisine, qui fournit pendant les chaleurs de l'été un débit de 60 litres à la minute. Un thermosiphon permet de chauffer le laboratoire pendant l'hiver qui est très rigoureux;

néanmoins la température de l'eau dans les lacs descend jusqu'à +2°2. — Le laboratoire de Retournemer se procure les œufs de Truite à l'aide de reproducteurs pêchés sur les frayères; il a mis incuber, en 1905, 193 900 œufs de Truite et le déchet n'a été à l'éclosion que de 4,5 p. 100, résultat digne d'être signalé. Les alevins sont expédiés à partir de l'âge de trois mois environ ; un petit nombre seulement sont conservés jusqu'à six mois, faute de bassins d'élevage en quantité suffisante. Actuellement, l'établissement de Retournemer arrive à fournir chaque année 200 000 alevins de Truite ; le garde-forestier de Retournemer, M. Parmentier, suffit à réaliser cette œuvre délicate, tout en assurant son service forestier.

Parmi les divers établissements dépendant de l'administration des Eaux et Forêts, il y a lieu de signaler celui de Thonon (Haute-Savoie), situé sur les bords du lac Léman, que nous avons déjà eu l'occasion de citer à différentes reprises. Cet établissement, habilement dirigé par M. l'inspecteur Crettiez, a un budget annuel de 3 500 francs; il a produit, en 1907, 200 000 alevins de Truite et d'Omble-Chevalier, âgés de deux à six mois, et 900 000 œufs de Truite et d'Omble. — L'administration des Eaux et Forêts a organisé à Nancy, comme annexes de l'École Forestière, deux laboratoires de pisciculture, l'un dans la pépinière de Bellefontaine, l'autre à l'École même.

**Établissements des Sociétés de pêche.** — L'État n'est pas seul à se préoccuper du repeuplement de nos eaux. L'initiative privée rend également de signalés services et nous avons déjà insisté (page 174) sur le rôle précieux rempli à cet égard par les sociétés de pêche et de pisciculture. Plusieurs d'entre elles produisent directement les alevins qui leur sont nécessaires ; ici encore, point n'est besoin d'établissements coûteux pour obtenir d'excellents résultats pratiques ; nous ne saurions mieux le montrer qu'en prenant comme exemple la petite *station de salmoniculture de Vizille* (Isère), qui est bien le type de ces installations sommaires, faciles à réaliser avec de faibles ressources et rendant d'incontestables services, que nous voudrions voir se multiplier dans toutes nos régions de France. Cette station, nous disent MM. Perrier et Guyon, a été créée par la société de pêcheurs à la ligne *La Gaule*, dont le siège est à Grenoble et qui se préoccupe très activement du réempoissonnement en Salmonides des bassins de la Romanche et du Drac. La station est située à Vizille, au bord de la Romanche, près du château

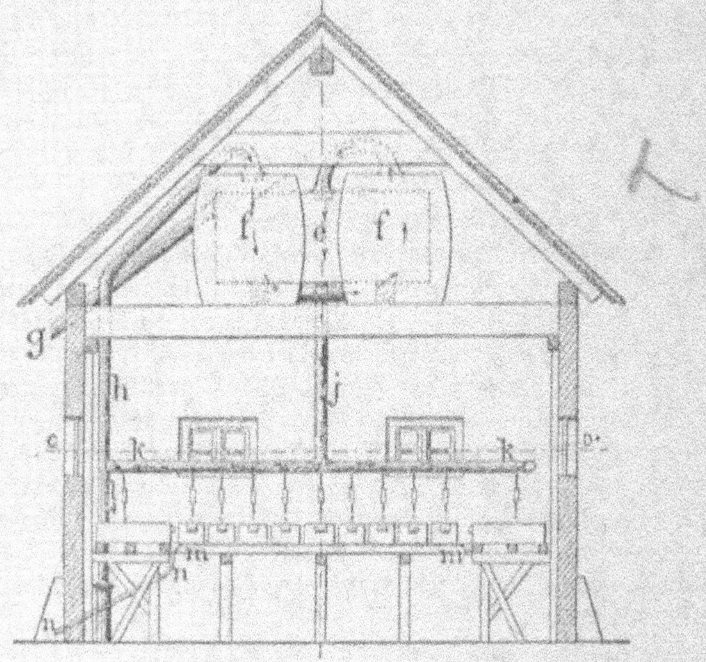

Fig. 113. — Plan-élévation de la Station de Salmoniculture de Vizille (Isère).

*e*, Bâche d'alimentation ; *f*, *f*, tonneaux de filtrage ; *g*, déversoir du trop-plein de la bâche ; *h*, conduite amenant l'eau ; *j*, conduite générale sortant de la bâche ; *k*, canalisation de distribution de l'eau aux auges ; *l*, robinet-vanne de la conduite générale d'arrivée ; *m*, gouttière de récolement de l'eau déversée par les auges ; *n*, déversoir de la gouttière.

historique. Le bâtiment est une sorte de châlet rustique en planches de sapin, reposant sur un soubassement en maçonnerie et mesurant 5m50 de long sur 3m50 de large ; la toiture est en planches recouvertes par des feuilles de carton bitumé ; aucun bétonnage ne recouvre le sol intérieur qui est simplement constitué par de la terre battue ; sept petites fenêtres donnent la lumière nécessaire. L'eau est prise à l'un des ruisseaux du château, moyennant le prix de soixante francs par an ; le débit est d'environ 7 000 litres à l'heure. L'eau est amenée au châlet par une canalisation en fonte noyée dans le sol, d'une longueur de 42 mètres, commandée à l'arrivée par un robinet-vanne ; l'eau passe dans deux tonneaux filtrants (gravier et charbon pilé), est envoyée ensuite dans une bâche en zinc, d'où elle est répartie aux bacs d'alevinage par une canalisation horizontale qui fait le tour du laboratoire ; les bacs sont situés sur une plate-forme à claire-voie qui fait le tour de la salle au-dessous de la canalisation horizontale ; chaque bac est alimenté par un robinet particulier fixé sur la canalisation horizontale (fig. 143). Voici le prix de revient de cette installation sommaire :

|  | Francs. |
|---|---|
| 1° Soubassement en maçonnerie......... | 50.00 |
| 2° Construction en bois (charpente, toiture, aménagements intérieurs)........ | 510.00 |
| 3° Canalisation d'amenée du ruisseau à la Station ; 42 mètres de tuyaux fonte de 4 centimètres à 3 fr. 15, pose comprise | 132.50 |
| 4° Robinet-vanne à l'arrivée.......... | 22.00 |
| 5° Deux tonneaux de filtrage à 15 francs pièce................................ | 30.00 |
| 6° Bâche en zinc...................... | 20.00 |
| 7° Tuyautage en plomb à l'intérieur du châlet et gouttière en zinc de récolement de l'eau des bacs............... | 135.50 |
| 8° 45 robinets en cuivre, à 1 fr. 50, pose comprise........................ | 67.50 |
| 9° 45 auges à éclosion, à 5 francs....... | 225.00 |
| 10° Achats divers (baguettes de verre pour les claies, matériel pour la préparation de la nourriture)................... | 62.50 |
|  | Total : 1.255,00. |

Le prix total de la Station, prête à fonctionner et à recevoir les œufs, a donc été de 1 255 francs. Cette installation peut suffire à la production de 90 000 à 100 000 alevins. En 1905, année de début, elle a produit 80 000 alevins de trois mois (Truites ordinaire et arc-en-ciel, Omble-Chevalier, Saumon de

fontaine), qui auraient coûté, dans le commerce, une somme
de 3 200 francs au minimum ; or, ces 80 000 alevins sont revenus
à la société *La Gaule* à 476 fr. 50, somme représentant l'achat
des œufs de Truite arc-en-ciel et de Saumon de fontaine, la
location du terrain (10 francs), la fourniture de l'eau, les frais
de nourriture des alevins et l'indemnité donnée à la personne
chargée du soin des œufs et des alevins. Le bénéfice net réalisé,
en ne tenant pas compte de la première mise de fonds, a donc
été, pour la première année de fonctionnement, de 2 700 francs
environ.

**Laboratoires des Écoles d'agriculture**. — La Direction
de l'Agriculture a installé, dans un certain nombre d'Écoles
pratiques d'agriculture et de Fermes-Écoles, de petits laboratoires de Pisciculture, en vue de l'instruction pratique des
élèves. Les appareils d'incubation et d'élevage que possèdent
ces écoles produisent, au total, environ 300 000 alevins par an,
lesquels sont déversés dans les cours d'eau environnants.
Parmi les écoles d'agriculture qui apportent ainsi leur contri-
bution au repeuplement de nos eaux, citons les écoles
pratiques du Paraclet (Somme), de Saint-Bon (Haute-Marne),
de Saulxures-sur-Moselotte (Vosges), de Beaune (Côte-d'Or),
du Lézardeau (Finistère), de Pétré (Vendée), de l'Oisellerie
(Charente), de Saint-Pau (Lot-et-Garonne) et de Genouillat
(Creuse) ; les fermes-écoles de Chavaignac (Haute-Vienne), de
Montlouis (Vienne) et de Saint-Gaultier (Orne). A la direction
de l'Agriculture se rattache en outre la Station aquicole du
Nid-de-Verdier, près Fécamp (Seine-Inférieure), que dirige
M. Raveret-Wattel, l'éminent pisciculteur.

**Laboratoires scientifiques**. — Les laboratoires créés
depuis quelques années par plusieurs Facultés des Sciences contribuent également au repeuplement de nos cours d'eau, non
pas tant par les alevins qu'ils produisent que par les résultats
de leurs recherches biologiques et hydrologiques.

Les Universités de Grenoble, de Clermont-Ferrand, de Toulouse, de Dijon, ont installé des laboratoires ou des Stations
qui poursuivent un double but, scientifique et pratique. Nous
avons déjà mentionné les travaux poursuivis à Grenoble
depuis 1894 par M. le professeur Léger sur le repeuplement

des cours d'eau de montagne. Nous avons signalé également la Station limnologique créée à Besse, en 1899, par l'Université de Clermont ; c'est une station d'étude et d'application des méthodes scientifiques, dont le laboratoire de recherches, destiné surtout à l'étude de la flore et de la faune des lacs, est complété par un laboratoire de pisciculture consacré au repeuplement. L'Université de Toulouse est particulièrement favorisée ; elle possède, depuis 1903, une vaste Station de Pisciculture et d'Hydrobiologie, pourvue d'un aquarium, d'une salle de collections, d'une bibliothèque, de laboratoires de pisciculture et de pathologie piscicole et de onze bassins d'élevage ; cette station, que dirige M. le Dr Roule, professeur à la Faculté des Sciences, se consacre à la fois aux études scientifiques pures et aux études appliquées ; elle étudie la biologie des cours d'eau de la région, les maladies des poissons et s'occupe de remédier au repeuplement des eaux ; elle donne aux pisciculteurs des renseignements sur les maladies épidémiques, leur propagation, leurs remèdes, et se consacre aussi à l'enseignement public de la pisciculture.

Signalons encore la Station aquicole de Boulogne-sur-Mer.

# L'ACCLIMATATION DES POISSONS ÉTRANGERS

L'amélioration des procédés de transport des œufs et des poissons vivants a rendu possible l'importation d'espèces restées jusqu'ici cantonnées dans leur habitat naturel. En retardant l'éclosion par l'action du froid, on est parvenu à transporter des œufs fécondés d'Amérique en Europe et à expédier d'Angleterre en Australie et à la Nouvelle-Zélande des œufs de Truite et de Saumon. Des poissons adultes, originaires des États-Unis, ont pu être également introduits en Europe. Aussi, nombre de pisciculteurs et de pêcheurs, en présence du peu d'espèces de valeur qui habitent nos cours d'eau, ont-ils préconisé l'acclimatation de poissons étrangers à notre faune, estimant que c'est là un moyen de combattre le dépeuplement et que de nouvelles espèces réussiront peut-être à vivre là où nos poissons indigènes disparaissent.

Un véritable engouement s'est manifesté à l'occasion surtout de l'importation de diverses espèces originaires des eaux de l'Amérique du Nord ; on a vanté leurs mérites, prôné leurs précieuses qualités et, avant de les avoir éprouvées en eaux closes, on a procédé dans nos cours d'eau à des déversements multiples ; certaines espèces ainsi introduites de façon inconsidérée ont disparu d'un milieu impropre à leur existence, après avoir entraîné des dépenses inutiles ; d'autres, au contraire, ont proliféré rapidement, sans répondre aux espérances qu'on avait fondées sur elles et ont réagi parfois d'une façon fâcheuse sur les espèces indigènes ; très peu, parmi toutes les espèces introduites, ont révélé une réelle valeur.

L'acclimatation est une arme à double tranchant ; elle demande, pour n'être pas funeste à ceux qui l'emploient, à être maniée judicieusement et à bon escient. Le danger de l'acclimatation consiste principalement en ce fait qu'une espèce est susceptible de modifier ses mœurs sous l'influence d'un changement de climat et de milieu. Nombre d'animaux acquièrent une recrudescence de vitalité quand on les introduit dans un pays où ils n'ont encore jamais vécu. Qui n'a présent à la mémoire les exemples du lapin de garenne en Australie et de notre moineau domestique aux États-Unis (1) ? Ces deux animaux se sont rendus excessivement dangereux dans leur nouvelle patrie en s'y multipliant prodigieusement ; les procédés les plus énergiques n'ont pu réussir à les faire disparaître et le lapin est toujours un fléau pour l'Australie.

En ce qui concerne la pisciculture, l'acclimatation présente des exemples analogues, avec cette aggravation que les eaux nous étant moins accessibles que le sol, il est souvent beaucoup plus difficile d'enrayer la multiplication des hôtes aquatiques que celle des espèces terrestres. Le pisciculteur doit se montrer d'autant plus circonspect en matière d'acclimatation que certaines espèces causent de grands dommages en se répandant spontanément, *d'elles-mêmes*, dans des cours d'eau où on ne les avait encore jamais trouvées. Tel est le cas du Nase ou Hotu ; originaire d'Allemagne, ce poisson s'est propagé peu à peu dans les eaux françaises, par l'intermédiaire des canaux, si bien qu'en l'espace d'une trentaine d'années, il a envahi les bassins de la Seine, de la Loire et du Rhône ; très prolifique et de plus très friand du frai des habitants de nos rivières, il a réduit notablement la place et le nombre de nos bonnes espèces, sans offrir la moindre compensation, car sa chair est détestable.

***La Carpe dans l'Amérique du Nord***. — L'introduction d'un poisson nouveau risque d'avoir un contre-coup désastreux pour les espèces indigènes ; et il arrive souvent encore que le but exclusif poursuivi par les importateurs — celui de doter les cours d'eau d'une espèce de bonne qualité — échoue complètement, le seul changement d'eau et de climat pouvant entraîner, pour un poisson, la perte de sa valeur culinaire. L'exemple de la Carpe aux États-Unis et au Canada est particulièrement probant à cet égard. C'est en 1877, que la Com-

(1) Voir la *Zoologie Agricole* du même auteur.

mission des Pêches des États-Unis importa la Carpe dans
l'Amérique du Nord ; le premier envoi comprenait 345 Carpes,
elles furent déposées dans des étangs ; en 1879, leur progéniture, qui comprenait 12 265 carpillons, fut distribuée entre
300 personnes appartenant à 25 États différents ; il y eut
2 000 demandes en 1880 et 7 000 en 1882, année où la Commission distribua 142 696 Carpes ; en 1887, il y eut près de
10 000 demandes et l'on distribua 260 000 Carpes ; on continua
les distributions jusqu'en 1897, puis l'on cessa. Au Canada, la
Carpe fut introduite en 1882 ; elle s'est multipliée dans toute
l'immense province de Québec, et a envahi les Grands Lacs
canadiens, surtout les lacs Érié et Sainte-Claire ; on la trouve
également dans les eaux de la baie Géorgienne, dans le chenal
du Nord et le lac Huron ; seul le lac Supérieur semble n'avoir
pas encore été gagné. En vingt-cinq ans, la Carpe a envahi tout
le continent américain ; elle s'est adaptée aisément et a profité
mieux que chez nous, refoulant devant elle les espèces indigènes et laissant regretter amèrement son importation. Le
Rapport du Ministère de la Marine et des Pêcheries du Canada,
en 1906, ne laisse aucun doute à ce sujet : « Le sentiment
d'hostilité qui existe dans la population à l'égard de la Carpe —
sentiment qui provient de ce que ce poisson amène la disparition
d'espèces beaucoup plus précieuses — augmente de plus en plus
à mesure que l'on se rend compte davantage des déprédations
qu'elle exerce. » Non seulement la Carpe a pris, dans l'Amérique
du Nord, la place de bonnes espèces indigènes, mais elle y est
devenue un poisson de qualité presque inférieure (1).

« Ce serait perdre son temps, dit le Rapport précité, que
de discuter l'opportunité ou non de l'introduction de la Carpe
dans les eaux du continent, car il est unanimement reconnu
que l'on a commis une erreur. » L'acclimatation, au lieu de
conduire à un gain, s'est terminée ici par une perte sensible.

*Poissons étrangers importés en France*. — La liste est
déjà longue des poissons étrangers que l'on a essayé d'accli-

_______

(1) Signalons encore une autre conséquence, assez curieuse, de
son importation : elle a fait disparaître des herbes dont les graines
attiraient les oiseaux aquatiques, et les chasseurs s'en plaignent
fort.

mater dans les eaux de notre pays. Rarement, on a eu à se féliciter des efforts des novateurs. Dans le groupe des Salmonides, les tentatives d'importation du Saumon du Danube et du Saumon de Californie ont abouti à des échecs complets; mais avec le Saumon de fontaine et surtout la Truite arc-en-ciel, poissons dont nous avons montré les mérites (Voy. pages 63 et 280), nous avons fait deux bonnes acquisitions; ce sont les deux seules espèces à retenir parmi toutes celles dont on a tenté l'importation.

Le Silure glanis, énorme poisson de Russie, d'Allemagne et de Suisse, a été importé en France à diverses reprises; mais les tentatives faites pour l'acclimater ont toutes échoué (Voy. page 98). Il n'y a pas lieu de le regretter; ce Silure est un poisson d'une extrême voracité, bien inférieur au Brochet comme rapidité de croissance et qualité de chair, qui serait un obstacle sérieux à la multiplication de nos bonnes espèces. On doit bien se garder de chercher désormais à le répandre dans les étangs et, à plus forte raison, dans les cours d'eau.

Le Sandre ou *Brochet-Perche* (*Lucioperca sandra*) est un poisson allemand spécial aux cours d'eau tributaires de la Baltique. On l'a introduit en Hollande et en Belgique, et on a essayé de l'acclimater en France. Sa taille ne lui permet guère que de s'attaquer aux petits poissons; mais sa voracité doit le faire proscrire absolument de nos rivières et de nos canaux, où le Brochet fait déjà suffisamment de ravages; il serait toutefois moins à craindre que celui-ci dans les étangs à Carpes et il y aurait intérêt à l'y utiliser, si l'on n'avait à redouter son extension des étangs non indépendants aux cours d'eau.

En 1886, on importa en France la PERCHE ARGENTÉE DU CANADA ou Poisson-Soleil (*Eupomotis gibbosus*), que l'on a souvent appelé à tort Calico-Bass. Élevée d'abord en étang, cette perche américaine s'est répandue ensuite dans nos eaux libres; elle est très prolifique, possède une croissance rapide et est, de plus, très résistante; aussi se propage-t-elle rapidement. M. Émile Bertrand, qui s'est fait en France l'avocat chaleureux du Poisson-Soleil, affirme que ce brillant poisson possède une chair délicate, analogue à celle de notre Perche indigène. D'autres pisciculteurs estiment, au contraire, que le *Sunfish* a une chair fade et remplie d'arêtes; ce poisson n'atteint pas, du reste, chez nous la taille qu'il présente dans son pays d'origine et ne dépasse pas 14 à 16 centimètres; il est en outre très querelleur, très vorace et se rend fréquemment nuisible. « C'est un grand destructeur de frai, déclare M. Lesourd, directeur de l'établissement de pisciculture de Saint-Dizier; il n'a aucune valeur et pullule à tel point que, là où il a été introduit, il est à peu près impossible de le détruire; invité à en débarrasser deux étangs, je n'ai pu y parvenir qu'en les pêchant et les mettant à sec plusieurs fois de suite. »

Dans les rivières, on n'a pas non plus à se louer de ce nouvel hôte, inconsidérément déversé en plusieurs endroits, notamment dans le sud-ouest. Dans nombre de cours d'eau, l'*Eupomotis gibbosus* commence à être acclimaté et plusieurs constatations faites à son sujet le montrent comme un poisson éminemment vorace, batailleur et envahissant. M. Malpeyre, inspecteur des Eaux et Forêts à Bordeaux, a signalé le développement exagéré que prend le Poisson-Soleil lorsqu'il se trouve dans un milieu favorable : « les étangs de Lacanau et d'Hourtin (Gironde), dont la superficie est de 9 000 hectares environ, ont reçu, il y a quelques années, 5 000 alevins de Perche-Soleil; aujourd'hui ils sont littéralement envahis par cette Perche; le nombre des Gardons, des Chevennes et des Vandoises y a diminué, et il est à craindre que les Carpes et les Tanches ne viennent à disparaître. » Aux États-Unis, pays d'origine de ce poisson, les pisciculteurs ne l'apprécient guère. Le Sunfish commun est un charmant poisson d'aquarium, écrivait en 1894 le colonel Mac Donald, commissaire fédéral des pêcheries, mais c'est une peste dans un étang d'élevage; c'est un poisson extraordinairement prolifique, grand destructeur du frai et de l'alevin des autres poissons; ses œufs sont adhérents et ils peuvent être transportés au loin par les oiseaux d'eau... » M. Fred Mather, surintendant de l'établissement de pisciculture de Cold-Spring-Harbour (Long Island), est d'un avis analogue. Il est donc sage de ne pas introduire la Perche-Soleil dans ceux de nos cours d'eau où existent déjà de bonnes espèces. Par contre, ses brillantes couleurs en font un poisson d'ornement, agréable à élever en aquarium.

Le Poisson-Chat (Voy. p. 99), dont on a introduit en Europe trois espèces : l'*Ictalurus punctatus*, l'*Ameiurus nebulosus* et l'*Ameiurus catus*, a été l'objet d'une vogue extrême de la part de certains pisciculteurs et pêcheurs, qui lui ont attribué les plus précieuses qualités et, sans essais suffisamment concluants, sans se préoccuper non plus des conséquences qui en pouvaient résulter, l'ont répandu dans les étangs et déversé dans les cours d'eau. Il paraît certain qu'on a été trop vite en besogne si l'on en juge par l'expérience de nos voisins de Belgique ; après plus de dix d'années d'observations, les pisciculteurs belges sont maintenant d'accord pour bannir impitoyablement le Poisson-Chat de leurs étangs, et la Société centrale de pêche et de pisciculture de Belgique qui avait déversé expérimentalement des Catfishes dans ses étangs de réserve, a décidé en 1907 de s'en débarrasser, « vu le tort qu'ils causent aux autres espèces et la lenteur extraordinaire de leur croissance ». On reproche enfin au Poisson-Chat, à juste titre, les épines aiguës de ses nageoires, qui peuvent blesser douloureusement, ainsi que sa tête énorme non comestible, qui représente à elle seule les deux cinquièmes du poids de l'animal et constitue un important déchet. Quant à la qualité de la chair, elle est très discutée : médiocre selon les uns, savoureuse d'après les autres. L'enthousiasme de la première heure aurait été moins vif si l'on s'était préoccupé davantage de l'opinion des pisciculteurs américains ; aux États-Unis, d'où il est originaire, le Poisson-Chat n'a pas une presse plus élogieuse que le Poisson-Soleil : on l'y considère comme un destructeur du frai et des alevins des autres espèces. Le seul avantage du Poisson-Chat est de prospérer dans les étangs vaseux, dans les eaux stagnantes et même polluées, là où les autres poissons ne trouveraient pas à vivre ; mais il a l'inconvénient de s'enfoncer dans la vase quand on assèche les étangs et d'être par suite difficile à pêcher ; il est aussi permis d'émettre des doutes au sujet de la qualité de sa chair en pareil milieu.

Divers autres poissons américains ont été proposés pour l'acclimatation en France. Le Calico-Bass (*Pomoxys sporoïdes*) et le Black-Bass (*Micropterus salmoïdes*) ou Perches noires, ont leurs partisans. Le Black-Bass, recommandé avec raison pour